微视频详解西门子 S7-1500 PLC

李长军　王立启　纪献平　主　编
高培金　秦　桐　　　　　副主编

电子工业出版社
Publishing House of Electronics Industry
北京·BEIJING

内 容 简 介

本书采用图解的方式，结合微视频讲解，全面系统地介绍博途（TIA）V15软件及西门子S7-1500 PLC的组态、编程、仿真、应用，包括博途V15软件的安装、使用、库功能及西门子S7-1500 PLC的硬件、硬件设备组态、编程基础、常用指令、通信应用、GRAPH编程、人机界面应用、基本故障诊断功能、基本实例应用等内容。

本书适合自动化领域的电气技术人员及大中专院校、技校、职业院校电气专业的师生阅读。

未经许可，不得以任何方式复制或抄袭本书之部分或全部内容。
版权所有，侵权必究。

图书在版编目（CIP）数据

微视频详解西门子S7-1500 PLC/李长军等主编．—北京：电子工业出版社，2020.9
ISBN 978-7-121-39521-5

Ⅰ．①微… Ⅱ．①李… Ⅲ．①PLC技术-高等职业教育-教材 Ⅳ．①TM571.6

中国版本图书馆CIP数据核字（2020）第169240号

责任编辑：富　军
印　　刷：北京京师印务有限公司
装　　订：北京京师印务有限公司
出版发行：电子工业出版社
　　　　　北京市海淀区万寿路173信箱　邮编　100036
开　　本：787×1 092　1/16　印张：39　字数：998.4千字
版　　次：2020年9月第1版
印　　次：2020年9月第1次印刷
定　　价：148.00元

凡所购买电子工业出版社图书有缺损问题，请向购买书店调换。若书店售缺，请与本社发行部联系，联系及邮购电话：(010)88254888，88258888。
质量投诉请发邮件至zlts@phei.com.cn，盗版侵权举报请发邮件至dbqq@phei.com.cn。
本书咨询联系方式：(010)88254456。

前 言

西门子 S7-1500 PLC 除了采用多种创新技术，还设定了新标准，可最大限度地提高生产效率，适用于小型设备或对速度和准确性要求较高的复杂设备。博途（TIA）软件是西门子自动化的全新工程设计软件平台，集成了所有的自动化软件工具，操作直观，上手容易，使用简单、方便。西门子 S7-1500 PLC 可以无缝集成到博途软件中，极大地提高了工程组态的效率。

西门子 S7-1500 PLC 属于中大型控制系统，相对复杂。为了使读者能够更快、更直观、更方便地学习，本书从应用角度出发，采用图解的方式，结合微视频讲解，全面系统地介绍博途 V15 软件及西门子 S7-1500 PLC 的组态、编程、仿真、应用等内容。

本书主要贯彻以下编写原则：

（1）内容由浅入深、由基础到应用，理论联系实际，并在此基础上，深入浅出地介绍相关的经典控制程序。

（2）突出用"图"来说明问题，通过不同形式的图片，让读者轻松、快速、直观地学习有关知识，尽快适应电气工作岗位的需求。

（3）结合微视频讲解，提高读者的学习兴趣，做到在最短的时间内掌握有关知识。

本书由李长军、王立启、纪献平任主编，高培金、秦桐任副主编。全书共 13 章：第 1 章由泰山职业技术学院高培金编写；第 2 章由鲁南技师学院纪献平编写；第 3 章、第 4 章和第 5 章由国网临沂供电公司王立启编写；第 6 章、第 7 章、第 8 章、第 9 章和第 10 章由临沂市技师学院李长军编写；第 11 章和第 13 章由临沂市技师学院秦桐、石岩编写；第 12 章由临沂市技师学院咸晓燕、王海群、赵楠楠编写。全书由泰安市技师学院刘福祥主审。

由于作者水平有限，书中错误之处在所难免，恳切希望广大读者对本书提出宝贵意见和建议，以便今后加以修改完善。

编 者

目 录

第1章 博途 V15 软件的安装与使用 ·· 1
1.1 博途 V15 软件的安装 ··· 1
1.1.1 博途 V15 软件 ··· 1
1.1.2 博途 V15 软件的安装条件 ·· 3
1.1.3 博途 V15 软件的安装步骤及注意事项 ······································ 4
1.1.4 博途 V15 软件的卸载步骤 ··· 13
1.2 S7-PLCSIM V15 仿真软件的安装 ··· 16
1.3 博途 V15 软件的使用入门 ·· 22
1.3.1 软件界面 ··· 22
1.3.2 基本设置 ··· 25
1.3.3 创建新项目 ·· 26
1.3.4 添加新设备 ·· 27
1.3.5 项目保存与项目删除 ··· 29
1.3.6 程序的编写 ·· 29
1.3.7 下载与上传 ·· 33
1.3.8 打印与归档 ·· 36

第2章 西门子 S7-1500 PLC 的硬件 ·· 44
2.1 CPU 模块 ··· 44
2.1.1 CPU 模块的特点 ·· 44
2.1.2 CPU 模块的分类 ·· 45
2.1.3 CPU 1516F-3 PN/DP 模块 ··· 48
2.1.4 CPU 存储器 ·· 55
2.1.5 紧凑型 CPU 模块 ·· 57
2.2 电源模块 ·· 65
2.2.1 负载电源 PM ··· 65
2.2.2 系统电源 PS ·· 67
2.3 S7-1500 PLC 信号模块 ··· 69
2.3.1 数字量输入模块 ·· 70
2.3.2 数字量输出模块 ·· 72
2.3.3 数字量输入/输出混合模块 ·· 74
2.3.4 模拟量输入模块 ·· 75
2.3.5 模拟量输出模块 ·· 79

- 2.3.6 模拟量输入/输出混合模块 …… 81
- 2.4 S7-1500 PLC 通信模块 …… 81
  - 2.4.1 点对点串行通信模块 …… 81
  - 2.4.2 PROFIBUS 通信模块 …… 83
  - 2.4.3 PROFINET/ETHERNET 通信模块 …… 83
- 2.5 S7-1500 PLC 工艺模块 …… 84
  - 2.5.1 高速计数器模块 …… 84
  - 2.5.2 基于时间的 I/O 模块 …… 87
  - 2.5.3 PTO 脉冲输出模块 …… 90
- 2.6 S7-1500 PLC 分布式模块 …… 91
  - 2.6.1 ET200SP 分布式模块 …… 91
  - 2.6.2 ET200MP 分布式模块 …… 99

第3章 S7-1500 PLC 的硬件设备组态 …… 100

- 3.1 配置一个 S7-1500 PLC 站点 …… 100
  - 3.1.1 添加一个 S7-1500 PLC 新设备 …… 100
  - 3.1.2 配置 S7-1500 PLC 的硬件模块 …… 102
  - 3.1.3 使用检测功能配置 S7-1500 PLC 的硬件模块 …… 103
- 3.2 CPU 模块的参数设置 …… 104
  - 3.2.1 常规 …… 105
  - 3.2.2 Fail-safe（故障安全） …… 106
  - 3.2.3 PROFINET[X1]和PROFINET[X2]接口 …… 106
  - 3.2.4 DP 接口[X3] …… 112
  - 3.2.5 启动 …… 114
  - 3.2.6 循环 …… 115
  - 3.2.7 通信负载 …… 116
  - 3.2.8 系统和时钟存储器 …… 116
  - 3.2.9 SIMATIC Memory Card …… 117
  - 3.2.10 系统诊断 …… 118
  - 3.2.11 PLC 报警 …… 118
  - 3.2.12 Web 服务器 …… 119
  - 3.2.13 显示 …… 121
  - 3.2.14 支持多语言 …… 123
  - 3.2.15 时间 …… 124
  - 3.2.16 防护与安全 …… 125
  - 3.2.17 系统电源 …… 126
  - 3.2.18 组态控制 …… 127
  - 3.2.19 连接资源 …… 127

  3.2.20 地址总览 ……………………………………………………………… 127
3.3 I/O 模块参数设置 ………………………………………………………………… 128
  3.3.1 数字量输入模块的参数设置 …………………………………………… 128
  3.3.2 数字量输出模块的参数设置 …………………………………………… 134
  3.3.3 模拟量输入模块的参数设置 …………………………………………… 136
  3.3.4 模拟量输出模块的参数设置 …………………………………………… 139
3.4 配置分布式 I/O 设备 …………………………………………………………… 142
  3.4.1 配置 PROFINET 分布式 I/O 设备 …………………………………… 142
  3.4.2 使用 IO 硬件检测功能自动配置 I/O 设备 …………………………… 144
  3.4.3 分布式 I/O 设备的参数设置 ………………………………………… 146
  3.4.4 配置 PROFIBUS 分布式 I/O 设备 …………………………………… 151
3.5 硬件组态实例 …………………………………………………………………… 153

第 4 章 S7-1500 PLC 编程基础 …………………………………………………… 164

4.1 S7-1500 PLC 数据类型 ………………………………………………………… 164
  4.1.1 常用数制及转换 ………………………………………………………… 164
  4.1.2 基本数据类型 …………………………………………………………… 166
  4.1.3 复合数据类型 …………………………………………………………… 171
  4.1.4 PLC 数据类型 …………………………………………………………… 173
  4.1.5 参数类型 ………………………………………………………………… 175
  4.1.6 系统数据类型 …………………………………………………………… 175
  4.1.7 硬件数据类型 …………………………………………………………… 176
4.2 S7-1500 PLC 的地址区 ………………………………………………………… 177
  4.2.1 CPU 地址区的划分及寻址方法 ……………………………………… 177
  4.2.2 全局变量与局部变量 …………………………………………………… 182
  4.2.3 全局常量与局部常量 …………………………………………………… 182
4.3 变量表、监控表、强制表 ……………………………………………………… 183
  4.3.1 变量表 …………………………………………………………………… 183
  4.3.2 监控表和强制表 ………………………………………………………… 186
4.4 S7-1500 PLC 的编程语言 ……………………………………………………… 189

第 5 章 S7-1500 PLC 的常用指令 …………………………………………………… 191

5.1 基本指令 ………………………………………………………………………… 191
  5.1.1 位逻辑运算指令 ………………………………………………………… 191
  5.1.2 定时器指令 ……………………………………………………………… 204
  5.1.3 计数器指令 ……………………………………………………………… 211
  5.1.4 比较指令 ………………………………………………………………… 217
  5.1.5 数学函数指令 …………………………………………………………… 225
  5.1.6 移动操作指令 …………………………………………………………… 246

5.1.7 转换指令	251
5.1.8 程序控制指令	257
5.1.9 字逻辑运算指令	261
5.1.10 移位和循环移位指令	270

5.2 扩展指令 … 276
- 5.2.1 日期与时间指令 … 276
- 5.2.2 字符串与字符指令 … 296

第6章 S7-1500 PLC 的程序块 … 319

6.1 程序块简介 … 319
- 6.1.1 用户程序块 … 319
- 6.1.2 程序块的结构 … 320

6.2 组织块（OB） … 321
- 6.2.1 组织块简介 … 321
- 6.2.2 程序循环组织块（主程序） … 322
- 6.2.3 循环中断组织块 … 326
- 6.2.4 时间中断组织块 … 332
- 6.2.5 延时中断组织块 … 336
- 6.2.6 硬件中断组织块 … 338

6.3 函数（FC） … 342
- 6.3.1 函数（FC）简介 … 342
- 6.3.2 函数（FC）应用 … 343

6.4 函数块（FB）和背景数据块（DB） … 347
- 6.4.1 函数块（FB）和背景数据块（DB）简介 … 347
- 6.4.2 函数块（FB）应用 … 348
- 6.4.3 多重背景数据块 … 352

6.5 数据块（DB） … 358
- 6.5.1 数据块（DB）简介 … 358
- 6.5.2 数据块（DB）应用 … 360

6.6 PLC 数据类型（UDT） … 361
- 6.6.1 UDT 简介 … 361
- 6.6.2 UDT 应用 … 361

第7章 S7-1500 PLC 的程序调试 … 364

7.1 程序信息 … 364
- 7.1.1 调用结构 … 364
- 7.1.2 从属性结构 … 365
- 7.1.3 分配列表 … 365
- 7.1.4 资源 … 366

7.2 交叉引用 ·········· 366
7.2.1 概述 ·········· 366
7.2.2 交叉引用的使用 ·········· 367
7.3 比较功能 ·········· 368
7.3.1 离线/离线比较 ·········· 369
7.3.2 离线/在线比较 ·········· 372
7.4 使用监控表与强制表调试 ·········· 373
7.4.1 使用监控表调试 ·········· 373
7.4.2 使用强制表调试 ·········· 375
7.5 S7-PLCSIM 仿真软件 ·········· 377
7.5.1 S7-PLCSIM 简介 ·········· 377
7.5.2 S7-PLCSIM 仿真软件的应用 ·········· 379
7.6 Trace 变量 ·········· 385
7.6.1 创建和配置 Trace 变量 ·········· 385
7.6.2 Trace 变量应用 ·········· 388

第8章 S7-1500 PLC 的通信及应用 ·········· 391
8.1 工业以太网与 PROFINET ·········· 391
8.1.1 工业以太网通信基础 ·········· 391
8.1.2 工业以太网支持的通信服务 ·········· 392
8.2 OUC ·········· 392
8.2.1 概述 ·········· 392
8.2.2 OUC 指令 ·········· 394
8.2.3 OUC 实例 ·········· 396
8.3 S7 通信 ·········· 413
8.3.1 概述 ·········· 413
8.3.2 S7 通信指令 ·········· 414
8.3.3 S7 通信实例 ·········· 417
8.4 路由通信 ·········· 424
8.4.1 概述 ·········· 424
8.4.2 S7 路由通信实例 ·········· 426
8.5 PROFINET IO 通信 ·········· 429
8.5.1 概述 ·········· 429
8.5.2 PROFINET IO 数据通信实例 ·········· 430
8.6 PROFIBUS 通信 ·········· 437
8.6.1 概述 ·········· 437
8.6.2 PROFIBUS DP 通信实例 ·········· 444

第9章 S7-1500 PLC 的 GRAPH 编程 ·········· 454

9.1 S7-GRAPH 编程语言概述 …………………………………………………………… 454
　9.1.1 S7-GRAPH 的程序构成 …………………………………………………… 454
　9.1.2 S7-GRAPH 编程器 ………………………………………………………… 455
9.2 顺序控制器 ……………………………………………………………………… 459
　9.2.1 顺序控制器的执行原则 …………………………………………………… 459
　9.2.2 顺序控制程序的结构 ……………………………………………………… 459
　9.2.3 步的构成与编程 …………………………………………………………… 460
　9.2.4 单步编程 …………………………………………………………………… 463
9.3 S7-GRAPH 编程应用 …………………………………………………………… 466
　9.3.1 单流程结构的编程实例 …………………………………………………… 466
　9.3.2 选择性分支结构的编程实例 ……………………………………………… 468
　9.3.3 并行结构的编程实例 ……………………………………………………… 472

第 10 章　西门子人机界面 ……………………………………………………… 476

10.1 人机界面基本知识 ……………………………………………………………… 476
　10.1.1 触摸屏 ……………………………………………………………………… 476
　10.1.2 创建 HMI 监控界面工作流程 …………………………………………… 479
　10.1.3 触摸屏、PLC 与计算机之间通信的硬件连接 ………………………… 479
　10.1.4 触摸屏与 PLC 之间通信的设置 ………………………………………… 480
　10.1.5 HMI 组态项目下载 ……………………………………………………… 485
　10.1.6 HMI 变量 ………………………………………………………………… 488
10.2 简单画面组态 …………………………………………………………………… 489
　10.2.1 按钮与指示灯的组态 …………………………………………………… 490
　10.2.2 生成和组态开关 ………………………………………………………… 499
　10.2.3 生成和组态 I/O 域 ……………………………………………………… 504
　10.2.4 生成和组态符号 I/O 域 ………………………………………………… 506
　10.2.5 符号库的使用 …………………………………………………………… 509
　10.2.6 画面切换 ………………………………………………………………… 510
　10.2.7 日期/时间域和时钟的组态 …………………………………………… 515
　10.2.8 棒图组态 ………………………………………………………………… 516
　10.2.9 量表组态 ………………………………………………………………… 520
10.3 报警组态 ………………………………………………………………………… 521
　10.3.1 报警形式 ………………………………………………………………… 521
　10.3.2 离散量报警组态 ………………………………………………………… 524
　10.3.3 模拟量报警组态 ………………………………………………………… 527
10.4 用户管理 ………………………………………………………………………… 529
　10.4.1 用户管理基本概念 ……………………………………………………… 529
　10.4.2 用户管理组态 …………………………………………………………… 530

10.4.3	计划任务	533
10.5	HMI 与 PLC 的基本应用	540
10.5.1	使用 HMI 与 PLC 控制电动机运转	540
10.5.2	使用 HMI 与 PLC 控制十字路口交通灯	546

第 11 章 S7-1500 PLC 的基本故障诊断功能 556

11.1	概述	556
11.2	诊断功能介绍	557
11.2.1	通过 LED 状态指示灯实现诊断	557
11.2.2	通过 S7-1500 PLC 自带的显示屏实现诊断	559
11.2.3	通过博途 V15 软件查看诊断信息	559
11.2.4	通过 I/O 模块自带的诊断功能进行诊断	563
11.2.5	通过 S7-1500 PLC 的 Web 服务器查看诊断	563
11.2.6	在 HMI 上通过调用系统诊断控件实现诊断	568
11.2.7	通过用户自定义报警诊断程序实现诊断	569
11.2.8	通过模块的值状态功能进行诊断	572
11.2.9	通过编写程序实现诊断	574

第 12 章 S7-1500 PLC 应用实例 583

第 1 章

博途 V15 软件的安装与使用

1.1 博途 V15 软件的安装

1.1.1 博途 V15 软件

TIA Portal V15 又称博途 V15，是一款由西门子打造的全集成自动化编程软件，整合了 STEP7、WinCC、Startdrive 等软件。在实际工作中，工程师只需要通过这一个软件就可以对 PLC、触摸屏、驱动设备等进行编程调试和仿真操作。博途 V15 软件增强了性能，提高了兼容性，完美支持 Windows 10 操作系统，并进行了 Engineering Options 和 Runtime Options 两个层面的同步更新，增强了对 SIMATIC S7-1200、S7-1500、S7-300/400 和 WinAC 控制器的支持。

1. 博途软件平台

博途软件平台不仅可以组态应用于控制器及外部设备程序编辑的 STEP7、应用于安全控制器的 Safety、应用于设备可视化的 WinCC，还集成了应用于驱动装置的 Startdrive、应用于运动控制的 SCOUT 等，如图 1.1 所示。

图 1.1 博途软件平台

2. SIMATIC STEP7 V15（见图 1.2）

SIMATIC STEP7 V15 是用于组态 SIMATIC S7-300、S7-400、S7-1200、S7-1500 及 WinAC 控制器的工程组态软件，包含两个版本。

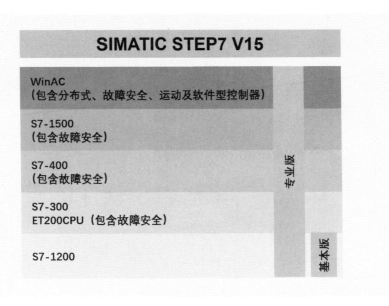

图1.2 SIMATIC STEP7 V15界面

(1) 基本版,主要用于组态 S7-1200 控制器,自带 WinCC Basic,用于 Basic 面板的组态。

(2) 专业版,用于组态 S7-300、S7-400、S7-1200、S7-1500 及 WinAC 控制器,自带 WinCC Basic,用于 Basic 面板的组态。

3. SIMATIC WinCC V15(见图1.3)

SIMATIC WinCC V15 是使用 WinCC Runtime Advanced 或 SCADA 系统的 WinCC Runtime Professional 可视化软件,是组态 SIMATIC 面板、SIMATIC 工业 PC 及标准 PC 的工程组态软件。

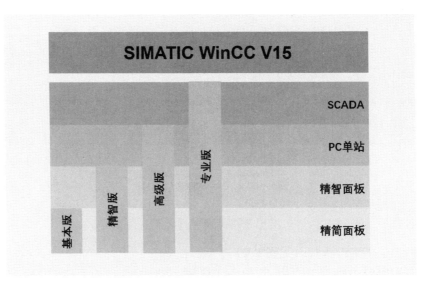

图1.3 SIMATIC WinCC V15界面

SIMATIC WinCC V15 共有 4 个版本。

（1）WinCC Basic（基本版），用于组态精简系列面板，包含在每款 STEP7 Basic 和 STEP7 Professional 产品中。

（2）WinCC Comfort（精智版），用于组态所有面板，包括精简面板、精智面板和移动面板。

（3）WinCC Advanced（高级版），用于通过 WinCC Runtime Advanced 可视化软件组态所有面板和 PC，有 128 个、512 个、2k 个、4k 个及 8k 个外部变量。

（4）WinCC Professional（专业版），用于使用 WinCC Runtime Advanced 或 SCADA 系统的 Wincc Runtime Professional 组态面板和 PC，有带有 512 个和 4096 个外部变量的 WinCC Professional 及 WinCC Professional（最大外部变量）三个版本。

WinCC Runtime Professional 是一种用于构建组态范围从单站系统到多站系统（包括标准客户端或 Web 客户端）的 SCADA 系统，有带有 128 个、512 个、2k 个、4k 个、8k 个和 64k 个外部变量许可的 WinCC Runtime Professional。

通过 WinCC 还可以使用 WinCC Runtime Advanced 或 WinCC Runtime Professional 组态 SINUMERIK PC 及使用 SINUMERIK HMI Pro SI RT 或 SINUMERIK Operate WinCC RT Basic 组态触摸屏（HMI）设备。

4. SIMATIC Startdrive

SIMATIC Startdrive 软件能够直观地将 SINAMICS 驱动设备集成到自动化环境中，可在博途统一的工程平台上实现 SINAMICS 驱动设备的系统组态、参数设置、调试和诊断。

5. SCOUT TIA V5.2 SP1

SCOUT TIA V5.2 SP1 可在博途统一的工程平台上实现 SIMOTION 运动控制器的工艺对象配置、用户编程、调试和诊断。

6. SIMOCODE ES

SIMOCODE ES 智能电机管理系统，量身打造了电机保护、监控、诊断及可编程控制功能，支持 PROFINET、PROFIBUS、MODBUS RTU 等通信协议。

1.1.2 博途 V15 软件的安装条件

博途 V15 软件对计算机的硬件、软件要求比较高。表 1.1 列出了安装博途 V15 软件时需满足的硬件、软件最低要求。表 1.2 列出了安装博途 V15 软件时推荐的硬件要求。

表 1.1 安装博途 V15 软件时需满足的硬件、软件最低要求

硬件/软件	要　　求
处理器	Intel ® Core™ i3-6100U，2.30GHz
RAM	8GB
硬盘	S-ATA，至少配备 20GB 可用空间
网络	100Mbps 或更高
屏幕分辨率	1024×768

续表

硬件/软件	要 求
操作系统	Windows 7（64 位） • Windows 7 Home Premium SP1 • Windows 7 Professional SP1 • Windows 7 Enterprise SP1 • Windows 7 Ultimate SP1 Windows 10（64 位） • Windows 10 Home Version 1703 • Windows 10 Professional Version 1703 • Windows 10 Enterprise Version 1703 • Windows 10 Enterprise 2016 LTSB • Windows 10 IoT Enterprise 2015 LTSB • Windows 10 IoT Enterprise 2016 LTSB Windows Server（64 位） • Windows Server 2012 R2 StdE（完全安装） • Windows Server 2016 Standard（完全安装）

表 1.2　安装博途 V15 软件时推荐的硬件要求

硬　件	要　求
计算机	SIMATIC FIELD PG M5 Advanced 或更高版本（或类似的 PC）
处理器	Intel ® Core™ i5-6440EQ（最高 3.4GHz）
RAM	16GB 或更大（对于大型项目，为 32GB）
硬盘	SSD，配备至少 50GB 的存储空间
程序段	1GB（多用户）
监视	15.6″全高清显示器（1920×1080 或更高）

1.1.3　博途 V15 软件的安装步骤及注意事项

1. 博途 V15 软件的安装步骤

选择符合博途 V15 软件安装条件的计算机，首先关闭计算机上的其他运行程序，然后将博途 V15 软件安装光盘插入计算机的光驱或将博途 V15 软件安装程序拷贝到计算机中，开始启动安装。

(1) 打开安装程序，双击安装程序中的可执行文件 TIA_Portal_STEP_7_Pro_WinCC_Pro_V15.exe，进入博途欢迎使用界面，如图 1.4 所示，单击"下一步(N)>"按钮。

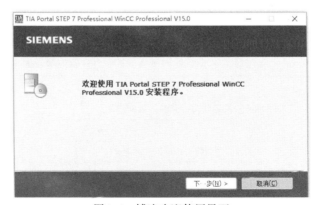

图 1.4　博途欢迎使用界面

(2)选择安装语言,如图 1.5 所示。博途提供了英语、德语、简体中文、法语、西班牙语及意大利语供选择,选择"简体中文",单击"下一步(N)>"按钮。

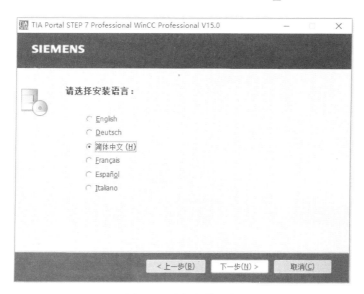

图 1.5 选择安装语言

(3)选择软件包解压缩的路径,图 1.6 是软件包解压缩的默认路径,"覆盖文件且不提示(O)""解压缩安装程序文件,但不进行安装(E)""退出时删除提取的文件(D)"三个选项不用勾选,单击"下一步(N)>"按钮。

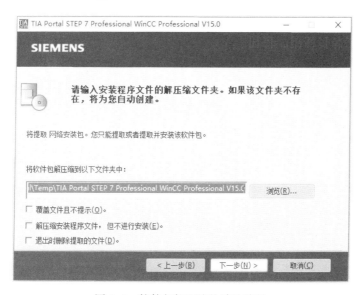

图 1.6 软件包解压缩的默认路径

(4)解压软件包如图 1.7 所示。

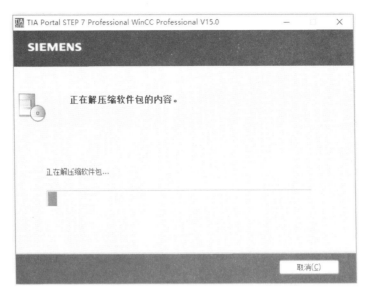

图 1.7　解压软件包

（5）安装程序初始化如图 1.8 所示。

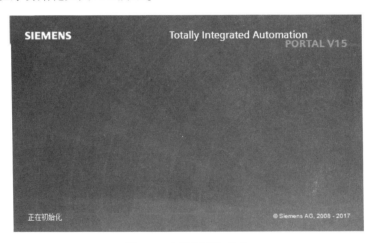

图 1.8　安装程序初始化

（6）安装语言界面如图 1.9 所示。博途提供了英语、德语、中文、法语、西班牙语及意大利语等 6 种安装语言，选择"安装语言：中文(H)"，单击"下一步(N)>"按钮。

（7）选择产品语言界面如图 1.10 所示。博途提供了英语、德语、中文、法语、西班牙语及意大利语等 6 种产品语言供选择，选择"中文(H)"，单击"下一步(N)>"按钮。

（8）选择需要安装的软件，如图 1.11 所示，有"最小(M)""典型(T)""用户自定义(U)"三个选项可以选择，选择"典型(T)"，单击"下一步(N)>"按钮。

（9）选择许可条款，如图 1.12 所示，勾选两个选项，同意许可条款，单击"下一步(N)>"按钮。

（10）安全控制，如图 1.13 所示，勾选"我接受此计算机上的安全和权限设置"，单击"下一步(N)>"按钮。

第 1 章 博途 V15 软件的安装与使用

图 1.9 安装语言界面

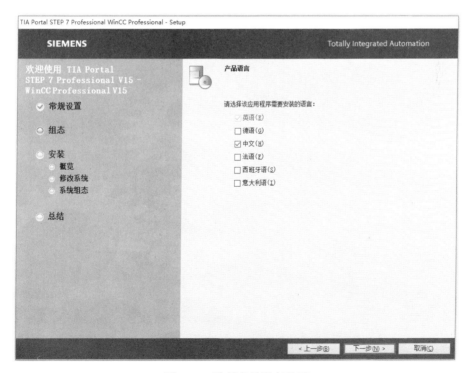

图 1.10 选择产品语言界面

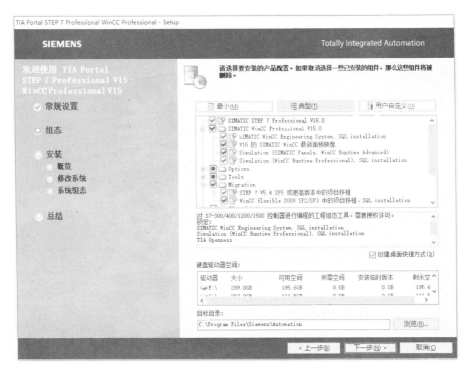

图 1.11　选择需要安装的软件

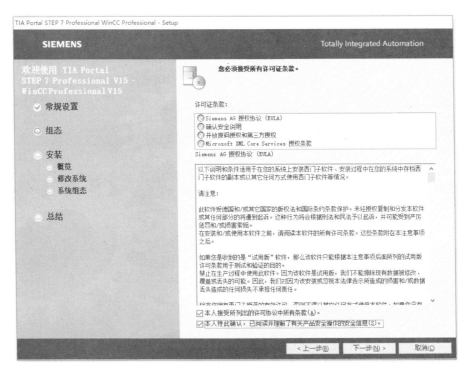

图 1.12　选择许可条款

第 1 章　博途 V15 软件的安装与使用

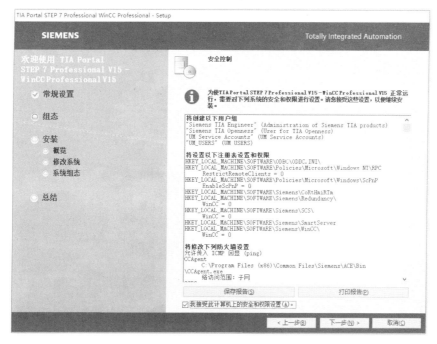

图 1.13　安全控制

（11）概览与安装。图 1.14 是概览界面，显示产品配置、产品语言、软件的安装路径，单击"安装(I)"按钮后开始安装，安装界面如图 1.15 所示。安装时间较长，大概需要 40 分钟以上，在安装过程中要求重新启动计算机，如图 1.16 所示，单击"重新启动(R)"按钮，重新启动后，会继续安装。

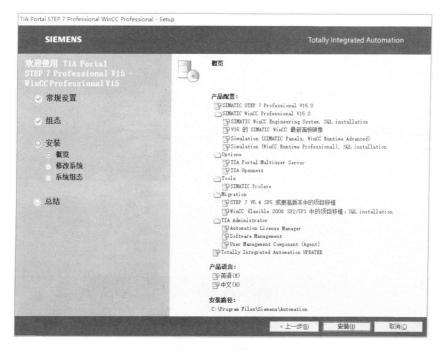

图 1.14　概览界面

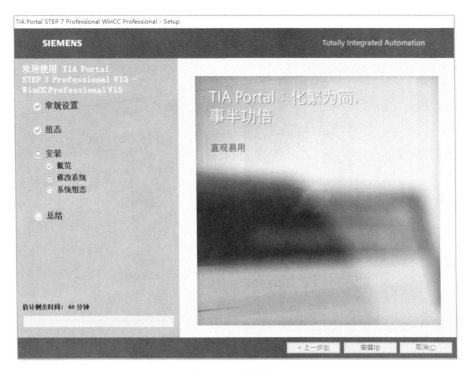

图 1.15 安装界面

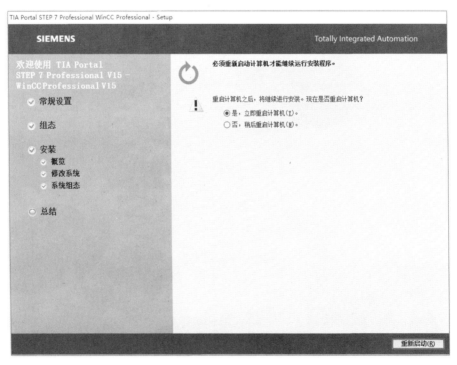

图 1.16 重新启动计算机

（12）安装完成界面如图1.17所示。全部安装完成后，要求重新启动计算机，单击"重新启动(R)"按钮，重新启动后，即可使用。注意，在安装过程中，会弹出"许可证传送"提示信息，选择"跳过许可证传送"即可。

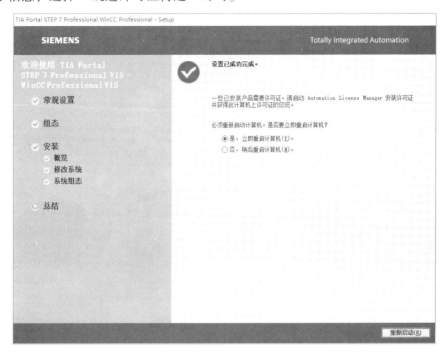

图1.17 安装完成界面

2. 安装授权

（1）打开博途V15软件的授权工具，如图1.18所示。

图1.18 打开授权工具界面

（2）找到安装长秘钥 2822 和 2823，如图 1.19 所示，勾选 2822 STEP 7 Professional combo V15 和 2823 STEP 7 Professional V15。

图 1.19　安装长密钥

（3）单击"安装长秘钥"按钮。

（4）WinCC 授权文件的安装。选择导航区 TIA Portal→TIA Portal v15（2017）→WinCC Profv15，如图 1.20 所示，勾选 2542、2845、2848、2853 和 2856，单击"安装长秘钥"按钮。

图 1.20　WinCC 授权文件的安装

（5）重新启动计算机。

3. 博途 V15 软件的安装注意事项

（1）32 位的 Windows 操作系统不支持博途 V15 软件。

（2）安装时，应关闭正在运行的其他程序，例如监控和杀毒软件。

（3）安装时，软件的存放目录不能有汉字，例如弹出"SSF 文件错误"的信息时，说明目录中有不能识别的字符。

（4）在安装过程中出现"请重新启动 Windows"提示信息，当重新启动后，仍然重复提示时，单击"开始"→"运行"选项，在运行对话框中输入 regedit，打开"注册表编辑器"窗口，选中 HKEY_LOCAL_MACHINE\System\CurrentControlSet\Control 的 Session Manager，删除右侧窗口中的 PendingFileRenameOperations，如图 1.21 所示，就可以解决重复提示重新启动计算机的问题。

（5）在同一台计算机的同一个操作系统中，允许同时安装多个版本的博途软件，例如可以同时安装 STEP7 V5.5、STEP7 V12、STEP7 V13、STEP7 V14、STEP7 V15 等。

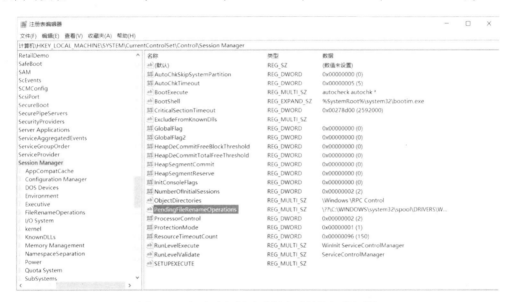

图 1.21　解决重复提示重新启动计算机的问题

1.1.4　博途 V15 软件的卸载步骤

博途 V15 软件的卸载与卸载其他程序一样，具体步骤如下。

（1）打开 Windows 系统的控制面板，单击"程序和功能"选项，打开"程序和功能"界面，如图 1.22 所示。

（2）卸载初始化界面如图 1.23 所示，初始化时间较长，请耐心等待。

（3）选择安装语言界面如图 1.24 所示，选择"安装语言：中文(H)"，单击"下一步(N)>"按钮。

（4）选择要卸载的软件，如图 1.25 所示，单击"下一步(N)>"按钮。

（5）卸载界面如图 1.26 所示，单击"卸载(U)"按钮，完成软件的卸载。

图 1.22 "程序和功能"界面

图 1.23 卸载初始化界面

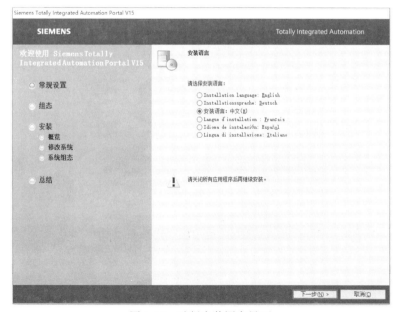

图 1.24 选择安装语言界面

第 1 章 博途 V15 软件的安装与使用

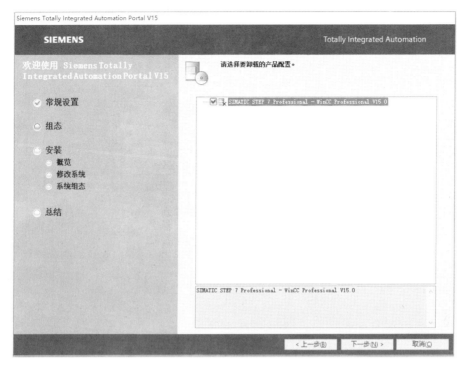

图 1.25 选择要卸载的软件

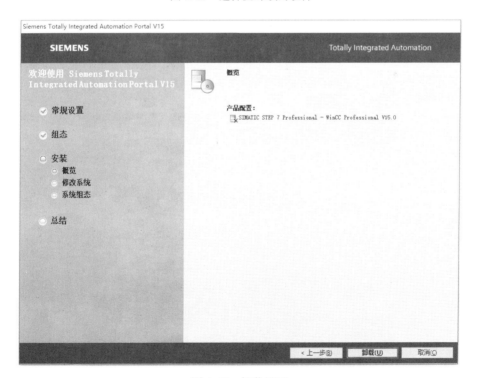

图 1.26 卸载界面

1.2　S7-PLCSIM V15 仿真软件的安装

S7-PLCSIM V15 仿真软件的安装过程与博途 V15 软件的安装过程相似，具体安装步骤如下。

（1）打开安装程序，双击安装程序中的可执行文件 SIMATIC S7_PLCSIM_V15.exe，进入仿真软件的欢迎使用界面，如图 1.27 所示，单击"下一步(N)>"按钮。

图 1.27　S7-PLCSIM V15 仿真软件的欢迎使用界面

（2）选择安装语言，如图 1.28 所示。S7-PLCSIM V15 仿真软件提供了德语、英语、西班牙语、法语、意大利语、简体中文等 6 种安装语言。选择"简体中文(H)"，单击"下一步(N)>"按钮。

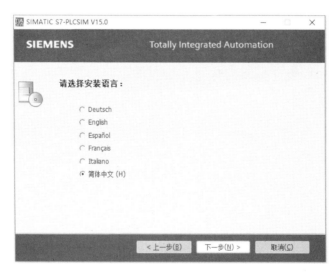

图 1.28　选择安装语言界面

（3）选择软件包解压缩路径。图 1.29 是软件包解压缩的默认路径，"覆盖文件且不提示(O)""解压缩安装程序文件，但不进行安装(E)"两个选项不用勾选，单击"下一步(N)>"按钮。

第1章 博途V15软件的安装与使用

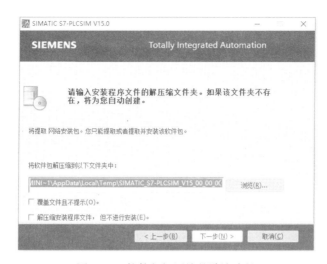

图 1.29 软件包解压缩的默认路径

(4) 解压软件包界面如图 1.30 所示。

图 1.30 解压软件包界面

(5) 解压完成后,程序将检查必备软件,检查完成后,弹出重新启动计算机对话框,单击"是"按钮,如图 1.31 所示。

图 1.31 重新启动计算机对话框

(6) 安装程序初始化界面如图 1.32 所示。

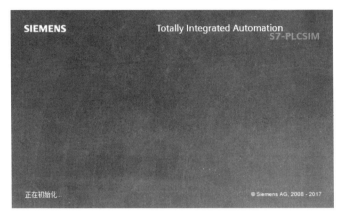

图 1.32 初始化界面

(7) 选择安装语言，如图 1.33 所示。软件提供了英语、德语、中文、法语、西班牙语及意大利语等 6 种安装语言，选择"安装语言：中文(H)"，单击"下一步(N)>"按钮。

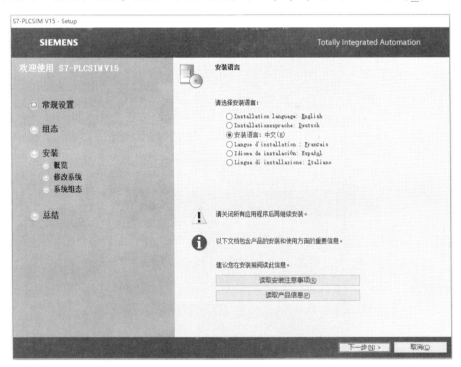

图 1.33 选择安装语言界面

(8) 选择产品语言，如图 1.34 所示。软件提供了英语、德语、中文、法语、西班牙语及意大利语等 6 种产品语言供选择，选择"中文(H)"，单击"下一步(N)>"按钮。

(9) 选择需要安装的软件，如图 1.35 所示，有"最小(M)""典型(T)""用户自定义(U)"三个选项可以选择，选择"典型(T)"，单击"下一步(N)>"按钮。

第 1 章 博途 V15 软件的安装与使用

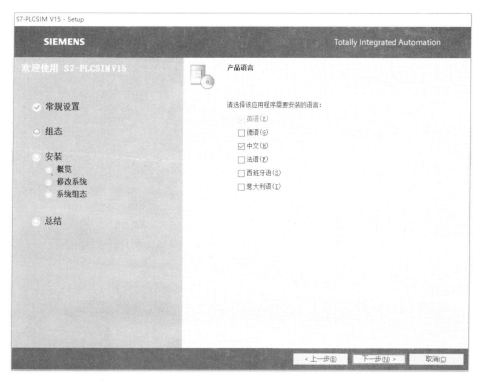

图 1.34 选择产品语言界面

图 1.35 选择需要安装的软件界面

（10）选择许可条款，如图1.36所示，勾选两个选项，同意许可条款，单击"下一步(N)>"按钮。

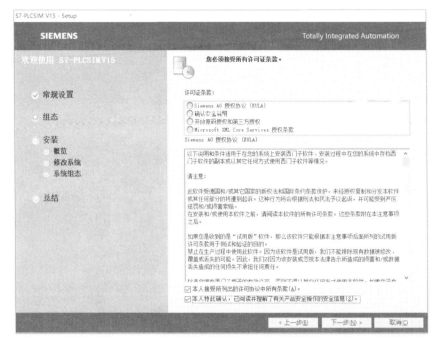

图1.36　选择许可条款界面

（11）"安全控制"界面如图1.37所示，勾选"我接受此计算机上的安全和权限设置(A)"，单击"下一步(N)>"按钮。

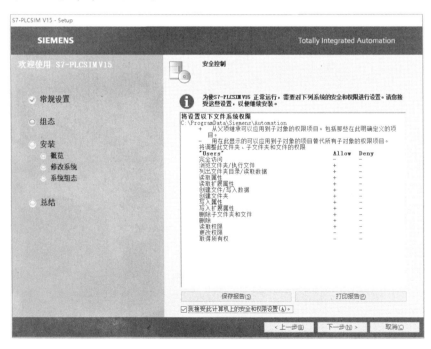

图1.37　"安全控制"界面

（12）概览与安装。图 1.38 是"概览"界面，显示产品配置、产品语言、软件的安装路径，单击"安装(I)"按钮后开始安装，安装界面如图 1.39 所示。安装时间较长，安装完成后，重新启动计算机，如图 1.40 所示。

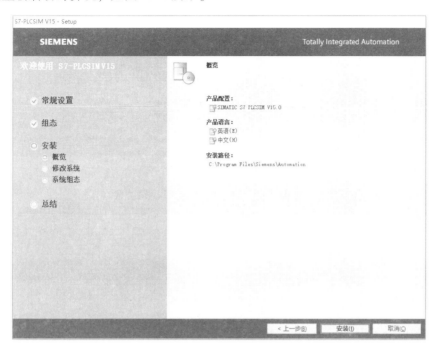

图 1.38 "概览"界面

图 1.39 安装界面

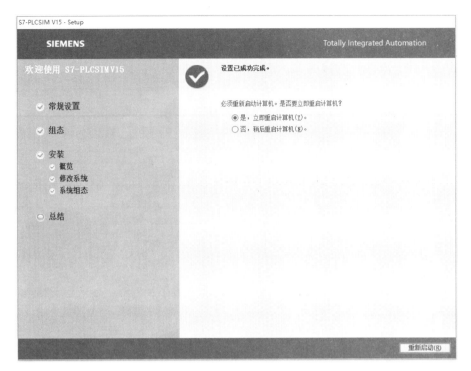

图 1.40　重新启动计算机界面

1.3　博途 V15 软件的使用入门

1.3.1　软件界面

1. Portal 视图

Portal 视图提供了面向任务的工具视图，可以快速确定要执行的操作或任务。如有必要，该视图会针对所选任务自动切换为项目视图。双击博途 V15 软件的快捷方式，即可看到 Portal 视图，如图 1.41 所示。Portal 视图功能说明如下。

（1）标号 1 为任务选项，为各个任务区提供基本功能，提供的任务选项取决于所安装的软件产品。

（2）标号 2 为所选任务选项对应的操作，提供在所选任务选项中可使用的操作，操作的内容会根据所选任务选项动态变化，可在每个任务选项中查看相关任务的帮助文件。

（3）标号 3 为操作选择面板，所有任务选项中都提供了操作选择面板，操作选择面板的内容取决于当前选择的操作。

（4）标号 4 为切换到项目视图，使用"项目视图"链接切换到项目视图。

2. 项目视图

项目视图是项目所有组件的结构化视图，如图 1.42 所示。

第 1 章 博途 V15 软件的安装与使用

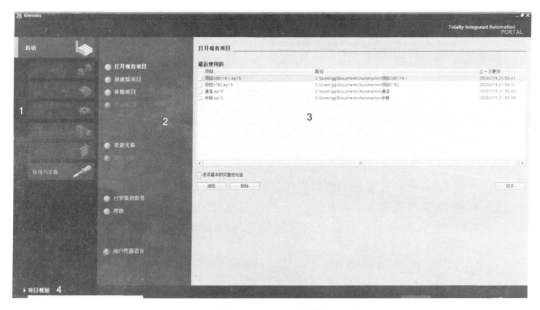

图 1.41 Portal 视图

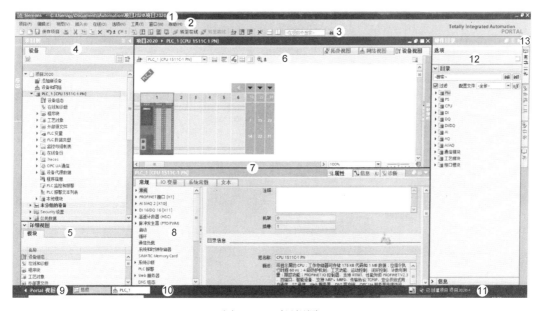

图 1.42 项目视图

项目视图的功能说明如下。

(1) 标号 1 为标题栏，显示项目名称。

(2) 标号 2 为菜单栏，包含工作所需的全部命令。

(3) 标号 3 为工具栏，提供常用命令的按钮，可以更快地访问"复制""粘贴""上传"等命令。

(4) 标号 4 为项目树，可以访问所有组件和项目数据。

(5) 标号 5 为详细视图，显示总览窗口或项目树中所选对象的特定内容，包含文本列表或变量。

（6）标号6为工作区，显示编辑对象。

（7）标号7为分隔线，分隔程序界面的各个组件，可使用分隔线上的箭头显示和隐藏用户界面的相邻部分。

（8）标号8为巡视窗口，所选对象或所执行操作的附加信息均显示在巡视窗口中。

（9）标号9为切换到视图，使用"Portal 视图"链接切换到 Portal 视图。

（10）标号10为编辑器栏，显示打开的编辑器，可在已打开元素间进行快速切换，如果打开的编辑器数量非常多，则可对类型相同的编辑器进行分组显示。

（11）标号11为带有进度显示的状态栏，显示当前正在后台运行的进度。

（12）标号12为硬件目录，显示西门子 PLC 的所有硬件。

（13）标号13为任务卡，根据所编辑对象或所选对象，提供用于执行附加操作的任务卡。

3. 项目树

使用项目树可以访问所有组件和项目，如图 1.43 所示。

图 1.43　项目树

第 1 章 博途 V15 软件的安装与使用

项目树的功能说明如下。

（1）标号 1 为标题栏，有一个按钮，可以自动■和手动◀折叠项目树。

（2）标号 2 为工具栏，用■按钮可以在项目树的工具栏中创建新的用户文件夹，用■按钮可以隐藏或显示标题，用■按钮可以最大化或最小化概览视图。

（3）标号 3 为项目，可以找到与项目相关的所有对象和操作，例如设备、公共数据、文档设置、语言和资源等。

（4）标号 4 为设备，项目中的每个设备都有一个单独的文件夹，属于该设备的对象和操作都排列在文件夹中。

（5）标号 5 为未分组的设备，项目中所有未分组的分布式 I/O 设备都包含在其中。

（6）标号 6 为 Security 设置，可以设置用户名和密码。

（7）标号 7 为公共数据，包含可跨多个设备使用的数据，例如公共消息类、日志和脚本。

（8）标号 8 为文档设置，指定项目文档的打印布局。

（9）标号 9 为语言和资源，确定项目语言和文本。

（10）标号 10 为在线访问，包含 PG/PC 的所有接口，可以通过"在线访问"查找可访问的设备。

（11）标号 11 为读卡器/USB 存储器，用于管理连接到 PG/PC 的所有读卡器和其他 USB 存储介质。

1.3.2 基本设置

用户可以进行个性化的基本设置，即在"项目视图"菜单栏中选择"选项"→"设置"→"常规"选项进行相关设置，如图 1.44 所示。下面主要介绍两项参数的基本设置方式。

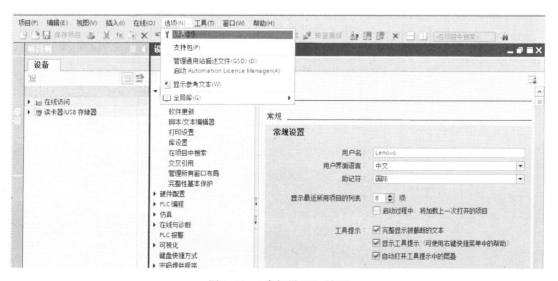

图 1.44 "常规设置"界面

1. 常规设置

在图 1.44 中,选择"常规设置"选项中的"用户界面语言"为"中文","助记符"为"国际"。若指定助记符为德语时,将使用德语助记符编程,如 E1.0;若采用国际语言编程,则使用国际助记符,如 I1.0。

2. 设置起始视图

设置"起始视图"界面如图 1.45 所示。

图 1.45 设置"起始视图"界面

1.3.3 创建新项目

双击 TIA Portal V15 的图标, 启动软件,软件界面包括"Portal 视图"和"项目视图",在两个视图界面中都可以创建新项目。

创建方法 1:在"Portal 视图"中,单击"创建新项目"选项,输入项目名称、路径和作者等信息(项目名称、作者支持中文),单击"创建"按钮,即可生成新项目,如图 1.46 所示。

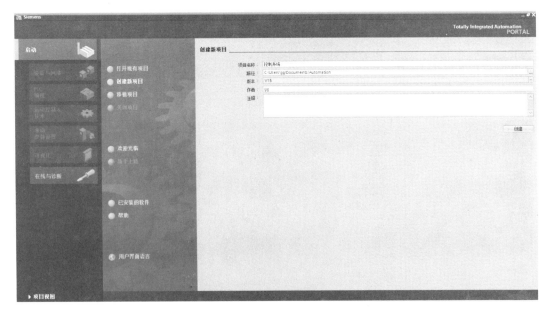

图 1.46 在"Portal 视图"中创建新项目

创建方法 2：在"项目视图"中，单击"项目"菜单，选择"新建"命令，弹出"创建新项目"对话框，同样输入项目名称、路径和作者等信息（项目名称、作者支持中文），单击"创建"按钮，生成新项目，如图 1.47 所示。

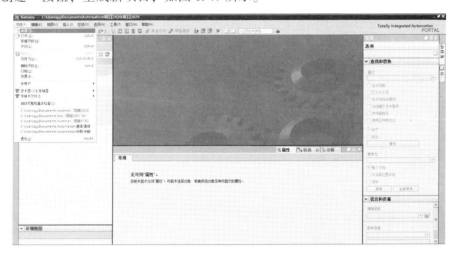

图 1.47　在"项目视图"中创建新项目

创建方法 3：在"项目视图"中，单击工具栏中的新建项目图标，弹出"创建新项目"对话框，输入项目名称、路径和作者等信息（项目名称、作者支持中文），单击"创建"按钮，生成新项目。

1.3.4　添加新设备

添加方法 1：在"Portal 视图"中创建新项目后，单击"组态设备"选项，如图 1.48 所示，弹出"添加新设备"界面，如图 1.49 所示，单击"添加新设备"，在右侧弹出新设备列表，如图 1.50 所示，选择 S7-1500→CPU 1511C-1 PN→6ES7 511-1CK01-0AB0，单击"添加"按钮，完成添加新设备。

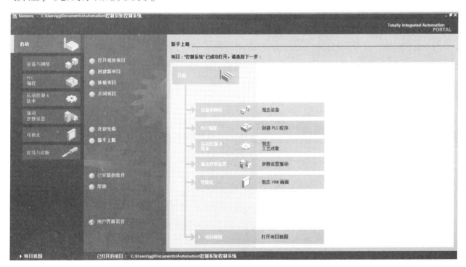

图 1.48　"组态设备"选项

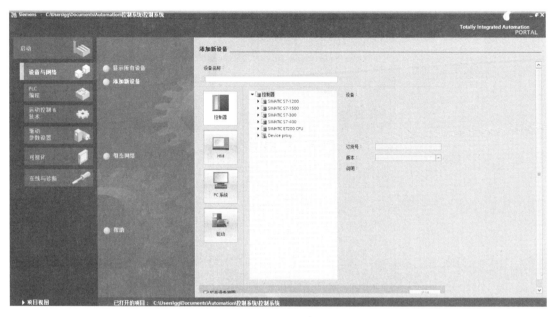

图1.49 "添加新设备"界面

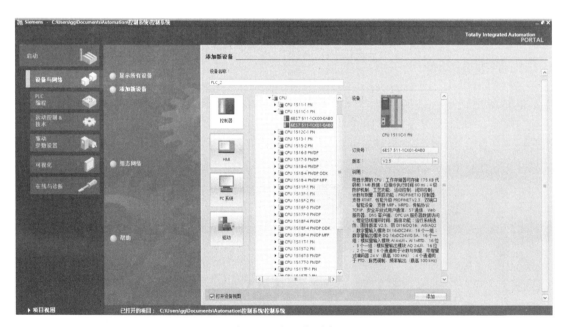

图1.50 新设备列表

添加方法2：在"项目视图"的"项目树"中，双击"添加新设备"选项，如图1.51所示，弹出新设备列表，选择S7-1500→CPU 1511C-1 PN→6E57 511-1CK01-0AB0"，单击"确定"按钮，完成添加新设备。

图1.51 在"项目视图"中添加新设备

1.3.5 项目保存与项目删除

1. 项目保存

方法1：在"项目视图"中，选择菜单栏中的"项目"选项，单击"保存"按钮，即可保存项目。

方法2：在"项目视图"中，选择工具栏中的保存按钮 保存项目，即可完成项目保存。

2. 项目删除

方法1：在"项目视图"中，选择菜单栏中的"项目"选项，单击"删除项目"按钮，弹出如图1.52所示的"删除项目"界面，选中要删除的项目，单击"删除"按钮，即可删除所选项目。

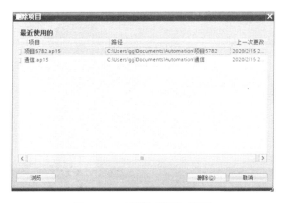

图1.52 "删除项目"界面

方法2：打开博途V15软件的项目存放目录，删除项目。

1.3.6 程序的编写

在博途V15软件中，主程序一般都编写在OB1组织块中，编写过程如下。

1. 新建项目

根据前面讲解的新建项目方法新建项目。

2. 打开程序输入界面

打开"项目视图",在"项目树"中单击 ▼ PLC_1 [CPU 1511C-1 PN] → ▶ 程序块, 双击 Main [OB1], 打开程序输入界面, 如图1.53所示。

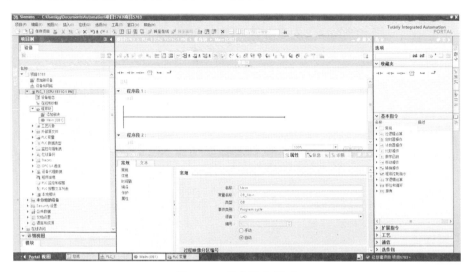

图1.53　程序输入界面

3. 输入主程序

单击常用工具栏中的常开触点 ⊣⊢ 不放,将其拖到"程序段1"的位置,直到出现 ,释放鼠标。采用同样的方法,单击线圈 ⊣()⊢ 不放,将其拖到"程序段1"的位置,直到出现 ,释放鼠标,如图1.54所示。单击常开触点上的红色问号,输入M0.5,单击线圈上的红色问号,输入Q0.0,如图1.55所示。

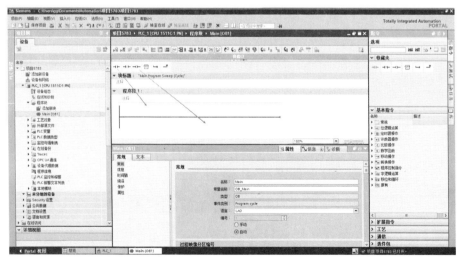

图1.54　画出常开触点和线圈

第1章 博途 V15 软件的安装与使用

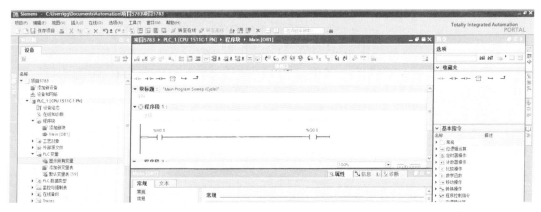

图 1.55　输入地址标识

4. 重命名变量

方法 1：右键单击 Q0.0，单击"重命名变量"选项，如图 1.56 所示，弹出"重命名变量"对话框，在"名称"栏中输入"LED"，单击"更改"按钮，即可将线圈 Q0.0 的变量名称改为"LED"，如图 1.57 所示。

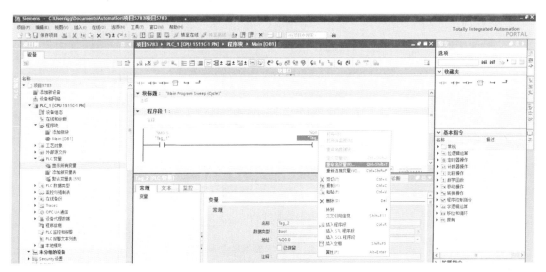

图 1.56　单击"重命名变量"选项

图 1.57　"重命名变量"对话框

方法 2：在"项目视图"的"项目树"中，单击"PLC 变量"→"显示所有变量"选项，弹出"PLC 变量"选项，在"名称"栏中将 Q0.0 改为"LED"，如图 1.58 所示。

5. 编写程序的常用快捷键

博途 V15 软件设置了快捷键，使用快捷键可以大大提高编写程序的速度。单击菜单栏

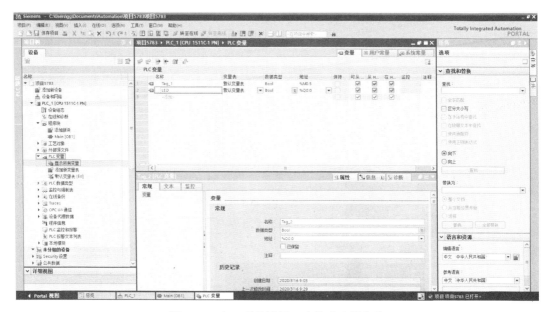

图 1.58　在"项目视图"中修改变量名称

中的"选项"→"设置"选项,在弹出的"设置"对话框中单击"键盘快捷方式",可以查看所有快捷键,如图 1.59 所示。常用快捷键的功能见表 1.3。

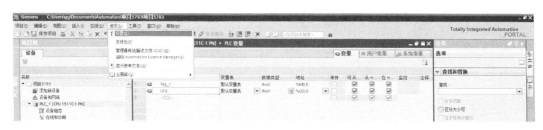

图 1.59　快捷键的查看方法

表 1.3　常用快捷键的功能

序　号	快　捷　键	功　能
1	Shift+F2	插入常开触点
2	Shift+F3	插入常闭触点
3	Shift+F5	插入空功能框
4	Shift+F7	插入线圈
5	Shift+F8	打开分支
6	Shift+F9	关闭分支
7	Ctrl+R	插入程序段
8	Ctrl+N	新增块
9	Alt+F11	展开所有程序段
10	Alt+F12	折叠所有程序段

1.3.7 下载与上传

1. 修改计算机的 IP 地址

程序的下载与上传要求 S7-1500 PLC 的 IP 地址与计算机的 IP 地址必须在同一网段上。S7-1500 PLC 出厂默认的 IP 地址为 192.168.0.1，需要修改计算机的 IP 地址，确保两者在同一网段，以 Windows 10 系统为例，具体修改过程如下。

打开计算机的"控制面板"，单击"网络和共享中心"→"更改适配器设置"选项，右键单击"以太网"后单击"属性"，在弹出的"以太网属性"界面中，双击"Internet 协议版本 4（TCP/IPv4）"，弹出"Internet 协议版本 4（TCP/IPv4）属性"界面，将 IP 地址修改为 192.168.0.100，子网掩码修改为 255.255.255.0，单击"确定"按钮，完成计算机 IP 地址的修改，如图 1.60 所示。

图 1.60 计算机 IP 地址的修改

2. 下载

将计算机与 S7-1500 PLC 用网线连接，通过下面三种方法下载程序。

方法 1：单击工具栏上的下载图标，如图 1.61 所示。

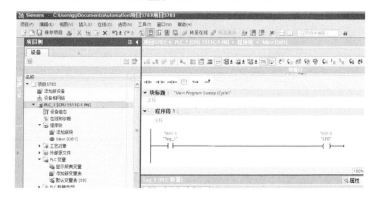

图 1.61 下载方法 1

方法 2：单击菜单栏上的"在线"→"下载到设备"选项，如图 1.62 所示。

图 1.62　下载方法 2

方法 3：在"项目视图"的"项目树"中，右键单击 ▼ [PLC_1 [CPU 1511C-1 PN/DP]，选择 下载到设备(L)，单击 硬件和软件（仅更改），如图 1.63 所示。

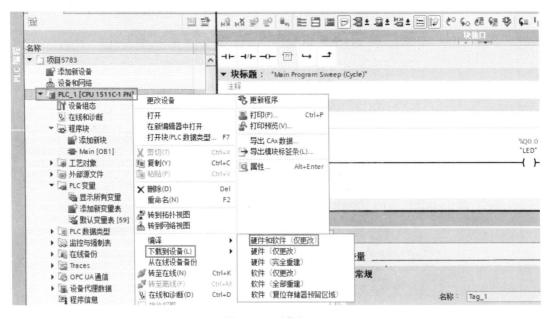

图 1.63　下载方法 3

下载程序后，弹出如图 1.64 所示的界面，选择"PG/PC 接口的类型"为"PN/IE"，"PG/PC 接口"为计算机的网卡型号。如果使用仿真软件进行项目仿真，则"PG/PC 接口"选择"PLCSIM"。单击"开始搜索"按钮，搜索到 S7-1500 PLC 后，单击"下载"按钮，弹出"下载结果"界面，单击"完成"按钮，如图 1.65 所示。

第 1 章　博途 V15 软件的安装与使用

图 1.64　"扩展的下载到设备"界面

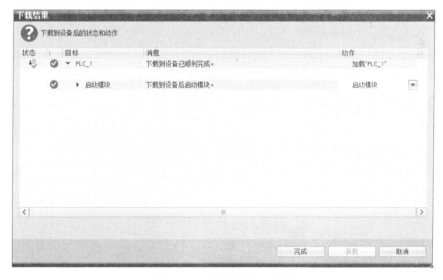

图 1.65　"下载结果"界面

3. 上传

上传是指将 S7-1500 PLC 中的程序读取到计算机中。上传与下载相对应，首先在工具栏中单击图标 ，然后选中项目站点，通过单击图标 进行上传，如图 1.66 所示，单击"从设备中上传"按钮，完成程序上传。

35

图 1.66　程序上传

1.3.8　打印与归档

1. 打印

创建项目后，为了便于查阅项目内容或以文档形式保存，可将项目内容打印成文档，打印对象可以是整个项目或项目中的单个对象。打印的文档有助于编辑项目及项目后期的维护和服务工作。打印的具体操作步骤如下。

（1）打开所要打印的项目，显示所要打印的内容。

（2）单击菜单栏上的"项目"→ 打印(P)... 选项，打开"打印"界面，如图1.67所示。

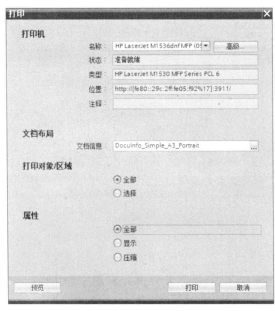

图 1.67　"打印"界面

(3) 在"打印"界面中可以设置打印选项（打印机、打印范围等），如图 1.68 所示。如果在打印机名称中选择"Microsoft XPS Document Writer"，再单击"打印"按钮，则可以生成 XPS 或 PDF 格式的文档，如图 1.69 所示。

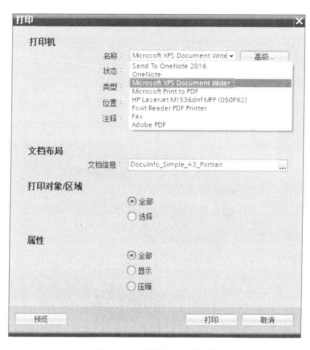

图 1.68　设置打印选项

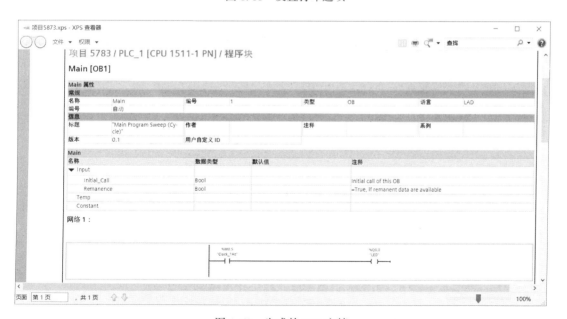

图 1.69　生成的 XPS 文档

2. 归档

如果一个项目的处理时间比较长，则可能会产生大量的文件，此时可以使用项目归档功能缩小文件的大小，便于将文件备份及通过可移动介质、电子邮件等方式传输。归档的步骤如下。

在"项目视图"中，单击菜单栏上的"项目"→归档(H)...选项，打开"归档设置"界面，如图1.70所示。单击"归档"按钮，可生成一个扩展名为ZAP13的压缩文件。

图 1.70 "归档设置"界面

【实例 1.1】创建控制一台电动机启动、保持、停止的项目。

(1) 新建项目。

打开博途 V15 软件新建项目，项目名称为 Motor Control（电动机控制），如图 1.71 所示。新建项目完成界面如图 1.72 所示。

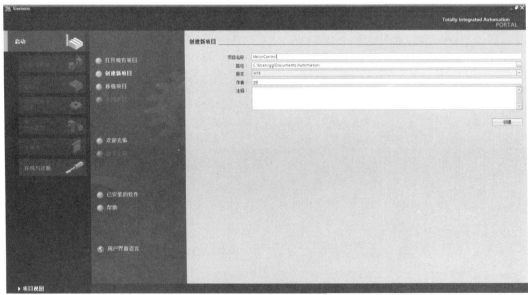

图 1.71 新建项目

(2) 添加新设备。

① 添加 CPU 设备。双击"添加新设备"选项，如图 1.73 所示，选择 CPU 1516F-3

第1章 博途V15软件的安装与使用

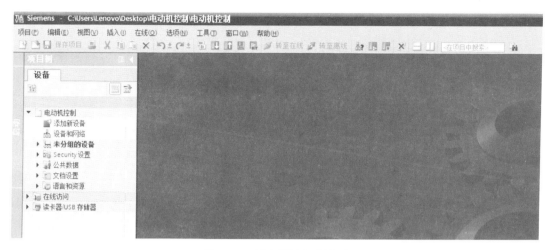

图1.72 新建项目完成界面

PN/DP，订货号6ES7 516-3FN01-0AB0，单击"确定"按钮，完成CPU的添加。图1.74为在"设备视图"中添加CPU设备。

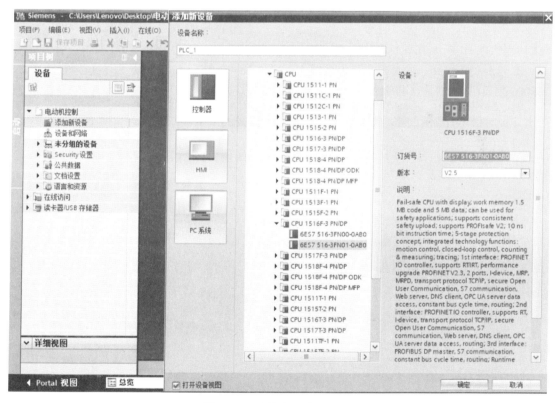

图1.73 "添加新设备"选项

② 添加DI模块。在如图1.75所示界面中，在"项目视图"的最右侧硬件目录中双击数字量输入模块DI 16×24VDC BA，订货号6ES7 521-1BH10-0AA0，会自动添加到机架的第

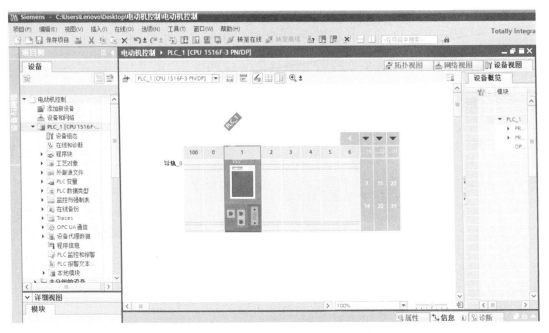

图 1.74 在"设备视图"中添加 CPU 设备

2 槽位,完成 DI 模块的添加。

③ 添加 DQ 模块。采用同样的办法将 DQ 模块 DQ 8×24VDC/2A HF,订货号 6ES7 522-1BF00-0AB0 添加到第 3 槽位,完成 DQ 模块的添加。

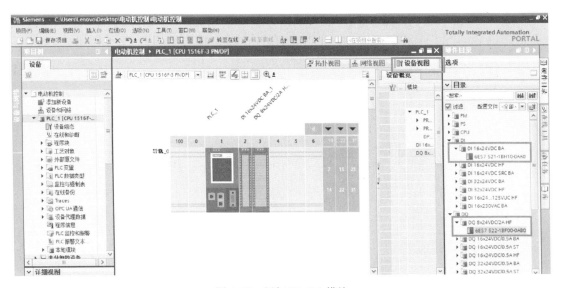

图 1.75 添加 DI/DQ 模块

(3) 编写程序。

编写并输入程序,如图 1.76 所示,将 I0.0 重命名变量"启动",I0.1 重命名变量"停止",Q0.0 重命名变量"电动机",如图 1.77 所示。

40

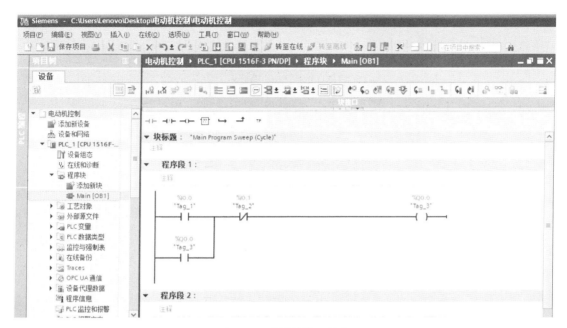

图1.76 编写并输入程序

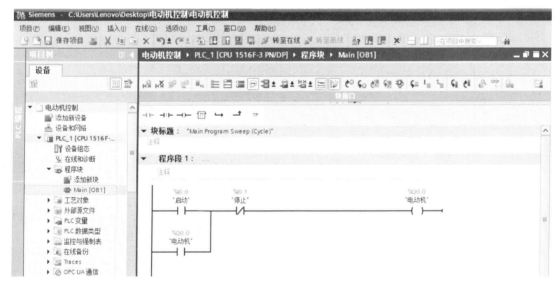

图1.77 重命名变量

(4) 项目下载。

在"项目视图"中,单击工具栏上的图标![],弹出如图1.78所示的界面,选择"PG/PC接口的类型"为"PN/IE","PG/PC接口"为计算机的网卡型号,单击"开始搜索"按钮,搜索到S7-1500 PLC设备后,单击"下载"按钮,弹出"下载结果"界面,单击"完成"按钮,如图1.79所示。

图 1.78　PG/PC 接口及其类型的设置

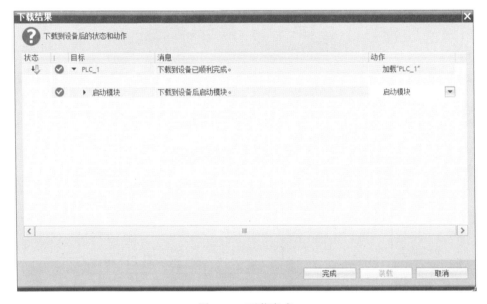

图 1.79　下载完成

(5) 程序监控。

在"项目视图"中,单击"转至在线"按钮,如图 1.80 所示的位置由灰色变为黄色,表明博途 V15 软件与 S7-1500 PLC 或仿真器处于在线状态。单击工具栏上的启用/禁用监视图标,程序中,连通部分的实线为绿色,没有连通部分的虚线为蓝色。

给 I0.0 启动信号(通/断电一次),线圈 Q0.0 得电,并自锁保持,在程序监控状态下,程序中未启动前的蓝色虚线变为启动后的绿色实线,表示能流接通。图 1.81 为启动状态界面。

第 1 章 博途 V15 软件的安装与使用

图 1.80 在线运行

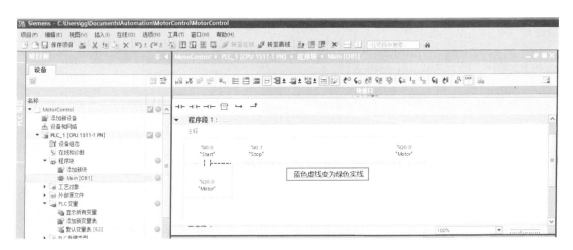

图 1.81 启动状态界面

第 2 章

西门子 S7-1500 PLC 的硬件

2.1 CPU 模块

2.1.1 CPU 模块的特点

SIMATIC S7-1500 PLC 是一种模块化的控制器，具有不同等级性能的 CPU，并配有功能众多、种类齐全的模块，能够在故障安全要求比较高的应用中使用故障安全型 CPU。模块化设计可以方便用户使用更多的模块对控制器进行扩充，以形成强大的控制系统。其表现出的工业适应性和技术特点如下。

（1）提供了丰富的通信功能。CPU 模块集成 PROFINET 接口可用于编程、HMI 通信及与 PLC 之间的通信，具有开放的以太网协议，支持第三方设备的通信，例如 CPU 1516-3 PN/DP 具有三个接口：两个接口用于 PROFINET 通信；一个接口用于 PROFIBUS 通信。

（2）具有便于操作的显示屏。SIMATIC S7-1500 PLC 的所有 CPU 均配有纯文本信息显示屏，可显示所有相连接模块的订货号、固件版本和序列号等信息，可直接修改 IP 地址和其他网络参数，无须使用编程设备。

（3）集成 Web 服务器，通过 Web 服务器可访问相关文件信息。

（4）具有灵活的硬件扩展能力。CPU 模块最多可以连接 8 个模块，最多支持 3 个 CP 或 CM 通信处理器和通信模块，支持分布式 I/O 系统。

（5）具有强大的集成工艺功能。

（6）具有跟踪功能，通过跟踪功能，可对程序进行故障诊断和优化。

（7）具有强大的集成系统诊断功能。系统诊断报警由系统自动生成，并显示在 PG/PC、触摸屏设备、Web 服务器或集成的显示屏上。CPU 模块处于 STOP 模式时，也会报告系统诊断信息。

（8）具有强大的集成信息安全功能，如专有技术保护、防拷贝保护、访问保护、完整性保护等。

2.1.2 CPU 模块的分类

SIMATIC S7-1500 PLC 具有不同等级性能的 CPU 模块，主要型号为 CPU 1511~CPU 1518。其性能按照型号由低到高逐渐增强。性能指标根据 CPU 模块的内存空间、计算速度、通信资源和编程资源等有所区别。常用 S7-1500 PLC 的 CPU 模块主要分为紧凑型、标准型、故障安全型、工艺型等。

1. 紧凑型

SIMATIC S7-1500 PLC 有两款紧凑型 CPU 模块，即 CPU 1511C-1 PN 和 CPU 1512C-1 PN，如图 2.1 所示。紧凑型 CPU 模块集成了模拟量和数字量 I/O 及大量的工艺功能，具有以下特点：集成自带交换机功能的 PROFINET 端口，可以作为 IO 控制器带高达 128 个 IO 设备；支持 IDevice、IRT、MRP、PROFIenergy、Option handing 等功能；支持开放式以太网通信（TCP/IP、UDP、ISO-on-TCP）；集成 Web 服务器；集成 Trace、运动控制、闭环控制等功能。紧凑型 CPU 模块的技术参数见表 2.1。

（a）CPU 1511C-1 PN　　　　（b）CPU 1512C-1 PN

图 2.1 紧凑型 CPU 模块的实物外形

表 2.1 紧凑型 CPU 模块的技术参数

型号	CPU 1511C-1 PN	CPU 1512C-1 PN
订货号	6ES7 511-1CK00-0AB0	6ES7 512-1CK00-0AB0
电源电压（上限~下限）	DC 24V (19.2~28.8V)	
PROFINET 接口	X1	
扩展通信模块 CM/CP 数量	最多 4 个	最多 6 个
最大连接资源数（个）	96	128
预留连接资源数（个）	10	
S7 路由连接资源数（个）	16	
PROFINET 接口 X1 支持的功能	等时同步、RT、IRT、PROFIenergy、优先化启动	
X1 作为 PROFINET IO 控制器支持的功能	RT、IRT、PROFIenergy、共享设备	
可连接 I/O 设备的最大数量（个）	128	

2. 标准型

SIMATIC S7-1500 PLC 标准型 CPU 模块的主要型号有 CPU 1511-1 PN、CPU 1513-1

PN、CPU 1515-2 PN、CPU 1516-3 PN/DP、CPU 1517-3 PN/DP 和 CPU 1518-4 PN/DP（ODK/MFP）等，如图 2.2 所示。标准型 CPU 模块的技术参数 1 见表 2.2。标准型 CPU 模块的技术参数 2 见表 2.3。

图 2.2　标准型 CPU 模块的实物外形

表 2.2　标准型 CPU 模块的技术参数 1

型号	CPU 1511-1 PN	CPU 1513-1 PN	CPU 1515-2 PN
订货号	6ES7 511-1AK01-0AB0	6ES7 513-1AL01-0AB0	6ES7 515-2AM01-0AB0
PROFINET 接口，100Mbps，集成 2 端口交换机	X1		
PROFINET 接口，100Mbps	—	—	X2
扩展通信模块 CM/CP 数量	最多 4 个	最多 6 个	最多 8 个
最大连接资源数	96 个	128 个	192 个
接口 X1 支持的功能	PROFINET IO 控制器，PROFINET IO 设备，SIMATIC 通信，开放式 IE 通信，Web 服务器，MRP，MRPD		
接口 X2 支持的功能	PROFINET IO 控制器，PROFINET IO 设备，SIMATIC 通信，开放式 IE 通信，Web 服务器		
X1 作为 PROFINET IO 控制器支持的功能	等时同步，RT，IRT，PROFIenergy，优先化启动		
可连接 I/O 设备的最大数量（个）	128		256
X1 作为 PROFINET IO 设备支持的功能	RT，IRT，MRP，PROFIenergy，共享设备		
共享设备的最大 I/O 控制器数（个）	4		
X2 作为 PROFINET IO 控制器支持的功能	—	—	RT，PROFIenergy
可连接 I/O 设备的最大数量（个）	—	—	32
X2 作为 PROFINET IO 设备支持的功能	—	—	RT，PROFIenergy，共享设备
共享设备的最大 I/O 控制器数（个）	—	—	4

第2章 西门子 S7-1500 PLC 的硬件

表 2.3 标准型 CPU 模块的技术参数 2

型号	CPU 1516-3 PN/DP	CPU 1517-3 PN/DP	CPU 1518-4 PN/DP
订货号	6ES7 516-3AN01-0AB0	6ES7 517-3AP00-0AB0	6ES7 518-4AP00-0AB0
PROFINET 接口，100Mbps，集成 2 端口交换机	X1	X1	X1
PROFINET 接口，100Mbps	X2	X2	X2
PROFINET 接口，1000Mbps	—	—	X3
PROFIBUS 接口，最高 12Mbps	X3	X3	X4
扩展通信模块 CM/CP 数量	最多 8 个	最多 8 个	最多 8 个
最大连接资源数	256 个	320 个	384 个
接口 X1 支持的功能	PROFINET IO 控制器，PROFINET IO 设备，SIMATIC 通信，开放式 IE 通信，Web 服务器，MRP，MRPD		
接口 X2 支持的功能	PROFINET IO 控制器，PROFINET IO 设备，SIMATIC 通信，开放式 IE 通信，Web 服务器		
接口 X3 支持的功能	SIMATIC 通信，开放式 IE 通信，Web 服务器		
X1 作为 PROFINET IO 控制器支持的功能	等时同步，RT，IRT，PROFIenergy，优先化启动		
可连接 I/O 设备的最大数量	256 个	512 个	512 个
X1 作为 PROFINET IO 设备支持的功能	RT，IRT，PROFIenergy，共享设备		
共享设备的最大 IO 控制器数	4 个		
X2 作为 PROFINET IO 控制器支持的功能	RT，PROFIenergy		
可连接 I/O 设备的最大数量	32 个	128 个	128 个
X2 作为 PROFINET IO 设备支持的功能	RT，PROFIenergy，共享设备		
共享设备的最大 IO 控制器数	4 个		
CPU 集成的 PROFIBUS 接口	X3 仅支持主站	X3 仅支持主站	X4 仅支持主站
可连接 I/O 设备的最大数量	125 个		

3. 故障安全型

故障安全型 CPU 模块在设备发生故障时能够确保控制系统切换到安全模式，可对用户程序编码进行可靠性校验。故障安全控制系统，除要求 CPU 模块具有故障安全功能外，还要求输入、输出模块及 PROFIBUS/PROFINET 通信模块都具有故障安全功能。

S7-1500 PLC 常用的故障安全型 CPU 模块（F 系统控制器）主要有 CPU 1511F-1 PN、CPU 1513F-1 PN、CPU 1515F-2 PN、CPU 1516F-3 PN/DP、CPU 1517F-3 PN/DP 和 CPU 1518F-4 PN/DP（ODK＼MFP）等，实物外形如图 2.3 所示。

4. 工艺型

S7-1500 PLC 工艺型 CPU 模块无缝扩展了中高级 PLC 的产品线，在标准型/故障安全型

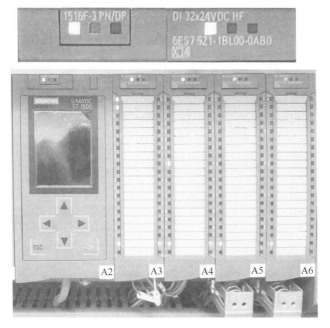

图 2.3 故障安全型 CPU 模块的实物外形

CPU 模块的基础上,能够实现更多的运动控制功能,根据对工艺对象数量和性能的要求,可选择不同等级的工艺型 CPU 模块。目前常用的类型主要有 CPU 1511T-1 PN、CPU 1511TF-1 PN、CPU 1515T-2 PN、CPU 1515TF-1 PN、CPU 1517T-3 PN/DP、CPU 1517TF-3 PN/DP 等,实物外形如图 2.4 所示。

图 2.4 工艺型 CPU 模块的实物外形

2.1.3　CPU 1516F-3 PN/DP 模块

1. 操作显示屏

CPU 1516F-3 PN/DP 模块集成一个由显示屏和操作控制键构成的操作显示屏,可以显

第 2 章　西门子 S7-1500 PLC 的硬件

示不同菜单中的控制信息或状态信息，可以进行多种不同的设置及菜单之间的切换。操作显示屏面板如图 2.5 所示。

（1）指示当前操作模式和诊断状态的 LED 指示灯

CPU 1516F-3 PN/DP 模块操作显示屏面板上配有三个 LED 指示灯，分别为停止/运行（RUN/STOP）指示灯（双色 LED：绿/黄）、故障（ERROR）指示灯（单色 LED：红）和维护（MAINT）指示灯（单色 LED：黄），用于指示当前的操作模式和诊断状态。表 2.4 列出了 RUN/STOP、ERROR 和 MAINT LED 指示灯各种颜色组合的含义。

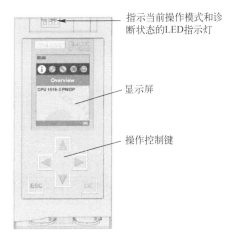

图 2.5　操作显示屏面板

表 2.4　RUN/STOP、ERROR 和 MAINT LED 指示灯各种颜色组合的含义

RUN/STOP LED 指示灯	ERROR LED 指示灯	MAINT LED 指示灯	含　　义
LED 指示灯熄灭	LED 指示灯熄灭	LED 指示灯熄灭	CPU 电源缺失或不足
LED 指示灯熄灭	LED 指示灯红色闪烁	LED 指示灯熄灭	发生错误
LED 指示灯绿色点亮	LED 指示灯熄灭	LED 指示灯熄灭	CPU 处于 RUN 模式
LED 指示灯绿色点亮	LED 指示灯红色闪烁	LED 指示灯熄灭	诊断事件未决
LED 指示灯绿色点亮	LED 指示灯熄灭	LED 指示灯黄色点亮	设备要求维护
			激活强制作业
			PROFIenergy 暂停
LED 指示灯绿色点亮	LED 指示灯熄灭	LED 指示灯黄色闪烁	设备要求维护
			组态错误
LED 指示灯黄色点亮	LED 指示灯熄灭	LED 指示灯黄色闪烁	固件更新已成功完成
LED 指示灯黄色点亮	LED 指示灯熄灭	LED 指示灯熄灭	CPU 处于 STOP 模式
LED 指示灯黄色点亮	LED 指示灯红色闪烁	LED 指示灯黄色闪烁	SIMATIC 存储卡中的程序出错
			CPU 故障
LED 指示灯黄色闪烁	LED 指示灯熄灭	LED 指示灯熄灭	CPU 在 STOP 模式下执行内部活动
			从 SIMATIC 存储卡中下载用户程序

续表

RUN/STOP LED 指示灯	ERROR LED 指示灯	MAINT LED 指示灯	含　义
LED 指示灯黄色/绿色闪烁	LED 指示灯熄灭	LED 指示灯熄灭	启动（从 RUN 转为 STOP）
LED 指示灯黄色/绿色闪烁	LED 指示灯红色闪烁	LED 指示灯黄色闪烁	启动（CPU 正在启动） 启动、插入模块时测试 LED 指示灯 LED 指示灯闪烁测试

（2）显示屏

CPU 1516F-3 PN/DP 模块有两种操作显示屏，如图 2.6 所示：3.4 英寸显示屏和 1.36 英寸显示屏。

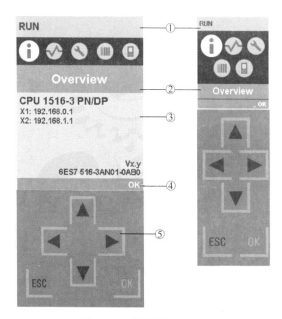

图 2.6　两种操作显示屏

图中，①状态信息显示区，状态信息见表 2.5；②主菜单，其含义见表 2.6，进入菜单后，可以对各个选项进行查看和设置，选项上带有指示图标，图标含义见表 2.7；③数据显示域；④导航帮助，例如确定/退出或页码；⑤控制键。

表 2.5　状态信息

颜色和图标	含　义
绿色	RUN
橙色	STOP 或固件更新
红色	FAULT
白色	CPU 和显示屏之间建立了连接

续表

颜色和图标	含 义
🔒	组态有保护等级
⚠	CPU 中至少激活了一个中断 CPU 中未插入 SIMATIC 存储卡 受专有技术保护块的序列号与 CPU 或 SIMATIC 存储卡的序列号不匹配 用户程序未加载
F	CPU 中激活了强制作业
⊙	F 功能已激活。安全操作已激活（故障安全型 CPU） 禁用安全模式时，该符号将显示灰色
═	适用于故障安全型 CPU

表 2.6 主菜单含义

图标	名称	描述
i	概览	"概览"（Overview）菜单包括有关 CPU 和插入 SIMATIC 存储卡属性的信息及有关是否有专有技术保护或是否连接有序列号的信息。对于 F-CPU，将会显示安全模式的状态及 F-CPU 中的最后更改日期
⟍	诊断	"诊断"（Diagnostics）菜单包括显示诊断消息、读/写访问强制表和监控表、显示循环时间、显示 CPU 存储器使用情况、显示中断
🔧	设置	在"设置"（Settings）菜单中，用户可以指定 CPU 的 IP 地址和 PROFINET 设备名称，设置每个 CPU 接口的网络属性，设置日期、时间、时区、操作模式（RUN/STOP）和保护等级。通过显示密码禁用/启用显示，复位 CPU 存储器，复位为出厂模式格式化 SIMATIC 存储卡，删除用户程序，通过 SIMATIC 存储卡，备份和恢复 CPU 组态，查看固件更新状态
▥	模块	"模块"（Modules）菜单包含有关组态中使用的集中式和分布式模块的信息。外围模块可通过 PROFINET 和/或 PROFIBUS 连接到 CPU，可再次设置 CPU 或 CP/CM 的 IP 地址，可显示 F 模块的故障安全参数
📱	显示屏	在"显示"（Display）菜单中，可组态显示屏的相关设置，例如语言设置、亮度和省电模式。省电模式将使显示屏变暗。待机模式选择器将显示屏关闭

表 2.7 图标含义

图标	含 义
✏	可编辑的菜单项
◉	再次选择所需语言
⚠	消息位于下一页
❗	下一页下方存在错误消息
✕	标记的模块不可访问
▶	浏览到下一页
↕	在编辑模式中，可使用两个箭头键进行选择；通过向下/向上选择编辑位置或选择所需的数字/选项
✥	在编辑模式中，可使用四个箭头进行选择；通过向下/向上跳转到选定位置或选择所需的数字，通过向左/向右选择向前或向后跳一个格
✉	报警尚未确认
✉	报警已确认

(3) 操作控制键

在如图 2.6 所示的操作显示屏上有 4 个方向的箭头按钮，分别为上、下、左、右，用于选择菜单和设置，如果按住一个箭头按钮 2s，将生成一个自动滚动功能。OK 键和 ESC 键用于确认和退出。

提示：显示屏处于省电模式或待机模式时，可通过按任何键退出，按住 ESC 键 3s，可跳到主页面。

【实例 2.1】通过显示屏分配 IP 地址和子网掩码。

【操作步骤】

(1) 浏览"设置"（Settings）选项。
(2) 选择"地址"（Addresses）选项。
(3) 选择接口"X1（IE/PN）"选项。
(4) 选择菜单项"IP 地址"（IP Addresses）选项。
(5) 设置 IP 地址 192.168.0.10。
(6) 按"右"箭头键。
(7) 设置子网掩码 255.255.255.0。
(8) 按"下"箭头键选择菜单项"应用"（Apply），单击"确定"（OK）按钮确认设置。

至此，接口"X1(IE/PN)"的 IP 地址和子网掩码设置完成。

2. 操作模式

(1) 使用模式选择开关切换 CPU 的运行状态

通过 CPU 模式选择开关可选择 RUN、STOP 和 MRES 三种运行状态，如图 2.7 所示。模式选择开关的含义和说明见表 2.8。

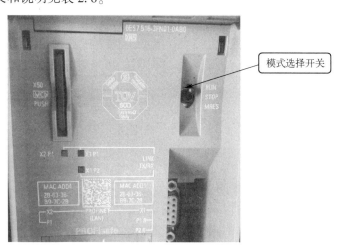

图 2.7 模式选择开关

表 2.8 模式选择开关的含义和说明

位 置	含 义	说 明
RUN	运行模式	在 RUN 模式下，将循环执行用户程序、响应中断程序和故障信息的处理程序，在每个程序周期内，将自动更新过程映像中的地址

续表

位 置	含 义	说　　明
STOP	停止模式	在 STOP 模式下，CPU 不执行用户程序，将检测所有模块是否满足启动条件；如果 CPU 由运行模式切换到停止模式，则根据相应模块的参数设置，禁用或响应所有输出。例如，在模块组态中设置响应 STOP 模式时，将按照模块参数中所设置的替换值或保持上一个值输出，可控制过程保持在安全操作模式
MRES	存储器复位	只能在 STOP 模式下执行存储器复位。存储器复位是对 CPU 的数据进行初始化，恢复到初始状态：断开 PG/PC 和 CPU 之间的现有在线连接；工作存储器中的内容及保持性和非保持性数据被删除；诊断缓冲区、时间、IP 地址被保留；通过已装载的项目数据（硬件配置、代码块和数据块及强制作业）进行初始化，将数据从装载内存复制到工作存储器

提示：使用模式选择开关选择存储器复位时应按照下列步骤操作：

① 将模式选择开关扳到 STOP 位置，RUN/STOP 的 LED 指示灯点亮，为黄色。

② 将模式选择开关扳到 MRES 位置，保持约 3s（该位置不能保持，需要用手按住），直至 RUN/STOP 的 LED 黄色指示灯第二次点亮并保持在点亮状态（约 3s），松开模式选择开关自动回到 STOP 位置。

③ 再一次将模式选择开关从 STOP 位置扳到 MRES 位置，然后重新返回到 STOP 模式（此动作过程在 3s 内完成）。至此，CPU 开始执行存储器复位，在复位过程中，RUN/STOP 的 LED 指示灯闪烁（黄色），当不闪烁时，表示 CPU 存储器复位结束。

（2）使用显示屏切换 CPU 的运行状态

通过 CPU 显示屏中的"设置"功能来切换 RUN、STOP 和 MRES 三种运行状态。

（3）使用博途 V15 软件中的 CPU 操作面板切换 CPU 的运行状态，如图 2.8 所示

图 2.8　博途 V15 软件中的"CPU 操作面板"

3. 不带显示屏的前面板及连接元器件

图 2.9 为不带显示屏 CPU 1516F-3 PN/DP 模块的前面板及主要连接元器件。

4. 背面的连接元器件

图 2.10 为 CPU 1516F-3 PN/DP 模块背面的连接元器件。

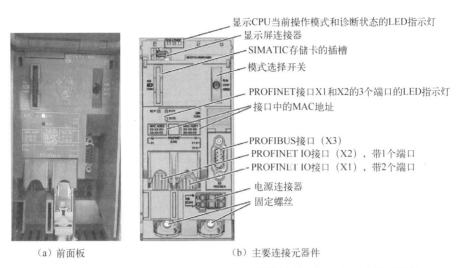

(a) 前面板　　　(b) 主要连接元器件

图 2.9　不带显示屏 CPU 1516F-3 PN/DP 模块的前面板及主要连接元器件

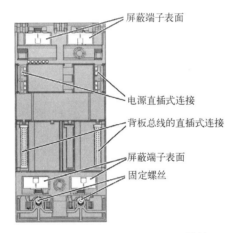

图 2.10　CPU 1516F-3 PN/DP 模块背面的连接元器件

5. 接口端子

（1）电源连接器及接线

标准 S7-1500 CPU 模块的供电电源为 24V 直流电压。电源连接器和电源引脚分配如图 2.11 所示。图中，①、④是+24V 直流电源电压，导线颜色为红色或橙色，导线截面积建议 1.5mm^2；②、③是电源电压负极，导线颜色为蓝色，导线截面积建议 1.5mm^2；⑤是开簧器（每个端子均有一个开簧器）。电源接线步骤：①拔出 4 孔连接插头（位于 CPU 模块的底部）；②打开开簧器，分别把红、蓝导线接入电源连接器，注意电源极性；③检查无误后，插回连接插座，如图 2.12 所示。如果 CPU 通过系统 PS 电源供电，则无需连接 24V 电源电压。

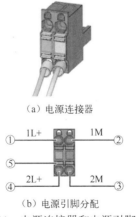

(a) 电源连接器

① 1L+　　1M ②
⑤
④ 2L+　　2M ③

(b) 电源引脚分配

图 2.11　电源连接器和电源引脚分配

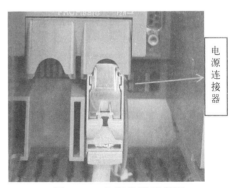

图 2.12　电源接线示意图

(2) PROFINET 接口 X1

PROFINET 接口 X1 带双端口交换机（X1P1R 和 X1P2R），基于 RJ45 插头的以太网标准。每个端口都配有一个 LINK RX/TX LED 指示灯。LINK RX/TX LED 指示灯的含义见表 2.9。PROFINET 接口 X1 除了具有支持 HMI 通信，可与组态系统、上位网络（骨干网、路由器、Internet）或其他设备或自动化单元进行数据通信等基本功能之外，还支持 PROFINET IO RT（实时）和 IRT（等时同步实时）功能，可组态 PROFINET IO 通信或实时设置。

表 2.9　LINK RX/TX LED 指示灯的含义

LINK RX/TX LED 指示灯	含　义
LED 指示灯熄灭	PROFINET 设备的 PROFINET 接口与通信伙伴之间没有以太网连接。当前未通过 PROFINET 接口收发任何数据。无 LINK 连接
LED 指示灯绿色闪烁	正在执行"LED 指示灯闪烁测试"
LED 指示灯绿色点亮	PROFINET 设备的 PROFINET 接口与通信伙伴之间进行以太网连接
LED 指示灯黄色点亮	当前正在通过 PROFINET 设备的 PROFINET 接口向以太网上的通信伙伴发送/接收数据

(3) PROFINET 接口 X2

PROFINET 接口 X2 带 1 个端口（X2 P1），基于 RJ45 插头的以太网标准。

(4) PROFIBUS 接口 X3

PROFIBUS 接口 X3 用于连接 PROFIBUS 网络。

2.1.4　CPU 存储器

CPU 存储器主要可分为内部集成的工作存储器、保持性存储器、其他存储区和装载存储器。CPU 存储器的分布示意图如图 2.13 所示。CPU 存储器的使用情况可通过博途 V15 软件、CPU 显示屏和 WEB 服务器等查看。图 2.14 是通过博途 V15 软件"项目树"下的"程序信息"→"资源"选项卡来查看 CPU 存储器的使用情况。

1. 工作存储器

工作存储器是易失性存储器，用于存储用户程序代码和数据块，集成在 CPU 中，不能扩展。在 CPU 中，工作存储器可划分为以下两个区域：

(1) 代码工作存储器：保存与运行相关的程序代码部分（如 FC、FB、OB）。

(2) 数据工作存储器：保存 DB 数据块和工艺对象中与运行相关的部分。

2. 保持性存储器

保持性存储器是非易失性存储器，用于在发生电源故障时保存有限数量的数据。这些数据必须预先定义为具有保持功能，例如整个 DB 模块、DB 数据块中的部分数据（优化数据块）、位存储器 M 区、定时器和计数器等。

3. 其他存储区

其他存储区包括位存储器、定时器和计数器、本地临时数据区及过程映像。这些存储区的大小与 CPU 的类型有关。

图 2.13 CPU 存储器的分布示意图

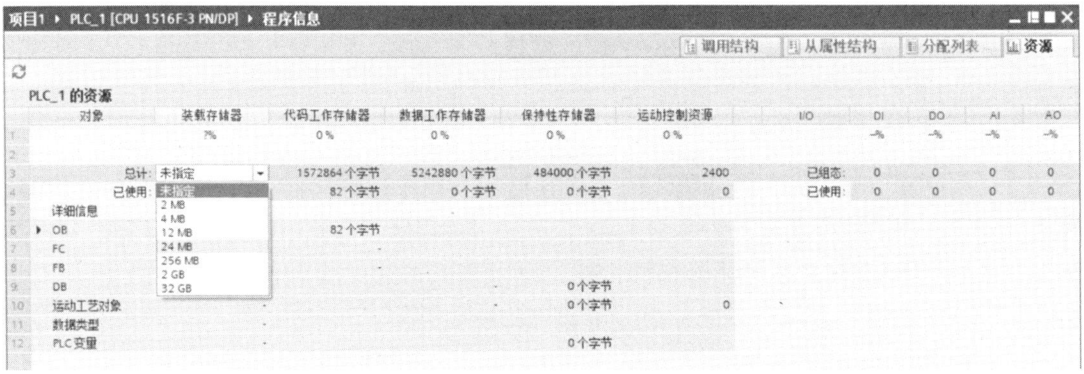

图 2.14 查看 CPU 存储器的使用情况

4. 装载存储器

外插 SIMATIC 存储卡又称装载存储器。存储卡是非易失性存储器，用于存储代码块、数据块、工艺对象和硬件配置等，当使用 CPU 时，必须插入存储卡。在博途 V15 软件中建立的项目数据，首先下载到 CPU 的装载存储器中，然后复制到工作存储器中运行。由于 SIMATIC 存储卡存储了变量的符号、注释信息及 PLC 数据类型等，所以需要的存储空间远大于工作存储器。

图 2.15 是 SIMATIC 存储卡。SIMATIC 存储卡中的文件夹及其描述见表 2.10。常用 SIMATIC 存储卡的技术规格见表 2.11。

第 2 章 西门子 S7-1500 PLC 的硬件

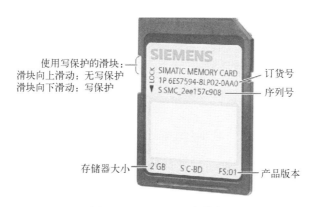

图 2.15 SIMATIC 存储卡

表 2.10 SIMATIC 存储卡中的文件夹及其描述

文 件 夹	描 述
FWUPDATE.S7S	CPU 和 I/O 模块的固件更新文件
SIMATIC.S7S	用户程序［所有块（OB、FC、FB、DB）和系统块］和 CPU 中的项目数据
SIMATIC.HMI	与 HMI 相关的数据
数据日志	数据日志文件
配方	配方文件
备份	使用显示屏备份和恢复文件

表 2.11 常用 SIMATIC 存储卡的技术规格

存 储 容 量	订货号	最大写入/删除次数
4MB	6ES7 954-8LCxx-0AA0	500000
12MB	6ES7 954-8LExx-0AA0	500000
24MB	6ES7 954-8LFxx-0AA0	500000
256MB	6ES7 954-8LL02-0AA0	200000
2GB	6ES7 954-8LP01-0AA0	100000
2GB	6ES7 954-8LP02-0AA0	60000
32GB	6ES7 954-8LT02-0AA0	50000

【实例 2.2】使用 CPU 显示屏格式化 SIMATIC 存储卡。
【操作步骤】
(1) 将 SIMATIC 存储卡插入 CPU 中。
(2) 在 CPU 显示屏上选择"设置"→"卡功能"→"格式化卡"选项。
(3) 单击"确定"按钮。
至此，SIMATIC 存储卡被格式化，CPU 中除了 IP 地址之外的数据均被删除。

2.1.5 紧凑型 CPU 模块

S7-1500 PLC 有两款紧凑型 CPU 模块，分别是 CPU 1511C-1 PN 和 CPU 1512C-1 PN。

1. CPU 1511C-1 PN

CPU 1511C-1 PN 模块由 CPU 部件、板载模拟量 I/O 模块和板载数字量 I/O 模块组成，如图 2.16 所示。因此，在 TIA 博途软件中组态时，紧凑型 CPU 需要占用一个共享插槽（插槽 1）。

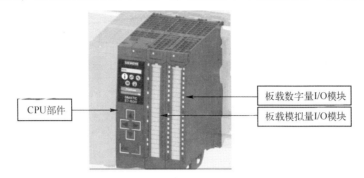

图 2.16　CPU 1511C-1 PN 模块实物图

（1）CPU 1511C-1 PN 模块的前面板如图 2.17 所示。

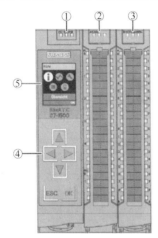

①：指示 CPU 当前操作模式和诊断状态的 LED 指示灯。
②：板载模拟量 I/O 的状态和错误指示灯 RUN/ERROR。
③：板载数字量 I/O 的状态和错误指示灯 RUN/ERROR。
④：控制键。
⑤：显示屏。

图 2.17　CPU 1511C-1 PN 模块的前面板

（2）打开前盖板，CPU 1511C-1 PN 模块的视图如图 2.18 所示。

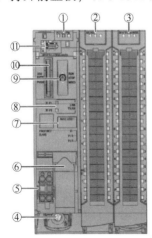

①：指示 CPU 当前操作模式和诊断状态的 LED 指示灯。
②：板载模拟量 I/O 的状态和错误指示灯 RUN/ERROR。
③：板载数字量 I/O 的状态和错误指示灯 RUN/ERROR。
④：紧固螺钉。
⑤：电源电压接口。
⑥：PROFINET 接口（X1），带双端口（X1 P1 和 X1 P2）。
⑦：MAC 地址。
⑧：PROFINET 接口 X1 上双端口（X1 P1 和 X1 P2）的 LED 指示灯。
⑨：模式选择器。
⑩：SIMATIC 存储卡插槽。
⑪：显示屏接口。

图 2.18　不带前盖板的 CPU 1511C-1 PN 模块视图

(3) CPU 1511C-1 PN 模块背面视图如图 2.19 所示。

(4) 指示灯如图 2.20 所示，RUN/ERROR LED 指示灯的含义和补救措施见表 2.12，CH*X* 状态指示灯的含义和补救措施见表 2.13。

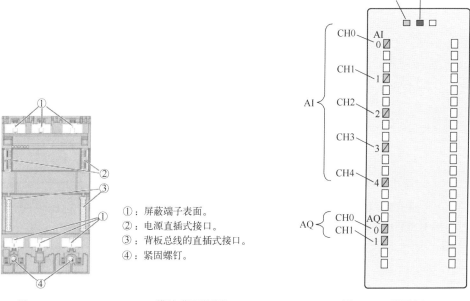

①：屏蔽端子表面。
②：电源直插式接口。
③：背板总线的直插式接口。
④：紧固螺钉。

图 2.19　CPU i511C-1 PN 模块背面视图　　　　图 2.20　指示灯

表 2.12　RUN/ERROR LED 指示灯的含义和补救措施

LED 指示灯		含　义	补救措施
RUN	ERROR		
灭	灭	电源缺失或过低	接通 CPU 和/或系统电源模块
闪烁	灭	板载模拟量 I/O 启动，在分配有效参数前一直闪烁	—
亮	灭	板载模拟量 I/O 已完成参数配置	—
亮	闪烁	指示模块错误（至少一个通道错误，如断路）	评估诊断信息并消除该错误

表 2.13　CH*X* LED 指示灯的含义和补救措施

CH*X* LED 指示灯	含　义	补救措施
灭	禁用通道	—
亮	通道参数已设置且设置正确	—
亮	通道参数已设置，但通道错误，诊断报警	检查接线，禁用诊断

2. CPU 1511C-1 PN 模块的技术指标

紧凑型 CPU 集成了模拟量 I/O、数字量 I/O 及大量的工艺功能，可完美应用于各种中小型自动化系统。表 2.14 列出了两种紧凑型 CPU 的技术性能。

表 2.14　两种紧凑型 CPU 的技术性能

型号	CPU 1511C-1 PN	CPU 1512C-1 PN
PROFINET 接口数	1 个	1 个
工作储存器（程序）	175KB	250KB
工作储存器（数据）	1MB	1MB
位操作的处理时间	60ns	48ns
集成的模拟输入/输出	5 个输出/2 个输入	5 个输入/2 个输出
集成的数字量输入/输出	16 个输入/16 个输出	32 个输入/32 个输出
高速计数器数	6 个	6 个

（1）CPU 通信接口（PROFINET 接口 X1）

CPU 1511C-1 PN 带有一个 PROFINET 接口（X1），配有两个端口（P1R 和 P2R），不仅支持 PROFINET 基本功能，还支持 PROFINET IO RT（实时）和 IRT（等时同步实时）。用户可以在该接口上组态 PROFINET IO 通信或实时通信。在组态以太网中的冗余环网结构（介质冗余）时，两个端口可用作环网端口。

（2）模拟量 I/O 的技术性能

① CPU 1511C-1 PN 有 5 个模拟量输入，在默认情况下通道 0~3 设置电压（或电流）测量方式，通道 4 只能设置电阻（或热电阻）测量方式。每个通道可组态诊断、可按通道设置超限时的硬件中断和支持的值状态（QI 质量信息）。

输入通道的测量类型或测量范围可使用博途 V15 软件。表 2.15 列出了相应输入通道的测量类型和测量范围。

表 2.15　相应输入通道的测量类型和测量范围

通　道	测 量 类 型	测 量 范 围
0~3	电压	0~10V 1~5V ±5V ±10V
0~3	电流 (4 线制测量传感器)	0~20mA 4~20MA ±20mA
4	电阻	150Ω 300Ω 600Ω
4	热电阻 RTD	Pt 100 标准型/气候型 Ni 100 标准型/气候型

② CPU 1511C-1 PN 有 2 个模拟量输出，可按通道选择不同的电压输出方式和电流输出方式。每个通道可组态诊断和支持的值状态（QI 质量信息）。输出通道的测量类型或测量范围可使用博途 V15 软件更改。表 2.16 列出了输出通道的输出类型、输出范围。

表 2.16 输出通道的输出类型和输出范围

输 出 类 型	输 出 范 围
电压	1~5V 0~10V ±10V
电流	0~20mA 4~20mA ±20mA

(3) 数字量 I/O 的技术性能

① CPU 1511C-1 PN 有 16 个高速数字量快速输入，信号频率最高可达 100kHz，既可用作标准输入，也可用作工艺功能的输入，额定输入电压为 24VDC，适用于开关和 2/3/4 线制接近开关。每个通道可进行参数的组态诊断、支持不同的硬件中断和值状态（QI 质量信息）。

② CPU 1511C-1 PN 有 16 个数字量输出，既可用作标准输出，也可用作工艺功能的输出，其中的 8 个输出可用作工艺功能的高速输出，额定输出电压为 24VDC，作为标准模式时额定输出电流为 0.5A/通道，作为工艺功能时输出电流介于最大 0.5A 的输出电流（输出频率最大为 10kHz）与最低 0.1A 的降额输出电流（输出频率可增大为最高 100kHz）之间。每个通道可组态诊断和支持的值状态（QI 质量信息），适用于电磁阀、直流接触器、指示灯、信号传输、比例阀。

3. CPU 1511C-1 PN 模块的接线

（1）模拟量输入的接线

① 模拟量输入电压的接线（通道 CH0~CH3）如图 2.21 所示。

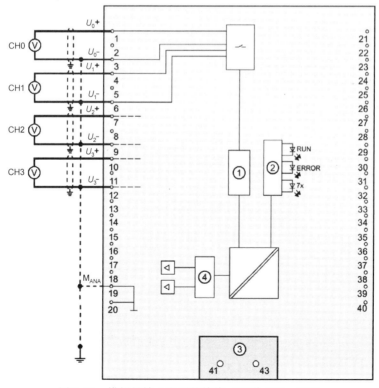

图 2.21 模拟量输入电压的接线（通道 CH0~CH3）

② 模拟量输入电流的 4 线制传感器接线（通道 CH0~CH3）如图 2.22 所示。

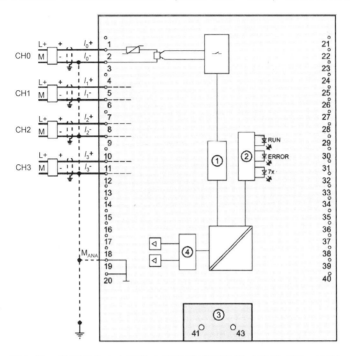

图 2.22　模拟量输入电流的 4 线制传感器接线（通道 CH0~CH3）

③ 模拟量输入电流的 2 线制传感器接线如图 2.23 所示。出于安全要求，需要对 2 线制传感器进行电压短路保护，可在电路中串一个熔断器对电源单元进行保护。

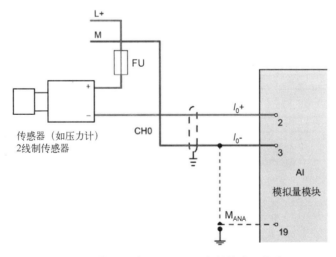

图 2.23　模拟量输入电流的 2 线制传感器接线

④ 电阻传感器或热电阻（RTD）的 4 线制接线，如图 2.24 所示。图中，电阻测量只能接通道 CH4，M_4^+/M_4^- 为测量输入通道（仅电阻型变送器或热敏电阻 RTD），I_{c4}^+/I_{c4}^- 为电流输入通道（仅电流）。

⑤ 电阻传感器或热电阻（RTD）的 3 线制接线，如图 2.25 所示。

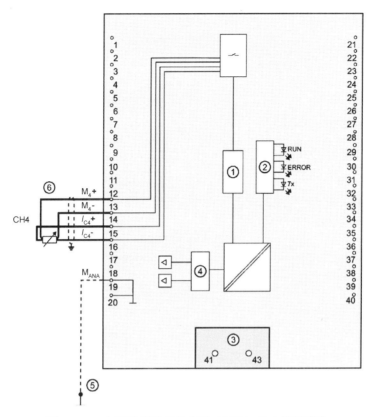

图 2.24　4 电阻传感器或热电阻（RTD）的 4 线制接线

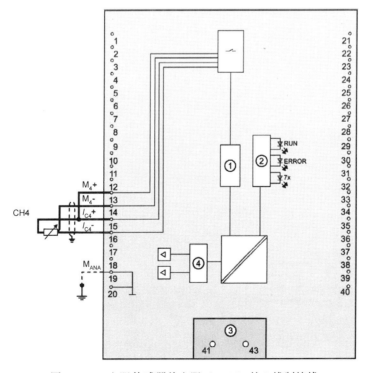

图 2.25　3 电阻传感器热电阻（RTD）的 3 线制接线

⑥ 电阻传感器或热电阻（RTD）的 2 线制接线，如图 2.26 所示。

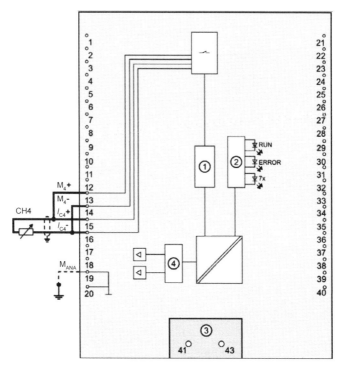

图 2.26　电阻传感器或热电阻（RTD）的 2 线制接线

（2）模拟量输出的接线

CPU 1511C-1 PN 有 2 路模拟量输出通道，输出只能是电压或电流信号，其接线也类似，模拟量电压输出接线如图 2.27 所示。图中 QV_0、QV_1 表示输出电压通道。

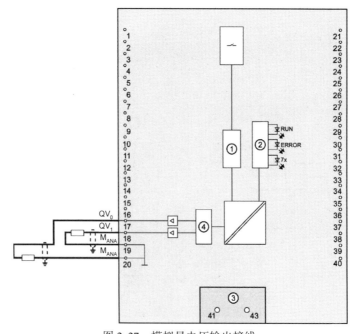

图 2.27　模拟量电压输出接线

（3）数字量输入/输出的接线

CPU 1511C-1 PN 模块有 16 路数字量输入和 16 路数字量输出，其接线如图 2.28 所示。图中，左侧是输入端子，输入端子 9 是公共端，输入端子 19、20 用于连接 24V 直流电压，注意直流电源的极性不能接反；右侧是输出端子，分两组输出，端子 29 外接 24V 直流电压的 3L+正极，输出端子 30 接电压负极 2M，输出端子 39 外接 24V 直流电压的 3L+正极，输出端子 40 接电压负极 3M。

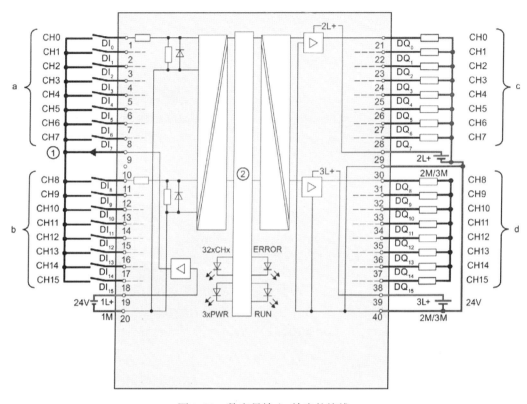

图 2.28　数字量输入/输出的接线

2.2　电源模块

SIMATIC S7-1500 PLC 系统正常工作必须配有合适的电源，常用的电源有负载电源 PM 和系统电源 PS。在实际工程中可以根据现场电压类型和模块功率损耗选择电源。

2.2.1　负载电源 PM

S7-1500 PLC 系统常用的负载电源模块型号有 PM70W 120/230 VAC 和 PM190W120/230VAC 等，如图 2.29 所示。负载电源在使用时独立应用，与背板总线没有连接，可以为 CPU 模块、I/O 模块以及设备的传感器和执行器等设备提供高效稳定的 24V 直流电压，如图 2.30 所示。

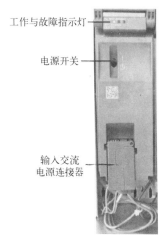

图 2.29 负载电源 PM

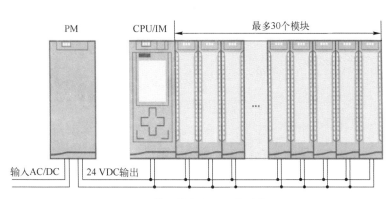

图 2.30 带负载电源 PM 的系统配置

【实例 2.3】 负载电源 PM 与 CPU 模块的电源接线。

【操作步骤】

（1）在导轨上安装负载电源（PM），如图 2.31 所示。
（2）打开负载电源前盖，拔出交流电源连接插头，如图 2.32 所示。
（3）拔出 24V 连接器，如图 2.33 所示。
（4）安装 CPU，如图 2.34 所示。

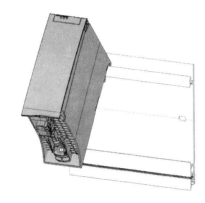

图 2.31 安装负载电源 PM

图 2.32 拔出交流电源连接插头

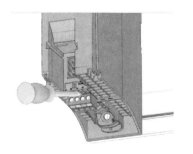

图 2.33 拔出 24V 连接器

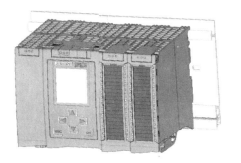

图 2.34 安装 CPU

(5) 打开输入电源连接器盖,连接交流电源,如图 2.35 所示。
(6) 通过负载电源(PM)输出连接器与 CPU 电源连接器连接,如图 2.36 所示。
(7) 负载电源连接 CPU 电源的示意图,如图 2.37 所示。

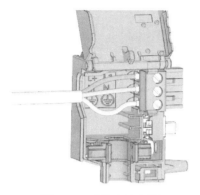

图 2.35　连接交流电源

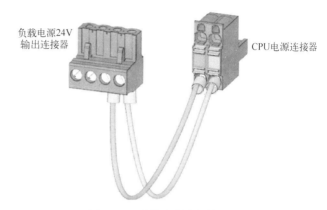

图 2.36　连接负载电源和 CPU

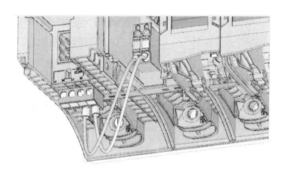

图 2.37　负载电源连接 CPU 电源

2.2.2　系统电源 PS

系统电源 PS 是具有诊断功能的电源模块,可通过 U 形连接器(见图 2.38)连接到背板总线上为 S7-1500 PLC 和分布式 ET200MP I/O 供电。系统电源必须安装在背板上,不能与机架分离安装,且必须在博途 V15 软件中进行组态配置。目前常用的系统电源 PS 有 3 种型号:PS 25W 24VDC(订货号为 6ES7 505-0KA00-0AB0)、PS 60W 24/48/60VDC(订货号为 6ES7 505-0RA00-0AB0)和 PS 60W 120/230V AC/DC(订货号为 6ES7 507-0RA00-0AB0)。

当一个 S7-1500 PLC 系统配置中央机架和分布式 ET200SP I/O 系统进行配置时,CPU 模块集成的系统电源可为背板总线提供 10W 或 12W 的电源(具体取决于 CPU 类型),最多连接 12 个模块。如果 CPU 或分布式接口模块提供给背板总线的电量不足以为所连接的模块供电,则需要另外配置系统电源。

图 2.38　U 形连接器

一个机架上最多可以插入 32 个模块（包括系统电源 PS、CPU 模块），可以插入最多 3 个系统电源 PS 模块，通过系统电源 PS 模块构成 3 个电源段向系统供电（一个电源段是指一个电源模块和安装在其右侧的由该电源供电的模块），如图 2.39 所示。

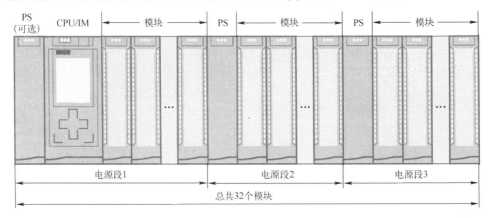

图 2.39　带有 3 个电源段的配置

【实例 2.4】组态多个系统电源 PS 的 S7-1500 PLC 系统的硬件配置。

【操作步骤】

(1) 将第一个系统电源 PS 放在 CPU 模块的左侧，占用 0 号插槽，如图 2.40 所示。

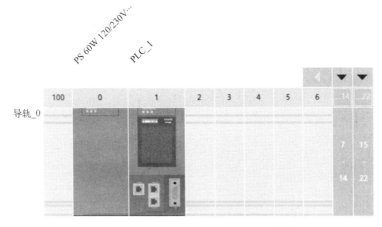

图 2.40　将系统电源 PS 放在 0 号插槽

此时向系统输送的总功率为 PS 的功率和 CPU 模块的功率之和（见图 2.41，PS 提供 60W+CPU 模块提供 12W=72W），系统中的功率分配使用情况可在 CPU 模块的"属性"选项中查看。

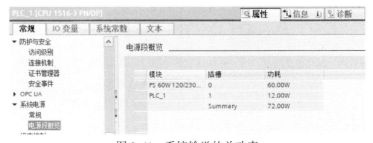

图 2.41　系统输送的总功率

(2) 安装相关的模块，并在 CPU 模块的右侧配置两个系统电源 PS，如图 2.42 所示，是 32 个模块的最大组态。第二个系统电源的功率分配如图 2.43 所示。

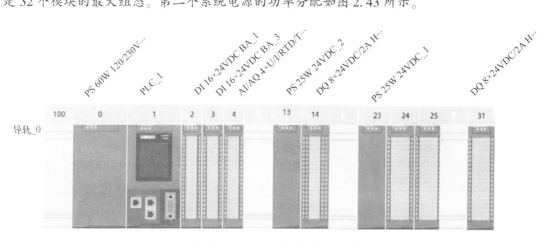

图 2.42　配置 32 个模块的最大组态

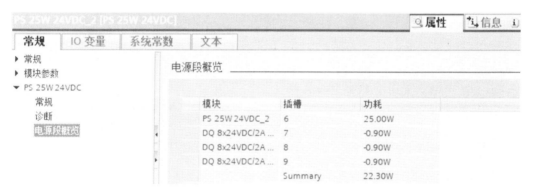

图 2.43　第二个系统电源的功率分配

2.3　S7-1500 PLC 信号模块

S7-1500 PLC 的信号模块 SM 是 CPU 模块与控制设备之间的接口。外部信号通过信号模块传送到 CPU 模块进行计算和逻辑处理后，逻辑结果和控制命令通过信号模块输出到控制设备，从而达到控制设备的目的。外部信号主要分为数字量信号和模拟量信号，因此信号模块也分为数字量输入 DI/输出 DQ 模块和模拟量输入 AI/输出 AQ 模块。

S7-1500 PLC 信号模块的宽度尺寸有 35mm 和 25mm 两种，通过前连接器连接。前连接器如图 2.44 所示。图 2.45 为内部电位桥的连接，+24V 直流电压经过电位桥传导送到下一个模块。

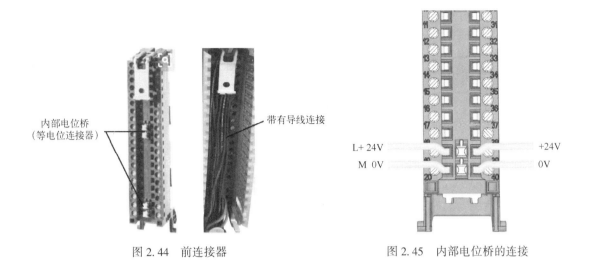

图 2.44　前连接器　　　　　　　图 2.45　内部电位桥的连接

2.3.1　数字量输入模块

1. 型号名称

S7-1500 PLC 数字量输入模块的型号以 SM521 开头；5 表示 S7-1500 系列；2 表示数字量；1 表示输入类型。S7-1500 PLC 常用的数字量输入模块如图 2.46 所示；DI 表示数字量输入；16（32）表示输入通道数；24VDC 表示输入额定直流电压；BA 表示基本型，基本型不需参数化，没有诊断功能（HF 表示高性能）。常用数字量输入模块的技术参数见表 2.17。

图 2.46　数字量输入模块

表 2.17　常用数字量输入模块的技术参数

数字量输入模块	16DI DC24V 高性能型	16DI DC24V 基本型	16DI AC230V 基本型	16DI DC24V SRC 基本型
订货号	6ES7 521-1BH00-0AB0	6ES7 521-1BH10-0AA0	6ES 521-1FH00-0AA0	6ES7 521-1BH50-0AA0
输入通道数	16个	16个	16个	16个
输入类型	漏型输入	漏型输入	漏型输入	源型输入
计数器通道数	2个	—	—	—
输入额定电压	DC24V	DC24V	AC230V	DC24V
等时模式	√			
硬件中断	√			
诊断中断	√			
诊断功能	√；通道级	—	√；模块级	

2. 接线

数字量输入模块的接线基本相似，下面以 DI 16×24VDC HF 模块为例进行介绍，其接线图如图 2.47 所示,按每组 8 个进行电气隔离。

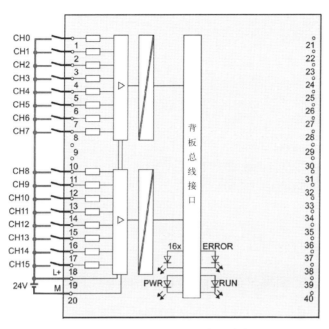

图 2.47 DI 16×24VDC HF 模块接线图

【实例 2.5】数字量输入模块与光电开关的接线。

图 2.48 是 3 线制 PNP 型光电开关与数字量输入模块接线图。光电开关引出三根线:棕色线接电源 24V 正极;蓝色线接电源负极;黑色线为控制信号线,连接输入端子 10 (I1.0)。

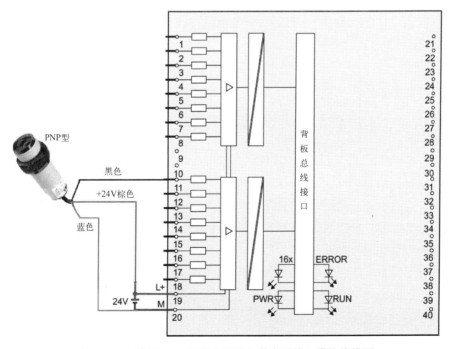

图 2.48 3 线制 PNP 型光电开关与数字量输入模块接线图

2.3.2 数字量输出模块

1. 型号名称

S7-1500 PLC 数字量输出模块的型号以 SM522 开头：5 表示 S7-1500 系列；第一个 2 表示数字量；第二个 2 表示输出类型。S7-1500 PLC 常用的数字量输出模块如图 2.49 所示：DQ 表示数字量输出；8（16、32）表示输出通道数；24VDC/0.5A 表示输出额定电压为直流 24V，每个通道的额定电流为 0.5A，输出类型为晶体管输出；230VAC/2A 表示输出额定电压为交流 230V，额定电流为 2A，输出类型为继电器输出；ST 表示标准型。常用数字量输出模块的技术参数见表 2.18。

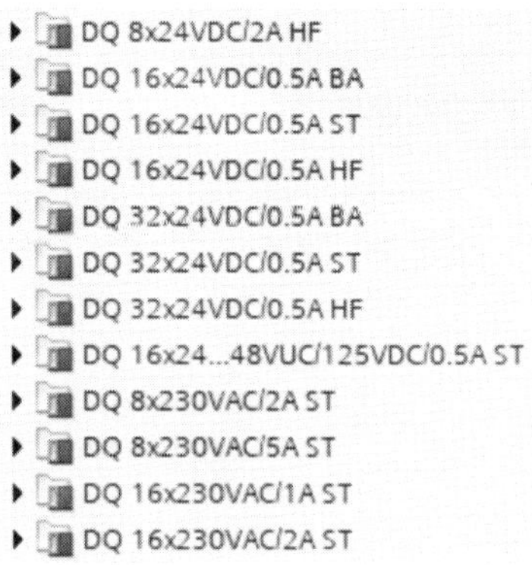

- DQ 8x24VDC/2A HF
- DQ 16x24VDC/0.5A BA
- DQ 16x24VDC/0.5A ST
- DQ 16x24VDC/0.5A HF
- DQ 32x24VDC/0.5A BA
- DQ 32x24VDC/0.5A ST
- DQ 32x24VDC/0.5A HF
- DQ 16x24...48VUC/125VDC/0.5A ST
- DQ 8x230VAC/2A ST
- DQ 8x230VAC/5A ST
- DQ 16x230VAC/1A ST
- DQ 16x230VAC/2A ST

图 2.49　数字量输出模块

表 2.18　常用数字量输出模块的技术参数

数字量输出模块	8DQ 230VAC/2A 标准型	8DQ DC24V/2A 高性能型	8RQ 230VAC/5A 标准型	16DO DC24~48V DC125V/0.5A 标准型
订货号	6ES7 522-5FF00-0AB0	6ES7 522-1BH00-0AB0	6ES7 522-5HF00-0AB0	6ES7 522-5EH00-0AB0
输出通道数	8个	8个	8个	16个
输出类型	可控硅	晶体管、源型输出	继电器输出	源型输出
额定输出电压	AC120/230V	DC24V	DC24V~AC230V	AC/DC24V，48V；DC125V
额定输出电流	2A	2A	5A	0.5A
硬件中断	—	√	—	—
诊断中断	—	√	√	√
诊断功能	√；模块级	√；通道级	√；模块级	√模块级

2. 接线

（1）晶体管输出类型的接线

晶体管输出类型的数字量输出模块的接线基本相似，下面以 DQ 16×24VDC/0.5A ST 模块为例进行介绍，其接线图如图 2.50 所示，按每组 8 个进行电气隔离。

（2）继电器输出类型的接线

继电器输出类型的数字量输出模块的接线基本相似，下面以 DQ 8×230VAC/5A ST 模块为例进行介绍，其接线图如图 2.51 所示，8 个数字量继电器输出，每个输出都是电气隔离的。

第 2 章 西门子 S7-1500 PLC 的硬件

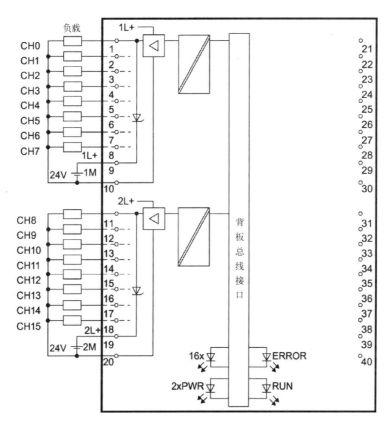

图 2.50 DQ 16×24VDC/0.5A ST 模块的接线图

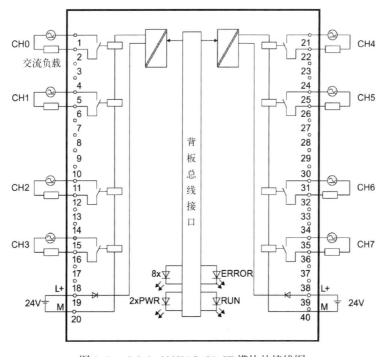

图 2.51 DQ 8×230VAC/5A ST 模块的接线图

2.3.3 数字量输入/输出混合模块

1. 型号名称

S7-1500 PlC 数字量输入/输出混合模块的型号以 SM523 开头：5 表示 S7-1500 系列；2 表示数字量；3 表示数字量输入/输出混合型，目前常用的型号为 DI 16/DQ16×24VDC，技术参数见表 2.19。

表 2.19 数字量输入/输出混合模块的技术参数

数字量输入/输出混合模块	16DI DC24V 基本型/16DQ DC24V/0.5A 基本型
订货号	6ES7 523-1BL00-0AA0
输入通道数	16 个
输入类型	漏型输入
输入额定电压	DC24V
输出通道数	16 个
输出类型	源型输出
输出额定电流	0.5A
输出额定电压	DC 24V

（1）16 路数字量输入，以 16 个为一组进行电气隔离，额定输入电压为 24VDC，适用于开关和 2/3/4 线制接近开关。

（2）16 个数字量输出，按每组 8 个进行电气隔离，额定输出电压为 24VDC，每个通道的额定输出电流为 0.5A。

2. 接线

数字量输入/输出混合模块的接线图如图 2.52 所示。

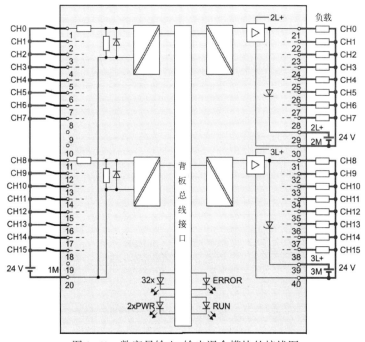

图 2.52 数字量输入/输出混合模块的接线图

2.3.4 模拟量输入模块

由模拟量输入模块输入的模拟信号需转换为数字信号后才可传送到 CPU 模块进行计算和处理。例如，测量温度信号为 0°～100°，温度的变化对应输出为 0～10V 的电压信号，通过 A/D（模/数）转换器按线性比例关系转换为数字量信号 0～27648，即可传送到 CPU 模块进行计算和处理，也可以发送到人机界面用于温度显示。S7-1500 PLC 标准型模拟量输入模块为多功能测量模块，具有多种测量类型，每个通道的测量类型和范围都可以选择。

1. 型号名称

S7-1500 PLC 模拟量输入模块的型号以 SM531 开头：5 表示 S7-1500 系列；3 表示模拟量；1 表示输入类型。S7-1500 PLC 常用的模拟量输入模块（AI）如图 2.53 所示：AI 表示模拟量输入；4 表示通道数；U/I/RTD/TC 表示测量类型为电压/电流/热电阻/热电偶。模拟量输入模块的技术参数见表 2.20。

图 2.53 模拟量输入模块

表 2.20 模拟量输入模块的技术参数

模拟量输入模块	4AI，U/I/RTD/TC 标准型	8AI，U/I/RTD/TC 标准型	8AI，U/I 高速型	8AI，U/I 高性能型	8AI，U/R/RTD/TC 高性能型
订货号	6ES7 534-7QE00-0AB0	6ES7 531-7KF00-0AB0	6ES7 531-7NF10-0AB0	6ES7 531-7NF00-0AB0	6ES7 531-7PF00-0AB0
输入通道数	4 个	8 个	8 个	8 个	8 个，附加一个 RTD 参考通道
输入信号类型	电流，电压，热电阻，热电偶，电阻	电流，电压，热电阻，热电偶，电阻	电流，电压	电流，电压	电压，热电阻，热电偶，电阻
分辨率（包括符号位）	16 位	16 位	16 位	16 位	16 位
硬件中断	√	√	√	√	√
诊断中断	√	√	√	√	√
诊断功能	√；通道级	√；通道级	√；通道级	√；通道级	√；通道级

2. 接线

模拟量输入模块的接线基本相似，下面以 AI 8×U/I/RTD/TC ST 模块为例进行介绍。

（1）测量电压时的接线

模拟量输入模块 AI 8×U/I/RTD/TC ST 测量电压时的接线图如图 2.54 所示。电压类传感器与每个通道 4 个端子中的第 3 个和第 4 个端子连接，其他通道接线类似。模拟量输入模块需要配接 24V 直流电压，用前连接器供电，如图 2.55 所示。

注意：以下所有图中的虚线连接均是指当有干扰信号时所采用的等电位连接电缆。

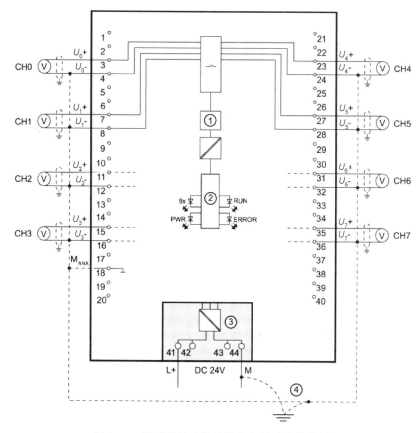

图 2.54 模拟量输入模块测量电压时的接线图

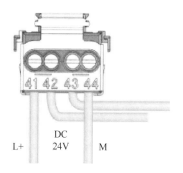

图 2.55 用前连接器供电

（2）使用 4 线制变送器测量电流时的接线

模拟量输入模块 AI 8×U/I/RTD/TC ST 的 4 线制变送器的电流测量接线图如图 2.56 所示。一个 4 线制变送器有 2 根线连接 24V 供电，2 根输出信号线连接模拟量输入通道中第 2 个和第 4 个端子上，其他通道的接线类似。

（3）使用 2 线制变送器测量电流时接线

模拟量输入模块 AI 8XU/I/RTD/TC ST 的 2 线制变送器的电流测量接线图如图 2.57 所示。

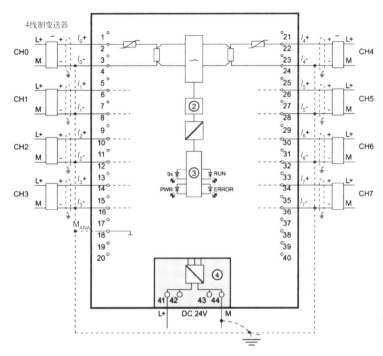

图 2.56 4 线制变送器测量电流时的接线图

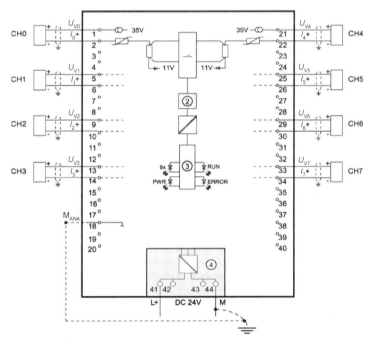

图 2.57 2 线制变送器测量电流时的接线图

（4）电阻传感器或热电阻的 2 线制、3 线制、4 线制接线

电阻传感器或热电阻的 2 线制、3 线制、4 线制接线图如图 2.58 所示。每个传感器的接线都需要占用 2 个通道，使用 1、3、5、7 通道的第 3 个和第 4 个端子向传感器提供恒流源

信号 I_C+ 和 I_C-，在热电阻上产生电压信号，使用相应通道 0、2、4、6 通道的第 3 个和第 4 个端子作为测量端。

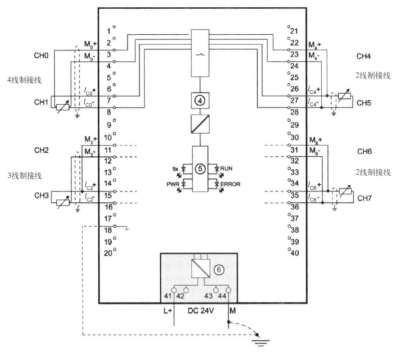

图 2.58　电阻传感器或热电阻的 2 线制、3 线制、4 线制接线图

（5）使用每个通道中的第 3 个、第 4 个端子进行热电偶的接线，如图 2.59 所示。

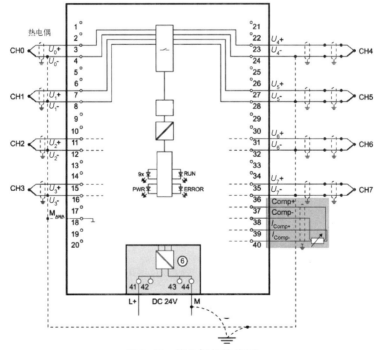

图 2.59　热电偶的接线图

2.3.5 模拟量输出模块

模拟量输出模块可将数字量信号转换为模拟量信号输出。模拟量输出模板只有电压和电流两种信号。目前模拟量输出模块都是 16 位高分辨率模块,精度非常高,由 CPU 处理后的数字量信号传送到模拟量输出模块内部后,经过数/模转换器将数字量信号 0~27648 按线性比例关系转换为模拟量信号 0~10V 并输出,用于控制相关设备。

1. 型号名称

S7-1500 PLC 模拟量输出模块的型号以 SM532 开头:5 表示 S7-1500 系列;3 表示模拟量;2 表示输出类型。S7-1500 PLC 常用的模拟量输出模块(AQ)如图 2.60 所示:AQ 表示模拟量输出;4 表示通道数;U/I 表示输出类型为电压/电流。模拟量输出模块的技术参数见表 2.21。

图 2.60 模拟量输出模块

表 2.21 模拟量输出模块的技术参数

模拟量输出模块	2AQ,U/I 标准型	4AQ,U/I 标准型	8AQ,U/I 高速型	4AQ,U/I 高性能型
订货号	6ES7 532-5NB00-0AB0	6ES7 532-5HD00-0AB0	6ES7 532-5HF00-0AB0	6ES7 532-5ND00-0AB0
输出通道数	2 个	4 个	8 个	4 个
输出信号类型	电流,电压	电流,电压	电流,电压	电流,电压
分辨率(包括符号位)	16 位	16 位	16 位	16 位
转换时间	0.5ms	0.5ms	50μs	125μs
等时模式	—	—	√	√
诊断中断	√	√	√	√
诊断功能	√;通道级	√;通道级	√;通道级	√;通道级

2. 接线

模拟量输出模块的接线基本都相似,下面以 AQ 4×U/I ST 模块为例进行介绍。

(1)电压输出接线

模拟量输出模块电压输出接线图如图 2.61 所示,包含 2 线制和 4 线制,两种线制的电压类负载接线均占用 1 个通道,通道中的端子 1、2 短接,端子 3、4 短接后,分别接到负载上。

(2)电流输出接线

模拟量输出模块电流输出接线图如图 2.62 所示,使用通道中 4 个端子中的第 1 个和第 4 个端子连接负载。

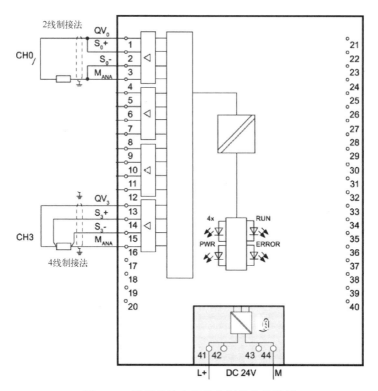

图 2.61 模拟量输出模块电压输出接线图

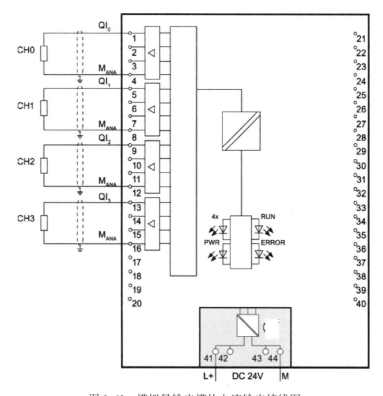

图 2.62 模拟量输出模块电流输出接线图

2.3.6 模拟量输入/输出混合模块

S7-1500 PLC 模拟量输入/输出混合模块的型号以 SM534 开头：5 表示 S7-1500 系列；3 表示模拟量；4 表示模拟量输入/输出类型。例如，AI 4×U/I/RTD/TC/AQ 2×U/I ST 模块，有 4 个模拟量输入、2 个模拟量输出。模拟量输入/输出混合模块的技术参数见表 2.22。

表 2.22 模拟量输入/输出混合模块的技术参数

模拟量输入/输出混合模块	4AI U/I/RTD/TC 标准型/2AQ U/I 标准型
订货号	6ES7 534-7QE00-0AB0
输入通道数	4 个（用作电阻/热电阻测量时 2 个）
输入信号类型	电流，电压，热电阻，热电偶，电阻
分辨率（包括符号位）	16 位
输出通道数	2 个
输出信号类型	电流，电压
分辨率（包括符号位），最高	16 位
转换时间（每通道）	0.5ms
诊断中断	√
诊断功能	√；通道级

2.4 S7-1500 PLC 通信模块

通信模块集成有各种接口，可与不同接口类型的设备进行通信。西门子 S7-1500 PLC 的通信模块（CM）可分为 3 大类，分别是点对点串行通信模块、PROFIBUS 通信模块和 ROFINET/ETHERNET 通信模块。

2.4.1 点对点串行通信模块

点对点串行通信模块可通过 RS-232、RS-422 和 RS-485 接口进行通信，如 FREEPORT 或 MODBUS 通信。

以 CM PtP RS-422/485BA 模块为例进行介绍，其外形图如图 2.63 所示。该模块具有 RS-422/RS-485 物理接口。前面板指示灯的含义和解决方案见表 2.23。

表 2.23 前面板指示灯的含义和解决方案

LED			含 义	解决方案
RUN	ERROR	MAINT		
灭	灭	灭	通信模块电源没有电压或电压过低	检查电源
闪烁	灭	灭	CM 处于启动状态，但参数尚未分配	—

续表

LED			含义	解决方案
RUN	ERROR	MAINT		
■亮	□灭	□灭	CM已组态并准备好运行	—
■亮	※闪烁	□灭	组错误(至少一个错误未决)	判断诊断数据并消除该错误
TXD	RXD		含义	解决方案
闪烁	灭		接口正在传输	—
灭	闪烁		接口正在接收	—

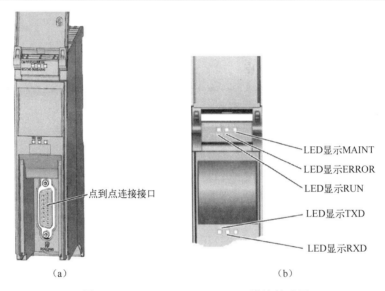

图2.63 CM PtP RS-422/485BA模块外形图

点对点串行通信模块的技术参数见表2.24。

表2.24 点对点串行通信模块的技术参数

通信模块	CM PtP RS-422/485 基本型	CM PtP RS-422/485 高性能性	CM PtP RS-232 基本型	CM PtP RS-232 高性能型
订货号	6ES7 540-1AB00-0AA0	6ES7 541-1AB00-0AB0	6ES7 540-1AD00-0AA0	6ES7 541-1AD00-0AB0
连接接口	RS-422/RS-485	RS-422/RS-485	RS-232	RS-232
接口数量	1个	1个	1个	1个
通信协议	自由口 3964(R)	自由口 3964(R) Modbus RTU 主/从	自由口 3964(R)	自由口 3964(R) Modbus RTU 主/从
通信速率	19.2kbps	115.2kbps	19.2kbps	115.2kbps
诊断中断	√	√	√	√
诊断功能	√	√	√	√

2.4.2 PROFIBUS 通信模块

PROFIBUS 通信模块有 CM1542-5（见图 2.64）和 CP1542-5。S7-1500 PLC 站点可通过 CM1542-5 模块连接到 PROFIBUS 现场总线系统，支持用作 DP 主站或 DP 从站。常用 PROFIBUS 通信模块的类型及技术参数见表 2.25。

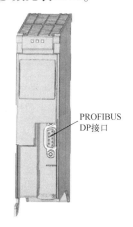

图 2.64 CM1542-5 通信模块

表 2.25 常用 PROFIBUS 通信模块的类型及技术参数

通信模块	S7-1500 PROFIBUS CM 1542-5	S7-1500 PROFIBUS CP 1542-5
订货号	6GK7 542-5DX00-0XE0	6GK7 542-5FX00-0XE0
连接接口	RS-485	RS-485
接口数量	1 个	1 个
通信协议	DPV1 主/从 S7 通信 P G/OP 通信	DPV1 主/从 S7 通信 P G/OP 通信
通信速率	9.6kbps　12Mbps	9.6kbps　12Mbps
最多连接从站数量	125 个	32 个

2.4.3 PROFINET/ETHERNET 通信模块

PROFINET/ETHERNET 通信模块支持一些特殊功能。例如，CP1543-1（见图 2.65）支持工业以太网安全功能，可通过工业以太网接口确保工业以太网的安全。常用 PROFINET/ETHERNET 通信模块的类型及技术参数见表 2.26。

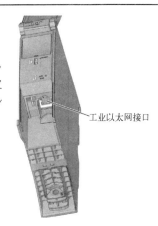

图 2.65 CP1543-1 模块

表 2.26 常用 PROFINET/ETHERNET 通信模块的类型及技术参数

通信模块	S7-1500 ETHERNET CP 1543-1	S7-1500 PROFINET CM 1542-1
订货号	6GK7 543-1AX00-0XE0	6GK7 542-1AX00-0XE0
连接接口	RS-45	RS-485
接口数量	1 个	2 个
通信协议	开放式通信 ISO 传输 TCP、ISO-on-TCP、UDP 基于 UDP 连接组播 S7 通信 IT 通信 FTP SMTP WebServer NTP SNMP	PROFINET IO RT IRT MRP 设备更换无需可交换存储介质 IO 控制器 等时实时 开放式通信 ISO 传输 TCP、ISO-on-TCP、UDP 基于 UDP 连接组播 S7 通信 其他如 NTP、SNMP 代理、WebServer
通信速率	10/100/1000Mbps	10/100Mbps
最多连接从站数量	—	128 个

2.5 S7-1500 PLC 工艺模块

S7-1500 PLC 有多种工艺模块（TM），在实际工作中可以满足各种工艺要求，实现高速和精准的控制，例如高速计数器模块、基于时间的 I/O 模块及 PTO 脉冲输出模块等。

2.5.1 高速计数器模块

高速计数器模块具有独立处理计数功能。计数是指对事件数量进行检测和求和。计数器能够记录并评估脉冲信号，可以使用编码器或脉冲信号或通过组态指定计数方向，实现高速计数和测量。如果计数值达到预置值，则不仅可以触发中断响应，也可以根据预先设定的方式使用集成与模块的输出点控制现场设备（快速性要求）。CPU 通过调用通信函数可以对计数器进行读/写操作。S7-1500 PLC 常用的高速计数器模块有 TM Count 2×24V 模块和 TM Posinput 2 模块，其技术参数见表 2.27。

表 2.27 高速计数器模块的技术参数

计数器模块	TM Count 2×24V	TM Posinput 2
订货号	6ES7 550-1AA00-0AB0	6ES7 551-1AB00-0AB0
供电电压	24VDC（DC20.4~28.8V）	24VDC（DC20.4~28.8V）
可连接的编码器数量	2 个	2 个
可连接的编码器种类	24V 增量编码器	SSI 绝对编码器 RS-422/TTL 增量编码器

续表

计数器模块	TM Count 2×24V	TM Posinput 2
最大计数频率	200kHz，800kHz	1MHz，4MHz
计数功能	2个计数器，最大计数频率800kHz	2个计数器，最大计数频率4MHz
测量功能	频率，周期，速度	频率，周期，速度
位置检测	绝对位置和相对位置	绝对位置和相对位置
输入通道数	6个，每个计数器3个	4个，每个计算器2个
输出通道数	4个，每个计数器2个	4个，每个计算器2个
等时模式	√	√
硬件中断	√	√
诊断中断	√	√
诊断功能	√；模块级	√；模块级

下面以高速计数器 TM Count 2×24V 模块（见图 2.66）为例介绍接线方式，接线图如图 2.67 所示：①是电气隔离单元；②是前连接器处的屏蔽支架；③是工艺和背板总线接口；④是输入滤波器；⑤是通过电源模块提供的电源电压；⑥是等电位连接点；⑦是增量编码器。

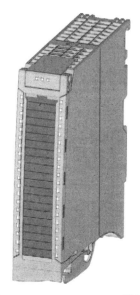

图 2.66　TM Count 2×24V 模块

高速计数器 TM Count 2×24V 模块端子连接器的引脚分配见表 2.28。表中只列出两个通道的分配说明，其余可供参考。

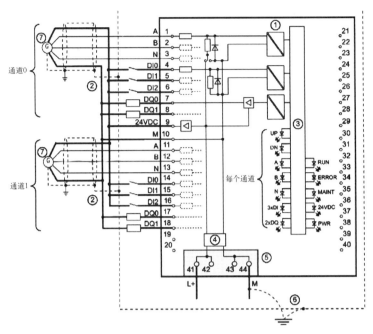

图 2.67 高速计数器 TM Count 2×24V 模块的接线图

表 2.28 高速计数器 TM Count 2×24V 模块端子连接器的引脚分配

视 图	信号名称		说 明			
			24V 增量编码器		24V 脉冲编码器	
			有信号 N	无信号 N	有方向信号	无方向信号	向上/向下
	计数器通道 0					
	1	CH0.A	编码器信号 A		计数信号 A	向上计数信号 A
	2	CH0.B	编码器信号 B		方向信号 B	—	向下计数信号 B
	3	CH0.N	编码器信号 N	—			
	4	DI0.0	数字量输入 DI0				
	5	DI0.1	数字量输入 DI1				
	6	DI0.2	数字量输入 DI2				
	7	DQ0.0	数字量输出 DQ0				
	8	DQ0.1	数字量输出 DQ1				
	两个计数器通道的编码器电源和接地端					
	9	24VDC	24V DC 编码器电源				
	10	M	编码器电源、数字输入和数字输出的接地端				
	计数器通道 1					
	11	CH1.A	编码器信号 A		计数信号 A	向上计数信号 A
	12	CH1.B	编码器信号 B		方向信号 B	—	向下计数信号 B
	13	CH1.N	编码器信号 N	—			
	14	DI1.0	数字量输入 DI0				
	15	DI1.1	数字量输入 DI1				
	16	DI1.2	数字量输入 DI2				
	17	DQ1.0	数字量输出 DQ0				
	18	DQ1.1	数字量输出 DQ1				
	19~40	—	—				

2.5.2 基于时间的 I/O 模块

S7-1500 PLC 常用的基于时间 I/O 模块的型号为 TM Timer DI DQ 16×24V，如图 2.68 所示。该模块具有离散量输入/输出信号的高精度时间控制，支持过采样、脉宽调制和计数等功能，广泛应用于电子凸轮控制、长度检测、脉冲宽度调制和计数等多种应用中，技术参数见表 2.29。

例如，基于时间的 I/O 模块在 PROFINT 网络中使用等时同步技术（RT），可以实现时间戳检测（Timer DI）、时间控制的切换（Timer DQ）、数字量输入的过采样和数字量输出的过采样控制。在等时模式中，用户程序的周期、输入信号的传输及工艺模块中的处理都将同步。

TM Timer DI DQ 16×24V 模块在接线前，需要先确定哪些通道用作输入和输出，即在博途 V15 软件中，对硬件配置中的通道参数进行组态，组态范围见表 2.30。详细的组态参数和接线可参考 S7-1500 PLC 系统手册。

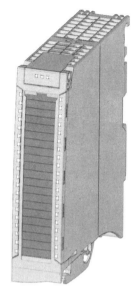

图 2.68 TM Timer DI DQ 16×24V 模块

表 2.29 TM Timer DI DQ 16×24V 模块技术参数

订货号	6ES7 552-1AA00-0AB0
输入通道数	8 个，取决于参数设置
输入带有时间戳通道数	8 个
计数器通道数	8 个
增量型计数器通道数	4 个
输出通道数	16 个，取决于参数设置
输出带有时间戳通道数	16 个
PWM 通道数	16 个
增量编码器电压（非对称）	24V
最大输入频率	50kHz
硬件中断	√
诊断中断	√
诊断功能	√；模块级

表 2-30 组态范围

参 数	组态范围	默认设置
模块的通道组态	0 输入，16 输出 3 输入，13 输出 4 输入，12 输出 8 输入，8 输出	0 输入，16 输出

当通道组态为 0 输入时，16 输出端子连接器接线引脚分配见表 2.31，接线图如图 2.69 所示：①表示电气隔离；②表示工艺和背板总线接口；③表示电源电压的输入滤波器。如果要通过共享电源为两个负载组供电，则在端子 19 和 39 之间以及端子 20 和 40 之间插入电位跳线。

表 2-31 16 输出端子连接器接线引脚分配

名　　称	信号名称	视　图		信号名称	名　　称
—	—	1	21	DQ0	数字量输出 DQ0
		2	22	DQ1	数字量输出 DQ1
		3	23	DQ2	数字量输出 DQ2
		4	24	DQ3	数字量输出 DQ3
		5	25	DQ4	数字量输出 DQ4
		6	26	DQ5	数字量输出 DQ5
		7	27	DQ6	数字量输出 DQ6
		8	28	DQ7	数字量输出 DQ7
		9	29	—	—
数字量输出 DQ0~DQ7 的接地	1M	10	30		
	1M	11	31	DQ8	数字量输出 DQ8
	1M	12	32	DQ9	数字量输出 DQ9
	1M	13	33	DQ10	数字量输出 DQ10
	1M	14	34	DQ11	数字量输出 DQ11
	1M	15	35	DQ12	数字量输出 DQ12
	1M	16	36	DQ13	数字量输出 DQ13
	1M	17	37	DQ14	数字量输出 DQ14
	1M	18	38	DQ15	数字量输出 DQ15
数字量输出 DQ0~DQ7 的电源电压为 DC 24V	1L+	19	39	2L+	数字量输出 DQ8~DQ15 的电源电压为 DC 24V
电源电压 1L+接地	1M	20	40	2M	电源电压 2L+的接地

当通道组态为 8 输入时，8 输出前连接器接线引脚分配见表 2.32，接线图如图 2.70 所示：①是电气隔离；②是工艺和背板总线接口；③是相应增量编码器的 24V 电源；④是电源电压的输入滤波器；⑤是等电位连接点；⑥是前连接器处的屏蔽支架；⑦是具有 A 和 B 信号的增量编码器。

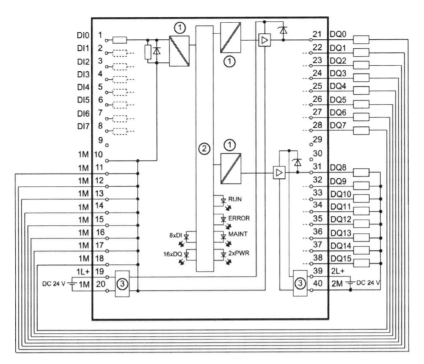

图 2.69 16 输出端子连接器接线图

表 2.32 8 输出前连接器接线引脚分配

名　　称	信号名称	视　　图	信号名称	名　　称
数字量输入 DI0	DI0	1	21	DQ0	DI0 的编码器电源 24V
数字量输入 DI1	DI1	2	22	DQ1	DI1 的编码器电源 24V
数字量输入 DI2	DI2	3	23	DQ2	DI2 的编码器电源 24V
数字量输入 DI3	DI3	4	24	DQ3	DI3 的编码器电源 24V
数字量输入 DI4	DI4	5	25	DQ4	DI4 的编码器电源 24V
数字量输入 DI5	DI5	6	26	DQ5	DI5 的编码器电源 24V
数字量输入 DI6	DI6	7	27	DQ6	DI6 的编码器电源 24V
数字量输入 DI7	DI7	8	28	DQ7	DI7 的编码器电源 24V
—	—	9	29	—	—
编码器电源和数字量输入 DI0~DI7 的接地	1M	10	30	—	—
	1M	11	31	DQ8	数字量输出 DQ8
	1M	12	32	DQ9	数字量输出 DQ9
	1M	13	33	DQ10	数字量输出 DQ10
	1M	14	34	DQ11	数字量输出 DQ11
	1M	15	35	DQ12	数字量输出 DQ12
	1M	16	36	DQ13	数字量输出 DQ13
	1M	17	37	DQ14	数字量输出 DQ14
	1M	18	38	DQ15	数字量输出 DQ15
数字量输入 DI0~DI7 的电源电压为 DC 24V	1L+	19	39	2L+	数字量输出 DQ8~DQ15 的电源电压为 DC 24V
电源电压 1L+ 的接地	1M	20	40	2M	电源电压 2L+ 的接地

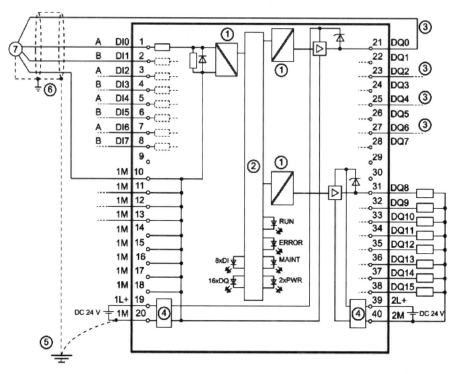

图2.70 8输出前连接器接线图

2.5.3 PTO脉冲输出模块

S7-1500 PLC通过PTO脉冲输出模块可连接伺服和步进电动机的驱动器。PTO脉冲输出模块的技术参数见表2.33。

表2.33 PTO脉冲输出模块的技术参数

订货号	6ES7 553-1AA00-0AB0
输入通道数	12个
输入过采样输入通道数	8个
输出通道数	12个
PTO信号接口24V非对称	200kHz，DQn.0和DQn.1
RS-422对称	1MHz
TTL（5V）非对称	200kHz
PTO信号接口脉冲和方向	√
向上计数，向下计数	√
增量型编码器（A、B相差）	√
增量型编码器（A、B相差，4倍评估）	√
等时模式	√
诊断中断	√
诊断功能	√；通道级

2.6 S7-1500 PLC 分布式模块

S7-1500 PLC 支持的分布式 IO 系统有 ET200MP 系统和 ET200SP 系统，可通过现场总线完成过程信号的传递。

2.6.1 ET200SP 分布式模块

ET200SP 分布式模块体积小，使用灵活，支持 PROFINET 和 PROFIBUS。带有故障安全 I/O 模块的 ET200SP 组态示例如图 2.71 所示：①是接口模块；②用于提供电源电压；③用于进一步传导电位组；④是 I/O 模块；⑤是服务模块；⑥是 I/O 模块（故障安全型）；⑦是总线适配器；⑧是安装导轨；⑨是参考标识标签。

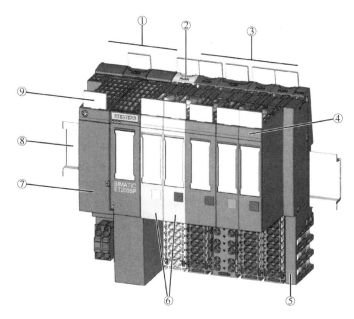

图 2.71 带有故障安全 I/O 模块的 ET200SP 组态示例

1. ET200SP 分布式 I/O 系统的基本组件

ET200SP 分布式 I/O 系统的基本组件及功能和外形图见表 2.34。

表 2-34 ET200SP 分布式 I/O 系统的基本组件及功能和外形图

基本组件	功 能	外 形 图
符合 EN 60715 标准的安装导轨	安装导轨是 ET200SP 的机架。ET200SP 安装在安装导轨上。安装导轨的高度为 35mm	
CPU/故障安全型 CPU	（F）CPU： • 运行用户程序。F-CPU 也可运行安全程序； • 可用作 PROFINET IO 上的 IO 控制器或智能设备，也可用作独立的 CPU；	

续表

基本组件	功 能	外 形 图
CPU/故障安全型CPU	• 连接 ET200SP 和 IO 设备或 IO 控制器； • 通过背板总线与 I/O 模块进行数据交换。 其他 CPU 功能： • 通过 PROFIBUS DP 进行数据通信（CPU 可用作 DP 主站或 DP 从站，与 CM DP 通信模块组合使用）； • 集成 Web 服务器； • 集成工艺功能； • 集成跟踪功能； • 集成系统诊断； • 安全集成； • 安全模式（使用故障安全 CPU 时）	
通信模块 CM DP	• 连接 CPU 与 PROFIBUS DP； • 通过 RS-485 接口进行总线连接	
支持 PROFINET IO 的接口模块	• 可用作 PROFINET IO 上的 IO 设备； • 连接 ET200SP 和 IO 控制器； • 通过背板总线与 I/O 模块进行数据交换	
支持 PROFIBUS DP 的接口模块	• 可用作 PROFIBUS DP 上的 DP 从站； • 连接 ET200SP 和 DP 主站； • 通过背板总线与 I/O 模块进行数据交换	

续表

基本组件	功　能	外　形　图
总线衔接器	通过总线衔接器，PROFINET IO 可任意选择相应的连接技术。PROFINET CPU/接口模块支持以下连接方式： • RJ-45 标准接头：BA 2×RJ-45①； • 直接连接总线电缆（BA 2×FC）②； • POF/PCF 光纤电缆（BA 2×SCRJ）③； • POF/PCF 光纤电缆 FO⇔标准 RJ-45 插头（BA SCRJ/RJ-45）的介质转换器④； • 光纤电缆 POF/PCF⇔直接连接总线电缆（BA SCRJ/FC）的介质转换器⑤； • 玻璃光纤电缆（BA 2×LC）⑥； • 玻璃光纤电缆⇔标准 RJ-45 插头（BA LC/RJ-45）的介质转换器⑦； • 玻璃光纤电缆⇔直接连接总线电缆（BA LC/FC）的介质转换器⑧	
总线适配器	对于 ET200SP/ET200AL 混合组态，需要安装总线衔接器 BA-Send 1xFC（插入基座单元 BU-Send 中），并通过总线电缆，连接 ET-Connection 和总线衔接器 BA-Send 1xFC	
基座单元	基座单元用于对 ET200SP 模块进行电气和机械连接，将 I/O 模块或电动机启动器置于基座单元上。 合适的基座单元可满足各种要求	
故障安全电源模块	故障安全电源模块用于对数字量输出模块/故障安全型数字量输出模块进行安全关闭	

续表

基本组件	功　　能	外　形　图
I/O 模块/故障安全 I/O 模块	I/O 模块可确定各端子的功能。控制器将通过所连接的传感器和执行器检测当前的过程状态，并触发相应的响应。I/O 模块可分类为以下几种类型： • 数字量输入（DI、F-DI）； • 数字量输出（DQ、F-DQ 和 F-RQ）； • 模拟量输入（AI）； • 模拟量输出（AQ）； • 工艺模块（TM）； • 通信模块（CM）	
服务模块	服务模块用于完整 ET200SP 组态，包含可支撑三个备用熔断器的支架。 服务模块随 CPU/接口模块一同提供	

2. 接口模块

ET200SP 模块的常用接口模块（IM）有四种，分别是 IM 155-6 PN 标准型（带有总线适配器 BA2×RJ-45 和服务模块）、IM 155-6 PN 高性能型（含服务模块）、IM 155-6 DP 高性能型（带有 PROFIBUS 快连接头和服务模块）和 IM 155-6 PN 基本型（含服务模块和集成 2×RJ-45 接口）。图 2.72 为 IM 155-6 PN 标准型接口模块和服务模块。接口模块集成的电源将为背板总线提供 24V 的电源，最多可为 12 个 I/O 模块供电，准确的运行模块数取决于

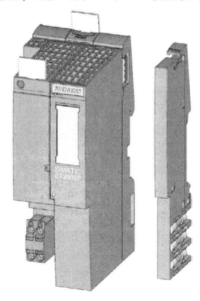

图 2.72　IM155-6PN 标准型接口模块和服务模块

功率预算。常用接口模块的技术参数见表 2.35。

表 2.35 常用接口模块的技术参数

接口模块	IM 155-6 PN 基本型	IM 155-6 PN 标准型	IM 155-6 PN 高性能型	IM 155-6 DP 高性能型
电源电压	24V	24V	24V	24V
通信方式	PROFINET IO	PROFINET IO	PROFINET IO	PROFINET DP
总线连接	集成 2 个 RJ-45	总线适配器	总线适配器	PROFIBUS DP 接头
支持模块数量	12 个	32 个	64 个	32 个
故障安全	—	√	√	√
扩展连接 ET200AL	—	√	√	√
PROFINET RT/IRT	√/—	√/√	√/√	n.a.
PROFINET 共享设备	—	√	√	n.a.
状态显示	√	√	√	√
中断	√	√	√	√
诊断功能	√	√	√	√

3. I/O 模块

ET200SP 具有多种 I/O 模块,包括常规的数字量输入/输出模块和模拟量输入/输出模块,有标准型 (ST)、高性能 (HF) 及高速 (HS) 模块,可以满足不同的应用需要。不同的模块通过不同的颜色进行标识,例如 DI 模块用白色标识,DO 模块用黑色标识,AI 模块用淡蓝色标识,AO 模块用深蓝色标识,模块支持热插拔。

(1) 常用的数字量输入模块技术参数见表 2.36,数字量输出模块技术参数见表 2.37。

表 2.36 数字量输入模块技术参数

数字量输入模块	16DI,DC24V 标准型	8DI,DC24V 基本型	8DI,DC24V 标准型	8DI,DC24V 高性能型
订货号	6ES7 131-6BH00-0BA0	6ES7 521-1BH10-0AA0	6ES7 521-1BH10-0AA0	6ES7 521-1BH10-0AA0
供电电压	24VDC	24VDC	24VDC	24VDC
数字量输入通道数	16 个	8 个	8 个	8 个
输入类型	漏型输入	漏型输入	漏型输入	漏型输入
输入额定电压	DC24V	DC24V	DC24V	DC24V
硬件中断	—	—	—	√
诊断中断	√	√	√	√
诊断功能	√;模块级	√;模块级	√;模块级	√;通道级

表 2.37 数字量输出模块技术参数

数字量输出模块	16DQ, DC24V/0.5A 标准型	8DQ, DC24V/0.5A 基本型	8DQ, DC24V/0.5A 标准型	8DQ, DC24V/0.5A 高性能型	8DQ, DC24V/0.5ASNK 基本型	4DQ, DC24V2A 标准型
订货号	6ES7 132-6BH00-0BA0	6ES7 132-6BH00-0AA0	66ES7 132-BF00-0BA0	6ES7 132-6BF00-0CA0	6ES7 132-6BD60-0AA0	6ES7 132-6BDZ0-0BA0
供电电压	24VDC	24VDC	24VDC	24VDC	24VDC	24VDC
输出通道数	16个	8个	8个	8个	8个	4个
输出类型	源型输出	源型输出	源型输出	源型输出	漏型输出	源型输出
额定输出电压	DC24V	DC24V	DC24V	DC24V	DC24V	DC24V
额定输出电流	0.5A	0.5A	0.5A	0.5A	0.5A	2A
等时模式	—	—	—	√	—	—
硬件中断	—	—	—	√	—	—
诊断中断	√	√	√	√	√	√
诊断功能	√；模块级	√；模块级	√；模块级	√；通道级	√；通道级	√；模块级
数字量输出模块	4DQ, DC24V/2A 高性能型	4DQ, DC24V/2A 高速型	4DQ, AC24-230V/2A 标准型	4DQ, DC24V/2A 标准型	4RQ, DC120-AC230V/5A 标准型	4RQ, DC120-AC230V/5A 标准型, 带手动置位
订货号	6ES7 132-6BD20-0CA0	6ES7 132-6BD20-0DA0	6ES7 132-6FD00-0BB1	6ES7 132-6GD50-0BA0	6ES7 132-6HD00-0BB1	6ES7 132-6MD00-0BB1
供电电压	24VDC	24VDC	AC24~230V	24VDC	24VDC	24VDC
输出通道数	4个	4个	4个	4个	4个	4个
输出类型	源型输出	源型输出	交流输出	继电器输出	继电器输出	继电器输出, 带手动置位
额定输出电压	DC24V	DC24V	AC24~230V	AC24V 和 DC24V	DC120~AC230V	DC120~AC230V
额定输出电流	2A	2A	2A	2A	2A	2A

（2）常用的模拟量输入模块技术参数见表2.38，模拟量输出模块技术参数见表2.39。

表 2.38 模拟量输入模块技术参数

模拟量输入模块	2AI, U 标准型	2AI, I 2/4 线标准型	2AI, U/I 2/4 线高速型	2AI, U/I 2/4 线高性能型	4AI, U/I 2 线标准型	4AI, I 2/4 线标准型
订货号	6ES7 134-6F800-0BA1	6ES7 134-6G800-0BA1	6ES7 134-6H800-0DA1	6ES7 134-6H800-0CA1	6ES7 134-6HD00-0BA1	66ES7 134-GD00-0BA1
供电电压	24VDC	24VDC	24VDC	24VDC	24VDC	24VDC
输入通道数	2个	2个	2个	2个	4个	4个
输入信号类型	0~10V 1~5V -10~10V -5~5V	0~20mA 4~20mA -20~20mA	0~10V 1~5V -10~10V -5~5V 0~20mA 4~20mA -20~20mA	0~10V 1~5V -10~10V -5~5V 0~20mA 4~20mA -20~20mA	0~10V 1~5V -10~10V -5~5V 0~20mA 4~20mA -20~20mA	0~20mA 4~20mA -20~20mA

第 2 章 西门子 S7-1500 PLC 的硬件

续表

模拟量输入模块	2AI, U 标准型	2AI, I 2/4线标准型	2AI, U/I 2/4线高速型	2AI, U/I 2/4线高性能型	4AI, U/I 2线标准型	4AI, I 2/4线标准型
硬件中断	√	√	√	√	√	√
硬件中断	—	—	√	√	—	—
诊断功能	√；模块级	√；模块级	√；通道级	√；通道级	√；模块级	√；模块级

表 2.39 模拟量输出模块技术参数

模拟量输出模块	2AQ, U, 标准型	2AQ, I, 标准型	4AQ, U/I, 标准型	2AQ, U/I, 高速型	2AQ, U/I, 高性能型
订货号	6ES7 134-6FB00-0BA1	6ES7 134-6GB00-0BA1	6ES7 134-6HD00-0BA1	6ES7 134-6HB00-0DA1	6ES7 134-6HB00-0CA1
供电电压	24VDC	24VDC	24VDC	24VDC	24VDC
输出通道数	2个	2个	4个	2个	2个
输出信号类型	0~10V 1~5V -10~10V -5~5V	0~20mA 4~20mA -20~20mA	0~10V 1~5V -10~10V -5~5V 0~20mA 4~20mA -20~20mA	0~10V 1~5V -10~10V -5~5V 0~20mA 4~20mA -20~20mA	0~10V 1~5V -10~10V -5~5V 0~20mA 4~20mA -20~20mA
分辨率（包括符号位）	16位	16位	16位	16位	16位
周期时间（每模块）	最小1ms	最小1ms	最小5ms	最小125ms	最小750ms

4. ET200SP 通信模块

ET200SP 通信模块技术参数见表 2.40。

表 2.40 ET200SP 通信模块技术参数

通信模块	CM PtP 串行通信	CM 4×IO-Link 主站	CM AS-I Master ST	CM DP
订货号	6ES7 137-6AA00-0BA0	6ES7 137-6BD00-0BA0	3RK7 137-6SA00-0BC1	6ES7 545-5DA00-0AB0
供电电压	24VDC	24VDC	通过 AS-i 24V 和背板总线供电	24VDC
连接接口	RS-232/RS-422/RS-485	IO-Link	AS-interface，最多62个从站	RS-485
接口数量	2个	4个	1个	1个
通信协议	自由口，3964（R）Modbus RTU 主/从，USS	IO-Link，符合 IO-Link 规范 V1.1，	符合 AS-i 规范 V3.0	SIMATIC 通信，PROFINBUS DP 主站/从站
等时速率	最大 115.2kbps	4.8kbd（COM1）38.4kbd（COM2）230.4kbd（COM3）	最大 167kbps	最大 12Mbps

5. ET200SP 工艺模块

ET200SP 工艺模块包括计数器模块、定位模块和基于时间的 IO 模块，可完成计数、速度和频率的测量以及绝对位置和相对位置的测量等功能。ET200SP 工艺模块技术参数见表 2.41。

表 2.41 ET200SP 工艺模块技术参数

工艺模块	TM Count 1×24V	TM Posinput 1
订货号	6ES7 138-6AA00-0BA0	6ES7 138-6BA00-0BA0
供电电压	24VDC（19.2~28.8V）	24VDC（19.2~28.8V）
可连接的编码器数量	1个	1个
可连接的编码器种类	24V 增量编码器	SSI 绝对编码器 RS422/TTL 增量编码器
最大计数频率	200kHz，800kHz（4 倍频）	1MHz，4MHz（4 倍频）
计数功能	1 个计数器，最大计数频率 800kHz（4 倍频）	1 个计数器，最大计数频率 4MHz（4 倍频）
输入通道数	3个	2个
输出通道数	2个	2个
等时模式	√	√
硬件中断	√	√
诊断中断	√	√
诊断功能	√；模块级	√；模块级
时间戳模块	TM Timer DI DQ 10×24V	
订货号	6ES7 138-6CG00-0AB0	
供电电压	24VDC	
输入通道数	4个	
输入带有时间戳通道数	4个	
计数器通道数	3个	
增量型计数器通道数	1个	
输出过采样通道数	3个	
输出通道数	6个	
输出带有时间戳通道数	6个	
增量编码器电压（非对称）	24V	
计数频率	200kHz，带有 4 倍频	
硬件中断	√	
诊断中断	√	
诊断功能	√；模块级	

2.6.2 ET200MP 分布式模块

ET200MP 分布式模块具有很好的通用性。ET200MP 分布式接口模块的技术参数见表 2.42。

表 2.42 ET200MP 分布式接口模块的技术参数

分布式模块	IM 155-5 PN 标准型	IM 155-5 PN 高性能型	IM 155-5 DP 标准型
订货号	6ES7 155-5AA00-0AB0	6ES7 155-5AA00-0AC0	6ES7 155-5BA00-0AB0
供电电压	24V	24V	24V
通信方式	PROFINET IO	PROFINET IO	PROFINET DP
接口类型	2 个 RJ-45	2 个 RJ-45	RS-485, DP 接头
支持模块数量	30 个	30 个	12 个
状态显示	√	√	√
中断	√	√	√
诊断功能	√	√	√

第 3 章

S7-1500 PLC 的硬件设备组态

组态，就是对实际工作中所需要的各种设备和模块进行排列、设置和联网。在博途 V15 软件中，采用图形化方式表示各种模块和机架等硬件设备，与"实际"的模块和机架一样，在设备视图的指定机架槽位中插入既定数量的模块，通过对模块进行组态、参数设置和连接后，经过编译下载到实际 CPU 系统中。

S7-1500 PLC 硬件配置的主要功能如下。

（1）配置参数信息并下载到 CPU，CPU 按配置的参数执行。

（2）CPU 比较模块的配置信息与实际安装的模块是否一致，如 I/O 模块的安装位置、模拟量模块选择的测量类型等。如果不一致，则 CPU 报警，并将故障信息存储在 CPU 的诊断缓存区中。

（3）CPU 根据配置参数信息对模块进行实时监控，如果模块有故障，则 CPU 报警，并将故障信息存储在 CPU 的诊断缓存区中。

（4）将 I/O 模块的物理地址映射为逻辑地址，用于程序块的调用。

（5）一些智能模块的配置参数信息存储在 CPU 中，例如通信处理器 CP/CM、工艺模块 TM 等，若故障，可直接更换，不需要重新下载配置参数信息。

3.1 配置一个 S7-1500 PLC 站点

3.1.1 添加一个 S7-1500 PLC 新设备

添加一个 S7-1500 PLC 新设备的操作步骤如下。

（1）创建新项目

打开博途 V15 软件，创建一个新项目，命名为"配置组态 S7-1500 系统"，如图 3.1 所示。

（2）添加 CPU 1516F-3 PN/DP

打开"项目视图"，双击"项目树"中的"添加新设备"选项，弹出"添加新设备"编辑窗口，选择"控制器"→"SIMATIC S7-1500"→"CPU"→"CPU 15I6F-3 PN/DP"→

第 3 章 S7-1500 PLC 的硬件设备组态

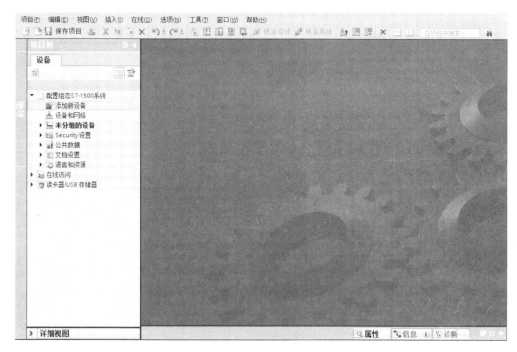

图 3.1 创建新项目

"6ES7 516-3FN01-0AB0"选项,如图 3.2 所示。单击"确定"按钮,直接打开"设备视图"窗口,如图 3.3 所示,新建的 CPU 设备和机架一起创建并显示出来。"网络视图"窗口如图 3.4 所示。

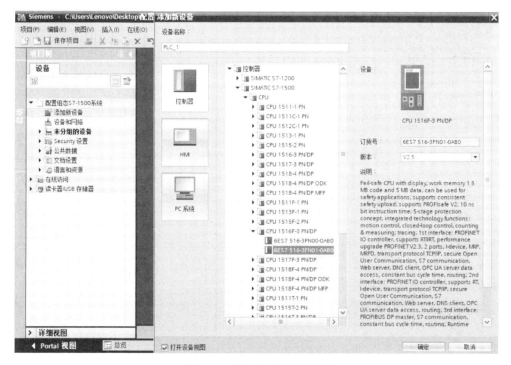

图 3.2 "添加新设备"选项

101

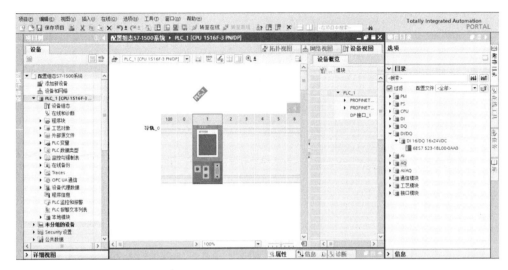

图 3.3 "设备视图"窗口

图 3.4 "网络视图"窗口

3.1.2 配置 S7-1500 PLC 的硬件模块

(1) 添加电源模块 PM。单击"设备视图"右侧的硬件目录,激活"过滤"选项,在硬件目录下单击"PM 电源模块"→"PM 190W 120/230VAC"→"6EP1 333-4BA00"选项,找到订货号后,双击即可将电源模块插入插槽中。

(2) 添加数字量输入/输出模块。用上述方法找到数字量输入/输出模块(DI 16×24VDC HF 6ES7 521-1BH00-0AB0,DQ 16×24VDC/0.5A ST 6ES7 522-1BH00-0AB0),分别双击订货号,即可自动配置到插槽 2 和插槽 3 中。

(3) 添加模拟量输入/输出模块。用上述同样的方法添加模拟量输入/输出模块,分别占用插槽 4 和插槽 5 号,如图 3.5 所示。

如果还需要添加模块,则按实际需求及配置规则将模块插入相应的插槽中即可,需要注意模块型号和固件版本都要与实际一致。

配置完成后,单击工具栏右侧的 保持窗口设置按钮,保存窗口视图格式,以便再打开硬件视图时,可保持与关闭前的视图一致。

配置 S7-1500 PLC 的中央机架时需要注意以下几点:

(1) 中央机架有 32 个插槽,0~31,CPU 占用 1 号插槽,不能更改。

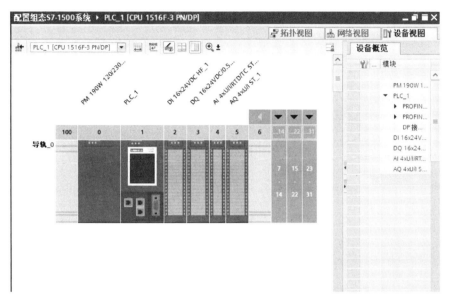

图 3.5　配置 S7-1500 PLC 硬件模块

（2）CPU 左侧的插槽 0 可以放入负载电源模块 PM 或系统电源模块 PS。如果 0 号插槽插入的是系统电源模块 PS，则由于 PS 有背板总线接口可以与 CPU 一起为中央机架上的右侧设备供电，所以在博途 V15 软件的硬件组态中，必须对 PS 进行硬件配置组态。如果 0 号插槽插入的是负载电源模块 PM，则由于 PM 没有背板总线接口，所以在博途 V15 软件的硬件组态中，可以不对 PM 进行硬件配置组态。

（3）CPU 右侧的插槽最多可以再插入 2 个系统电源模块，这样加上 CPU 左侧的系统电源模块，在主机架上最多可以插入 3 个系统电源模块。系统电源模块的数量由所有模块的功耗总和来决定。

（4）从 2 号插槽开始依次插入 I/O 模块、工艺模块和通信模块。通信模块 I/O 地址的排列是由系统自动分配的，编程使用时必须使用组态时分配的 I/O 地址，这些地址可以在设备概览中查看。模块的数量与模块的尺寸无关，如果需要配置更多的模块，则需要使用分布式 I/O。由于目前中央机架不带有源背板总线，因此相邻模块之间不能有空插槽。

（5）S7-1500 PLC 系统不支持中央机架的扩展。

3.1.3　使用检测功能配置 S7-1500 PLC 的硬件模块

（1）按照规则将所有的硬件模块均提前正确安装在中央机架上。

（2）用网线连接计算机和 CPU 模块，建立在线连接，双击"项目树"下的"添加新设备"→"SIMATIC S7-1500"→"非指定的 CPU 1500"选项，双击订货号"6ES7 5XX-XXXXX-XXXX"，创建一个非指定设备的 CPU 站点，并在打开的"设备视图"中显示未指定的 PLC 组态，如图 3.6 所示。

（3）单击"设备视图"中"未指定该设备"方框中的"获取"，检测 SIMATIC S7-1500 PLC 中央机架上的所有模块（不包括远程 I/O 模块），模块可自动添加到"设备视图"中，模块参数具有默认值。

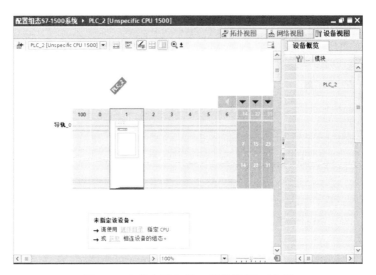

图 3.6　未指定设备的"设备视图"选项

3.2　CPU 模块的参数设置

当硬件模块设置完成后，还需要对 CPU 模块进行设置，在出厂状态下，所有硬件模块的参数都为默认设置，均可满足简单的标准应用。在不同的工业应用场合，用户可根据设备的工艺要求和环境要求修改参数。

下面以 CPU 1516F-3 PN/DP 模块为例介绍 CPU 模块的参数设置。选中博途 V15 软件"设备视图"中机架上的 CPU 模块，打开 CPU 模块的"属性"巡视视图，如图 3.7 所示，在这里可以设置 CPU 模块的各种参数。

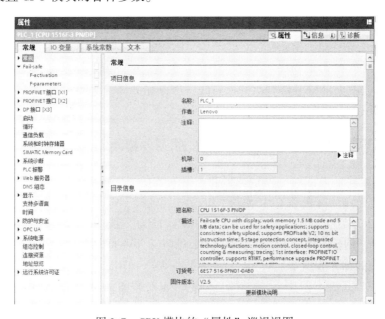

图 3.7　CPU 模块的"属性"巡视视图

3.2.1 常规

单击"属性"巡视视图中的"常规"选项卡,常规选项包括项目信息、目录信息、标识与维护及校验和等信息。

1. 项目信息

用户可以在"项目信息"选项下编写和查看与项目相关的信息,如图 3.8 所示,"名称"是模块名称,可根据需要更改,如果更改了,则更改后的名称可作为设备名称出现在"设备视图"和"网络视图"中。"作者"和"注释"可以不更改。"机架"和"插槽"不能修改。

图 3.8 "项目信息"选项

2. 目录信息

在"目录信息"选项下可以查看"短名称"及其简单的"描述"、"订货号"、"固件版本"等信息,如图 3.9 所示。

图 3.9 "目录信息"选项

3. 标识与维护

在"标识与维护"选项下,可以通过查看"工厂标识"来识别工厂的各个设备,"位置标识"是设备名称的一部分,用来表示确切的设备位置。"工厂标识"和"位置标识"栏中最多可以输入 32 个字符,还可以选择安装日期和更多信息。"更多信息"栏中最多可以输入 54 个字符。如图 3.10 所示。

4. 校验和

校验和用于检查 PLC 程序的身份和完整性。在编译过程中,块文件夹和文本列表中的

图 3.10 "标识与维护"选项

块将自动标记一个唯一的校验和,可快速判断 CPU 中当前运行的程序是否为很久以前加载的程序或是否发生了变更。通过指令 GetChecksum 可在程序运行时读取校验和。

3.2.2 Fail-safe(故障安全)

由于 CPU 1516F-3 PN/DP 模块是带有安全故障保护型的,因此在 CPU 的"属性"选项中需要设置故障安全选项 Fail-safe,所有与故障安全相关的设置均显示一个黄色方框,如图 3.11 所示。当故障安全关闭后,该 CPU 模块可以当作普通的 CPU 模块使用(F-activation 故障安全功能使能激活),F 参数的设置可以简单地使用默认值(F-parameter 参数)。本例中取消安全保护故障使能。

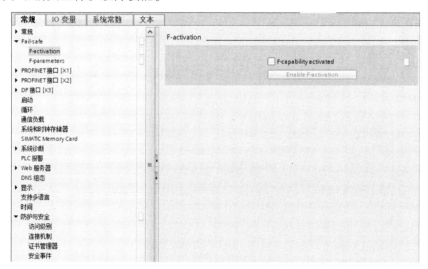

图 3.11 "Fail-safe"选项

3.2.3 PROFINET[X1]和 PROFINET[X2]接口

CPU 模块的 PROFINET[X1]和 PROFINET[X2]两个接口需要设置的参数基本相同。这里只介绍 PROFINET[X1]接口的参数设置。

PROFINET[X1]是 CPU 集成的第一个 PROFINET 接口,接口参数主要包括常规、以太网地址、时间同步、操作模式、高级选项和 Web 服务器访问等。

1. 常规

在 PROFINET[X1]接口的"常规"选项下有"名称"、"作者"和"注释"等参数,这里不做赘述。

2. 以太网地址

单击"以太网地址"选项，打开如图 3.12 所示的界面，在界面中可以创建子网、设置 IP 协议和 PROFINET 参数。

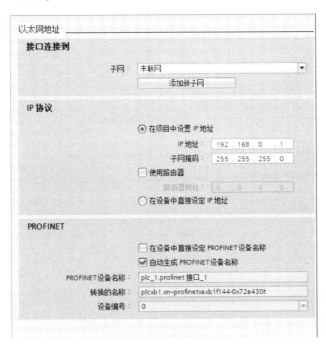

图 3.12 "以太网地址"选项界面

（1）接口连接到

"接口连接到"是设置 PROFINET[X1]接口连接的子网。如果子网中显示"未联网"，则可通过单击"添加新子网"选项添加新的以太网，新添加的子网名称默认为 PN/IE_1。如果有多个子网，则可通过下拉菜单选择需要连接的子网。

（2）IP 协议

IP 协议有 3 个参数选项，默认状态为"在项目中设置 IP 地址"，可以根据实际需要设置 IP 地址和子网掩码。默认的 IP 地址为 192.168.0.1，子网掩码为 255.255.255.0。

"使用路由器"选项是指当 PLC 需要和非同一子网的设备进行通信时，需要激活"使用路由器"选项，并输入路由器（网关）的 IP 地址。

"在设备中直接设定 IP 地址"选项是指当不在硬件组态中设置 IP 地址时，可激活"在设备中直接设定 IP 地址"选项，通过使用显示屏或函数 T_CONFIG 等方式分配 IP 地址。

（3）PROFINET

在"PROFINET"选项下，参数选项默认为"自动生成 PROFINET 设备名称"时，博途 V15 软件自动生成"PROFINET 设备名称"、"转换的名称"和"设备编号"。如果取消该选项，则由用户设定 PROFINET 设备名称。

3. 时间同步

NTP 模式是网络时间协议，是指在 NTP 模式中，设备按固定时间间隔将时间发送到子网（LAN）中的NTP服务器，用来同步站点的时间。这种模式的优点是能够实现跨子网的时间同步。

打开"时间同步"选项，如图3.13所示，如果激活"通过NTP服务器启动同步时间"，则表示该PLC可以通过以太网从NTP服务器上获取时间以同步自己的时钟。该选项需要组态最多四个NTP服务器的IP地址。更新周期用于定义两次时间查询之间的时间间隔（单位：s），时间间隔的取值范围在10s~24h之间。

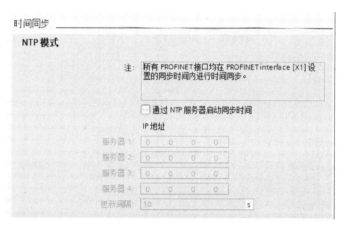

图3.13 "时间同步"选项

4. 操作模式

一个PROFINET网络中的CPU模块即可作为IO控制器使用，也可以作为IO设备使用，这需要由PROFINET接口中的操作模式来设置，如图3.14所示。

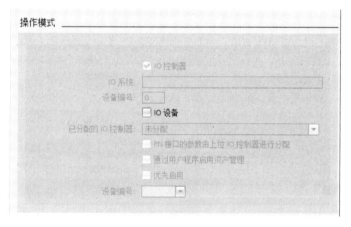

图3.14 "操作模式"选项

当CPU模块作为IO设备（智能设备）时，需要激活"IO设备"选项，并在"已分配的IO控制器"选项中选择一个IO控制器。如果IO控制器不在该项目中，则选择"未分配"。如果激活"PN接口的参数由上位IO控制器进行分配"，则IO设备的设备名称由IO控制器分配。

5. 高级选项

在"高级选项"中可以对"接口选项"、"介质冗余"、"实时设定"、"端口[X1 P1

R]"等选项进行设置。

(1) 接口选项

接口选项用于对 PROFINET 接口的一些通信事件进行设置,如图 3.15 所示。

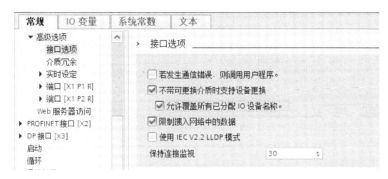

图 3.15 "接口选项"界面

① 如果不激活"若发生通信错误,则调用用户程序"选项,则当出现 PROFINET 接口的通信错误时,就不会调用诊断中断组织块 OB82,错误信息会进入 CPU 的诊断缓冲区。如果激活该选项,则当出现 PROFINET 接口的通信错误时,会调用诊断中断组织块 OB82。

② 在 PROFINET 通信网络中,IO 控制器是通过 IO 设备名称来识别 IO 设备的。早期的 IO 设备通常通过插入可交换介质(存储卡)或编程设备分配名称。IO 控制器使用该名称识别 IO 设备。现在的 IO 设备没有存储卡,在更换 IO 设备时,可激活"不带可更换介质时支持设备更换"选项,通过预先定义的拓扑信息和正确的相邻关系,IO 控制器可以检测到更换的新 IO 设备,并为其分配已组态的设备名称。

③ "允许覆盖所有已分配 IP 设备名称"是指当使用拓扑信息分配设备名称时,不需要将新替换的设备恢复到出厂值设置。

④ "限制馈入网络中的数据"是设置通过接口传入网络中标准以太网通信的网络负载最大值。在 PROFINET IO 系统中,默认所有设备支持"限制馈入网络中的数据"功能。

如果将 CPU 模块用作 IO 控制器,则系统自动启用"限制馈入网络中的数据"功能。如果未将 CPU 模块用作 IO 控制器,则可启用也可禁用"限制馈入网络中的数据"功能。

⑤ LLDP 表示链路层发现协议,是标准 IEEE-802.1AB 中定义的一种独立于制造商的协议。以太网设备使用 LLDP,可按固定间隔向相邻设备发送关于自身的信息,相邻设备将保存此信息。

现场总线标准 IEC 61158 V2.2(简称 IEC V2.2)为具有 PROFINET 接口的设备实现了 LLDP。所有联网的 PROFINET 接口必须设置为同一种模式(IEC V2.3 或 IEC V2.2),具有多个 PROFINET 接口的设备要求使用此标准的新版本 IEC V2.3。

当组态同一个项目中 PROFINET 子网的所有设备时,博途 V15 软件会自动设置正确的模式,用户无需考虑设置问题。如果是在不同项目下进行组态,则可能需要手动设置。

如果选中"使用 IEC V2.2 LLDP 模式"选项并且无法更改,则 PROFINET 接口仅支持 V2.2 模式。如果禁用"使用 IEC V2.2 LLDP 模式"选项并且可以更改,则 PROFINET 接口支持 V2.2 模式和 V2.3 模式。

⑥ "保持连接监视"是指向 TCP 或 ISO-on-TCP 连接伙伴保持连接请求的时间间隔,选

项默认为30s，设置范围为0~65535。

（2）介质冗余

S7-1500 PLC 的 PN 接口支持 MRP 协议，即介质冗余协议，可以通过 MRP 协议来实现环网的连接。"介质冗余"选项如图 3.16 所示。

图 3.16 "介质冗余"选项

"MRP 域"下拉列表中列出了所选 IO 系统中现有的 MRP 域名称。如需更改，则必须单击"域设定"按钮，域名称只能在子网设置中集中修改。

在"介质冗余功能"中可选择"环网中无设备"、"管理器"或"客户端"三种选项，可以设置 CPU 模块在介质冗余功能中作为管理器或客户端。当作为管理器时，负责发送检测报文以检测网络的连接状态，在"环网端口"选项中还要选择使用哪两个端口连接 MRP 环网，以及在网络出现故障时，是否调用诊断中断 OB82，即激活诊断中断。当作为客户端时，则只转发检测报文。

（3）实时设定

"实时设定"选项主要是对"IO 通信"、"同步"和"实时选项"三个选项进行设置，如图 3.17 所示。

图 3.17 "实时设定"选项

① IO 通信用于设置 PROFINET 的发送时钟时间，默认为 1ms。

② "同步域"用来显示同步域的名称，如果组态 IO 控制器并连接到以太网子网，则其将被自动添加到该以太网子网的默认同步域，默认同步域始终可用。所有域内的 PROFINET

设备均按照同一时基进行时钟同步。如果一台设备为同步主站（时钟发生器），则所有其他的设备均为同步从站。

"同步功能"选项可以选择设置"未同步"、"同步主站"、"同步从站"。

"RT 等级"用于选择 IO 设备的实时类别。选择"RT"时，设备始终异步运行。选择"IRT"时，所有的站点都在一个同步域内，确保所有属于此域的设备能同步通信。

③ 带宽是博途 V15 软件根据 IO 设备的数量和 I/O 字节，自动计算的"为循环 IO 数据计算得出的带宽"，最大带宽一般为发送时钟的一半。

（4）端口[X1 P1 R]

CPU 模块的 PROFINET[X1]端口自带一个两端口的交换机，分别为端口[X1 P1 R]和端口[X1 P2 R]，这两个端口需要设置的参数相同。这里只介绍其中一个端口的参数设置。

选中"端口[X1 P1 R]"选项，如图 3.18 所示，端口需要设置的参数有"常规"、"端口互连"和"端口选项"。

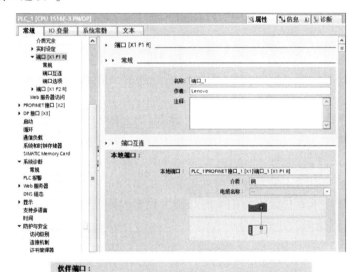

图 3.18 "端口[X1 P1 P]"选项界面

① 用户可以在"常规"选项下的"名称"、"注释"等栏中进行提示性的标注。

② "端口互连"选项有"本地端口"和"伙伴端口"两个参数。在"本地端口"栏中显示本地端口的属性,"介质"选项默认为"铜",铜缆无电缆名。在"伙伴端口"的下拉列表中可以选择需要连接的伙伴端口,如果在拓扑视图中已经组态了网络拓扑,则将在"伙伴端口"栏中显示连接的伙伴端口、"介质"类型、"电缆长度"、"信号延时"等。对于"电缆长度"、"信号延时"两个参数,仅适用于 PROFINET IR 通信,可以设置其中一个,另一个参数会自动参加。例如,选择"电缆长度",则博途 V15 软件可根据指定的电缆长度自动计算信号延时。

③ 在"端口选项"中有"激活"、"连接"和"界限"三个选项。

激活"启用该端口以使用"选项是指通过选择该选项来使用该端口,否则禁止使用该端口。

"连接"选项中的"传输速率/双工"有"自动"和"TP 100Mbps"两种选择,默认为"自动",表示该 PLC 与连接伙伴自动协商传输速率和双工模式,在自动模式下,"启用自动协商"选项自动激活且不能取消,同时可以激活"监视"功能,表示监视端口的连接状态,一旦出现故障,则向 CPU 报警。如果选择 TP100Mbps,则会自动激活"监视"功能和"启用自动协商"模式,自动识别以太网电缆是平行线还是交叉线。如果禁止该模式,则需要注意选择正确的以太网电缆形式。

界限用于表示传输某种以太网报文的边界限制。"界限"选项中的"可访问节点检测结束"表示不转发用于检测可访问节点的 DCP 协议报文,也就是无法在"项目树"的"可访问设备"选项中显示此端口之后的设备。

"拓扑识别结束"表示不转发用于检测拓扑的 LLDP 协议报文。

"同步域断点"表示不转发那些用来同步域内设备的同步报文。

(5) Web 服务器访问

激活"启用使用该接口访问 Web 服务器"选项可以访问集成在 CPU 模块中的 Web 服务器,如图 3.19 所示。

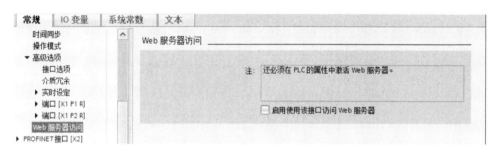

图 3.19 "Web 服务器访问"选项

3.2.4 DP 接口 [X3]

CPU 模块集成的 DP 接口 [X3] 是一个标准的工业以太网 PORFIBUS 端口,只能作为主站,不能设置为 MPI 接口(S1MAT1C S7-1500 PLC 不支持 MPI 接口)。DP 接口 [X3] 主要包括常规、PORFIBUS 地址、操作模式、时间同步、SYNC/FREEZE(同步/冻结）等参数。

1. 常规

单击"DP 接口［X3］"选项下的"常规"选项，设置方法同接口［X1］，这里不再赘述。

2. PROFIBUS 地址

"PROFIBUS 地址"选项界面如图 3.20 所示。

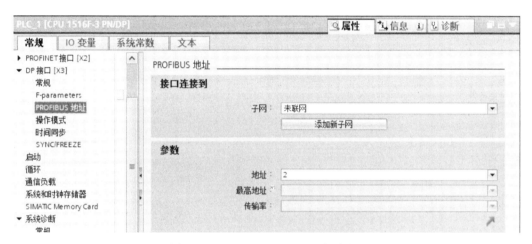

图 3.20 "PROFIBUS 地址"选项界面

（1）接口连接到

在"接口连接到"子网选项中，通过单击"添加新子网"按钮，可为该接口添加新 PROFIBUS 网络，新添加 PROFIBUS 子网的名称默认为 PROFIBUS_1。

（2）参数

"参数"选项下的"地址"用于设置 PROFIBUS 的地址。"最高地址"和"传输率"选项不能修改，如果要修改，则可以切换至"网络视图"选项，选中"PROFIBUS 子网"后，在"属性"窗口中进行设置。

3. 操作模式

"操作模式"选项默认选择为主站并且不能更改，表示该 CPU 集成接口只能作为 PROFIBUS-DP 通信主站。"主站系统"表示 DP 主站系统的名称，也就是 DP 主站连接 DP 从站时的 DP 子网名称。如图 3.21 所示。

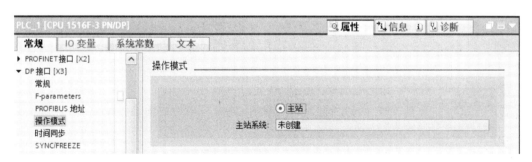

图 3.21 "操作模式"选项界面

4. 时间同步

时间同步是指通过 PROFIBUS 网络进行时间同步。如果作为从站，将接收其他主站的时间来同步自己的时间。如果作为主站，则用自己的时间来同步其他从站的时间。可以根据需要设置时间同步的间隔。

5. SYNC/FREEZE

SYNC/FREEZE 是一个同步/冻结选项，对于一个主站系统，最多可以建立 8 个同步/冻结组，如图 3.22 所示。将从站分配到不同的组中：调用同步指令时，组中的从站可同时接收主站信息；调用冻结指令时，主站将同时接收组中从站某一时刻的信息。

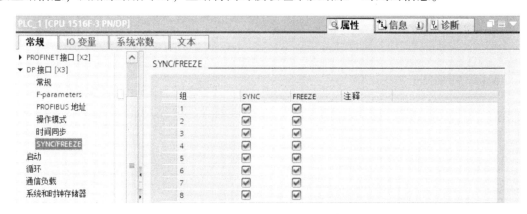

图 3.22 "SYNC/FREEZE" 选项界面

3.2.5 启动

CPU 启动参数的设置界面如图 3.23 所示。

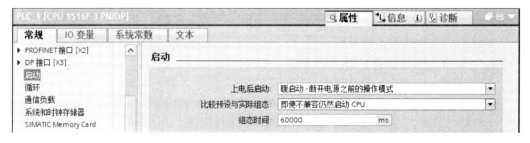

图 3.23 CPU 启动参数的设置界面

1. 上电后启动

"上电后启动"选项通过复选框来设置 PLC 上电后的启动方式。上电后启动方式有三种。

（1）暖启动-断开电源之前的操作模式

博途 V15 软件默认 CPU 的启动方式为"暖启动-断开电源之前的操作模式"，当 CPU 上电后，会自动进入断开电源之前的操作模式。

（2）未重启

当选择"未重启（仍处于 STOP 模式）"模式时，CPU 上电后，将处于 STOP 模式。

（3）暖启动-RUN

当选择"暖启动-RUN"模式时，CPU 上电后，将进入暖启动和运行模式。其前提是 CPU 的模式开关必须在"RUN"位置，否则 CPU 不会执行暖启动，也不会进入运行模式。

> 提示：暖启动是指在 CPU 开始执行循环用户程序之前所执行的启动程序的一种模式。在暖启动过程期间将进行以下任务处理：①将初始化非保持性位存储器、定时器和计时器；②将初始化数据块中的非保持性变量；③在启动期间，尚未运行循环时间监视；④CPU 按启动组织块编号的顺序处理启动组织块，无论所选的启动模式如何，CPU 都会处理所有编程的启动组织块；⑤如果发生相应事件，则 CPU 可在启动期间启动 OB82（诊断中断）、OB83（可移除/插入的模块）、OB86（机架错误）、OB121（全局编程错误处理）、OB122（全局超时处理）。

2. 比较预设与实际组态

"比较预设与实际组态"选项可决定当硬件配置信息与实际硬件不匹配时，CPU 是否可以启动。

当选择"仅兼容时启动 CPU"时，表示实际模块与组态模块一致，或者实际模块兼容硬件组态模块，此时 CPU 可以启动。

当选择"即便不兼容仍然启动 CPU"时，表示实际模块与组态模块虽然不一致，但仍然可以启动 CPU，例如组态的是 DI 模板，实际的是 AI 模板，则 CPU 虽然可以运行，但是带有诊断信息提示。

3. 组态时间

组态时间是指集中式和分布式 I/O 的组态时间，在 CPU 启动过程中，将检查集中式 I/O 模块和分布式 I/O 站点中的模块在所组态的时间段内是否准备就绪（默认值为 60000ms），如果没有准备就绪，则 CPU 的启动特性取决于"将比较预设为实际组态"选项中的设置。

3.2.6 循环

循环是指循环时间（周期），是操作系统刷新过程映像和执行程序循环 OB 以及中断此循环所有程序段所需的时间。单击"循环"选项，如图 3.24 所示，可以设置与 CPU 循环扫描有关的"最大循环时间"和"最小循环时间"两个参数。

图 3.24 "循环"选项界面

"最大循环时间"可设定程序循环扫描监控时间的上限时间，默认值为 150ms。如果循环程序超过最大循环时间，则操作系统将尝试启动时间错误块 OB80。如果 OB80 不存在，则 CPU 将切换为 STOP 模式。如果 OB80 存在，则处理超时错误，此时扫描监视时间会变为原来的 2 倍。如果此后扫描时间再次超过此限制，则 CPU 仍然会进入停机状态。

监视循环运行时间除了能够设定最大循环时间之外，还需要保证满足最小循环时间。"最小循环时间"可设定 CPU 的最小扫描时间。如果实际扫描时间小于设定的最小时间，则当实际扫描时间执行完成后，操作系统会延时新循环的启动，在此等待时间内等待，直到最小扫描时间后才进行下一个扫描周期。这样可保证在固定的时间内完成循环扫描。

3.2.7 通信负载

CPU 的循环时间会受 CPU 之间的通信过程和测试功能等操作的影响，如果循环时间因通信过程而被延长，则在循环组织块的循环时间内可能会发生更多异步事件。此时可以设定"通信产生的循环负载"参数，可在一定程度上限制通信任务在一个循环扫描周期中所占的比例，确保 CPU 在扫描周期内通信负载小于设定的比例，默认值为 50%，设置范围为 15%～50%，如图 3.25 所示。

图 3.25 "通信负载"选项界面

3.2.8 系统和时钟存储器

设置系统和时钟存储器是对 CPU 中系统存储器 1 个字节和时钟存储器 1 个字节按照指定的频率对各位进行设置，如图 3.26 所示。在"系统和时钟存储器"选项中可以将系统和时钟信号赋值到标志位区 M 的变量中，一旦选择了系统和时钟存储器的字节后，则这两个字节就不能再用于其他用途了。

1. 系统存储器位

勾选"启用系统存储器字节"选项表示在分配系统存储器参数时，需要指定用作系统存储器字节的 CPU 存储器字节，默认 MB1 字节，可在用户程序第一个程序循环中运行程序段时使用系统存储器，系统存储器位要么为常数 1，要么为常数 0。其设置规则为：字节第 0 位为首次扫描位，只有在 CPU 启动进入 RUN 模式的第一个程序循环时值为 1，即常开触点闭合，其他时间为 0，常开触点断开；第一位表示诊断状态已更改，即当诊断状态发生时，一个扫描周期内为 1 状态；第 2 位始终为 1，即常开触点始终闭合；第 3 位始终为 0；

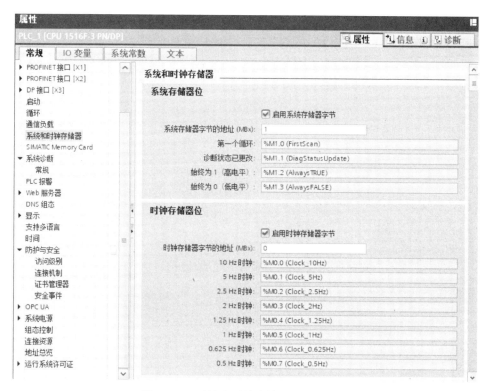

图 3.26 "系统和时钟存储器"选项界面

第 4~7 位是保留位。

2. 时钟存储器位

时钟存储器是按 1:1 的占空比周期性地改变二进制状态的位存储器。分配时钟存储器参数时,需要指定要用作时钟存储器字节的 CPU 存储器字节,默认为 MB0 字节。

激活"启用时钟存储器字节"选项,CPU 可将 8 个固定频率的时钟信号赋值到一个标志位存储区的字节中,字节中每位对应的周期和频率见表 3.1。

表 3.1 时钟存储器字节中每位对应的周期和频率

时钟存储器字节的位	7	6	5	4	3	2	1	0
周期(s)	2.0	1.6	1.0	0.8	0.5	0.4	0.2	0.1
频率(Hz)	0.5	0.625	1	1.25	2	2.5	5	10

时钟存储器的运行与 CPU 周期不同步,即时钟存储器的状态在一个较长的周期内可以改变多次。

3.2.9 SIMATIC Memory Card

启用"SIMATIC 存储卡的时效性"选项可选择 SIMATIC 存储卡使用寿命(存储卡的使用频率)的阈值,如图 3.27 所示。当 CPU 运行到达设定的百分比时,将启动一条诊断中断和生成一条诊断缓冲区条目,默认值为 80%,设定范围为 0%~100%。

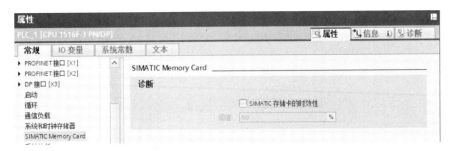

图 3.27 "SIMATIC Memory Card" 选项界面

3.2.10 系统诊断

系统诊断就是记录、评估和报告自动化系统内的故障,例如 CPU 程序错误、模块故障、传感器和执行器断路等。对于 S7-1500 PLC,系统诊断功能自动激活(无法禁用),如图 3.28 所示。报警文本采用默认的文本,可在 PLC 的显示屏、Web 浏览器或 HMI 上查看,必要时,可更改现有的报警文本,并增添新文本。该设置与项目一同保存,且仅在编译硬件配置后并加载到相关模块时才有效。

图 3.28 "系统诊断" 选项界面

勾选"将网络故障报告为维护而非故障"选项时,网络将发送"要求维护"信号。

3.2.11 PLC 报警

"PLC 报警"选项可用来对 CPU 属性参数"PLC 中的中央报警管理"进行设定,默认为启用,如图 3.29 所示。启用后,CPU 将对完整的报警文本进行编译,当出现未决的报警触发事件时,CPU 立即将完整的报警文本及相关值发送到触摸屏设备中。如果未启用,则必须通过工程组态系统(WinCC)将文本下载到触摸屏设备中,这样才能在运行过程中显示报警文本。在出现未决的报警触发事件时,CPU 只需要向 CMP 设备发送基本信息(如报警 ID、报警类型和相关值)。

图 3.29 "PLC 报警" 选项

3.2.12 Web 服务器

Web 服务器选项主要包括常规、自动更新、用户管理、监控表、用户自定义界面、入口页面和接口概览等参数。

1. 常规

选中"启用模块上的 Web 服务器"选项，即激活 CPU 模块的 Web 服务器功能，如图 3.30 所示。例如，打开 IE 浏览器，输入 CPU 模块接口的 IP 地址 http://192.168.0.1，即可进入浏览 CPU 的 Web 服务器中查看内容。如果选择"仅允许使用 HTTPS 访问"选项，则可通过数据加密的方式浏览网页，即在 IE 浏览器中需要输入 https://192.168.0.1 才能浏览网页。

图 3.30 Web 服务器"常规"选项界面

如果 CPU 模块带有多个 PROFINET 接口或组态了带有 PROFINET 接口的 CP，则还需激活 Web 服务器选项"接口概览"相应接口中的"已启用 Web 服务器访问"选项，如图 3.31 所示。

图 3.31 Web 服务器"接口概览"选项界面

2. 自动更新

激活"启用自动更新"参数，设置相应的时间间隔（取值范围为 1~999s），Web 服务器将会以"更新间隔"下设置的时间间隔自动更新网页的内容。如果设置较短的更新时间，将会增大 CPU 的扫描时间。"自动更新"选项界面如图 3.32 所示。

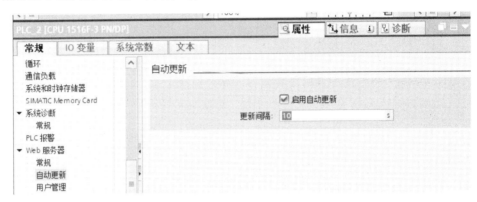

图 3.32 "自动更新"选项界面

3. 用户管理

"用户管理"界面用于管理访问网页中用户的列表，如图 3.33 所示。可以根据需要增加和删除用户，并设置访问级别和密码，在使用浏览器登录 Web 服务器时，需要输入相应的用户名和密码。

图 3.33 "用户管理"界面

4. 监控表

"监控表"选项界面如图 3.34 所示，用于设置访问方式。拥有相关权限的用户在登录 Web 服务器之后，就能在浏览器中查看或修改监控表的变量值。如果监控表中的变量没有变量名称，则其值不能通过 Web 服务器进行访问。

5. 用户自定义页面

通过用户自定义页面可以使用 Web 浏览器访问自由设计的 Web 页面。

第3章 S7-1500 PLC 的硬件设备组态

图 3.34 "监控表"选项界面

6. 入口页面

通过"入口页面"选项可以选择登录 Web 服务器时的初始页面。

7. 接口概览

在"接口概览"选项中显示了 PLC 站点的所有可以访问 Web 服务器的设备和以太网接口，可以激活需要的接口用于 Web 服务器的访问。

3.2.13 显示

CPU 模块都配有一块显示屏，可以通过 CPU 属性中的"显示"选项来对显示屏的参数进行设置。

1. 常规

在"常规"选项中可以对显示待机模式、节能模式和显示语言等参数进行设置，如图 3.35 所示。

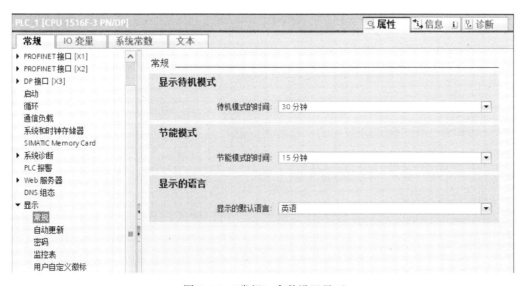

图 3.35 "常规"参数设置界面

121

① "待机模式的时间"是指显示屏进入待机模式所需的无任何操作的持续时间，可以设置待机模式的时间或禁用。当进入待机模式时，显示屏保持为黑屏，按下显示屏上的任意按键，立即重新激活。

② "节能模式的时间"是指显示屏进入节能模式下的无任何操作的持续时间，可以设置节能模式的时间或禁用。在节能模式下，显示屏将以低亮度显示信息，按下显示屏的任意按键，节能模式立即结束。

③ 显示屏默认的菜单语言是英语，可通过"显示的默认语言"参数来更改，更改之后，需下载至 CPU 中并立即生效，也可以在显示屏中设置显示语言。

2. 自动更新

"自动更新"选项可对当前的诊断信息和 CPU 的变量值自动传送到显示屏的时间间隔进行更新设置，如图 3.36 所示。"更新前时间"的默认值为"5 秒"，可以更改时间间隔或禁用。

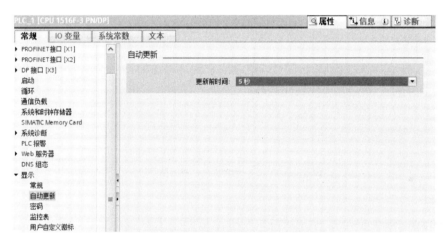

图 3.36 "自动更新"选项界面

3. 密码

"密码"选项可通过"屏保"参数设置操作密码，防止通过显示屏对 CPU 进行未经授权的访问，还可以在设置显示屏的输入密码后，在无任何操作下访问授权自动注销的时间，如图 3.37 所示。

4. 监控表

在"监控表"中可添加项目中的"监控表"和"强制表"，并设置访问形式是"读取"或"读/写"。下载后，可以在显示屏中的"诊断"→"监视表"菜单下显示或修改监控表和强制表中的变量，显示屏只支持符号寻址方式，不能显示绝对寻址变量。

5. 用户自定义徽标

"用户自定义徽标"选项界面如图 3.38 所示，可以将用户自定义的徽标图片与硬件配置一起装载到 CPU 中，用于显示屏的显示，徽标图片的格式必须是 Bitmap、JPEG、GIF 和 PNG 等。如果图片尺寸超出指定的尺寸，则需激活"修改徽标"选项，可以通过缩放尺寸来适合显示屏的要求。

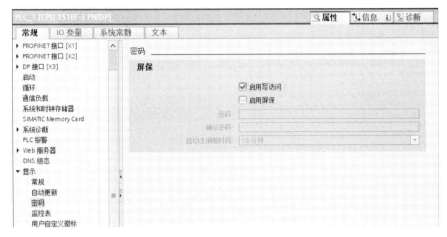

图 3.37 "密码"选项界面

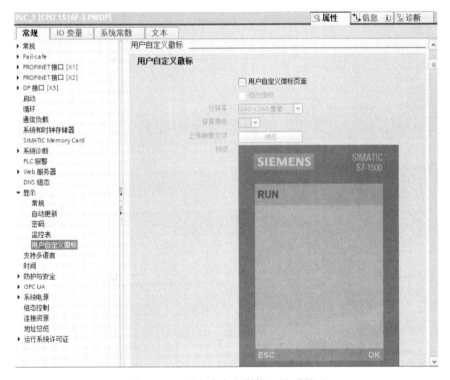

图 3.38 "用户自定义徽标"选项界面

3.2.14 支持多语言

"支持多语言"选项是指可以选择多种语言。下载到设备中的项目语言被指定为设备的项目语言和显示语言/Web 服务器的语言。

项目语言必须在"项目树"下的"语言和资源"→"项目语言"选项中激活,并且只能为 CPU 指定最多两种不同的项目语言,如图 3.39 所示,表格左侧栏中的"项目语言"只选择"中文"。设备的显示语言和 Web 服务器的语言可以选择多种语言。图 3.39 中表格的右侧栏中列出了所有可选作设备的显示语言或 Web 服务器的语言。

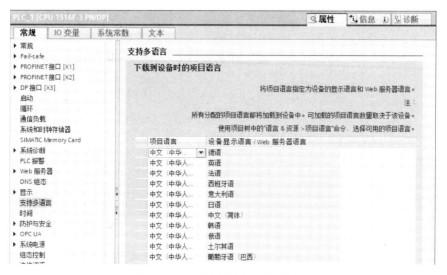

图 3.39 "支持多语言"设置界面

3.2.15 时间

在 S7-1500 PLC 中,系统时间为 UTC 时间,本地时间由 UTC 时间、时区和冬令时/夏令时共同决定,如图 3.40 所示。"时区"选项选择"(UTC+08∶00) 北京,重庆,香港,乌鲁木齐",博途 V15 软件会根据此地区夏令时实施的实际情况自动激活或禁用夏令时,以方便用户设置本地时间。用户也可手动激活或禁用夏令时及设置夏令时的开始和结束时间等参数。

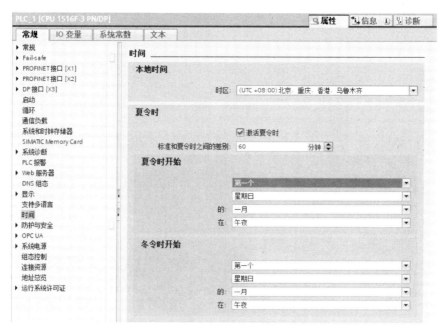

图 3.40 "时间"设置界面

3.2.16 防护与安全

1. 访问级别

CPU 模块提供了五种访问级别，用以选择 PLC 的存取等级和设置访问权限密码，如图 3.41 所示。复选标记√表示在不知道此访问级别密码的情况下可以执行的操作。默认访问级别为"完全访问权限，包括故障安全（无任何保护）"。此设置表示每个用户都可以读取和更改硬件配置和块。

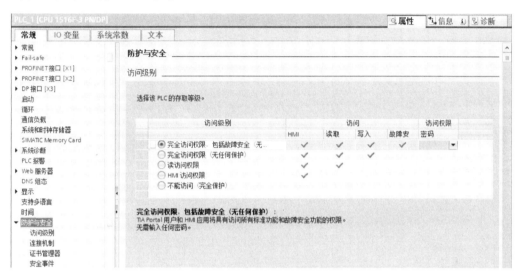

图 3.41 "访问级别"设置界面

2. 连接机制

通过激活"允许来自远程对象的 PUT/GET 通信访问"可对 PUT/GET 通信启用访问，如图 3.42 所示。

图 3.42 "连接机制"设置界面

3. 证书管理器

启用"使用证书管理器的全局安全设置"参数，以便在 CPU 特定的局部证书管理器中为设备分配全局新证书。

4. 安全事件

为防止诊断缓冲区被大量相同的安全事件"淹没"，在博途 V15 软件中启用"在出现大量消息时汇总安全事件"参数，并设置时间间隔，默认为 20s，如图 3.43 所示。在每个时间间隔内，CPU 可为每种事件类型生成一个组警报，并保存到诊断缓冲区中。

图 3.43 "安全事件"设置界面

3.2.17 系统电源

通常 CPU 模块均通过背板总线为所有 I/O 模块供电，必要时，还可以通过额外的系统电源为背板总线供电。

1. 常规

选择"连接电源电压 L+"选项，如图 3.44 所示，表示 CPU 连接了 24V 直流电源，CPU 可为背板总线供电，如果选择"未连接电源电压 L+"选项，则表示 CPU 没有连接 24V 直流电源，CPU 不能为背板总线供电，此时需要外接电源。

图 3.44 "系统电源"选项界面

2. 电源段概览

博途 V15 软件会自动计算每一个模块对背板总线的功率损耗，组态时可在"系统电源"选项中查看供电是否充足，在"电源段概览"选项中列出所插入的所有 I/O 模块及其最大功耗，如果"汇总"的电源为正值，则表示电源供电充足；如果为负值，则表示供电不足，需要增加 PS 来提供更多的功率。

操作期间,在每次打开电源或已安装的硬件发生变更时,CPU 均将监视是否符合供电/功耗比。如果 CPU 发现背板总线过载,将关闭所有的由 CPU 模块或系统电源供电的 I/O 模块,CPU 不会启动,并在诊断缓冲区中输入一条报警。

3.2.18 组态控制

"组态控制"选项可在一定的限制条件下,在用户程序中通过启用组态更改硬件配置信息。使用组态控制功能时,需激活"允许通过用户程序重新组态设备"选项,如图 3.45 所示。

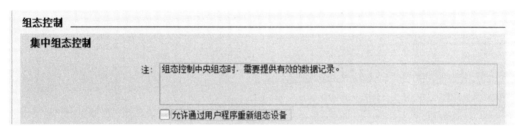

图 3.45 "组态控制"选项界面

3.2.19 连接资源

每个连接都需要一定的连接资源,可用的连接资源数取决于所使用的 CPU 模块型号。CPU 连接中的预留资源与动态资源概览由 CPU 属性中的"连接资源"选项来显示,如图 3.46 所示。

图 3.46 "连接资源"选项界面

3.2.20 地址总览

CPU 属性中的"地址总览"选项可显示已经配置的模块及其所用地址一览表,如图 3.47 所示。

图 3.47 "地址总览"选项界面

3.3 I/O 模块参数设置

博途 V15 软件除了对 CPU 模块设置相关参数外，还要对 I/O 模块的参数进行设置，即主要对输入/输出通道的诊断功能及地址的分配等参数进行设置。下面以数字量模块和模拟量模块为例介绍参数的设置方法（模块型号不同，参数会有所不同）。

3.3.1 数字量输入模块的参数设置

以 DI 32×24VDC HF 模块为例，数字量输入模块的参数包括常规参数、模块参数和输入参数等。常规参数与 CPU 属性中常规参数的设置方法基本类似，这里不再介绍，重点对模块参数和输入参数的设置方法进行介绍。

1. 模块参数

"模块参数"选项包括"常规"、"通道模板"和"DI 组态"三个选项，如图 3.48 所示。

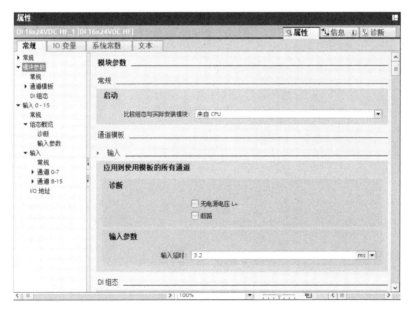

图 3.48 "模块参数"选项界面

(1) 常规

"常规"选项中的"启动"参数是指比较当前的组态模块与实际的模块是否一致时所选择的启动特性,如图 3.49 所示。

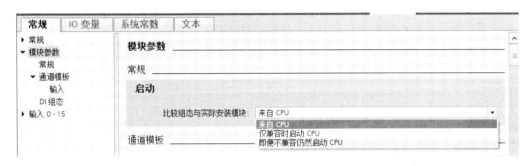

图 3.49 "常规"选项界面

① 来自 CPU:表示启动时将使用 CPU 属性中的设置,默认为"来自 CPU"。

② 仅兼容时启动 CPU:表示所有的组态模块与实际安装的模块和子模块匹配时才能启动 CPU。

③ 即便不兼容仍然启动 CPU:表示组态模块与实际安装的模块和子模块存在差异时也要启动 CPU。

(2) 通道模板

"通道模板"选项界面如图 3.50 所示。激活"无电源电压 L+"参数,表示启用对电源电压 L+缺失或不足的诊断功能;激活"断路"参数,表示启用模块断路检测诊断功能。激活上述两个参数,并且 CPU 的在线程序中有 OB82,则可在出现故障时,触发诊断中断,调用 OB82。

"输入延时"参数是为了抑制干扰信号而选择的延时时间。延时越长,越不易受干扰信号的干扰,但会影响信号的采集速度,默认值为 3.2ms,如果输入延时时间选择 0.05ms,则必须使用屏蔽电缆来连接数字量输入模块。

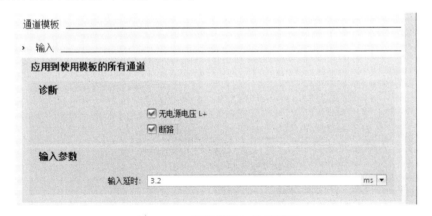

图 3.50 "通道模板"选项界面

(3) DI 组态

"DI 组态"选项界面如图 3.51 所示。

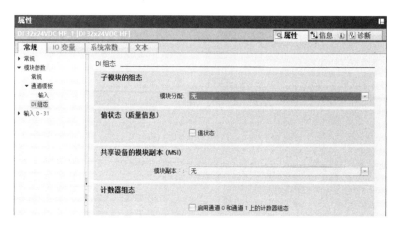

图 3.51 "DI 组态"选项界面

①"子模块的组态"功能是将一个数字量输入模块分成以 8 个通道为一组的若干个子模块，可以为每个子模块分配起始地址（模块种类不同，能够分成的子模块数量也不相同，例如 DI 16×24VDC HF 最多可分为 2 路，即 2×8 通道，DI 32×24VDC HF 最多可分为 4 路，即 4×8 通道）。具体使用方法可参考在线帮助。

提示："子模块的组态"功能只能在 ET200SP 和 ET200MP 等分布式 I/O 模块上使用。

② 当激活"值状态"选项时，系统将在值状态组态中为每个通道指定一个附加位。具体使用方法可参考在线帮助。

③ "共享设备的模块副本（MSI）"表示模块内部的共享输入功能。一个模块将所有通道的输入值最多可复制三个副本，作为第二子模块、第三子模块和第四子模块，这样该模块可以由最多 4 个 IO 控制器（CPU）同时进行读取访问，每个 IO 控制器都具有对相同通道的读访问权限。如果使用 MSI 功能，则值状态功能会自动激活并且不能取消（即使是 BA 模板，此时也具有值状态）。具体使用方法可参考在线帮助。

提示："共享设备的模块副本（MSI）"功能只能在 ET200SP 和 ET200MP 等分布式 I/O 模块上使用。

④ 启用 DI 模块的通道 0 和通道 1 上的计数器组，可为通道 0 和通道 1 启用计数器工作模式。

2. 输入 0~31

在"输入 0~31"选项下可以设置各个通道的功能和参数。

（1）常规

"常规"选项界面如图 3.52 所示。

（2）组态概览

"组态概览"选项界面如图 3.53 所示。

（3）输入

在"输入"选项下的"常规"选项界面中，"模块故障时的输入值"默认为"输入值 0"，如图 3.54 所示。

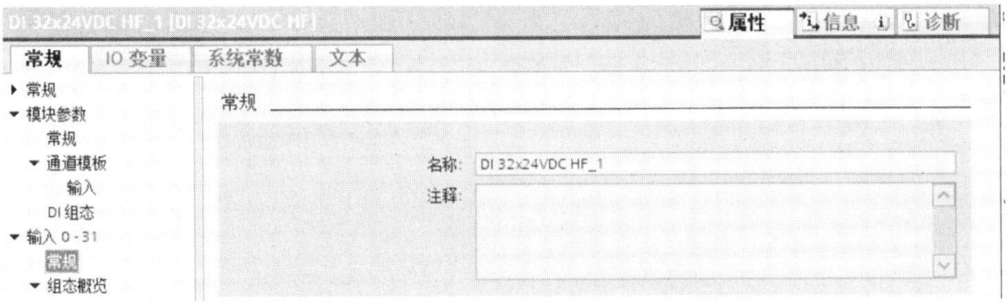

第 3 章　S7-1500 PLC 的硬件设备组态

图 3.52　"常规"选项界面

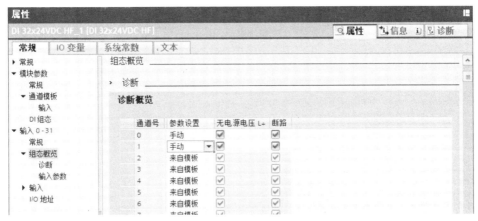

图 3.53　"组态概览"选项界面

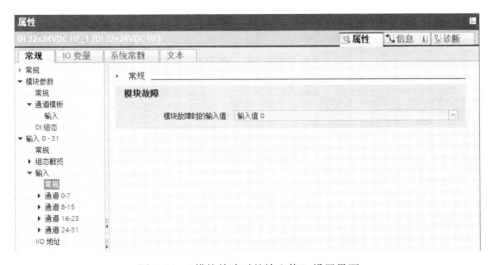

图 3.54　"模块故障时的输入值"设置界面

各通道的功能参数基本相同，如果组态选择"通道模板"选项，则各通道的设置均采取"通道模板"进行设置。

数字量输入模块 DI 32×24VDC HF 是一块带有计数器功能的模块，通道 DI0 和通道 DI1 可通过硬件组态为单相高速计数通道，其他通道是标准的普通输入通道。下面介绍通道 0 作为高速计数通道时的参数设置。

在"DI 组态"选项下激活"计数器组态"参数,则通道 0 和通道 1 的高速计数功能被激活,打开"通道 0"选项,如图 3.55 所示。

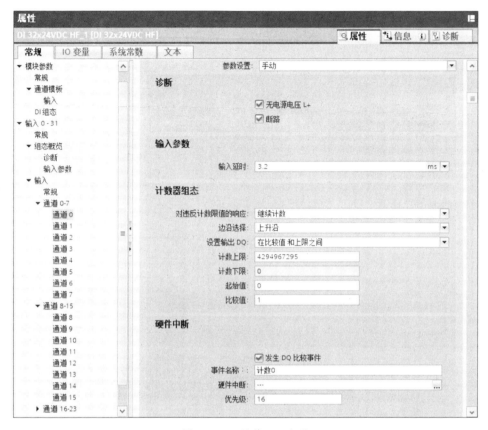

图 3.55 "通道 0"选项

① "参数设置"选项可选择"来自模板"和"手动"。如果选择"手动",则可以单独设置此通道的"诊断"和"输入延时"等参数。

② 在"计数器组态"选项下,"对违反计数限值的响应"参数是对计数值超出限定值的处理方法,有"停止计数"和"继续计数"两种选择。

停止计数是指当计数超出计数限值后,将关闭计数,计数过程停止,模块将忽略任何其他的计数信号,将计数器值设置为相反的计数限值。若要重新开始计数,则必须关闭并重新打开软件/硬件门。

继续计数是指在计数超出计数限值后,将计数器值设置为相反的计数限值并继续计数。

"边沿选择"选项用于选择对上升沿计数还是对下降沿计数。

"设置输出 DQ"选项如果选择"在比较值和上限之间",则表示当计数器的计数值在比较值和上限值之间时,置位 STS_DQ;如果选择"在比较值和下限之间",则表示计数器的计数值在比较值和下限之间时,置位 STS_DQ。

"计数上限"和"计数下限"选项是对计数值的上限值和下限值进行设置,下限值为 0,不能更改。

"起始值"选项用于组态计数起始值。必须输入一个介于计数限值之间或等于计数下限值的值,默认设置为"0"。

"比较值"选项用于设置一个大于等于下限值、小于等于上限值的数值。

激活"硬件中断"选项中的"发生 DQ 比较事件"选项,可对事件名称、硬件中断和优先级进行设置。

"事件名称"选项用来确定事件名称。系统根据此名称创建数据类型为 Event_HwInt 的系统常量(可在"系统常数"选项中查看,如图 3.56 所示)。如果多个硬件中断调用同一个中断组织块,则可以通过中断组织块临时变量 LADDR 与触发中断事件的系统常量值相比较。如果相同,即可判断该中断由某一通道的上升沿或下降沿触发。

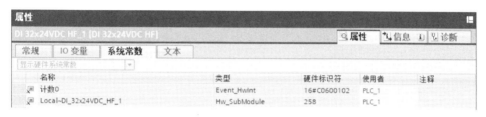

图 3.56 "系统常数"选项

在"硬件中断"栏中可添加中断组织块,当此中断事件到来时,系统将调用所组态的中断组织块一次。

在"优先级"栏中可设置中断组织块的优先级,取值范围为 2~24。

(4) I/O 地址

在中央机架上插入数字量 I/O 模块时,系统会为每个模块自动分配 I/O 地址,当删除或添加模块时,不会导致地址发生冲突。

在"I/O 地址"选项中,可以根据情况对系统自动分配好的 I/O 地址进行更改,以便适合编程需要,如图 3.57 所示。

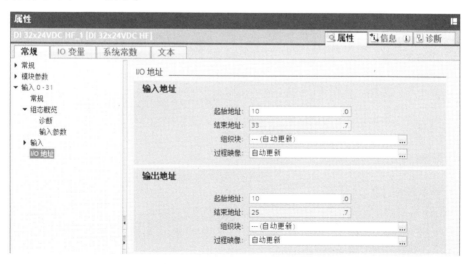

图 3.57 "I/O 地址"选项界面

图 3.57 中的"起始地址"选项如果要输入新的起始地址,则系统可根据模块的 I/O 数量自动计算结束地址。如果新的模块地址与其他模块地址相冲突,则系统会自动提示"改

地址被使用，下一空闲地址"，可根据提示进行修改。

"组织块"和"过程映像"选项设置为"自动更新"，即在扫描用户程序之前更新过程映像区，扫描用户程序结束后更新过程映像输出区。

3.3.2 数字量输出模块的参数设置

数字量输出模块与数字量输入模块的参数设置基本类似，下面以 DQ 16×24VDC/0.5A HF 模块为例介绍参数的设置方法。

1. 常规

常规参数与 CPU 属性中常规参数的设置方法基本类似，这里不再介绍。

2. 模块参数

模块参数包括常规、通道模板和 DQ 组态等参数，如图 3.58 所示。

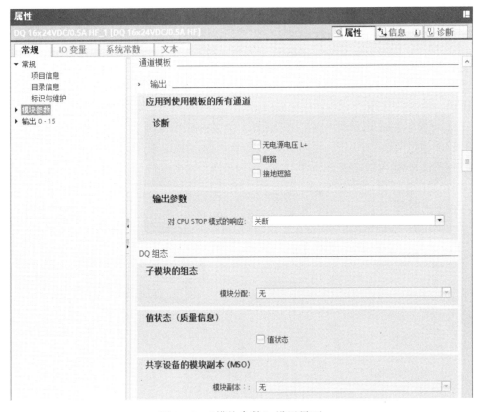

图 3.58 "模块参数"设置界面

（1）常规

"常规"选项中的"启动"参数，是指用于比较当前组态模块与实际安装模块是否一致时所需选择的启动特性，如图 3.59 所示。

① 来自 CPU：表示启动时将使用 CPU 属性中的设置，默认为"来自 CPU"。

② 仅兼容时启动 CPU：表示所有组态的模块与实际安装的模块和子模块匹配时，才能启动 CPU。

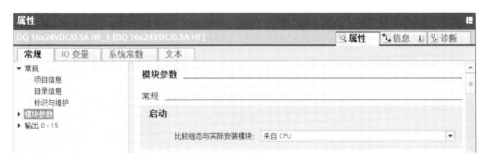

图 3.59 "常规"选项中的"启动"参数设置界面

③ 即便不兼容仍然启动 CPU：表示组态模块与实际安装的模块和子模块存在差异时，也要启动 CPU。

(2) 通道模板

"通道模板"设置界面如图 3.60 所示。

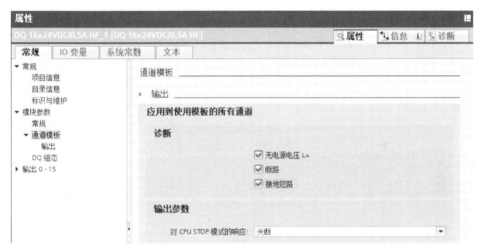

图 3.60 "通道模板"设置界面

激活"无电源电压 L+"选项，用于启用对电源电压 L+缺失或不足的诊断功能；激活"断路"选项，用于启用模块断路检测诊断功能；激活"接地短路"选项，用于启用执行器电源短路接地（输出通道电源接地短路）诊断功能。如果激活上述诊断功能并且 CPU 在线程序中有 OB82，则当出现故障时，会触发诊断中断，CPU 调用 OB82。

"输出参数"选项用于表示当 CPU 转入 STOP 模式时，输出应采用的值，可设置为"关断"、"保持上一个值"和"输出替换值 1"。关断表示当 CPU 停止后输出关断；保持上一个值表示当 CPU 停止后，输出点保持停止前的输出状态；输出替换值 1 表示当 CPU 停止后，输出点为 1 状态。注意：当使用输出替换值 1 时，必须确保设备处于安全状态。

(3) DQ 组态

输出模块"DQ 组态"功能参数的设置与输入模块"DI 组态"功能参数的设置基本类似。其中"共享设备的模块副本(MSQ)"是指内部共享输出功能，输出模块可将输出数据分给最多 4 个 IO 控制器，一个 IO 控制器具有写访问权限，其余的 IO 控制器只能读访问相同的通道。

3. 输出 0-15 与 I/O 地址

输出模块输出通道和 I/O 地址的设置与输入模块输入通道和 I/O 地址的设置类似。

3.3.3 模拟量输入模块的参数设置

在工程中，一个模拟量输入模块可以连接多种类型的模拟量测量传感器，如电压测量类型、电流测量类型、电阻型热电偶（RTD）类型和热电偶（TC）类型等。传感器的类型不同，在模块上的接线方式也不同。这就需要模块在组态时，应根据实际安装的传感器类型对相关参数进行设置。下面以模拟量输入模块 AI 4×U/R/RTD/TC ST 为例进行介绍。

模拟量输入模块的参数主要有常规、模块参数和输入参数等。常规参数的设置方法与 CPU 属性中的常规参数的设置方法基本类似，这里不再介绍。

1. 模块参数

在博途 V15 软件的"设备视图"选项下，选择模拟量输入模块，单击"常规"→"模块参数"选项，在其界面中包括"常规"、"通道模板"和"AI 组态"三个选项，如图 3.61 所示。

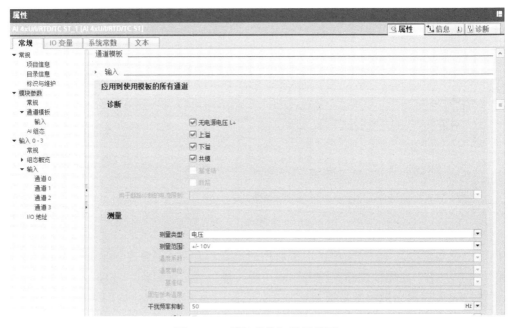

图 3.61 "模块参数"设置界面

（1）常规

"常规"选项中的"启动"参数，是指用于比较当前组态模块与实际安装模块是否一致时所需选择的启动特性，如图 3.62 所示。

① 来自 CPU：表示启动时将使用 CPU 属性中的设置，默认为"来自 CPU"。

② 仅兼容时启动 CPU：表示所有组态模块与实际安装的模块和子模块匹配时，才能启动 CPU。

③ 即便不兼容仍然启动 CPU：表示组态模块与实际安装的模块和子模块存在差异时，也要启动 CPU。

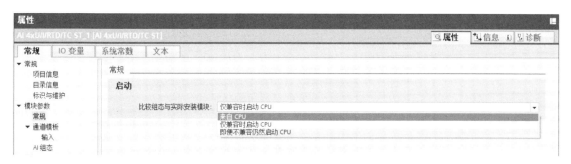

图 3.62 "常规"设置界面

（2）通道模板

"通道模板"选项建议选择手动设置，不用的通道要禁用，如图 3.63 所示。

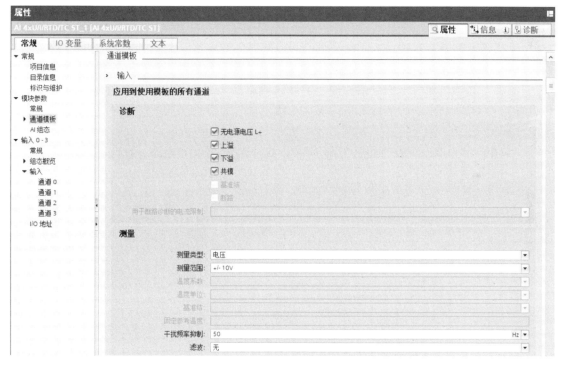

图 3.63 "通道模板"设置界面

① 打开"通道模板"选项下的"输入"选项，设置"诊断"参数。

激活"无电源电压 L+"选项，用于启用对电源电压 L+缺失或不足的诊断功能；激活"上溢"选项，用于在测量值超出上限时启用诊断功能；"下溢"选项用于在测量值超出下限时启用诊断功能；"共模"选项表示如果超过有效的共模电压，则触发诊断；"基准结"选项实际上是一个参考通道错误参数，只对热电偶类型的通道起作用，当在温度补偿通道虽然出现断路或组态动态参考温度补偿类型，但尚未将参考温度传输到模块中时，启用错误诊断；激活"断路"选项，用于启用模块断路检测诊断功能。如果模块无电流或电流过小，则无法在所组态的相应输入处进行测量，或者所加载的电压过低时，都可启用该诊断。

"用于断路诊断的电流限制"是指当断路电流值低于 1.185mA 或 3.6mA 时启用诊断，

具体取决于所用传感器的类型。

②"测量"选项下的"测量类型"用于选择连接传感器的类型，如电压、电流、电阻和热电偶等。此选项还有禁用功能，一旦设置禁用，则通道不能使用。

"测量范围"选项用于选择传感器的测量范围，如在"测量类型"中选择"电压"，则测量范围可选择"+/-10V"等。

"温度系数"选项表示当温度上升 1°C 时，待定材料的电阻响应变化程度，只适用于热敏电阻类型的传感器。

"温度单位"选项表示指定测量温度的单位，只适用于热敏电阻类型或热电偶类型的传感器。

"基准结"选项用于选择热电偶的温度补偿方式，只适用于热电偶类型的传感器。其补偿方式有固定参考温度、动态参考温度和内部参比端。

"固定参考温度"选项只在"基准结"选择"固定参考温度"时才有效，并作为固定值保存在模块中。

"干扰频率抑制"选项可抑制由交流电网频率产生的干扰。交流电网频率可能导致测量值不可靠，在低压范围内和使用热电偶时更为明显，建议用户将其定义为系统的电源频率。

"滤波"选项可对各个测量值滤波，滤波过程可产生一个稳定的变换缓慢的模拟信号，可设置为"无"、"弱"、"中"、"强"等 4 个级别。

（3）AI 组态

"AI 组态"选项设置界面如图 3.64 所示。其设置方法同 DI 组态，在此不再介绍。

提示：AI 组态功能只能在 ET200SP 和 ET200MP 等分布式 I/O 上使用。

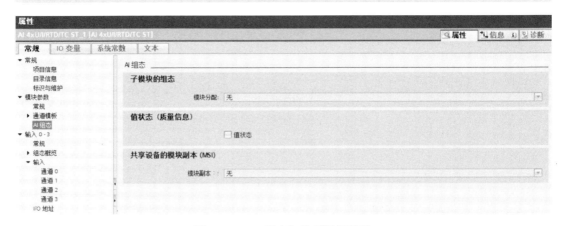

图 3.64 "AI 组态"选项设置界面

2. 输入 0-3

在"输入 0-3"选项下可以设置各个通道的功能和参数。

（1）"组态概览"选项中"诊断"和"输入参数"的设置界面如图 3.65 所示。

（2）"输入"选项中"硬件中断"选项的设置界面如图 3.66 所示。

激活"硬件中断上限 1"或"硬件中断下限 1"，系统会根据"事件名称"生成一个系统常量用于区分各个中断，在"硬件中断"选项中添加需要触发的中断组织块，并在"优

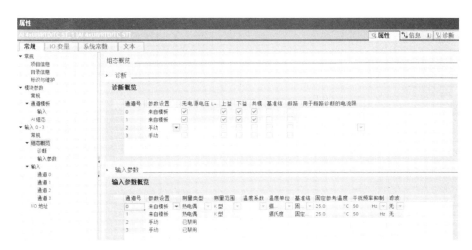

图 3.65 "组态概览"选项中"诊断"和"输入参数"的设置界面

图 3.66 "输入"选项中"硬件中断"选项的设置界面

先级"栏中填写中断组织块的优先级,将"上限"或"下限"设置为输入信号的上限值或下限值,当超过这个范围时,会产生一个硬件中断,由 CPU 调用中断组织块。

(3)"I/O 地址"选项的设置可以参考 DI 模块 I/O 地址的设置。

3.3.4 模拟量输出模块的参数设置

模拟量输出模块的输出类型只有电压型或电流型,相对比较简单,参数设置也简单。下面以 AQ 4×U/I ST 模块为例进行介绍。

1. 常规

常规参数与其他模块常规参数的设置方法基本类似,这里不再介绍。

2. 模块参数

（1）常规

"模块参数"选项中"常规"选项下"启动"参数的设置可参考前面的讲述。

（2）通道模板

"通道模板"选项设置界面如图 3.67 所示。可以预设"通道模板"参数，也可以在各个通道中单独进行手动组态。

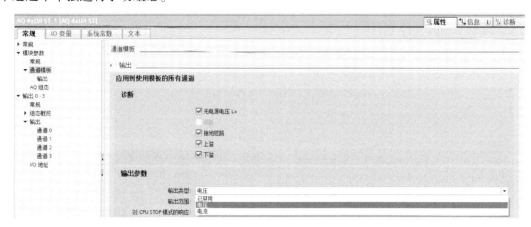

图 3.67 "通道模板"选项设置界面

"输出参数"选项中的"输出类型"有"已禁用"、"电压"和"电流"三种选项，如果选择"已禁用"，则该通道不能使用，"输出范围"选项可根据选择的输出类型设置，例如输出类型为电压，则输出范围为+/-10V、0-10V 或 1-5V；输出类型为电流，则输出范围为+/-20mA、0-20mA 或 4-20mA。

"对 CPU STOP 模式的响应"选项的设置有三种情况：若选择"关断"，则表示模块不输出；若选择"保持上一值"，则表示模块输出保持上一次的有效值；若选择"输出替换值"，则表示模块输出使用替代值，在"替代值"选项中设置数值，如图 3.68 所示。

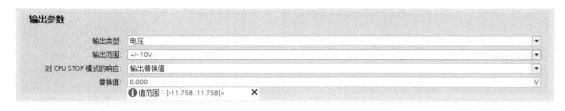

图 3.68 "输出参数"选项设置界面

（3）AQ 组态

"AQ 组态"选项的设置可以参考前面的介绍。

3. 输出 0-3

（1）组态概览

在"组态概览"选项下，通道 0 和通道 1 的设置界面如图 3.69 所示。在"诊断概览"列表的"参数设置"列中，各个通道均选择"手动"，并启动相关的诊断功能，在"输出参数概览"列表的"输出类型"列中，禁用通道 2 和通道 3，禁用后"通道 2"的界面如图 3.70 所示。

第 3 章 S7—1500 PLC 的硬件设备组态

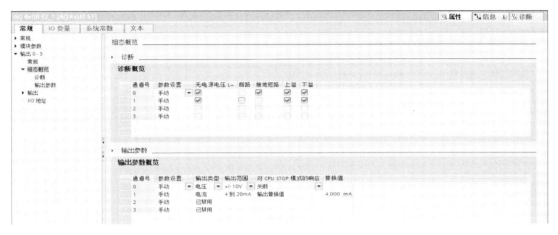

图 3.69 通道 0 和通道 1 的设置界面

图 3.70 禁用后"通道 2"的界面

（2）输出

"组态概览"选项设置完成后，输出通道 0~3 中的设置就是"组态概览"选项中的设置，如图 3.71 所示。

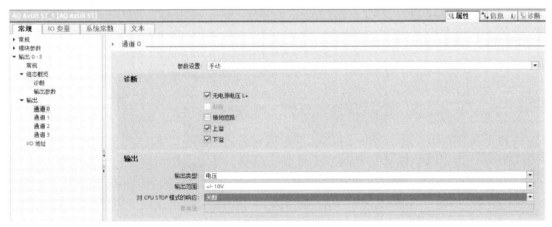

图 3.71 "通道 0"的设置

（3）I/O 地址

I/O 地址的设置可参考前面的介绍。

3.4 配置分布式 I/O 设备

分布式 I/O 系统是由自动化生成系统通过现场总线将过程信号连接到上一级控制器的控制系统。SIMATIC ET200SP 是一个高度灵活、功能全面的可扩展分布式 I/O 系统，在生产和过程自动化中得到广泛使用，允许用户根据实际需求调整具体的组态，可以使用不同的 CPU 模块或接口模块连接到 PROFINET IO 或 PROFIBUS DP。

3.4.1 配置 PROFINET 分布式 I/O 设备

1. 添加 ET200SP 接口模块

"配置组态 S7-1500 系统"项目下的"网络视图"界面如图 3.72 所示。在"硬件目录"下单击"分布式 I/O" → "ET200SP" → "接口模块" → "PROFINET" → "IM 155-6 PN HF" → "6ES7 155-6AU00-0CN0"，如图 3.73 所示，双击订货号，在"网络视图"中可自动添加一个名称为 IO device_1 的 I/O 站，如图 3.74 所示。

图 3.72 "配置组态 S7-1500 系统"项目下的"网络视图"界面

2. 添加数字量输入/输出模块

双击图 3.74 中的"IO device_1"设备名称切换到 ET200SP 的"设备视图"界面，如图 3.75 所示。在"硬件目录"中激活"过滤"选项，单击选择"DI" → "8×24VDC HF"选项，双击"6ES7 131-6BF00-0CA0"选项，DI 模块即可自动添加到相应的插槽中。采用同样的方法可添加数字量输出模块 DQ 8×24VDC/0.5A HF（6ES7 132-6BF00-0CA0）。

3. 添加服务器模块

服务器模块是一个完整 ET200SP 站需最后添加的模块。当配置完所有的模块后，需要

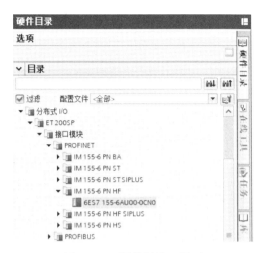

图 3.73 "硬件目录"界面

图 3.74 添加 I/O 站

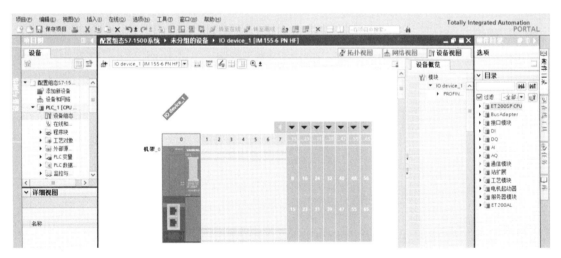

图 3.75 ET200SP 的"设备视图"界面

添加服务器模块（6ES7 193-6PA00-0AA0）。至此，一个简单的 PROFINET 分布式 I/O 系统硬件配置完成，如图 3.76 所示。

新建的 ET200SP 项目会在"项目树"中的"未分组的设备"选项下生成一个"IO device_1"，所有的硬件模块都添加在里面，如图 3.77 所示。

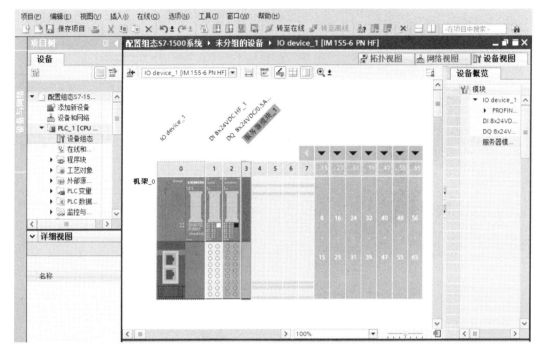

图 3.76 添加模块完成

图 3.77 "未分组的设备"选项

3.4.2 使用 IO 硬件检测功能自动配置 I/O 设备

在实际的 I/O 硬件配置工作中，如果按照上述方法一个模块一个模块地配置组态，或许会因为疏忽而出现模块组态与实际模块不一致的现象。为了避免这种情况，可以采用博途 V15 软件中的 I/O 硬件检测功能来进行自动配置，具体操作方法如下：

（1）将所有实际的 I/O 硬件模块按照规则在分布式 I/O 站机架上提前正确安装。

（2）用网线连接好计算机与 CPU 模块，并建立在线连接。单击菜单栏中的"在线"→

"硬件检测"→"IO 设备"选项，如图 3.78 所示，弹出"IO 设备的硬件检测"窗口，如图 3.79 所示，在窗口中设置"PG/PC 的接口类型"和"PG/PC 接口"参数。设置完成后，单击"开始搜索"按钮。搜索完毕，出现如图 3.80 所示的界面。在界面中的"所选接口的可访问节点"列表中，选择需要访问的节点设备，单击"添加设备"按钮，弹出"设备的硬件检测成功完成"窗口，单击"确定"按钮，完成 IO 设备的添加，如图 3.81 所示。

图 3.78　单击"在线"→"硬件检测"→"IO 设备"选项

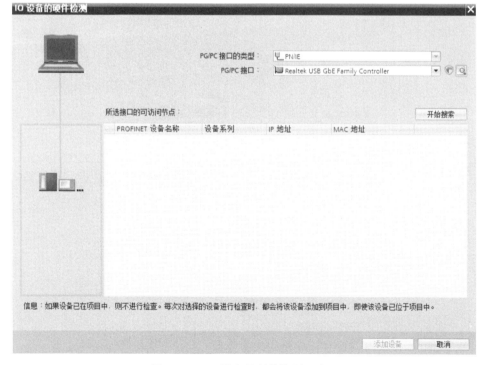

图 3.79　"IO 设备的硬件控制"窗口

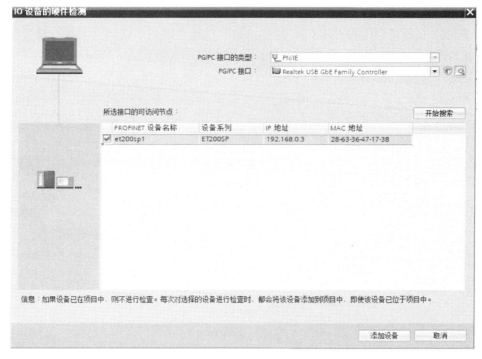

图 3.80 搜索完毕的界面

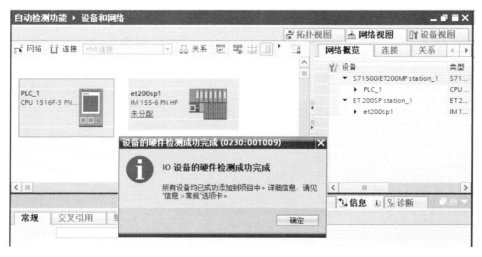

图 3.81 IO 设备添加成功

3.4.3 分布式 I/O 设备的参数设置

1. 接口模块 IM 155-6PN HF 的参数设置

选中"设备视图"中的接口模块（IM 155-6 PN HF），打开接口模块的"属性"巡视窗口，如图 3.82 所示，可以设置接口模块的各种参数。

（1）常规

"常规"参数主要用于指定接口模块的"项目信息"、"目录信息"、"标识与维护"等。

第3章　S7-1500 PLC 的硬件设备组态

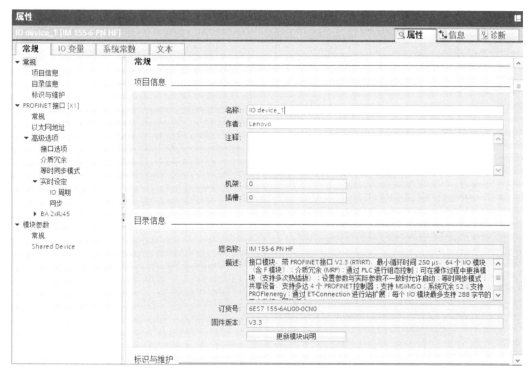

图 3.82　接口模块 IM 155-6 PN HF 的"属性"巡视窗口

（2）PROFINET[X1]

PROFINET[X1]表示接口模块集成的第一个 PROFINET 接口，主要包括常规、以太网地址和高级选项等。

① 在 PROFINET[X1]接口中，"常规"选项由"名称"和"注释"组成，采取默认即可。

② 单击"以太网地址"选项，打开如图 3.83 所示的界面，可以创建子网、设置 IP 协议和 PROFINET 参数等。

"接口连接到"是设置本接口要连接到设备的子网网络。如果子网中显示"未联网"，则可通过单击"添加新子网"按钮，为该接口添加新的子网，新添加的子网名称为 PN/IE_1。注意：该子网和 CPU 接口中的子网必须在一个子网中。

在"IP 协议"选项下，可以根据实际需要设置 IP 地址和子网掩码，默认"IP 地址"为"192.168.0.2"，"子网掩码"为"255.255.255.0"。

"同步路由器设置与 IO 控制器"参数表示该 IO 设备将采用相关 IO 控制器上的 PROFINET 接口设置，默认为激活状态。如果禁止该项功能，则不能使用 IO 控制器上的接口设置，需要单独为 IO 设备指定路由器地址。

"使用路由器"参数，表示如果选择使用网关路由器，则需要输入路由器的地址。使用时，"同步路由器设置与 IO 控制器"参数和"使用路由器"参数只能选一种。

"PROFINET"选项默认激活"自动生成 PROFINET 设备名称"选项，博途 V15 软件会根据接口名称自动生成 PROFINET 设备名称、转换名称和设备编号。如果取消该选项，则可手动设定 PROFINET 设备名称和设备编号。

147

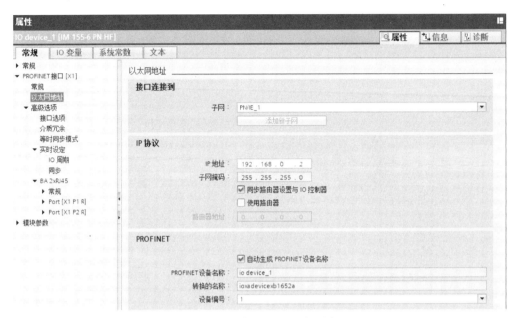

图 3.83 "以太网地址"设置界面

③ 在"高级选项"中可以对"接口选项"、"介质冗余"、"等时同步模式"、"实时设定"和"BA2×RJ45（PROFINET 适配器）"等选项进行设置。

"接口选项"参数主要包括"优先启动"、"使用 IEC V2.2LLDP 模式"和"可选 IO 设备"等，如图 3.84 所示。

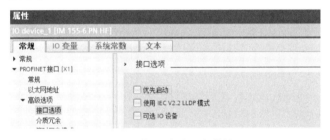

图 3.84 "接口选项"参数界面

- "优先启动"参数，优先启动 IO 设备，实现最短的启动时间，只有 IO 控制器支持该功能时才能激活。
- "使用 IEC V2.2 LLDP 模式"参数，可参考 CPU 属性中"高级选项"中的设置方法。
- "可选 IO 设备"参数，如果激活该参数，则必须对要组态为可选的所有 IO 设备均激活，否则所选 IO 设备无法被 CPU 识别，也无法进行数据交换。如果禁用该参数，则 IO 设备可作为一个普通的设备使用。
- "介质冗余"参数的设置可参考 CPU 模块中的设置方法。
- "等时同步模式"参数可选择 IO 设备与模块的等时同步模式，如图 3.85 所示。如果激活该参数，则在硬件配置中必须具有等时同步功能的 I/O 模块（例如模块扩展名为 HF，如 DI 16×24VDC HF、6ES7 521-1BH00），还需要与"实时设定"相关参数配合调整，否则不能使用。

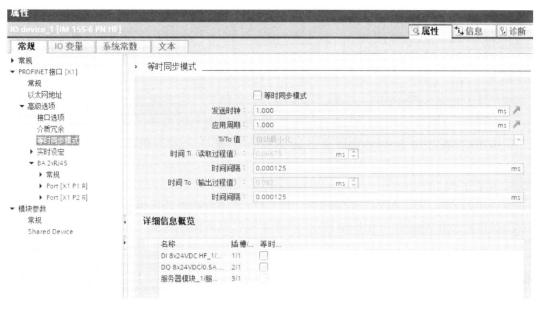

图 3.85 "等时同步模式"设置界面

"实时设定"选项中的参数包括"IO 周期"和"同步"等,如图 3.86 所示。

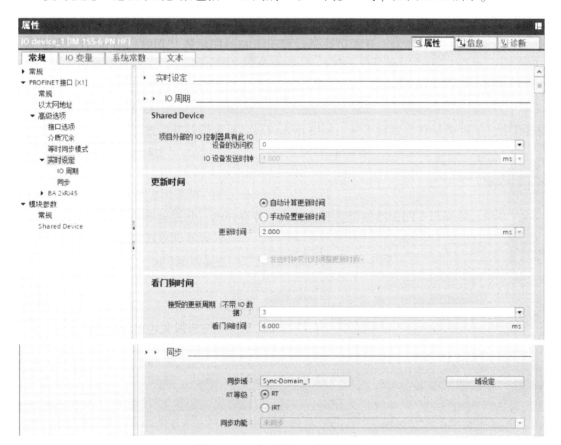

图 3.86 "实时设定"设置界面

- 在"Shared Device"共享设备参数中,可以设定有权访问共享 IO 设备项目外部的 IO 控制器的数量,此时可以实现多个 IO 控制器访问一台 IO 设备。共享设备支持的发送时钟默认为 1s。
- "更新时间"是 IO 设备的刷新时间,可以由博途 V15 软件自动计算更新时间,也可选择手动设置。
- "看门狗时间"表示在看门狗时间内,CPU 没有向 IO 设备提供输入或输出数据(IO 数据),此时可将其作为站故障报告给 CPU 模块,IO 设备可切换到安全状态。看门狗时间不能直接输入,需要通过设置"当 IO 数据丢失时可接受的更新周期数"后,系统自动计算得到,一般看门狗时间是接收更新周期数的整数倍。
- "同步域"用来显示同步域的名称,如果组态 IO 控制器并连接到以太网子网,则其将被自动添加到该以太网子网的默认同步域,默认同步域始终可用。若 IO 控制器的 IO 系统分配了额外的 IO 设备,则该 IO 设备将自动分配到 IO 控制器同步域,确保所有属于此域的设备能同步通信。
- "RT 等级"用于选择 IO 设备的实时类别,同时决定"同步功能":如果选择 RT,则始终为未同步运行,不能修改;如果选择 IRT,则始终同步从站。
- BA 2×RJ45 是一个带标准 PROFINET 连接器的 PROFINET 适配器,使用时可采取系统默认的设置,确保在正常情况下数据交换无错误。

④ "模块参数"的"启动"参数设置界面如图 3.87 所示。

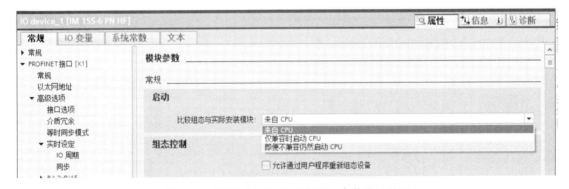

图 3.87 "模块参数"的"启动"参数设置界面

"组态控制"选项是在一定的限制条件下,在用户程序中可使用组态方式来更改硬件配置信息。使用组态控制功能时,需激活"允许通过用户程序重新组态设备"选项。

2. IO 设备输入/输出模块的参数设置

IO 设备输入/输出模块的参数设置,与前面介绍的方法基本一致,唯一的区别是"电位组"选项。下面以 DI 8×24VDC HF 模块为例介绍电位组参数的设置方法。

电位组表示选择插入模块的基座单元是否具有独立接入电源的功能,如图 3.88 所示。如果选择"启用新的电位组"选项,则基座的颜色为浅色(白色),表示模块的电源母线(P1、P2)单独接入电源,与其他模块的电源不共用。如果选择"使用左侧模块的电位组",则基座的颜色为深色(黑色),表示该模块的电源母线(P1、P2)连接到左侧相邻模块的电源上,构成一个电位组。

第3章 S7-1500 PLC 的硬件设备组态

图 3.88 "电位组"设置界面

提示：ET200SP 组态中安装的各基座单元都会建立一个新的电位组，为所有后续 I/O 模块提供所需的电源。CPU 或接口模块右侧的第一个 24VDC I/O 模块的基座单元必须是浅色的，随后安装第二个基座单元，可根据情况对电位组进行设置，如果启用新电位组组态，则实际接线需要接独立电源，确保电源单独分组，不使用第一个模块的电源，如图 3.89 所示。

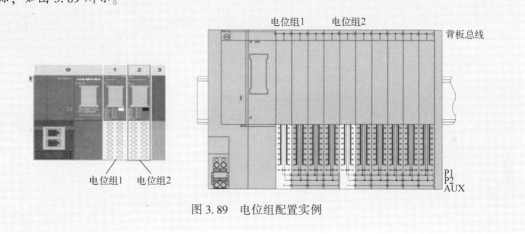

图 3.89 电位组配置实例

3.4.4 配置 PROFIBUS 分布式 I/O 设备

1. 添加 ET200SP 接口模块

"配置组态 S7-1500 系统"项目的"网络视图"选项，如图 3.90 所示。在"硬件目录"下单击"分布式 I/O"→"ET200SP"→"接口模块"→"PROFIBUS"→"IM 155-6 DP HF"选项，双击"6ES7 155-6BU00-0CN0"，自动添加一个名称为"Slave_1"的从站，如图 3.91 所示。

2. 添加数字量输入/输出模块

双击图 3.91 中的"Slave_1"设备切换到 ET200SP 的"设备视图"窗口，如图 3.92 所示。在"硬件目录"中找到数字量输入模块 DI 8×24VDC HF，双击 6ES7 131-6BF00-0CA0 即可添加到相应的插槽中；用同样的方法添加数字量输出模块 DQ 8×24VDC/0.5A HF（6ES7 132-6BF00-0CA0）。

图3.90 "配置组态S7-1500系统"项目的"网络视图"选项

图3.91 添加Slave_1从站

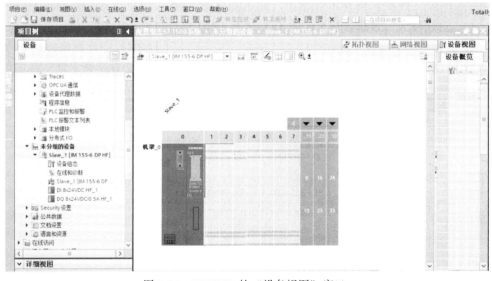

图3.92 ET200SP的"设备视图"窗口

3. 添加服务器模块

当配置完相关模块后,需要最后添加服务器模块 6ES7 193-6PA00-0AA0。至此,一个简单的 PROFIBUS 分布式 I/O 系统硬件配置完成,如图 3.93 所示。

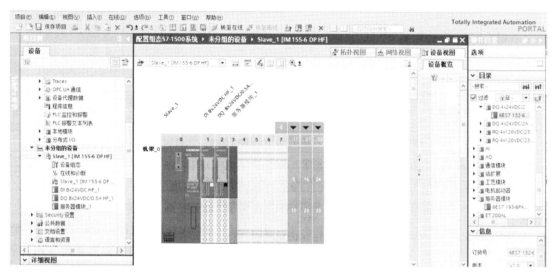

图 3.93　添加模块完成

3.5　硬件组态实例

【实例 3.1】 硬件组态 PROFINET 通信。

【控制要求】 用博途 V15 软件创建一个带 ET200SP 分布式结构的 PROFINET 通信项目。

【操作步骤】

当设计一个基于 PROFINET 网络的自动化控制系统时,在硬件组态之前必须先完成硬件规划。首先根据控制要求确定控制方案,规划控制系统中所需要的硬件结构,并对这些硬件按照技术要求规划出主机架上的控制器和模块、分布式 I/O 机架上的模块,最后选择一个能确保供电需求的电源。硬件规划工作完成后,即可在博途 V15 软件中生成一个与实际硬件系统完全相同的组态系统。

组建一个基于 PROFINET 分布式 IO 系统的完整项目,应按照以下步骤进行硬件规划与组态:①硬件规划;②创建新项目;③添加 CPU 站点;④配置 CPU 中央机架模块;⑤配置分布式 I/O 设备;⑥配置 S7-1500 PLC 模块参数;⑦配置 ET200SP 系统 IO 设备参数;⑧保存与编译硬件组态;⑨在线访问;⑩硬件组态下载。

1. 硬件规划

硬件模块清单见表 3.2。

2. 创建新项目

创建一个名称为"配置 PROFINET 通信"的新项目,如图 3.94 所示。

3. 添加 CPU 站点

在"项目树"下添加 CPU 站点。

表 3.2 硬件模块清单

硬件规划	模块名称	型号	订货号	插槽	数量
S7-1500 PLC 中央机架	电源	PM 190W 120/230VAC	6EP1 333-4BA00	0	1
	控制器 CPU	CPU 1516F-3 PN/DP	6ES7 516-3FN01-0AB0	1	1
	数字量输入模块	DI 16×24VDC HF	6ES7 521-1BH00-0AB0	2	1
	数字量输出模块	DQ 16×24VDC/0.5A ST	6ES7 522-1BH00-0AB0	3	1
	模拟量输入模块	AI 4×U/I/RTD/TC ST	6ES7 531-7QD00-0AB0	4	1
	模拟量输出模块	AQ 4×U/I ST	6ES7 532-5HD00-0AB0	5	1
分布式 ET200SP 机架	ET200SP PROFINET 接口模块	IM 155-6PN HF	6ES7 155-6AU00-0CN0	I/O 机架槽：0	1
	数字量输入模块	DI 8×24VDC HF	6ES7 131-6BF00-0CA0	1	1
	数字量输出模块	DQ 8×24VDC/0.5A HF	6ES7 132-6BF00-0CA0	2	1
	服务器模块		6ES7 193-6PA00-0AA0	3	1

图 3.94 创建新项目

4. 配置 CPU 中央机架模块

按照前面讲述的方法配置 CPU 中央机架模块。

5. 配置分布式 I/O 设备

按照前面讲述的方法配置分布式 I/O 设备，分别如图 3.95、图 3.96、图 3.97 所示。

6. 配置 S7-1500 PLC 模块参数

(1) 设置 CPU 相关参数

① 在"设备视图"选项中选定 CPU，单击 CPU 的"属性"→"PROFINET 接口 [X1]"→"以太网地址"选项，添加新子网 PN/IE_1，IP 地址和子网掩码保持默认值不变，如图 3.98 所示。

② 设置 CPU 1516F-3 PN/DP 的故障安全性。

③ 设置 CPU 1516F-3 PN/DP 的安全访问级别。

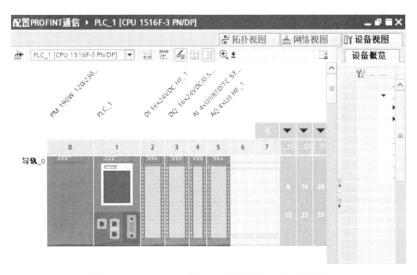

图 3.95 CPU 中央机架"设备视图"选项界面

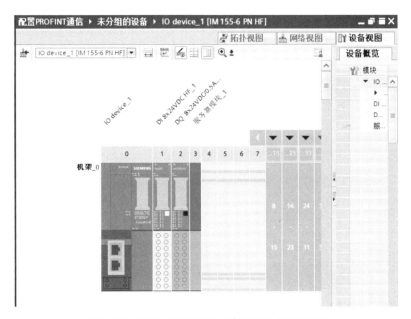

图 3.96 ET200SP 机架"设备视图"选项界面

图 3.97 CPU/ET200SP"网络视图"选项界面

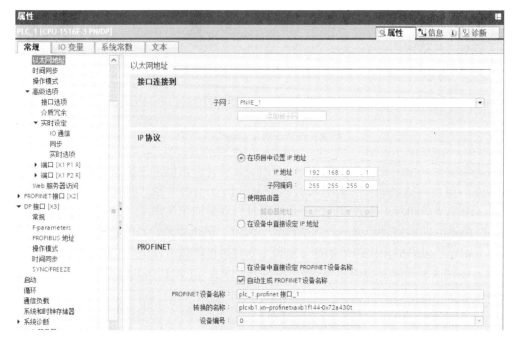

图 3.98　设置"以太网地址"选项

④ 在"网络视图"选项中组态 IO 系统。

上述①~③步骤完成后的"网络视图"界面如图 3.99 所示。单击左下角的"未分配",在弹出的菜单中选择控制器接口,博途 V15 软件会自动生成一个 PROFINET 子网,如图 3.100 所示。至此,接口模块与 CPU 模块的 PROFINET[X1]连接在一起。

图 3.99　"网络视图"界面

⑤ 组态 IO 系统连接建立后,需要设置发送时钟,在 CPU 的"属性"窗口中选择"高级选项"→"实时设定"→"IO 通信"选项,在"发送时钟"栏中添加需要的发送时钟,默认为"1.000ms",如图 3.101 所示。

(2) 设置数字量/模拟量的输入/输出模块

本实例只进行硬件组态 IO 系统,不涉及具体的控制任务,因此模块参数不进行设置。

7. 配置 ET200SP 系统 IO 设备参数

(1) 设置接口模块 IM 155-6 PN HF 的以太网接口

接口模块 IM 155-6 PN HF 属性以太网地址中的子网和 PROFINET[X1]的 IP 地址由

图 3.100　生成子网

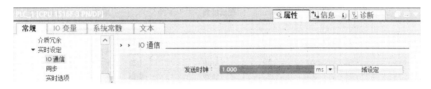

图 3.101　设置 CPU 的发送时钟

CPU 控制器自动分配，不用进行设置。

（2）设置接口模块 IM 155-6 PN HF 的 IO 周期

IO 设备的更新时间由博途 V15 软件自动计算和设置，可以采用默认值，也可以自行修改。如果修改，则可选择接口模块（IM 155-6 PN HF）的 PROFINET 接口，在"属性"选项中单击"高级选项"→"实时设定"→"IO 周期"选项，在"更新时间"选项中选择"手动"选项，即可指定设备的更新时间为 1ms，如图 3.102 所示。

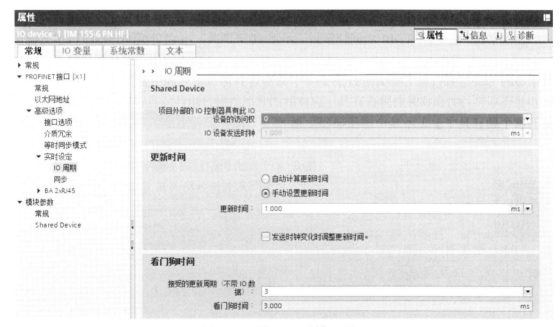

图 3.102　设置"IO 周期"界面

(3) 设置 DQ 模块基本单元的电位组

单击选定 IO 设备 DQ 模块，选择"属性"→"电位组"→"启用新的电位组"选项，如图 3.103 所示。

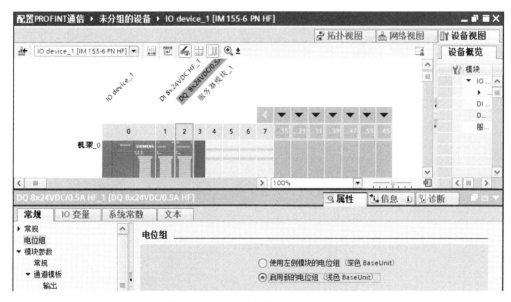

图 3.103 "启用新的电位组"选项

8. 保存与编译硬件组态

（1）保存项目

相关参数设置完成后，单击"保存项目"按钮即可保存。

（2）编译硬件组态

在"项目树"下选择 PLC 站点文件夹→ PLC_1 [CPU 1516F-3 PN/DP] → 选项进行编译，如果编译没错，则出现如图 3.104 所示界面，图中出现的警告信息是因为未组态防护等级，不带密码保护，可忽略该警告信息。

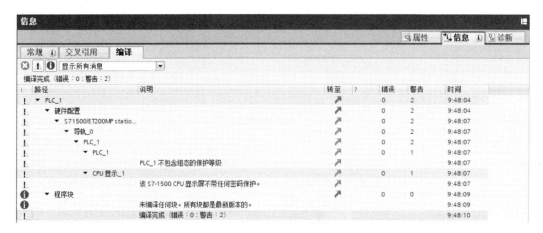

图 3.104 编译没错的显示界面

9. 在线访问

（1）对 CPU 模块的在线设置

在设置之前，首先用 PROFINET 网线连接好计算机和 CPU 模块的 PROFINET[X1]接口。为了使计算机与 S7-1500 PLC 通过 TCP/IP 进行通信，必须对其接口 IP 地址进行匹配设置。

① 设置计算机接口的 IP 地址（计算机操作系统是 Windows10），如图 3.105 所示。

② 设置 CPU 的 IP 地址

- 在博途 V15 软件的"项目树"下找到"在线访问"→"连接 CPU 的网卡接口"选项，双击"更新可访问的设备"选项，如图 3.106 所示，搜索到设备信息后，将会一并在下方排列出来。
- 如果 CPU 模块是全新的，则通过前面在线更新可访问的设备时，会显示该设备的 MAC 地址（说明 IP 地址未分配），这

图 3.105　设置计算机接口的 IP 地址

时可在此处单击"在线和诊断"选项进入设置界面，单击"功能"→"分配 IP 地址"选项，修改"IP 地址"和"子网掩码"参数，单击"分配 IP 地址"按钮，即可分配成功，如图 3.107 所示。

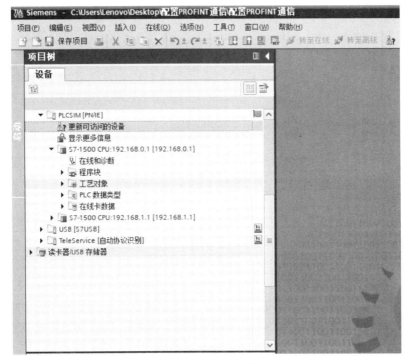

图 3.106　搜索设备信息

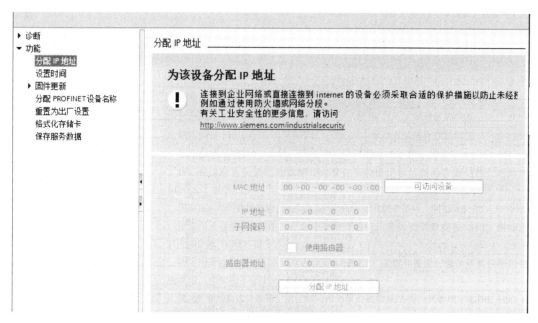

图 3.107　CPU 的在线设置界面

- 如果通过前面在线更新可访问的设备后，当未能成功分配 IP 地址时，则会有一条消息出现在巡视窗口的"信息"栏中，这时需要对 CPU 中的存储卡进行格式化和恢复出厂值设置。

(2) 为接口模块 IM 155-6 PN HF 分配设备名称

选择显示地址图标，在"网络视图"中可显示设备地址，如图 3.108 所示。

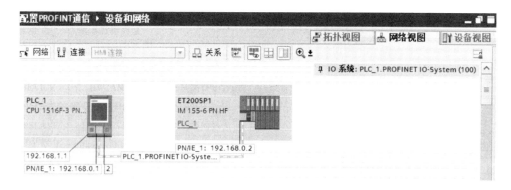

图 3.108　显示设备地址

选定 PLC_1.PROFINET IO-Syste...，单击分配设备名称图标，弹出分配设备名称界面（或选定 ET200SP1 设备，右键快捷菜单中的分配设备名称），选择一个新设备（如 et200sp1），设备类型为 IM 155-6 PN HF，如图 3.109 所示；"PG/PC 接口的类型"选择"PN/IE"，"PG/PC 接口"设置为计算机网卡型号。单击"更新列表"按钮，在"网络中的可访问节点"列表中可显示所有的设备，如图 3.110 所示。在列表中单击选定要更改的设备名称，单击"分配名称"按钮，分配成功后，列表中的状态显示"确定"，如图 3.111 所示。

第 3 章 S7-1500 PLC 的硬件设备组态

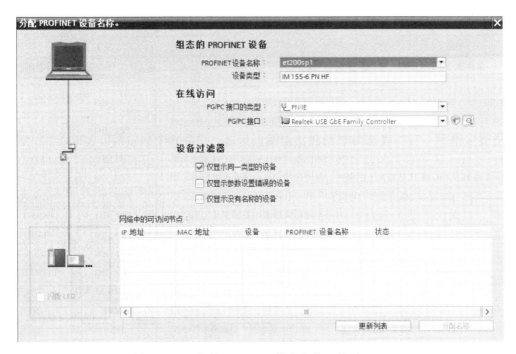

图 3.109 "分配 PROFINET 设备名称"界面（一）

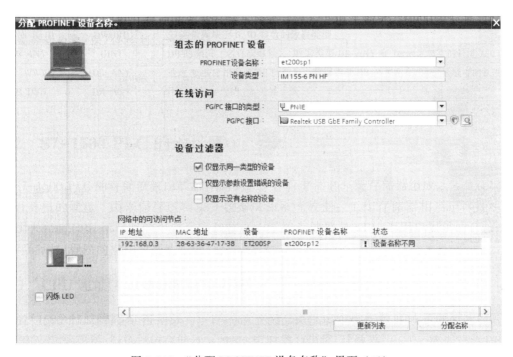

图 3.110 "分配 PROFINET 设备名称"界面（二）

10. 硬件组态下载

为了使整个项目下载到 CPU 中，需要单击 PLC_1 的项目文件夹后，再单击"下载到设备"按钮即可。

161

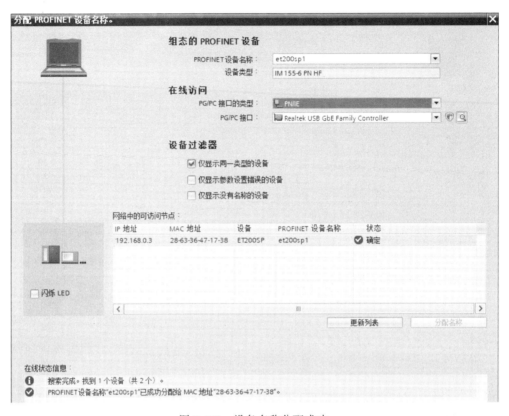

图 3.111　设备名称分配成功

【实例 3.2】在 PROFINET 网络中更换 IO 设备。

【控制要求】利用"不带可更换介质时支持设备更换"功能，更换【实例 3.1】中有故障的 IO 设备。

【操作步骤】

（1）打开【实例 3.1】中硬件组态的"设备视图"选项，激活 CPU"属性"中的"不带可更换介质时支持设备更换"和"允许覆盖所有已分配 IO 设备名称"参数，如图 3.112 所示。

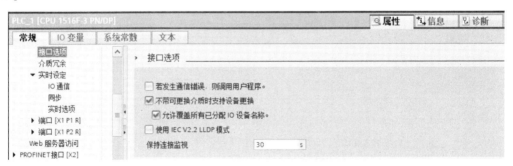

图 3.112　激活"接口选项"界面中的参数

（2）组态拓扑网络。打开"拓扑视图"，使用鼠标拖曳的方式连接端口，如图 3.113 所示，组态的网络拓扑必须与实际的网络连接完全一致。

图 3.113　组态拓扑网络

(3) 编译硬件配置并下载到 CPU。

(4) 更换 IO 设备。插入新模块后，CPU 可自动识别并建立通信。更换的 IO 设备和 PROFINET 网络组件都必须支持 LLDP 协议。固件版本 V1.5 及更高版本的 CPU 可以覆盖 IO 设备的 PROFINET 设备名称，即新替换的设备不需要先恢复其出厂设置。

第 4 章

S7-1500 PLC 编程基础

4.1　S7-1500 PLC 数据类型

数据是所有能输入到 S7-1500 PLC 中并被程序处理的信息总称。数据的传递和存储都是通过一个有名称的连续存储空间来实现的。这个存储空间就是变量。变量由名称和数据类型组成。所有变量在声明使用时都指定数据类型，以决定能够存储哪种数据。数据类型是把数据分成所需内存大小不同的数据，编程时可根据需要数据的属性来选择合适的数据类型。

在博途 V15 软件中，常用的有效数据类型有基本数据类型、复杂数据类型、用户自定义数据类型（PLC 数据类型 UDT）、指针、参数类型、系统数据类型和硬件数据类型等。

4.1.1　常用数制及转换

1. 基本概念

（1）数码：数制中表示基本数值大小的不同数字符号。例如，二进制有 2 个数码：0、1；十进制有 10 个数码：0、1、2、3、4、5、6、7、8、9。

（2）基数：数制中所使用数码的个数。例如，二进制的基数为 2；十进制的基数为 10。

（3）位权：数制中某一位上的 1 所表示数值的大小。例如，十进制的 123，1 的位权是 100，2 的位权是 10，3 的位权是 1；二进制中的 1011，从高位开始，第一个 1 的位权是 8，0 的位权是 4，第二个 1 的位权是 2，第三个 1 的位权是 1。

2. 常用的基本数制

在计数规则中，表示数的符号在不同位置上所代表的数值是不同的。

（1）十进制

十进制是最熟悉的进位计数制，是一种以 10 为基数的计数法，用 0、1、2、3、4、5、6、7、8、9 这 10 个符号来描述。计数规则：逢十进一。

（2）二进制

二进制是在计算机系统中采用的进位计数制，是一种以 2 为基数的计数法，采用 0、1 两个数值。计数规则：逢二进一。在二进制中，用 0 和 1 两个符号来描述，可以表示开和关两种不同的状态，如触点的闭合与断开、线圈的通电与断电、指示灯的亮与灭等。在 PLC 梯形图中，如果某位为 1，则表示该位触点闭合、线圈通电；如果某位为 0，则表示该位触点断开、线圈断电；在西门子 PLC 中，二进制用前缀 2#加数值来表示，如 2#0001110 就是 8 位的二进制。

（3）八进制

八进制是一种以 8 为基数的计数法，采用 0、1、2、3、4、5、6、7 这 8 个符号来描述。计数规则：逢八进一。PLC 输入与输出的地址编号用八进制数表示，例如 I0.0、I0.1、…、I0.7。

（4）十六进制

十六进制是在计算机指令代码和数据的书写中经常使用的数制，是一种以 16 为基数的计数法，采用 0、1、…、9、A、B、…、F 等 16 个符号来描述。计数规则：逢十六进一。在西门子 PLC 中，十六进制用前缀 16#加数值来表示，例如 16#0A。

（5）BCD 码

BCD 码是用 4 位二进制数来表示 1 位十进制数中的 0~9 这 10 个数码，是一种二进制的数字编码形式。BCD 码和 4 位自然二进制码不同，只选用 4 位二进制码中前 10 组代码，即用 0000~1001 分别代表所对应的十进制数，余下的 6 组代码不用，例如十进制数中 6 的 BCD 码是 0110。

3. 常用的码制

原码是用"符号+数值"表示的，对于正数，符号位为 0，对于负数，符号位为 1，其余各位表示数值部分。

在反码中，对于正数，其反码表示与原码表示相同；对于负数，符号位为 1，其余各位是将原码数值按位取反。

在补码中，对于正数，其补码表示与原码表示相同；对于负数，符号位为 1，其余各位是在补码数值的末位加 1。

4. 数制转换

（1）将二进制转换为十进制

首先将二进制数按权位展开，然后将各项相加，即可得到相应的十进制数，例如将二进制数 11010 转换为十进制数的方法为

$$(11010)_2 = 1\times2^4+1\times2^3+0\times2^2+1\times2^1+0\times2^0$$
$$=16+8+2$$
$$=(26)_{10}$$

（2）将十进制转换为其他进制

首先将十进制数除以新进制的基数，把余数作为新进制的最低位；然后将得到的商再除以新进制的基数，把余数作为新进制的次低位；依此类推，直到商为 0，此时的余数就是新进制的最高位。例如，将十进制数 58 转化为二进制数，需要连除以 2 取余数，即

$$(58)_{10}=(111010)_2$$

（3）将二进制与八进制、十六进制相互转换

将二进制转换为八进制、十六进制的方法：它们之间满足 2^3 和 2^4 的关系，首先将要转

换的二进制数从低位到高位每3位或4位为一组,高位不足时在有效位前面添0,然后将每组二进制数转换成八进制数或十六进制数即可。

八进制数、十六进制数转换为二进制数时,将上面的过程逆过来即可,例如

  八进制: 2 5 7 · 0 5 4

  二进制: 010 101 111 · 000 101 101 100

  十六进制: A F · 1 6 C

几种常用进制之间的对应关系见表4.1。

表4.1 几种常用进制之间的对应关系

十进制	二进制	八进制	十六进制
0	00000	0	0
1	00001	1	1
2	00010	2	2
3	00011	3	3
4	00100	4	4
5	00101	5	5
6	00110	6	6
7	00111	7	7
8	01000	10	8
9	01001	11	9
10	01010	12	A
11	01011	13	B
12	01100	14	C
13	01101	15	D
14	01110	16	E
15	01111	17	F

4.1.2 基本数据类型

基本数据类型是PLC程序中最常用的数据类型。每一个基本数据类型的数据都具备关键字、数据长度、取值范围和常用表达格式等属性。常用的基本数据类型有位数据类型、整数和浮点数数据类型、定时器数据类型、日期和时间数据类型、字符数据类型等。

1. 位数据类型

位数据类型主要包括布尔型(Bool)、字节型(Byte)、字型(Word)、双字型(DWord)、长字型(LWord)等,见表4.2。

表4.2 位数据类型的属性

位数据类型	关键字	数据长度(位)	取值范围	常用表达格式
布尔型	Bool	1	FALSE 或 TRUE	TRUE
字节型	Byte	8	二进制:2#0~2#1111 1111 十六进制:16#0 ~16#FF	B#16#10
字型	Word	16	二进制:2#0~2#1111_1111_1111_1111 十六进制:W#16#0~ W#16#FFFF 十六进制序列:B#(0,0) ~B(255,255) BCD(二进制编码的十进制数):C#0~ C#999	2#0011 W#16#11 B#(10,40) C#98

续表

位数据类型	关键字	数据长度（位）	取值范围	常用表达格式
双字型	DWord	32	二进制：2#0～2#1111_1111_1111_11111111_1111_1111_1111 十六进制：DW#16#0～DW#16#FFFF_FFFF 十进制序列：B#(0,0,0,0)～B(255,255,255,255)	DW#16#10 B#(1,10,10,20)
长字型	LWord	64	二进制：2#0～2#1111_1111_1111_1111_1111_1111_1111_1111_1111_1111_1111_1111_1111_1111_1111_1111 十六进制：LW#16#0～LW#16#FFFF_FFFF_FFFF_FFFF 十进制序列：B#(0,0,0,0,0,0,0,0)～B(255,255,255,255,255,255,255,255)	LW#16#0000_0000_5F52_DF8B

（1）位（bit）

位数据的数据类型为 Bool。在博途 V15 软件中，布尔值用 TRUE 和 FALSE 来表示，输入时可以直接将 1 或 0 自动转换为 TRUE 和 FALSE。

位存储单元的地址由字节地址和位地址组成，如图 4.1 所示，例如 I0.1、Q1.0、M10.0 等。

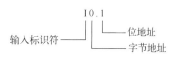

图 4.1 字节.位

（2）字节（Byte）

一个字节由 8 位二进制组成，例如 QB0 由 Q0.0～Q0.7 组成，如图 4.2 所示。

图 4.2 字节

（3）字（Word）

一个字由相邻的两个字节组成，也就是由连续的 16 位二进制组成，每 4 位为一组，例如 MW100 由 MB100 和 MB101 组成，如图 4.3 所示。

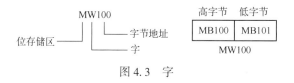

图 4.3 字

（4）双字（DWord）

一个双字由两个连续的字（或 4 个字节）组成，例如 MD100 由 MW100、MW102 两个字或 MB100～M103 4 个字节组成，如图 4.4 所示。

图 4.4 双字

(5) 长字型（LWord）

S7-1500 PLC 支持 64 位长字型，由 4 个双字或 8 个字节组成。

2. 整数数据类型

整数数据类型有 8 位短整数 SINT、16 位整数 INT、32 位双整数 DINT 和 64 位整数 LINT 等，见表 4.3。

表 4.3 整数数据类型的属性

整数数据类型	关键字	数据长度（位）	取值范围	常用表达格式
短整数	SINT	8	−128~127	+4，SINT#_20
整数	INT	16	−32768~32767	18
双整数	DINT	32	−L#2147483648~L#2147483647	L#17
短整数	USINT	8	0~255	58 USINT#75
无符号整数	UINT	16	0~65535	55295，UINT#65244
无符号双整数	UDINT	32	0~4294967295	3042322154， UDINT#3042322145
无符号长整数	LINT	64	−9223372036854775808~+9223372036854775807	+144323791816234， LINT#+154323701816239
无符号长整数	ULINT	64	0~18446744073709551615	154325790816159， ULINT#124325390816160

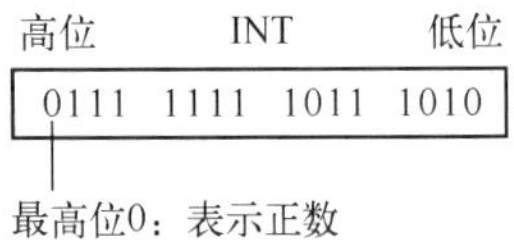

图 4.5 INT 有符号整数

所有整数都有有符号整数和无符号整数两种：带 U 的为无符号整数；不带 U 的为有符号整数。在有符号整数中，最高位为符号位，最高位为 0 时表示为正数，为 1 时表示为负数。例如，INT 是一个有符号整数，由 16 位组成，在存储器中占用一个字（Word）的空间，第 0 位~第 14 位表示数值的大小，最高位第 15 位表示数值的正负符号位，如图 4.5 所示。

SINT、INT、DINT 和 LINT 虽然变量长度不同，但都表示有符号整数，表示方法一样，即最高位为符号位；USINT、UINT、UDINT 和 ULINT 均为无符号整数，无符号位。

3. 浮点数数据类型（REAL）

浮点数又称实数，有 32 位浮点数（REAL）和 64 位浮点数（LREAL），有正负之分且带小数点，最高位为符号位，见表 4.4。

表 4.4 浮点数数据类型的属性

浮点数数据类型	关键字	数据长度（位）	取 值 范 围	常用表达格式
浮点数	REAL	32	−3.402823E+38~−1.175495E−38, 0, +1.175495E−38~+3.402823E+38	1.0e-5，REAL#1.0e-51.0，REAL#1.0
长浮点数	LREAL	64	−1.7976931348623158E+308~ −2.2250738585072014E−308 0，0 +2.2250738585072014E−308~ +1.7976931348623158E+308	1.0e-5，LREAL#1.0e-41.0，LREAL#1.0

在 PLC 编程软件中，一个 REAL 类型的数占用 4 个字节的空间，一个长浮点数数据类型（LREAL）的数占用 8 个字节的空间，用十进制小数来输入或显示浮点数，例如 21 是整数，21.0 是浮点数。

4. 定时器数据类型

定时器数据类型主要有 IEC 时间（Time）、S5 定时器（S5Time）和长时间（LTime）等数据类型，见表 4.5。

表 4.5 定时器数据类型的属性

定时器数据类型	关键字	数据长度（位）	取值范围	常用表达格式
S5 定时器	S5Time	16	S5T#0H_0M_0S_10MS～S5T#2H_46M_30S_0MS	S5T#6S
IEC 时间	Time	32	IEC 时间格式（带符号），分辨率为 1ms： -T#24D_20H_31M_23S_648MS～T#24D_20H_31M_23S_648MS	T#8D_1H_1M_0S_0MS
长时间	LTime	64	信息包括天（d）、小时（h）、分钟（m）、秒（s）、毫秒（ms）、微秒（μs）和纳秒（ns） LT#-106751d23h47m16s854ms775μs808ns～ LT#+106751d23h47m16s854ms775μs807ns	LT#10351d2h20m10s800ms650μs215ns

（1）IEC 时间数据类型（Time）

IEC 时间数据类型采用 IEC 标准时间格式，是 32 位的有符号双整数，占用 4 个字节，格式为 T#Xd_Xh_Xm_Xs_Xms，操作数内容以毫秒为单位。其中，d 表示天；h 表示小时；m 表示分钟；s 表示秒；ms 表示毫秒。

（2）长时间数据类型（LTime）

长时间数据类型采用 IEC 标准时间格式，是 64 位的有符号双整数，数据类型长度为 8 个字节，格式为 LT#Xd_Xh_Xm_Xs_Xms_Xμs_Xns，操作数内容以纳秒为单位，LINT 数据每增加 1，时间值增加 1ns。其中，d 表示天；h 表示小时；m 表示分钟；s 表示秒；ms 表示毫秒；μs 表示微秒；ns 表示纳秒。

（3）S5 定时器数据类型（S5Time）

S5 定量器数据类型采用 3 位 BCD 码的时间格式，计时时间值范围为 0～999，数据长度为 16 位，格式为 S5T#Xh_Xm_Xs_Xms。其中，h 表示小时；m 表示分钟；s 表示秒；ms 表示毫秒。

S5 定时器采用 BCD 码的计时时间值最大为 999，通过选择不同的时基可以改变定时器的定时长度，在编写程序时，可以直接装载设定的时间值，CPU 可根据时间值的大小自动选择时基值。如果选择的时间值为一个变量，则需要对时基值进行赋值。

虽然 IEC 定时器与 S5 定时器相比更精确，定时时间更长，但是每一个 IEC 定时器需要占用一个 CPU 的存储区。

5. 日期和时间数据类型

日期和时间数据类型的属性见表 4.6。

（1）IEC 日期（DATE）

IEC 日期数据类型采用 IEC 标准日期格式的 16 位无符号整数，操作数按十六进制形式，占用 2 个字节，例如 2006 年 8 月 12 日的表示格式为 D#2018-08-12，按年-月-日排序。在规定的取值范围内（S7-1500 PLC 日期的取值范围为 D#1990-01-01~D#2068-12-31），IEC 日期数据类型可以与 INT 数据类型相互转换（D#1990-01-01 对应 16#0000），INT 数据每增加 1，IEC 日期值增加 1 天。

表 4.6 日期和时间数据类型的属性

日期和时间数据类型	关键字	数据长度	取值范围	常用表达格式
IEC 日期	DATE	16bit	IEC 日期格式，分辨率 1 天： D#1990-1-1~D#2168-12-31	DATE#1997-5-15
日时间	Time_OF_DAY （TOD）	32bit	24 小时时间格式，分辨率 1ms： TOD#0：0：0.0~TOD#23：59：59.999	TIME_OF_ DAY#1：10：3.3
长日时间	LTOD （LTIME_OF_DAY）	8Byte	时间（小时：分钟：秒：纳秒） LTOD#00：00：00.000000000~ LTOD#23：59：59.999999999	LTOD#10：20：30.400_365_215， LTIME_OF_DAY#10：20： 30.400_365_215
日期时间	DT （DATE_AND_TIME）	8Byte	年-月-日-小时：分钟：秒：毫秒 DT#1990-01-01-00：00：00.000~ DT#2089-12-31-23：59：59.999	DT#2008-10-25-8：12：34.567， DATE_AND_TIME#2008-10-25- 08：12：34.567
日期长时间	LDT	8Byte	存储自 1970 年 1 月 1 日 0：0 以来的日期和时间信息（单位为纳秒） LDT#1970-01-01-0：0：0.000000000~ LDT#2263-04-11-23：47：15.854775808	LDT#2008-10-25-8：12：34.567
长日期时间	DTL	12Byte	DTL#1970_01-01-00：00：00~ DTL#2262-04-11_23：47：16.854775807	DTL#1998-01-01-00：00：00.00

（2）日期时间（DT）

日期时间数据类型用于存储日期和时间信息，是一个 8 字节的 BCD 码时间格式，例如 DT#19-11-20-12：30：20.10。

（3）日期长时间（LDT）

日期长时间数据类型用于存储日期和时间信息，单位是 ns。

（4）长日期时间（DTL）

长日期时间数据类型的操作数为 12 个字节，按照预定的结构存储日期和时间，用于表示完整的日期时间，有固定的结构，定义 DTL 时，起始值必须包括年、月、日、时、分、秒。博途 V15 软件会根据年、月、日自行计算星期的值，例如 DTL#1998-01-01-00：00：00.00。

（5）日时间（TOD）

日时间数据类型占用 1 个双字节无符号整数，可存储从指定当天的 0 时 0 分 0 秒开始的 1 天（24 小时）内的毫秒数，例如 TOD#10：11：56.111，按时：分：秒．毫秒排序。

（6）长日时间（LTOD）

长日时间数据类型占用 2 个双字节无符号整数，可存储从指定当天的 0 时 0 分 0 秒开始的 1 天（24 小时）内的纳秒数。

6. 字符数据类型

字符数据类型有 Char 和 WChar，见表 4.7。

表 4.7 字符数据类型的属性

字符数据类型	关键字	数据长度	取 值 范 围	常用表达格式
字符	Char	8bit	ASCII 字符集	'A'
宽字符	WChar	16bit	Unicode 字符集	'我'

Char 的操作数长度为 1 个字节, 格式为 ASCII 字符。字符 B 表示为 Char#'B'。提示: 单引号必须是在英文下的单引号。

WChar 的操作数长度为 2 个字节, 以 Unicode 格式存储, 可存储所有 Unicode 格式的字符, 包括汉字、阿拉伯字母等所有以 Unicode 为编码方式的字符, 例如汉字"我"用 WChar 表示为 WChar#'我'。

4.1.3 复合数据类型

复合数据类型由基本数据类型的数据组合而成, 长度可能超过 64 位, 包括字符串（String）、宽字符串（WString）、数组类型（Array）和结构类型（Struct）等。

1. 字符串（String）

String 的操作数包括 254 个字符, 一个字节存放一个字符。实际操作时, String 的操作数在内存中占用的字节比指定的多 2 个字节, 即 256 个字节。这些字节的排列顺序如下。

String 字符串的第一个字节表示定义要使用的最大字符长度; 第二个字节表示有效字符的个数; 第三个字节表示第一个有效字符（数据类型为 Char）; 第四个字节表示第二个有效字符（数据类型为 Char）; 依此类推。

String 字符串可以在 DB、OB、FC、FB 接口区定义, 在操作数的声明过程中, 可使用方括号指定字符串的最大长度, 如 String[4], 如图 4.6 所示; 也可以使用局部或全局常量声明字符串的最大长度。如果未指定最大长度, 则相应操作数的长度默认为标准的 254 个字符。使用 String 字符串常数时, 书写格式为'字符串', 例如'12'。

图 4.6 指定最大长度

最大长度为 4 个字符的 String 字符串只包含两个字符'AB', 其中 A 占用字节 2, B 占用字节 3, 字节 4 和字节 5 无定义, 再加上定义 String 字符串最大长度的字节 0 和定义 String 字符串实际长度的字节 1, 实际共占用 6 个字节, 字节排列如图 4.7 所示。

2. 宽字符串（WString）

宽字符串数量类型用来存储多个数据类型 WChar 的 Unicode 字符（长度为 16 位的宽字符, 包括汉字）, 使用时, 如果不指定长度, 在默认情况下的最大长度为 256 个字符, 可声明最多 16382 个字符的长度（WString[16382]）。使用 WString 常数时, 前面必须使用 WString#, 软件可自动生成, 例如输入'西门子'后, 其前面会自动添加 WString#, 即

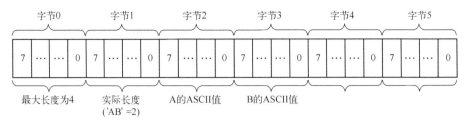

图 4.7 String 字符串的字节排列

WString#'西门子'。

3. 数组类型（Array）

数组类型表示一个变量由多个固定数目且数据类型相同的元素组成的数据结构。这些元素可使用除 Array 之外的所有数据类型。定义一个数组时，需要声明数组的元素类型、维数和每一维的索引范围。一个数组最多可包含 6 个维度，各维度的限值使用逗号分隔。

一维变量的格式：Array[下限..上限]of<数据类型>，结构形式如图 4.8 所示。

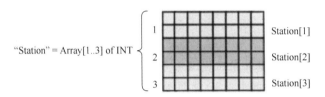

图 4.8 一维变量的结构形式

在创建数据块中的 Array 变量时，将在方括号内定义小标的限值，并在关键字 of 之后定义数据类型，创建一维数组如图 4.9 所示。Array 限值可使用整数或全局/局部常量定义的固定值，也可定义为块的形参或使用 Array[*]定义，下限值必须小于或等于上限值。

数据块_1			
	名称	数据类型	起始值
1	▼ Static		
2	▼ Static_1	Array[0..3] of Int	
3	Static_1[0]	Int	0
4	Static_1[1]	Int	0
5	Static_1[2]	Int	0
6	Static_1[3]	Int	0

图 4.9 创建一维数组

二维数组的格式：Array[1..3, 1..5]of<数据类型>。创建二维数组如图 4.10 所示。

4. 结构类型（Struct）

结构类型是由多个不同数据类型元素组成的复合型数据结构，通常用来将一个过程控制系统中相关的数据统一组织在一个结构体中，可作为一个数据单元来传送参数。S7-1500 PLC 的一个数据块中最多有 252 个结构，如果需要更多的结构，则必须重新构造程序。例如，可以在多个全局数据块中创建结构，结构类型可以在 DB 块、OB 块、FC 函数、FB 函数块等块接口区和 PLC 数据类型中定义。

在数据块_1 中定义一组电动机的数据如图 4.11 所示。

图 4.10 创建二维数组

图 4.11 定义一组电动机的数据

4.1.4 PLC 数据类型

PLC 数据类型（UDT）是一种复杂的用户自定义数据类型，用于声明一个变量，是一个由多个不同数据类型元素组成的数据结构。各元素可源自其他 PLC 数据类型、Array，也可直接使用关键字 Struct 声明为一个结构，并作为一个整体的变量模板在 DB 块、FB 函数块、FC 函数中多次使用。PLC 数据类型可以相互嵌套，嵌套深度限制为 8 级。

PLC 数据类型（UDT）可在程序代码中统一更改和重复使用，使用位置由系统自动更新。

PLC 数据类型的应用优势如下：

（1）可用作逻辑块中的变量声明或数据块中的变量数据类型，通过块接口，在多个块中进行数据交换。

（2）根据过程控制对数据进行分组。

（3）将参数作为一个数据单元进行传送。

（4）可用作模板，创建数据结构化的 PLC 变量。

【实例 4.1】PLC 数据类型的创建及调用。
【操作步骤】

1. 创建用户数据类型_UDT

双击"项目树"中的"PLC 数据类型"选项可新建一个"用户数据类型_UDT"。在"用户数据类型_UDT"界面可定义一个 MOTOR 的数据结构，如图 4.12 所示。

2. 在 DB 块中调用 UDT

用户数据类型_UDT 可以作为模板在 DB 块或 FB 函数块、FC 函数中添加变量。在 DB 块中调用 UDT 添加三台电动机的变量，如图 4.13 所示。变量类型选择"用户数据类型_UDT"。

字符使用 ▸ PLC_1 [CPU 1511C-1 PN] ▸ PLC 数据类型 ▸ 用户数据类型_UDT

用户数据类型_UDT

	名称	数据类型	默认值	可从 HMI/...	从 H...	在 HMI ...	设定值
1	▼ MOTOR	Struct		☑	☑	☑	☐
2	启动	Bool	false	☑	☑	☑	☐
3	停止	Bool	false	☑	☑	☑	☐
4	转速	Int	0	☑	☑	☑	☐
5	电流	Int	0	☑	☑	☑	☐
6	<新增>						

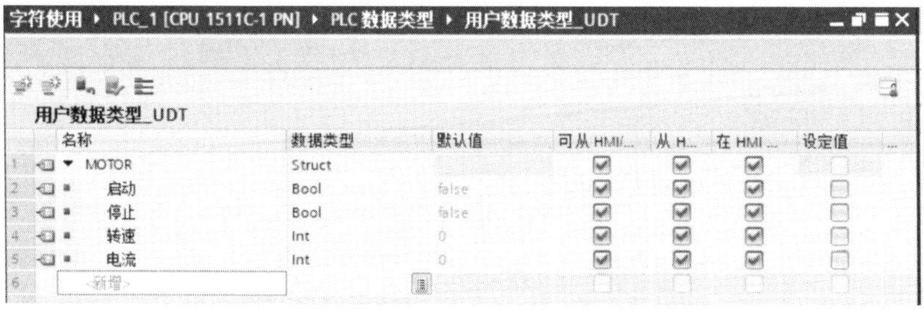

图 4.12　定义一个 MOTOR 的数据结构

数据块_1

	名称	数据类型	起始值	保持	可从 HMI/...	从 H...	在 HMI ...
1	▼ Static			☐	☐	☐	☐
2	▼ 电动机1	"用户数据类型_U...		☐	☑	☑	☑
3	▼ MOTOR	Struct		☐	☑	☑	☑
4	启动	Bool	false	☐	☑	☑	☑
5	停止	Bool	false	☐	☑	☑	☑
6	转速	Int	0	☐	☑	☑	☑
7	电流	Int	0	☐	☑	☑	☑
8	▼ 电动机2	"用户数据类型_U...		☐	☑	☑	☑
9	▼ MOTOR	Struct		☐	☑	☑	☑
10	启动	Bool	false	☐	☑	☑	☑
11	停止	Bool	false	☐	☑	☑	☑
12	转速	Int	0	☐	☑	☑	☑
13	电流	Int	0	☐	☑	☑	☑
14	▼ 电动机3	"用户数据类型...		☐	☑	☑	☑
15	▼ MOTOR	Struct		☐	☑	☑	☑
16	启动	Bool	false	☐	☑	☑	☑
17	停止	Bool	false	☐	☑	☑	☑
18	转速	Int	0	☐	☑	☑	☑
19	电流	Int	0	☐	☑	☑	☑
20	<新增>						

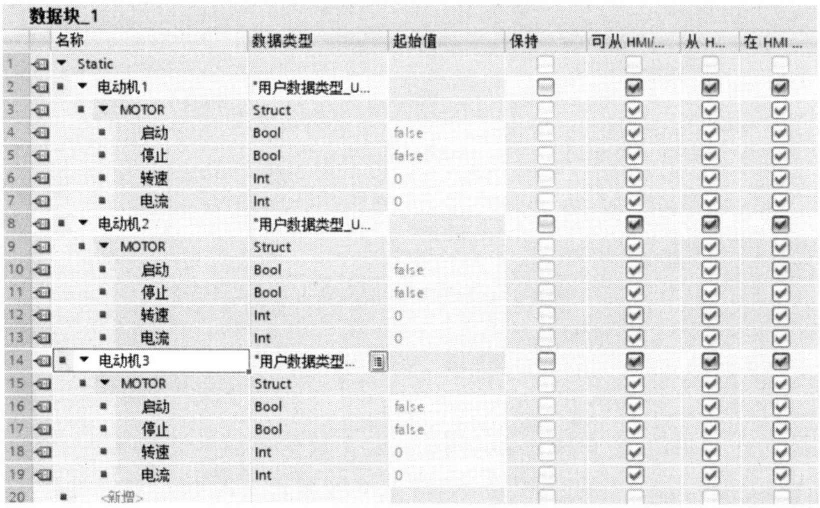

图 4.13　在 DB 块中调用 UDT

3. 在程序中的调用

定义的 UDT 变量可以整体使用，也可以单独使用变量中的某元素，如图 4.14 所示。

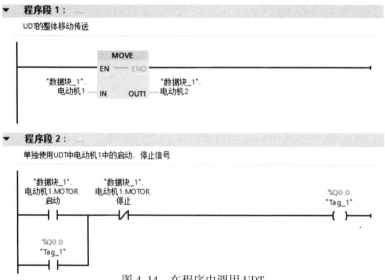

图 4.14　在程序中调用 UDT

4.1.5 参数类型

参数类型是专用于 FC 函数或 FB 函数块的接口参数数据类型,是传递给被调用块的形参的数据类型,可以是 PLC 数据类型。表 4.8 为参数类型及其用途。

表 4.8 参数类型及其用途

参数类型	数据长度(位)	用途
TIMER	16	可用于指定在被调用代码块中所使用的定时器。如果使用 TIMER 参数类型的形参,则相关的实参必须是定时器,如 T1
COUNTER	16	可用于指定在被调用代码块中使用的计数器。如果使用 COUNTER 参数类型的形参,则相关的实参必须是计数器,如 C10
BLOCK_FC	16	可用于指定在被调用代码块中用作输入的块;参数的声明决定所要使用的块类型,如 FB、FC、DB;如果使用 BLOCK 参数类型的形参,则将指定一个块地址作为实参,如 DB3
BLOCK_FB	16	
BLOCK_DB	16	
BLOCK_SDB	16	
VOID	—	不会保存任何值。如果输出不需要任何返回值,则使用此参数类型。例如,如果不需要显示错误信息,则可以在输出 STATUS 中指定 VOID 参数类型
PARAMETER	—	在执行相应的输入时,可通过 PARAMETER 数据类型,使用程序块中的局部变量符号调用该程序块中包含的"GetSymbolName:读取输入参数处的变量名称"和"GetSymbolPath:查询输入参数分配中的组合全局名称"指令

4.1.6 系统数据类型

系统数据类型(SDT)由系统提供并具有预定义的结构,由固定数目的具有各种数据类型的元素构成,结构不能更改,仅当系统数据类型相同且名称匹配时才可相互分配。这一规则同样适用于由系统生成的 PLC 数据类型,如 IEC_Timer 等。

系统数据类型只能用于特定指令,见表 4.9。

表 4.9 系统数据类型及其用途

系统数据类型	数据长度(字节)	用途
IEC_TIMER	16	声明有 PT、ET、IN 和 Q 参数的定时器结构。时间值为 Time 数据类型,例如用于 TP、TOF、TON、TONR、RT 和 PT 指令
IEC_LTIMER	32	声明有 PT、ET、IN 和 Q 参数的定时器结构。时间值为 LTime 数据类型,例如用于 TP、TOF、TON、TONR、RT 和 PT 指令
IEC_SCOUNTER	3	计数值为 SINT 数据类型的计数器结构,例如用于 CTU、CTD 和 CTUD 指令
IEC_USCOUNTER	3	计数值为 USINT 数据类型的计数器结构,例如用于 CTU、CTD 和 CTUD 指令
IEC_COUNTER	6	计数值为 INT 数据类型的计数器结构,例如用于 CTU、CTD 和 CTUD 指令
IEC_UCOUNTER	6	计数值为 UINT 数据类型的计数器结构,例如用于 CTU、CTD 和 CTUD 指令
IEC_DCOUNTER	12	计数值为 DINT 数据类型的计数器结构,例如用于 CTU、CTD 和 CTUD 指令
IEC_UDCOUNTER	12	计数值为 UDINT 数据类型的计数器结构,例如用于 CTU、CTD 和 CTUD 指令

续表

系统数据类型	数据长度（字节）	用途
IEC_LCOUNTER	24	计数值为 UDINT 数据类型的计数器结构，例如用于 CTU、CTD 和 CTUD 指令
IEC_ULCOUNTER	24	计数值为 UINT 数据类型的计数器结构，例如用于 CTU、CTD 和 CTUD 指令
ERROR_STRUCT	28	编程错误信息或 I/O 访问错误信息的结构，例如用于 GET_ERROR 指令
CREF	8	数据类型 ERROR_STRUCT 的组成，在其中保存有关块地址的信息
NREF	8	数据类型 ERROR_STRUCT 的组成，在其中保存有关操作数的信息
VREF	12	用于存储 VARIANT 指针，通常用于 S7-1200/1500 PLC 指令
SSL_HEADER	4	指定在读取系统状态列表期间保存有关数据记录信息的数据结构，例如用于 RDSYSST 指令
CONDITIONS	52	用户自定义的数据结构，定义数据接收的开始和结束条件，例如用于 RCV_CFG 指令
TADDR_Param	8	指定用来存储通过 UDP 实现开放用户通信连接说明的数据块结构，例如用于 TUSEND 和 TURSV 指令
TCON_Param	64	指定用来存储通过工业以太网（PROFINET）实现开放用户通信连接说明的数据块结构，例如用于 TSEND 和 TRSV 指令
HSC_Period	12	使用扩展的高速计数器，指定时间段测量的数据块结构，例如用于 CTRL_HSC_EXT 指令

4.1.7 硬件数据类型

硬件数据类型由 CPU 提供。可用硬件数据类型的数目取决于 CPU，根据硬件配置中设置的模块存储特定硬件数据类型的常量，在用户程序中插入用于控制或激活已组态模块的指令时，可将这些常量用作参数。硬件数据类型及其用途见表 4.10。

表 4.10 硬件数据类型及其用途

数据类型	基本数据类型	用途
REMOTE	ANY	用于指定远程 CPU 地址，例如用于 PUT 和 GET 指令
HW_ANY	UINT	任何硬件组件（如模块）的标识
HW_DEVICE	HW_ANY	DP 从站/PROFINET IO 设备的标识
HW_DPMASTER	HW_INTERFACE	DP 主站的标识
HW_DPSLAVE	HW_DEVICE	DP 从站的标识
HW_IO	HW_ANY	CPU 或接口的标识号，该标识号在 CPU 或硬件配置接口的属性中自动分配和存储
HW_IOSYSTEM	HW_ANY	PN/IO 系统或 DP 主站系统的标识
HW_SUBMODULE	HW_IO	重要硬件组件的标识
HW_MODULE	HW_IO	模块标识
HW_INTERFACE	HW_SUBMODULE	接口组件标识
HW_IEPORT	HW_SUBMODULE	接口标识（PN/IO）
HW_HSC	HW_SUBMODULE	高速计数器标识，例如用于 CTRL_HSC 和 CTRL_HSC_EXT 指令
HW_PWM	HW_SUBMODULE	脉冲宽度调制标识，例如用于 CTRL_PWM 指令
HW_PTO	HW_SUBMODULE	脉冲编码器标识，用于运动控制
EVENT_ANY	AOM_IDENT	用于标识任意事件
EVENT_ATT	EVENT_ANY	用于指定动态分配给 OB 的事件，例如用于 ATTACH 和 DETACH 指令

续表

数 据 类 型	基本数据类型	用　　途
EVENT_HWINT	EVENT_ATT	用于指定硬件中断事件
OB_ANY	INT	用于指定任意组织块
OB_DELAY	OB_ANY	用于指定发生延时中断时调用的组织块，例如用于 SRT_DINT 和 CAN_DINT 指令
OB_TOD	OB_ANY	指定时间中断 OB 的数量，例如用于 SET_TINT、CAN_TINT、ACT_TINT 和 QRY_TINT 指令
OB_CYCUC	OB_ANY	用于指定发生看门狗中断时调用的组织块
OB_ATT	OB_ANY	用于指定动态分配给事件的组织块，例如用于 ATTACH 和 OETACH 指令
OB_PCYCLE	OB_ANY	用于指定分配给"循环程序"事件类别事件的组织块
OB_HWINT	OB_ATT	用于指定发生硬件中断时调用的组织块
OB_DIAG	OB_ANY	用于指定发生诊断中断时调用的组织块
OB_TIMEERROR	OB_ANY	用于指定发生时间错误时调用的组织块
OB_STARTUP	OB_ANY	用于指定发生启动事件时调用的组织块
PORT	HW_SUBMODULE	用于指定通信端口，用于点对点通信
RTM	UINT	用于指定运行小时计数器值，例如用于 RTM 指令
PIP	UINT	用于创建和链接"同步循环"OB，可用于 SFC 26、SFC 27、SFC 126 和 SFC 127 中
CONN_ANY	WORD	用于指定任意链接
CONN_PRG	CONN_ANY	用于指定通过 UDP 进行开放式通信的链接
CONN_OUC	CONN_ANY	用于指定通过工业以太网（PROFINET）进行开放式通信的链接
CONN_R_ID	DWORD	S7 通信模块上 R_ID 参数的数据类型
DB_ANY	UINT	DB 的标识（名称或编号），数据类型 DB_ANY 在 Temp 区域中的长度为 0
DB_WWW	DB_ANY	通过 Web 应用生成 DB 的数量，数据类型 DB_WWW 在 Temp 区域中的长度为 0
DB_DYN	DB_ANY	用户程序生成的 DB 编号

4.2　S7-1500 PLC 的地址区

S7-1500 PLC 的存储器区由装载存储器、工作存储器和系统存储器组成。装载存储器相当于计算机的硬盘，用来保存逻辑块、数据块和系统数据；工作存储器相当于计算机内存条，用来存储 CPU 运行时的用户程序和数据；系统存储器是 CPU 为用户提供的存储组件，用于存储用户程序的操作数据。

4.2.1　CPU 地址区的划分及寻址方法

S7-1500 PLC 的 CPU 可划分为不同的地址区，提供多个操作数区域，例如过程映像输入区（I）和输出区（Q）、位存储器（M）、定时器（T）、计数器（C）、数据块（DB）和本地数据区（L）等，见表 4.11。每个操作数区域都有唯一的地址，通过用户程序，可以在相应操作数区域直接寻址。

在博途 V15 软件中编程时，要求每个变量都要有一个符号名称，不允许无符号名称的变量出现。如果没有定义符号名称，则系统会自动为其分配默认名称，名称从 Tag_1 开始自动分配。因此，S7-1500 PLC 地址区域内的变量均可进行符号寻址。

表 4.11　S7-1500 PLC 的 CPU 地址区

地　址　区	访 问 单 元	S7 表示	描　　述
过程映像输入区	输入（位）	I	在每个循环开始时由 CPU 从输入模块读取输入，并将这些值保存在过程映像输入区
	输入字节	IB	
	输入字	IW	
	输入双字	ID	
过程映像输出区	输出（位）	Q	在循环期间，程序计算输出的值，并将这些值放在过程映像输出区。循环结束时，CPU 将计算出的输出值写入输出模块
	输出字节	QB	
	输出字	QW	
	输出双字	QD	
位存储器	位存储器（位）	M	用于存储程序中计算出的中间结果
	存储器字节	MB	
	存储器字	MW	
	存储器双字	MD	
定时器	定时器（T）	T	用于存储定时器
计数器	计数器（C）	C	用于存储计数器
数据块	数据块，用 OPN OB 打开	DB	数据块存储程序信息，可以对其定义，以便所有代码块都可以访问（全局数据块），也可将其分配给特定的 FB 或 SFB（背景数据块）
	数据位	DBX	
	数据字节	DBB	
	数据字	DBW	
	数据双字	DBD	
	数据块，用 OPN DI 打开	DI	
	数据位	DIX	
	数据字节	DIB	
	数据字	DIW	
	数据双字	DID	
局部数据	局部数据位	L	包含块处理时产生的临时局部数据，提供存储空间来传送块参数和保存 LAD 程序段的中间结果
	局部数据字节	LB	
	局部数据字	LW	
	局部数据双字	LD	
I/O 区域：输入	I/O 输入字节	PIB	I/O 输入和输出区域允许直接访问集中式和分布式输入和输出模块
	I/O 输入字	PIW	
	I/O 输入双字	PID	
I/O 区域：输出	I/O 输出字节	PQB	
	I/O 输出字	PQW	
	I/O 输出双字	PQD	

提示：变量是一段有名称的连续存储空间，是程序中数据的临时存放场所。在使用中，通过定义变量来申请并命名存储空间，通过变量名称来使用存储空间。变量名称在 CPU 范围内必须唯一。

1. 过程映像输入区（I）

用户程序对输入（I）和输出（O）操作数区域进行寻址时，不会查询或更改数字量信号模块端的信号状态，而是访问 CPU 系统存储器中的存储区，该存储区被称为过程映像区，与输入端相连的被称为过程映像输入区（I），与输出端相连的被称为过程映像输出区（Q）。

> 过程映像的优点：在一个程序周期，CPU 具有一致性的过程信号映像，输入模块端的信号变化不会影响过程映像的信号状态，直到下一个周期更新过程映像，确保总有一致的输入信息，因为过程映像位于 CPU 的内部存储器，所以可节省访问信号的时间。

过程映像输入区用来接收 S7-1500 PLC 的外部开关信号，按钮、转换开关与 S7-1500 PLC 输入端子的连接示意图如图 4.15 所示。过程映像输入、输出区等效电路如图 4.16 所示。在每次扫描执行程序时，CPU 首先对物理输入点进行采样，并将采样值写入过程映像输入区，读/写过程可以按位、字节、字或双字来处理过程映像输入区中的数据，寻址方式有位寻址、字节寻址、字寻址、双字寻址等方式。

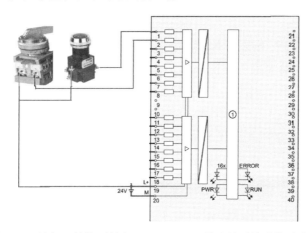

图 4.15 按钮、转换开关与 S7-1500 PLC 输入端子的连接示意图

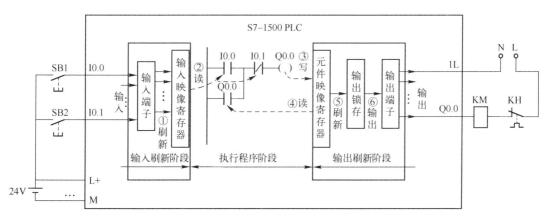

图 4.16 过程映像输入、输出区等效电路

位寻址：I[字节地址].[位地址]，例如 I0.0。
字节寻址：I[字节长度][起始字节地址]，例如 IB0。
字寻址：I[字长度][起始字节地址]，例如 IW0。
双字寻址：I[双字长度][起始字节地址]，例如 ID0。

2. 过程映像输出区（Q）

过程映像输出区用来将 S7-1500 PLC 的内部信号传送给外部负载。在每次扫描执行程序结尾时，CPU 将过程映像输出区中的数值赋值到物理输出点上，读/写可以按位、字节、字或双字来处理，寻址方式有位寻址、字节寻址、字寻址、双字寻址等方式。

位寻址：Q［字节地址］.［位地址］，例如 Q0.0。

字节寻址：Q［字节长度］［起始字节地址］，例如 QB0。

字寻址：Q［字长度］［起始字节地址］，例如 QW0。

双字寻址：Q［双字长度］［起始字节地址］，例如 QD0。

3. 位存储器（M）

位存储器位于 CPU 的系统存储器，地址标识符为 M，是 S7-1500 PLC 中应用比较多的一种存储器，与继电器控制系统中的中间继电器相似，用来存储运算的中间操作状态和控制信息。S7-1500 PLC 所有型号的 CPU 标志位存储区都有 16384 个字节，在程序中允许读/写位存储区，寻址方式与输入、输出映像区的寻址方式类似，同样也是通过符号名称进行访问。位存储器可以根据实际情况在分配列表时定义需要保持性存储器的宽度，在断电或上电后，当由 STOP 切换为 RUN 时，在保持性存储器中寻址的变量内容会被保留。

右击"项目树"中的"PLC 变量"→"分配列表"→"保持"选项，弹出"保持性存储器"对话框进行相关的设置，如图 4.17 所示。

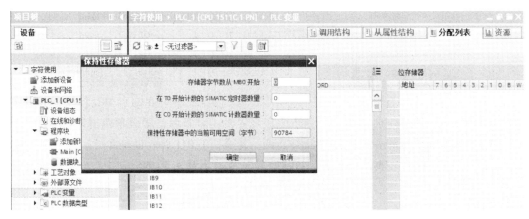

图 4.17 "保持性存储器"对话框

4. 定时器（T）

定时器存储区位于 CPU 的系统存储器，主要用来定时，类似于继电控制系统中的时间继电器。SIMATIC S7-1500 PLC 所有型号 CPU 定时器的数量都是 2048 个。定时器的表示方法为 Tx：T 表示定时器标识符；x 表示定时器编号。寻址方式通过标识符寻址。掉电保持的定时器个数可以在 CPU 中设置（同保持性存储器）。

博途 V15 软件建议使用 IEC 定时器，个数不受限制，编写程序更灵活。

5. 计数器（C）

计数器存储区位于 CPU 的系统存储器，主要用来计数，类似于继电控制系统中的计数器。SIMATIC S7-1500 PLC 所有型号 CPU 的 S5 计数器的数量都是 2048 个。计数器的表示方法为 Cx：C 表示计数器的标识符；x 表示计数器编号。寻址方式通过标识符寻址。掉电保持计数器的个数可以在 CPU 中设置（同保持性存储器）。

博途 V15 软件建议使用 IEC 计数器，个数不受限制，编写程序更灵活。

6. 外设地址输入区

外设地址输入区位于 CPU 的系统存储器，可直接访问输入模块的输入信息，从信号源立即读取数据。这种方式被称为"立即读或直接访问"模式。其访问格式是在 I 地址或符号名称后附加后缀":P"，例如 I0.4:P、start:P 或 IW6:P。

用"立即读"访问外设输入不会影响存储在过程映像输入区中对应的数据值，访问只能读不能写，访问最小单位为位。

7. 外设地址输出区

外设地址输出区位于 CPU 的系统存储器，可直接把数据写到输出模块的目标点，并同时写给过程映像输出区，这种方式被称为"立即写"。其访问格式是在 Q 地址或符号名称后附加后缀":P"，例如 Q0.4:P 或 QW6:P。

用"立即写"访问外设输出不仅会影响外设输出点的对应值，还会影响过程映像输出区中的对应值，访问只能写不能读，访问最小单位为位。

8. 数据块（DB）

数据块可以存储在装载存储器、工作存储器及块堆栈中，主要用来存储用户程序中的各种变量数据。数据块的大小由 CPU 的型号决定。共享数据块地址标识符为 DB，函数块 FB 的背景数据块地址标识符为 IDB。

在 S7-1500 PLC 中，DB 分为两种：一种为优化 DB；另一种为标准 DB。DB 的访问设置：右键单击相应的"DB"→"属性"→"常规"→"属性"选项，在弹出的"属性"窗口中勾选"优化的块访问"选项，单击"确定"按钮，如图 4.18 所示。

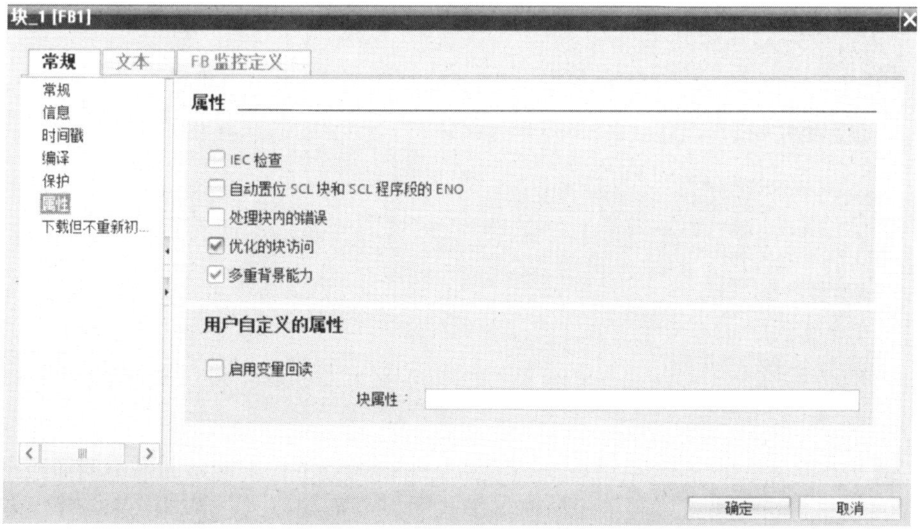

图 4.18　DB 的访问设置

在每次添加一个新的全局 DB 时，其默认类型均为优化 DB。DB 的变量地址可自动分配，也可自行定义。背景 DB 的属性是由其所属的 FB 决定的，如果 FB 为标准 FB，则背景 DB 就是标准 DB；如果 FB 为优化 FB，则背景 DB 就是优化 DB。

优化 DB 和标准 DB 在 S7-1500 PLC 的 CPU 中存储和访问的过程完全不同。标准 DB 掉电保持属性为整个 DB，DB 内变量为绝对地址访问，支持指针寻址；优化 DB 内每个变量都可以单独设置掉电保持属性，只能使用符号名称寻址。优化 DB 借助预留存储空间可支持"下载无需重新初始化"功能；标准 DB 无此功能。

优化 DB 的所有变量均以符号名称存储，没有绝对地址，不易出错，效率更高。

优化 DB 支持以下访问方式：

L "Dam". Setpoint //直接装载变量"Data". Setpoint。

A "Data". Status. xO //以片段访问的方式访问变量"Data". Status 的第 0 位。

L "Data". my_array [#index] //以索引的方式对数组变量"Data". my_array 实现变址访问。

9. 本地数据区（L）

本地数据区又称临时存储器，位于 CPU 的系统数据区，临时存储 FC（函数）、FB（函数块）的临时变量（Temp）及标准访问组织块中的开始信息、参数传送信息、梯形图编程的内部逻辑结果（仅限标准程序块）等，只对相应的数据块局部有效，地址标识符为 L。在程序中，访问本地数据区的表示方法与访问输入映像区的表示方法类似，例如 L0.0、LB3。

4.2.2 全局变量与局部变量

1. 全局变量

全局变量可以在 CPU 内被所有的程序块使用，例如在 OB（组织块）、FC（函数）、FB（函数块）中使用。全局变量如果在某一个程序块中被赋值后，则可以在其他程序中读出，没有使用限制。如果在 PLC 变量表中更改变量，则在程序中引用时会自动更新为新变量。

全局变量包括 I、Q、M、定时器（T）、计数器（C）、数据块（DB）等数据区。

2. 局部变量

局部变量只能在该变量所属的程序块（OB、FC、FB）范围内使用，不能被其他程序块使用。

局部变量包括本地数据区（L）中的变量。

4.2.3 全局常量与局部常量

常量是具有固定值的数据，在程序运行期间不能更改，可由各种程序元素读取，不能被覆盖。不同的常量值通常会指定相应的表示方式，具体取决于数据类型和数据格式。

1. 全局常量

全局常量是整个 PLC 项目中都可以使用的常量，是在 PLC 变量表中定义的：单击"项目树"中的"PLC 变量"→"显示所有变量"→"用户常量"选项，如图 4.19 所示。定义完成后，在该 CPU 的整个程序中均可直接使用用户常量"a"，"值"为"12"。如果在"用户常量"选项下更改用户常量的数值，则在程序中引用该常量的地方会自动对应新数值。

2. 局部常量

局部常量是在 OB、FC、FB 的接口数据区 Constant 下声明的，仅在定义该局部常量的块中有效，如图 4.20 所示，在"块_1"中可直接使用局部常量"a"，"值"为"12"。

图 4.19　定义用户常量

图 4.20　定义局部常量

4.3　变量表、监控表、强制表

4.3.1　变量表

1. PLC 变量表简介

PLC 变量表包含整个 CPU 范围内的有效变量和符号常量。系统会为项目中使用的每个 CPU 自动创建一个 PLC 变量表，如图 4.21 所示。用户可以创建其他变量表用于对变量和常量进行归类和分组。

图 4.21 中，PLC 变量文件中包含"显示所有变量"、"添加新变量表"和"默认变量表"选项。

① 显示所有变量：包含全部的 PLC 变量、用户常量和 CPU 系统常量，不能删除或移动。

② 添加新变量表：用户定义的变量表，可以根据要求为每个 CPU 创建多个用户自定义变量表以分组变量，可以对用户自定义的变量表重命名、整理合并为组或删除，包含 PLC 变量和用户常量。

③ 默认变量表：包含 PLC 变量、用户常量和系统常量，可以在默认变量表中声明所有的 PLC 变量，或者根据需要创建其他的用户自定义变量表。

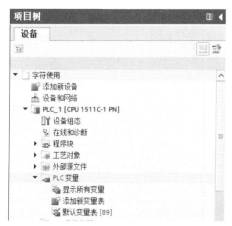

图 4.21　"项目树"中的"PLC 变量"选项

2. PLC 变量表的结构

PLC 变量表包含变量选项卡和用户常量选项卡。

① 变量选项卡。新添加一个 PLC 变量表，单击"变量"选项卡，如图 4.22 所示，可声明程序中所需的全局 PLC 变量。表 4.12 列出了"变量"选项卡中各列的含义，所显示的列编号可能有所不同，可根据需要显示或隐藏各列。

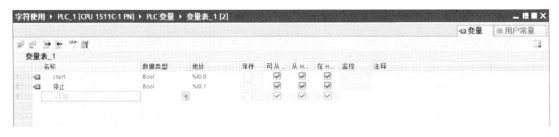

图 4.22 "变量"选项卡

表 4.12 "变量"选项卡中各列的含义

列	含 义
◙	通过单击符号并将变量拖动到程序中作为操作数
名称	变量在 CPU 范围内的唯一名称
数据类型	变量的数据类型
地址	变量地址
保持	将变量标记为具有保持性，即使在关断电源后，保持性变量的值也将保留不变
在 HMI 工程组态中可见	显示默认情况下，在选择 HMI 的操作数时变量是否显示
可从 HMI/OPC UA 访问	指示在运行过程中，HMI/OPC UA 是否可访问该变量
从 HMI/OPC UA 可写	指示在运行过程中，是否可从 HMI/OPC UA 写入变量
监控	指示是否已为该变量的过程诊断创建有监视
注释	用于说明变量的注释信息

② 用户常量和系统常量选项卡。"用户常量"选项卡可以定义整个 CPU 范围内的有效符号常量，如图 4.23 所示。系统所需的常量将显示在"系统常量"选项卡中。"系统常量"选项卡的结构与"用户常量"选项卡一致。表 4.13 列出了"用户常量"选项卡各列的含义，可根据需要显示或隐藏各列。

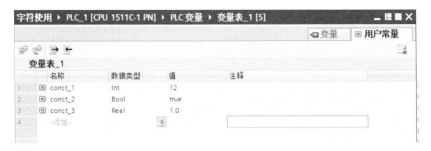

图 4.23 "用户常量"选项卡

第4章 S7-1500 PLC 编程基础

表 4.13 "用户常量"选项卡各列的含义

列	含 义
≡	可以单击该符号，以便通过拖放操作将变量移动到程序段中用作操作数
名称	常量在 CPU 范围内的唯一名称
数据类型	常量的数据类型
值	常量的值
注释	常量的描述

3. 创建 PLC 变量表

创建 PLC 变量表的操作步骤如下。

① 创建并打开"项目视图"选项。

② 单击"项目树"中的"PLC 变量"选项，双击"添加新变量表"选项，即可创建一个默认名称为"变量表_x"的 PLC 变量表。

③ 选择"项目树"中新建 PLC 变量表，在快捷菜单中选择"重命名"命令，键入在 CPU 范围内的唯一名称。

PLC 变量表创建完毕，可以在该表中声明变量和常量。

4. 在 PLC 变量表中定义新变量

当需要定义新变量时，可打开变量表对相关的变量属性进行设置，如图 4.24（a）所示，即可定义三个变量 start1、stop 和 MOTOR 的名称、数据类型、地址、保持等。

① 单击变量表工具栏中的添加行按钮，添加两个变量行。

② 在"名称"下输入"start1"，"数据类型"设置为"Bool"，"地址"设置为"%I0.0"。

③ 输入"stop"，"数据类型"设置为"Bool"，"地址"设置为"%I0.1"。

④ 输入"MOTOR"，"数据类型"设置为"Bool"，"地址"设置为"%Q0.0"。

当变量定义完成后，这些变量就是全局变量，这些符号在所有的程序中均可使用。例如打开 OB1 程序块，编制一段梯形图程序，就可以在梯形图中的指令符号上调用这些符号地

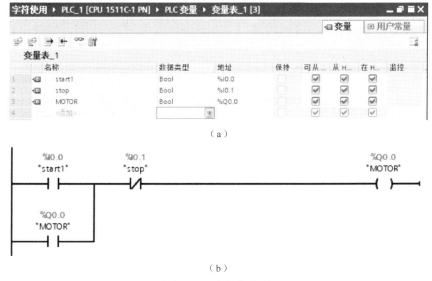

图 4.24 定义新变量

址，如图4.24（b）所示。图中的全局变量在梯形图中用双引号""表示，绝对地址前面自动添加"%"。

> 提示：定义变量名称与地址时，必须保持在该程序中的唯一性。如果不同的符号名称对应相同绝对地址的两个变量，则在显示地址的单元格中背景会变成黄色，单击黄色背景的单元格，会弹出相应的提示。

⑤ 变量的保持性设置。如果需要将某变量定义为断电保持性，则需要在变量表的工具栏中双击保持图标，在弹出的设置窗口中进行设置，设置完成后，在变量表中的"保持"列下自动打上√，如图4.25所示。

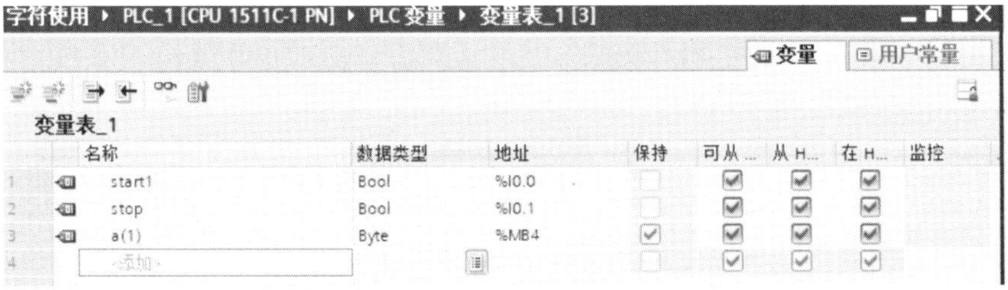

图4.25 设置保持性

4.3.2 监控表和强制表

监控表和强制表是S7-1500 PLC的重要程序调试工具，合理使用可以对编写的程序进行测试和监控。

1. 监控表

通过监控表可以监视和修改用户程序或CPU中各变量的当前值。在监控表中，输入CPU已经定义并选择的变量，可以通过为各变量赋值来进行测试，并在不同情况下运行该程序。也可以在STOP模式下为CPU的输出I/O分配固定值，用于检查接线情况。

监视和修改的变量有输入、输出和位存储器，数据块的内容，用户自定义变量的内容和I/O等。

监控表包含用户为整个CPU定义的变量。系统会为项目中创建的每个CPU自动生成一个监控表和强制表文件夹。通过选择"添加新监控表"选项，可以在该文件夹中创建新的监控表，如图4.26所示。监控表中各列的含义见表4.14。

图4.26 监控表

表 4.14 监控表中各列的含义

列	含义
i	标识符列
名称	插入变量的名称
地址	插入变量的地址
显示格式	所选的显示格式
监视值	变量值，取决于所选的显示格式
修改值	修改变量时所用的值
✐	单击相应的复选框可选择要修改的变量
注释	该选项用于在监控表中输入变量的注释信息

监控表工具栏中各个图标的含义见表 4.15。当使用监控表对程序进行测试和监控时，还会显示相关状态的图标，这些图标的含义见表 4.16。

表 4.15 监控表工具栏中各个图标的含义

图标	含义
	在所选行之前插入一行
	在所选行之后插入一行
	在所选行上方插入一个注释行
	立即修改所有选定变量的地址一次。该命令将立即执行一次，而不参考用户程序中已定义的触发点
	参考用户程序中定义的触发点，修改所有选定变量的地址
	禁用外设输出的输出禁用命令。用户可以在 CPU 处于 STOP 模式时修改外设输出
	显示扩展模式的所有列。如果再次单击该图标，将隐藏扩展模式的列
	显示所有修改列。如果再次单击该图标，将隐藏修改列
	开始对激活监控表中的可见变量进行监视。在基本模式下，监视模式的默认设置是"永久"。在扩展模式下，可以为变量监视设置定义的触发点
	开始对激活监控表中的可见变量进行监视。该命令将立即执行并监视变量一次

表 4.16 测试和监控时相关状态图标的含义

图标	含义
✐	显示用于选择要修改变量的复选框
▫	表示所选变量的值已被修改为"1"
▫	表示所选变量的值已被修改为"0"
=	表示将多次使用该地址
	表示将使用该替代值。替代值是在信号输出模块故障时输出到过程的值，或在信号输入模块故障时用来替换用户程序中过程值的值。用户可以分配替代值（如保留旧值）
	表示地址因已修改而阻止
	表示无法修改该地址
	表示无法监视该地址
F	表示该地址正在被强制
F	表示该地址正在被部分强制
F	表示相关的 I/O 地址正在被完全/部分强制

图标	含 义
![]	表示该地址不能被完全强制。例如，只能强制地址 QW0:P，但不能强制地址 QD0:P。这是由于读地址区域始终不在 CPU 上
✖	表示发生语法错误
![]	表示选择了该地址但该地址尚未更改

2. 强制表

通过强制表可以监视和强制用户程序或 CPU 中各变量的当前值。在强制表中，输入该 CPU 中已经定义并选择的变量，将在该 CPU 中强制这些变量，只能强制外设输入和外设输出（I/O）。

项目中创建的每个 CPU 在监视表和强制表文件夹中都对应存在一个自动创建的强制表，如图 4.27 所示。强制表工具栏中图标的含义见表 4.17，各列的含义见表 4.18。每个 CPU 仅对应一个强制表，可显示对应 CPU 中强制的所有地址，执行强制时，将用指定值覆盖各变量，这样就可以测试用户程序，并在不同环境下运行该程序。在执行强制时，要确保落实好强制变量时的安全预防措施。

> **提示**：强制利用强制表为用户程序各变量分配固定值的操作。使用强制功能必须在线连接具有支持强制功能的 CPU。变量强制会覆盖 CPU 中的值，即使终止了与 CPU 的在线连接，仍然会继续强制变量，不会停止强制操作。要停止强制，必须选择"在线"→"强制"→"停止强制"选项后，才不再强制当前强制表中的可见变量。如果停止个别变量的强制，则必须在强制表中清除这些变量的强制复选标记，并选择"在线"→"强制"→"全部强制"选项重新启动强制。

图 4.27 强制表

表 4.17 强制表工具栏中图标的含义

图标	含 义
![]	在所选行之前插入一行
![]	在所选行之后插入一行
![]	在所选行上方插入一个注释行
![]	显示扩展模式的所有列。如果再次单击该图标，将隐藏扩展模式的列
![]	更新所有操作数以及 CPU 中打开的强制表中当前强制的值
![]	开始对所选变量的所有地址进行强制。如果强制功能已经在运行，则将无中断地替换先前的操作
![]	停止对强制表中的地址进行强制

续表

图标	含义
☞	开始监视强制表中的可见变量。在基本模式下，监视的默认设置是"永久"（permanent），扩展模式下会显示附加列，用户可以设置用于监视变量的特定触发点
☞	开始监视强制表中的可见变量。该命令将立即执行并监视变量一次

表 4.18 强制表中各列的含义

列	含义
i	标识列
名称	插入变量的名称
地址	插入变量的地址
显示格式	所选的显示格式
监视值	变量值，取决于所选的显示格式
强制值	变量被强制使用的值
F（强制）	选中相应的复选框可选择要强制的变量
注释	该选项用于在强制表中输入变量的注释信息

4.4 S7-1500 PLC 的编程语言

PLC 的程序有系统程序和用户程序两种。用户程序就是由用户根据控制系统的工艺控制要求，通过 PLC 编程语言编制设计的。根据国际电工委员会制定的工业控制编程语言标准（IEC61131-3），S7-1500 PLC 支持的编程语言有梯形图 LAD（Ladder Logic Programming Language）、语句表 STL（Statement List Programming Language）、功能块图 FBD（Funetion Block Diagram Program-mingLangage）、结构化控制语言 SCL（Strueutered Control Language）和图表化的 CRAPH 等。

1. LAD

LAD 是一种图形编程语言，是 PLC 程序设计中最常用的编程语言，各型号的 PLC 都具有梯形图语言。它的特点：与电气操作原理图相对应，具有直观性和对应性；与原有继电器控制相一致，电气设计人员易掌握。如图 4.28 所示的梯形图中显示了一个具有两个常开触点、一个常闭触点和一个线圈的程序段。

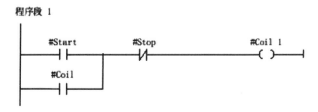

图 4.28 梯形图

2. STL

STL 是一种基于文本的编程语言，指令丰富，适合熟悉汇编语言的人员使用。STL 如图 4.29 所示。

```
STL
A "Tag_Input_1"      // 检查操作数的信号状态是否为"1"，并与当前的 RLO 进行"与"运算
A "Tag_Input_2"      // 检查操作数的信号状态是否为"1"，并与当前的 RLO 进行"与"运算
S "Tag_Output"       // 如果 RLO 为"1"，则将操作数设置为"1"
```

图 4.29　STL 程序

3. FBD

FBD 是一种图形编程语言，采用基于电路系统的表示法，以功能模块为单位，不同的功能模块表示不同的功能，分析理解控制方案简单容易，直观性强。由于功能模块是用图形形式表达功能的，因此具有数字逻辑电路基础的设计人员很容易掌握。对规模大、逻辑关系复杂的控制系统，用功能块图编程，能够清楚地表达功能关系，使编程调试时间大大减少，如图 4.30 所示。

4. SCL

SCL 是一种基于 PASCAL 的高级编程语言，除了包含 PLC 的典型元素（例如输入、输出、定时器或存储器位），还包含高级编程语言，非常适合复杂的运算功能、数学函数、数据管理和过程优化等，如图 4.31 所示。

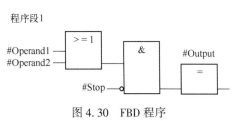

```
SCL
IF "StartPushbutton_Left_S1" OR "StartPushbutton_Right_S3" THEN
   "MOTOR_ON" := 1;
   "MOTOR_OFF" := 0;
END_IF;

IF "StopPushbutton_Left_S2" OR "StopPushbutton_Right_S4" THEN
   "MOTOR_ON" := 0;
   "MOTOR_OFF" := 1;
END_IF;
```

图 4.30　FBD 程序　　　　　　图 4.31　SCL 程序

5. GRAPH

GRAPH 是创建顺序控制系统的图形编程语言，使用顺控程序，可以更为快速便捷和直观地对顺序进行编程，即将过程分解为多个步，每个步都有明确的功能范围，再将这些步组织到顺控程序中，如图 4.32 所示。

在博途 V15 软件中，SCL、LAD、FBD、STL 编译器都是独立的，效率是相同的。除 LAD、FBD 以外，各语言编写的程序间不能相互转化。

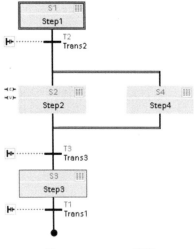

图 4.32　GRAPH 程序

第 5 章

S7-1500 PLC 的常用指令

S7-1500 PLC 的常用指令可以分为基本指令、扩展指令、工艺指令和通信指令。基本指令包括位逻辑运算指令、数学函数指令、比较操作指令、移动操作指令等，如图 5.1（a）所示；扩展指令包括日期和时间指令、字符串+字符指令、中断指令、诊断指令、配方和数据记录指令等，如图 5.1（b）所示；工艺指令包括计数和测量指令、PID 控制指令、运动控制指令等，如图 5.1（c）所示；通信指令包括 S7 通信指令、开放式用户通信指令、OPC UA 指令、WEB 服务器指令等，如图 5.1（d）所示。本章主要介绍基本指令和扩展指令，工艺指令和通信指令将在相关章节进行介绍。

图 5.1　常用指令

5.1　基本指令

5.1.1　位逻辑运算指令

位逻辑运算指令是处理数字量的输入、输出及其他数据区布尔变量的相关位逻辑操作，

一般包括触点指令和线圈指令，如图5.2所示。

⊢⊣⊢	常开触点 [Shift+F2]
⊢/⊢	常闭触点 [Shift+F3]
⊣NOT⊢	取反 RLO
⊣( )⊢	赋值 [Shift+F7]
⊣(/)⊢	赋值取反
⊣(R)⊢	复位输出
⊣(S)⊢	置位输出
SET_BF	置位位域
RESET_BF	复位位域
SR	置位/复位触发器
RS	复位/置位触发器
⊣P⊢	扫描操作数的信号上...
⊣N⊢	扫描操作数的信号下...
⊣(P)⊢	在信号上升沿置位操...
⊣(N)⊢	在信号下降沿置位操...
P_TRIG	扫描RLO的信号上升...
N_TRIG	扫描RLO的信号下降...
R_TRIG	检测信号上升沿
F_TRIG	检测信号下降沿

图5.2 位逻辑运算指令

1. 常开触点指令

（1）指令功能

常开触点的闭合取决于相关操作数的信号状态：当操作数的信号状态为"1"时，常开触点闭合；当操作数的信号状态为"0"时，常开触点不闭合。

当两个或多个常开触点串联时，将逐位进行"与"运算，所有的触点都闭合后才产生信号流；并联时，将逐位进行"或"运算，有一个触点闭合就会产生信号流。

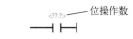

图5.3 常开触点的梯形图格式

（2）梯形图格式

常开触点的梯形图格式如图5.3所示。

（3）指令参数

表5.1为常开触点指令参数。

表5.1 常开触点指令参数

参　数	声　明	数据类型	存　储　区
<操作数>	Input	BOOL	I、Q、M、D、L、T、C 或常量

2. 常闭触点指令

（1）指令功能

常闭触点的激活取决于相关操作数的信号状态：当操作数的信号状态为"1"时，常闭触点打开变为常开；当操作数的信号状态为"0"时，不会启用常闭触点。

当两个或多个常闭触点串联时，将逐位进行"与"运算，所有的触点都打开后才产生信号流；并联时，将进行"或"运算，有一个触点打开就会产生信号流。

（2）梯形图格式

常闭触点的梯形图格式如图5.4所示。

（3）指令参数

表5.2为常闭触点指令参数。

图5.4 常闭触点的梯形图格式

表 5.2　常闭触点指令参数

参　数	声　明	数据类型	存　储　区
<操作数>	Input	BOOL	I、Q、M、D、L、T、C 或常量

3. 赋值指令

（1）指令功能

赋值指令可置位指定操作数的位。如果线圈输出的信号状态为"1"，将指定操作数的位置位为"1"；如果线圈输出的信号状态为"0"，将指定操作数的位复位为"0"。

（2）指令格式

赋值指令格式如图 5.5 所示。

（3）指令参数

图 5.5　赋值指令格式

表 5.3 为赋值指令参数。

表 5.3　赋值指令参数

参　数	声　明	数据类型	存　储　区
<操作数>	Output	BOOL	I、Q、M、D、L

【实例 5.1】触点指令的应用。

图 5.6 所示的梯形图是用触点指令的串、并联来完成电动机的启动与停止的。按下启动按钮后，I0.0 闭合，Q0.0 接通并保持；按下停止按钮后，I0.1 断开，Q0.0 复位断电。此控制方式被称为启/保/停控制。

图 5.6　启/保/停控制电动机梯形图

4. 置位指令

（1）指令功能

置位指令将指定操作数的信号状态置位为"1"，当线圈输入的逻辑运算结果为"1"时执行，将指定操作数置位为"1"并保持。如果线圈输入的逻辑运算结果为"0"（没有信号流过线圈），则指定操作数的信号状态保持不变。

（2）指令格式

置位指令格式如图 5.7 所示。

（3）指令参数

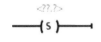

图 5.7　置位指令格式

表 5.4 为置位指令参数。

表 5.4　置位指令参数

参　数	声　明	数据类型	存　储　区
<操作数>	Output	BOOL	I、Q、M、D、L

5. 复位指令

（1）指令功能

复位指令将指定操作数的信号状态复位为"0"，当线圈输入的逻辑运算结果为"1"时执行，将指定操作数复位为"0"。如果线圈输入的逻辑运算结果为"0"（没有信号流过线圈），则指定操作数的信号状态保持不变。

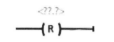

图 5.8　复位指令格式

（2）指令格式

复位指令格式如图 5.8 所示。

（3）指令参数

表 5.5 为复位指令参数。

表 5.5　复位指令参数

参　　数	声　　明	数据类型	存　储　区
<操作数>	Output	BOOL	I、Q、M、D、L、T、C

【实例 5.2】 置位/复位指令的应用。

【控制要求】 某传送带运行控制示意图如图 5.9 所示，在传送带的开始端有两个按钮：S1 用于启动，S2 用于停止；在传送带的末端也有两个按钮：S3 用于启动，S4 用于停止。从传送带的任一端都可以启动或停止传送带。

【编写程序】 传送带控制梯形图如图 5.10 所示。

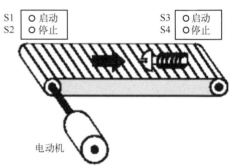

图 5.9　某传送带运行控制示意图

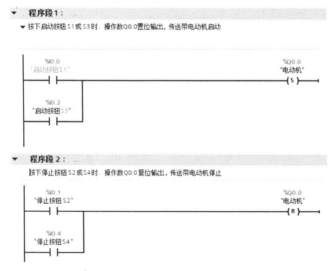

图 5.10　传送带控制梯形图

6. 置位位域指令

（1）指令功能

置位位域指令可对从某个特定地址开始的多个位进行置位，可使用<操作数 1>指定要置位的位数，<操作数 2>指定要置位位域的首位地址。<操作数 1>的值不能大于选定字节中的位数，否则指令将不能执行且显示错误消息。

在置位位域指令下方的操作数占位符中指定<操作数 1>，在置位位域指令上方的操作数占位符中指定<操作数 2>。

（2）梯形图格式

置位位域指令的梯形图格式如图 5.11 所示。

（3）指令参数

表 5.6 为置位位域指令参数。

图 5.11 置位位域指令的梯形图格式

表 5.6 置位位域指令参数

参　　数	声　　明	数 据 类 型	存　储　区
<操作数 1>	Input	UINT	常数
<操作数 2>	Output	BOOL	I、Q、M、DB 或 IDB，BOOL 类型的 ARRAY[..]中的元素

7. 复位位域指令

（1）指令功能

复位位域指令可复位从某个特定地址开始的多个位：<操作数 1>用来指定要复位的位数；<操作数 2>用来指定要复位位域的首位地址。<操作数 1>的值不能大于选定字节中的位数，否则指令将不能执行且显示错误消息。

在复位位域指令下方的操作数占位符中指定<操作数 1>，在复位位域指令上方的操作数占位符中指定<操作数 2>。

（2）梯形图格式

复位位域指令的梯形图格式如图 5.12 所示。

（3）指令参数

表 5.7 为复位位域指令参数。

图 5.12 置位位域指令的梯形图格式

表 5.7 复位位域指令参数

参　　数	声　　明	数 据 类 型	存　储　区
<操作数 1>	Input	UINT	常数
<操作数 2>	Output	BOOL	I、Q、M、DB 或 IDB，ARRAY[..] of BOOL 的元素

【**实例 5.3**】置位位域/复位位域指令的应用。

图 5.13 所示的梯形图是利用置位位域/复位位域指令来实现 Q10.0~Q10.3 连续 4 个地址的置位接通与复位断开的。

8. 置位/复位触发器（SR）

（1）指令功能

置位/复位触发器可根据输入 S 和 R1 的信号状态置位或复位指定操作数的位。如果输入 S 的信号状态为"1"且输入 R1 的信号状态为"0"，则将指定操作数置位为"1"。如果输入 S 的信号状态为"0"且输入 R1 的信号状态为"1"，则将指定操作数复位为"0"。如果两个输入 S 和 R1 的信号状态都为"0"，则不会执行该指令，操作数的信号状态保持不变。输入 R1 的优先级高于输入 S，输入 S 和 R1 的信号状态都为"1"时，指定操作数的信号状态将复位为"0"。因此，置位/复位触发器又称为复位优先触发器。

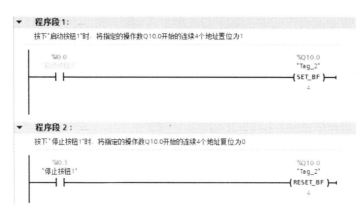

图 5.13 置位位域/复位位域指令梯形图

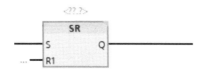

图 5.14 复位优先触发器的梯形图格式

(2) 梯形图格式

复位优先触发器的梯形图格式如图 5.14 所示。

(3) 指令参数

表 5.8 为复位优先触发器指令参数。

表 5.8 复位优先触发器指令参数

参　　数	声　明	数据类型	存　储　区	说　　明
S	Input	BOOL	I、Q、M、D、L 或常量	使能置位
R1	Input	BOOL	I、Q、M、D、L、T、C 或常量	使能复位
<操作数>	InOut	BOOL	I、Q、M、D、L	待置位或复位的操作数
Q	Output	BOOL	I、Q、M、D、L	操作数的信号状态

【实例 5.4】 SR 的应用。

【控制要求】 两路抢答器的设计，抢答器有两个输入，分别为 I10.0 和 I10.2，输出分别为 Q3.0 和 Q3.1，复位输入为 I10.1。要求：两人任意抢答，谁先按按钮，谁的指示灯优先亮，且只能亮一盏指示灯，当主持人按复位按钮后，抢答重新开始。

抢答器控制梯形图如图 5.15 所示。

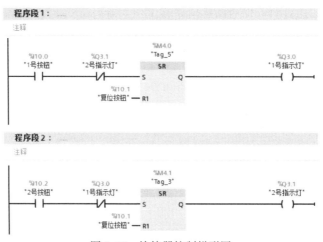

图 5.15 抢答器控制梯形图

9. 复位/置位触发器（RS）

（1）指令功能

复位/置位触发器可根据输入 R 和 S1 的信号状态复位或置位指定操作数的位。如果输入 R 的信号状态为"1"且输入 S1 的信号状态为"0"，将指定操作数复位为"0"；如果输入 R 的信号状态为"0"且输入 S1 的信号状态为"1"，将指定操作数置位为"1"；如果两个输入 R 和 S1 的信号状态都为"0"，将不会执行该指令。输入 S1 的优先级高于输入 R。当输入 R 和 S1 的信号状态均为"1"时，将指定操作数的信号状态置位为"1"。因此，复位/置位触发器又称为置位优先触发器。

（2）梯形图格式

置位优先触发器的梯形图格式如图 5.16 所示。

（3）指令参数

表 5.9 为置位优先触发器指令参数。

图 5.16 置位优先触发器的梯形图格式

表 5.9 置位优先触发器指令参数

参　数	声　明	数据类型	存　储　区	说　明
R	Input	BOOL	I、Q、M、D、L 或常量	使能复位
S1	Input	BOOL	I、Q、M、D、L、T、C 或常量	使能置位
<操作数>	InOut	BOOL	I、Q、M、D、L	待复位或置位的操作数
Q	Output	BOOL	I、Q、M、D、L	操作数的信号状态

【实例 5.5】RS 的应用。

图 5.17 为 RS 应用梯形图。当操作数"复位按钮"的信号状态为"1"或操作数"启动按钮 1"的信号状态为"0"时，将复位操作数"Tag_4"和"电动机"。当操作数"复位按钮"的信号状态为"0"且操作数"启动按钮 1"的信号状态为"1"，或操作数"复位按钮"和"启动按钮 1"的信号状态都为"1"时，将置位操作数"Tag_4"和"电动机"。

图 5.17 RS 应用梯形图

10. 扫描操作数的信号上升沿检测触点指令

（1）指令功能

使用扫描操作数的信号上升沿检测触点指令，可在<操作数 1>的信号状态从"0"变为"1"时，出现一个上升沿（输入信号出现上升沿），如图 5.18 所示，操作数 1 的触点接通一个扫描周期。

<操作数 2>是一个边沿存储位，可保存上一次扫描的信号状态，将比较<操作数 1>的当前信号状态与上一次扫描的信号状态来检测信号的上升沿。边沿存储位的地址在程序中只能使用一次，不能重复。只能使用 M、全局 DB 和静态局部变量作为边沿存储位，不能使用临时局部数据或 I/O 变量作为边沿存储位。

（2）梯形图格式

扫描操作数的信号上升沿检测触点指令的梯形图格式如图 5.19 所示。

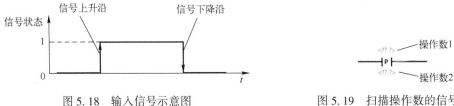

图 5.18　输入信号示意图

图 5.19　扫描操作数的信号上升沿检测触点指令的梯形图格式

（3）指令参数

表 5.10 为扫描操作数的信号上升沿检测触点指令参数。

表 5.10　扫描操作数的信号上升沿检测触点指令参数

参　　数	声　明	数据类型	存　储　区	说　　明
<操作数 1>	Input	BOOL	I、Q、M、D、L、T、C 或常量	要扫描的信号
<操作数 2>	InOut	BOOL	I、Q、M、D、L	保存上一次查询信号状态的边沿存储位

【实例 5.6】扫描操作数的信号上升沿检测触点指令的应用。

图 5.20 为扫描操作数的信号上升沿检测触点指令应用梯形图。当 I0.0 接通时，产生一个扫描周期脉冲，驱动输出线圈 Q0.0 接通一个扫描周期，同时 Q0.1 线圈置位接通并保持。

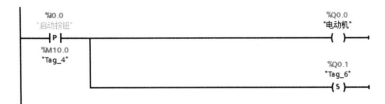

图 5.20　扫描操作数的信号上升沿检测触点指令应用梯形图

【实例 5.7】扫描操作数的信号上升沿检测触点指令与置位指令的综合应用。

【控制要求】单按钮控制电动机的启/停。

如图 5.21 所示梯形图可以实现单按钮控制电动机的启/停：当第一次按下按钮 I0.0 时，电动机启动运作；当第二次按下按钮 I0.0 时，电动机停止；当第三次按下按钮 I0.0 时，电动机启动运作；如此循环。

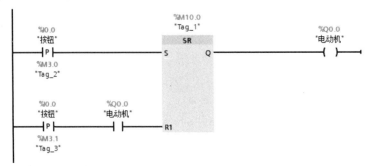

图 5.21　单按钮控制电动机的启/停梯形图

11. 扫描操作数的信号下降沿检测触点指令

（1）指令功能

使用扫描操作数的信号下降沿检测触点指令，可在<操作数 1>的信号状态从"1"变为"0"时，出现一个下降沿（输入信号产生下降沿），操作数 1 的触点接通一个扫描周期。

<操作数 2>是一个边沿存储位，可保存上一次扫描的信号状态，将比较<操作数 1>的当前信号状态与上一次扫描的信号状态来检测信号的下降沿。边沿存储位的地址在程序中只能使用一次，不能重复。只能使用 M、全局 DB 和静态局部变量作为边沿存储位，不能使用临时局部数据或 I/O 变量作为边沿存储位。

（2）梯形图格式

扫描操作数的信号下降沿检测触点指令的梯形图格式如图 5.22 所示。

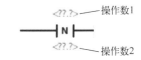

图 5.22 扫描操作数的信号下降沿检测触点指令的梯形图格式

（3）指令参数

表 5.11 为扫描操作数的信号下降沿检测触点指令参数。

表 5.11 扫描操作数的信号下降沿检测触点指令参数

参　　数	声　明	数据类型	存　储　区	说　　明
<操作数 1>	Input	BOOL	I、Q、M、D、L、T、C 或常量	要扫描的信号
<操作数 2>	InOut	BOOL	I、Q、M、D、L	保存上一次检测信号状态的边沿存储位

【实例 5.8】扫描操作数的信号下降沿检测触点指令的应用。

图 5.23 为扫描操作数的信号下降沿检测触点指令应用梯形图：当按下按钮 I0.0 后，松手弹起时产生一个下降沿信号，使输出 Q0.0 置位输出。

图 5.23 扫描操作数的信号下降沿检测触点指令应用梯形图

12. 在信号上升沿置位操作数指令（上升沿检测线圈指令）

（1）指令功能

在信号上升沿置位操作数指令可将程序的逻辑运算结果（RLO）从"0"变为"1"，操作数（P 线圈）中<操作数 1>的信号状态也变为"1"，<操作数 2>是一个边沿存储位，可保存上一次 RLO 的信号状态，将当前 RLO 与保存在<操作数 2>上的 RLO 进行比较，如果 RLO 从"0"变为"1"，说明出现一个信号上升沿，每次执行该指令时，都会检测信号上升沿，若检测到信号上升沿，则<操作数 1>的信号状态将在一个扫描周期内保持置位为"1"，在其他任何情况下，信号状态均为"0"。

提示：在每次执行边沿指令时，都会对输入和边沿存储位值进行评估。在设计程序期间必须考虑输入和边沿存储位的初始状态，以允许或避免在第一次扫描时进行边沿检测。由于边沿存储位必须从一次执行保留到下一次执行，所以应该对每个边沿指令都使用唯一的位,并且不应在程序中的任何其他位置使用该位,还应避免使用临时存储器和可受其他系统功能(例如I/O更新)影响的存储器,仅将M、全局DB或静态存储器(在背景DB中)用于M_BIT存储器分配。

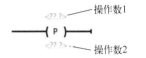

图5.24 在信号上升沿置位操作数指令的梯形图格式

(2)样形图格式

在信号上升沿置位操作数指令的梯形图格式如图5.24所示。

(3)指令参数

表5.12为在信号上升沿置位操作数指令参数。

表5.12 在信号上升沿置位操作数指令参数

参　　数	声　　明	数据类型	存　储　区	说　　明
<操作数 1>	Output	BOOL	I、Q、M、D、L	上升沿置位的操作数
<操作数 2>	InOut	BOOL	I、Q、M、D、L	边沿存储位

【实例5.9】在信号上升沿置位操作数指令的应用。

图5.25为在信号上升沿置位操作数指令应用梯形图:当I10.0的状态为"0"时,操作数M3.0的状态为"0",M3.1的状态为"0",Q5.0的状态为"0";当I10.0接通时状态为"1",操作数M3.0的状态由"0"状态变化到"1"状态,产生一个上升沿信号,操作数M3.0导通一个扫描周期,其常开触点将输出线圈Q5.0置位。

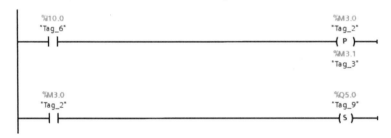

图5.25 在信号上升沿置位操作数指令应用梯形图

提示:边沿检测指令有信号输出时,输出信号仅仅持续一个周期的时间,由于输出时间极短,因此这类指令的后面应跟随置位或复位指令,一般不能跟随线圈指令,在程序监控中也看不到输出信号的变化情况。

13. 在信号下降沿置位操作数指令(下降沿检测线圈指令)

(1)指令功能

在信号下降沿置位操作数指令可将程序在逻辑运算结果(RLO)从"1"变为"0"时置位操作数(N线圈)中的<操作数 1>。<操作数 2>是一个边沿存储位,可保存上一次RLO的信号状态,将当前RLO与保存在<操作数 2>上的RLO进行比较,如果RLO从"1"变为"0",则说明出现一个信号下降沿。每次执行该指令时,都会检测信号下降沿,若检测到信号下降沿,则<操作数 1>的信号状态将在一个程序周期内保持置位为"1",在其他任何情况下,信号状态均为"0"。

边沿存储位的地址在程序中只能使用一次，否则会覆盖该位存储位。边沿存储位的存储区域必须位于 DB（FB 静态区域）或位存储区中。

（2）梯形图格式

在信号下降沿置位操作数指令的梯形图格式如图 5.26 所示。

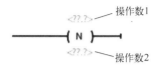

图 5.26　在信号下降沿置位操作数
指令的梯形图格式

（3）指令参数

表 5.13 为在信号下降沿置位操作数指令参数。

表 5.13　在信号下降沿置位操作数指令参数

参　数	声　明	数据类型	存　储　区	说　明
<操作数 1>	Output	BOOL	I、Q、M、D、L	下降沿置位的操作数
<操作数 2>	InOut	BOOL	I、Q、M、D、L	边沿存储位

【实例 5.10】在信号下降沿置位操作数指令的应用。

图 5.27 为在信号下降沿置位操作数指令应用梯形图，当 I10.0 由接通状态"1"变为断开状态"0"时，操作数 M3.0 的状态由"1"状态变化到"0"状态，产生一个下降沿信号，使其操作数 M3.0 导通一个扫描周期，其常开触点将输出线圈 Q5.0 置位。

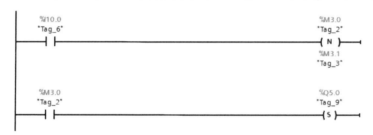

图 5.27　在信号下降沿置位操作数指令应用梯形图

14. 扫描 RLO 的信号上升沿指令（P_TRIG）

（1）指令功能

扫描 RLO 的信号上升沿指令将程序逻辑运算结果（RLO）的信号状态从"0"变为"1"时，输出 Q 的信号状态也变为"1"，可比较 RLO 的当前信号状态与保存在边沿存储位 <操作数> 上的信号状态。如果 RLO 从"0"变为"1"，说明出现了一个信号上升沿。每次执行该指令时，都会检测信号上升沿，若检测到信号上升沿，则输出 Q 的信号状态为"1"，接通一个扫描周期，在其他任何情况下，信号状态均为"0"。

（2）梯形图格式

P_TRIG 梯形图格式如图 5.28 所示。

（3）指令参数

表 5.14 为 P_TRIG 指令参数。

图 5.28　P_TRIG 梯形图格式

表 5.14　P_TRIG 指令参数

参　数	声　明	数据类型	存　储　区	说　明
CLK	Input	BOOL	I、Q、M、D、L 或常量	当前 RLO
<操作数>	InOut	BOOL	M、D	保存上一次检测 RLO 的边沿存储位
Q	Output	BOOL	I、Q、M、D、L	边沿检测的结果

【实例 5.11】P_TRIG 的应用。

图 5.29 为 P_TRIG 应用梯形图：当 I0.0 和 I0.1 都接通时，P_TRIG 的 CLK 输入端会产生一个上升沿信号，Q 输出端信号为"1"，执行置位指令使 Q0.0 置位接通。

图 5.29　P_TRIG 应用梯形图

15. 扫描 RLO 的信号下降沿指令（N_TRIG）

（1）指令功能

扫描 RLO 的信号下降沿指令将程序逻辑运算结果（RLO）的信号状态从"1"变为"0"时，输出端 Q 的信号状态也变为"1"，可比较 RLO 的当前信号状态与保存在边沿存储位<操作数>上的信号状态。如果 RLO 从"1"变为"0"，说明出现一个信号下降沿。每次执行该指令时，都会检测信号下降沿，若检测到信号下降沿，则输出端 Q 的信号状态为"1"，接通一个扫描周期，在其他任何情况下，信号状态均为"0"。

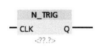

图 5.30　N_TRIG 梯形图格式

（2）梯形图格式

N_TRIG 梯形图格式如图 5.30 所示。

（3）指令参数

表 5.15 为 N_TRIG 指令参数。

表 5.15　N_TRIG 指令参数

参　数	声　明	数据类型	存　储　区	说　明
CLK	Input	BOOL	I、Q、M、D、L 或常量	当前 RLO
<操作数>	InOut	BOOL	M、D	保存上一次检测 RLO 的边沿存储位
Q	Output	BOOL	I、Q、M、D、L	边沿检测的结果

【实例 5.12】N_TRIG 的应用。

图 5.31 为 N_TRIG 应用梯形图：I0.0 由接通到断开瞬间，N_TRIG 的 CLK 输入端会产生一个下降沿信号，此时 Q 输出端的信号状态为"1"，维持一个扫描周期，期间执行置位指令使 Q0.0 置位接通。

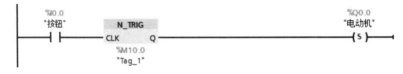

图 5.31　N_TRIG 应用梯形图

提示：在梯形图中，P_TRIG 和 N_TRIG 不能放在程序段的开头或结尾。

第 5 章　S7-1500 PLC 的常用指令

16. 检测信号上升沿指令（R_TRIG）

（1）指令功能

检测信号上升沿指令是一个函数块，在调用时应为其指定背景数据块，可将输入端 CLK 的当前状态与背景数据块中边沿存储位保存的上一个扫描周期的 CLK 状态进行比较。如果检测到 CLK 的上升沿，将会通过输出端 Q 输出一个扫描周期的脉冲。

（2）梯形图格式

R_TRIG 梯形图格式如图 5.32 所示。

（3）指令参数

表 5.16 为 R_TRIG 指令参数。

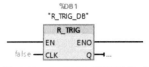

图 5.32　R_TRIG 梯形图格式

表 5.16　R_TRIG 指令参数

参数	声明	数据类型	存储区	说明
EN	Input	BOOL	I、Q、M、D、L 或常量	使能输入
ENO	Output	BOOL	I、Q、M、D、L	使能输出
CLK	Input	BOOL	I、Q、M、D、L 或常量	到达信号，将检测信号的边沿
Q	Output	BOOL	I、Q、M、D、L	边沿检测的结果

【实例 5.13】 R_TRIG 的应用。

图 5.33 为 R_TRIG 应用梯形图：当按钮 I0.0 接通时，信号状态从"0"变为"1"，与输入端 CLK 中变量的上一个存储在 R_TRIG_DB 变量中的信号状态进行比较，若信号状态从"0"变为"1"，则输出端 Q 输出的信号状态在一个循环周期内为"1"，使 M10.0 接通一个扫描周期，其触点使"Q0.0"置位接通。

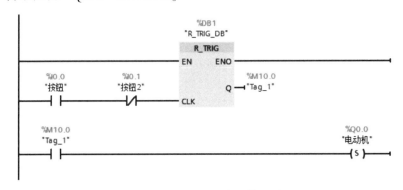

图 5.33　R_TRIG 应用梯形图

17. 检测信号下降沿指令（F_TRIG）

（1）指令功能

检测信号下降沿指令是一个函数块，在调用时应为其指定背景数据块，可将输入端 CLK 的当前状态与背景数据块中边沿存储位保存的上一个扫描周期的 CLK 状态进行比较。如果检测到 CLK 的下降沿，将会通过输出端 Q 输出一个扫描周期的脉冲。

（2）梯形图格式

F_TRIG 梯形图格式如图 5.34 所示。

图 5.34　F_TRIG 梯形图格式

（3）指令参数

表 5.17 为 F_TRIG 指令参数。

表 5.17　F_TRIG 指令参数

参　数	声　明	数据类型	存　储　区	说　明
EN	Input	BOOL	I、Q、M、D、L 或常量	使能输入
ENO	Output	BOOL	I、Q、M、D、L	使能输出
CLK	Input	BOOL	I、Q、M、D、L 或常量	到达信号，将检测信号的边沿
Q	Output	BOOL	I、Q、M、D、L	边沿检测的结果

【实例 5.14】 F_TRIG 的应用。

图 5.35 为 F_TRIG 应用梯形图：当按钮 I0.0 由接通到断开时，信号状态从"1"变为"0"，与输入端 CLK 中变量的上一个存储在 F_TRIG_DB 变量中的信号状态进行比较，若信号状态从"1"变为"0"，则输出端 Q 输出的信号状态在一个循环周期内为"1"，使 M3.0 接通一个扫描周期，其触点使"Q0.0"置位接通。

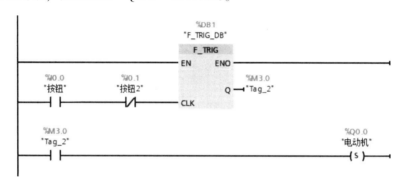

图 5.35　F_TRIG 应用梯形图

5.1.2　定时器指令

SIMATIC S7-1500 PLC 可以使用 IEC 定时器和 SIMATIC 定时器。IEC 定时器占用 CPU 的工作存储器资源，数量与工作存储器大小有关，可设定的时间要远远大于 SIMATIC 定时器可设定的时间。本节只介绍博途 V15 软件中提供的 IEC 定时器指令，如图 5.36 所示。

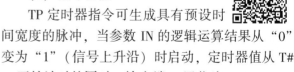

图 5.36　IEC 定时器指令

1. TP 定时器（生成脉冲）

（1）指令功能

TP 定时器指令可生成具有预设时间宽度的脉冲，当参数 IN 的逻辑运算结果从"0"变为"1"（信号上升沿）时启动，定时器值从 T#0s 开始计时的同时，输出端 Q 置位为"1"（IEC 定时器采用正向计时方式），当达到预设时间值 PT 时结束，输出端 Q 停止输出，即可在输出端 Q 产生一个以预设时间为脉冲宽度的脉冲信号。TP

定时器指令启动时，从预设时间值 PT 开始计时，随后无论输入信号如何改变，都会将输出端 Q 设置为 PT。

（2）指令格式

TP 定时器指令格式如图 5.37 所示。

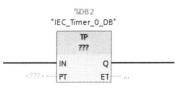

图 5.37 TP 定时器指令格式

（3）指令参数

表 5.18 为 TP 定时器指令参数。

表 5.18 TP 定时器指令参数

参数	声明	数据类型	存储区	说明
IN	Input	BOOL	I、Q、M、D、L、P 或常数	启动输入
PT	Input	TIME、LTIME	I、Q、M、D、L、P 或常数	脉冲的持续时间；PT 必须为正数
Q	Output	BOOL	I、Q、M、D、L、P	脉冲输出
ET	Output	TIME、LTIME	I、Q、M、D、L、P	当前定时器的值

（4）TP 定时器的使用

执行 TP 定时器指令之前，需要事先预设以下几个参数。

① 选择数据类型。

当调用 TP 定时器指令时，必须为其选择一个用来存储的数据类型（IEC_LTimer 或 IEC_Timer），可从指令格式的"???"下拉列表中选择数据类型，如图 5.38 所示。

② 设定 IN 启动输入信号。

在梯形图中设定一个逻辑运算作为 TP 定时器的启动使能信号。

③ 设定定时时间 PT。

在 PT 端预设 TP 定时器的定时时间。PT 端需要连接一个时间型变量或输入一个时间常数作为预设值。如果数据类型选择 Time，则 PT 的数据类型为 32 位的 Time，单位为 ms，定时格式为 T#xxD_xxH_xxm_xxs_xxms，分别是日、小时、分、秒、毫秒；如果数据类型设定为 64 位的 LTime，则单位为 ns。如图 5.39 所示，设定时间为 10s，即 PT 为 T#10s。

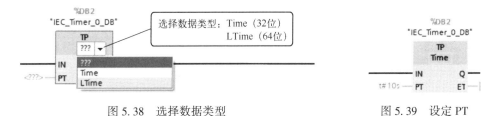

图 5.38 选择数据类型　　　　图 5.39 设定 PT

④ Q 输出端。

Q 输出端为定时器的位输出，可以不接地址。在 TP 定时器的背景数据块中有一个 Q 变量，如图 5.40 所示。Q 变量的值就是 Q 输出端的状态，在编写梯形图时，可以根据需要调用背景数据块中的 Q 变量来完成控制，如图 5.41 所示。

⑤ 当前时间值 ET。

ET 端可以连接一个时间型变量，用于显示及存放当前时间值，变量类型与 TP 定时器的类型一致。在编写程序时，ET 端可以根据实际情况选择是否设定地址（ET 端可以不接地址）。

图 5.42 为 TP 定时器运行时序图。

图 5.40 背景数据块

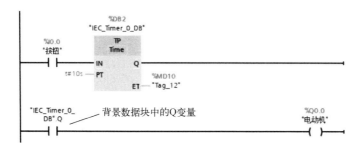

图 5.41 背景数据块中 Q 变量的使用

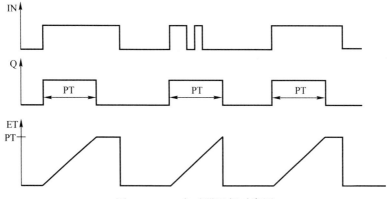

图 5.42 TP 定时器运行时序图

【**实例 5.15**】TP 定时器的应用。

图 5.43 为 TP 定时器的应用梯形图：当按下启动按钮 I0.0 时，电动机 Q0.0 立即启动运转，运转 5min 后，自动停止。

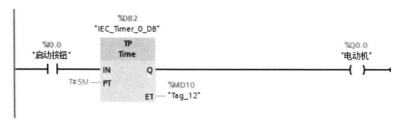

图 5.43 TP 定时器的应用梯形图

2. 复位定时器（RT）

（1）指令功能

复位定时器指令可将 IEC 定时器复位为"0"，仅当线圈输入的逻辑运算结果（RLO）为"1"时才执行。如果电流流向线圈（RLO 为"1"），则指定数据块中的定时器结构组件将复位为"0"。如果输入的 RLO 为"0"，则定时器保持不变。

（2）指令格式

复位定时器指令格式如图 5.44 所示。

（3）指令参数

表 5.19 为复位定时器指令参数。

表 5.19　复位定时器指令参数

参　数	声　明	数据类型	存　储区	说　明
<IEC 定时器>	Output	IEC_Timer、IEC_LTimer、TP_Time、TP_LTime、TON_Time、TON_LTime、TOF_Time、TOF_LTime、TONR_Time、TONR_LTime	D、L	复位的 IEC 定时器

图 5.44　复位定时器指令格式

【实例 5.16】复位定时器的应用。

图 5.45 为复位定时器的应用梯形图：当按下启动按钮 I0.0 时，电动机 Q0.0 立即启动运转，运转 5min 后，自动停止；当电动机在运转时按下停止按钮 I0.1，定时器立即复位，电动机立即停止。

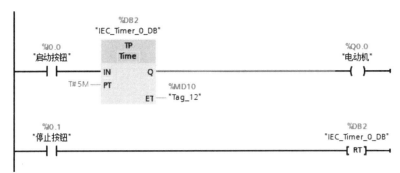

图 5.45　复位定时器的应用梯形图

3. 启动接通延时定时器（TON）

（1）指令功能

启动接通延时定时器指令可在到达预设的延时时间后，将输出端 Q 接通，当输入端 IN 的逻辑运算结果从"0"变为"1"时启动，从 T#0s 开始计时，当计时时间到达预设值 PT 时，输出端 Q 的信号状态变为"1"，接通，只要输入端 IN 的信号状态为"1"，输出端 Q 就保持不变；当输入端 IN 的信号状态从"1"变为"0"时，将复位输出端 Q。

（2）指令格式

TON 指令格式如图 5.46 所示。

（3）指令参数

表 5.20 为 TON 指令参数。

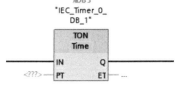

图 5.46　TON 指令格式

表 5.20　TON 指令参数

参　数	声　明	数据类型	存　储　区	说　明
IN	Input	BOOL	I、Q、M、D、L、P 或常数	启动输入
PT	Input	Time、LTime	I、Q、M、D、L、P 或常数	接通延时的持续时间，PT 的值必须为正数
Q	Output	BOOL	I、Q、M、D、L、P	信号状态延时 PT 时间
ET	Output	Time、LTime	I、Q、M、D、L、P	当前定时器的值

【实例 5.17】 TON 的应用。

图 5.47 为 TON 的应用梯形图：当按下启动按钮 I0.0 时，定时器开始计时，当达到预设时间 5s 后，电动机启动运转。图 5.48 为定时器运行时序图。

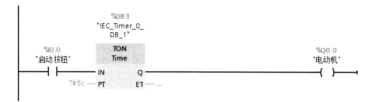

图 5.47　TON 的应用梯形图

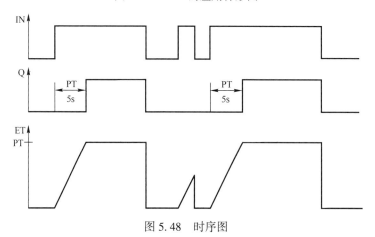

图 5.48　时序图

4. 启动关断延时定时器（TOF）

（1）指令功能

启动关断延时定时器指令可在到达预设的延时时间后，将输出端 Q 重置为 OFF，当输入端 IN 的逻辑运算结果（RLO）从"0"变为"1"（信号上升沿）时，输出端 Q 立即置位，此时定时器并不运行，只有当输入端 IN 的信号状态更改回"0"时（此时输出端 Q 继续保持输出），定时器从 0 开始计时，输出端 Q 保持置位状态，当计时时间到达预设值 PT 后，输出端 Q 被复位。如果输入端 IN 的信号状态在超出预设值 PT 之前变为"1"，则复位定时器，输出端 Q 的信号状态保持置位为"1"。

图 5.49　TOF 指令格式

（2）指令格式

TOF 指令格式如图 5.49 所示。

（3）指令参数

表 5.21 为 TOF 指令参数。

表 5.21 TOF 指令参数

参数	声明	数据类型	存储区	说明
IN	Input	BOOL	I、Q、M、D、L、P 或常数	启动输入
PT	Input	Time、LTime	I、Q、M、D、L、P 或常数	关断延时的持续时间，PT 的值必须为正数
Q	Output	BOOL	I、Q、M、D、L、P	信号状态延时 PT 时间
ET	Output	Time、LTime	I、Q、M、D、L、P	当前定时器的值

【实例 5.18】 TOF 的应用。

图 5.50 为 TOF 的应用梯形图：当按下启动按钮 I0.0 时，电动机立即启动运转；当断开启动按钮 I0.0 后，定时器开始计时，达到预设值 5min 后，电动机立即停止运转。图 5.51 为定时器时序图。

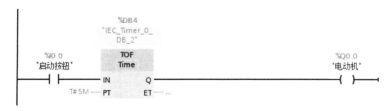

图 5.50 TOF 的应用梯形图

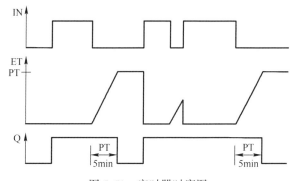

图 5.51 定时器时序图

5. 时间累加器（TONR）

（1）指令功能

时间累加器指令可累加预设值 PT 时间段内的时间值，即具有记忆功能，当输入端 IN 的信号状态从"0"变为"1"（信号上升沿）时开始计时，当输入端 IN 的信号消失后，停止计时，已经计时的时间值不清 0。当输入端 IN 的信号再次为"1"时，继续计时，直到累加到预设值后，输出端 Q 置位为"1"，即使输入端 IN 的信号状态从"1"变为"0"（信号下降沿），输出端 Q 仍保持置位为"1"。累加得到的时间值将写入输出端 ET，可以进行查询。

无论何时，只要输入端 R 有信号，都将复位定时器。

（2）指令格式

TONR 指令格式如图 5.52 所示。

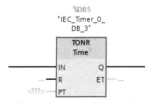

图 5.52 TONR 指令格式

（3）指令参数

表 5.22 为 TONR 指令参数。

表 5.22　TONR 指令参数

参　数	声　明	数据类型	存　储　区	说　　明
IN	Input	BOOL	I、Q、M、D、L、P 或常量	启动输入
R	Input	BOOL	I、Q、M、D、L、P 或常量	复位输入
PT	Input	Time、LTime	I、Q、M、D、L、P 或常量	时间记录的最长持续时间，PT 的值必须为正数
Q	Output	BOOL	I、Q、M、D、L、P	超出预设值 PT 后要置位
ET	Output	Time、LTime	I、Q、M、D、L、P	累计时间

【实例 5.19】TONR 的应用。

图 5.53 为 TONR 的应用梯形图：当按钮 I0.0 闭合的累加时间等于大于 15s 时，电动机启动运转；当复位按钮 I0.1 闭合时，定时器复位，电动机停止运转。定时器运行时序图如图 5.54 所示。

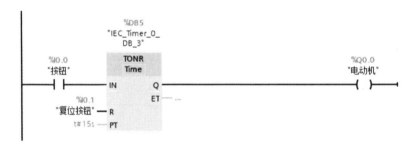

图 5.53　TONR 的应用梯形图

【实例 5.20】定时器的综合应用。

【控制要求】设计小便池冲水控制系统，当检测开关 I0.0 检测到有人时闭合，定时器开始计时，4s 后，Q0.0 接通，冲水系统开启，冲水 5s 后停止，当人离开后，检测开关断开，冲水系统再次开启，冲水 6s 后结束，如此循环。冲水系统运行时序图如图 5.55 所示。

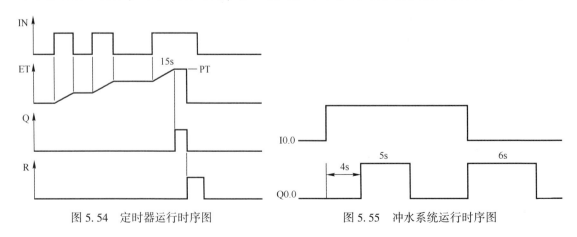

图 5.54　定时器运行时序图　　　图 5.55　冲水系统运行时序图

【编写程序】冲水系统梯形图如图 5.56 所示。

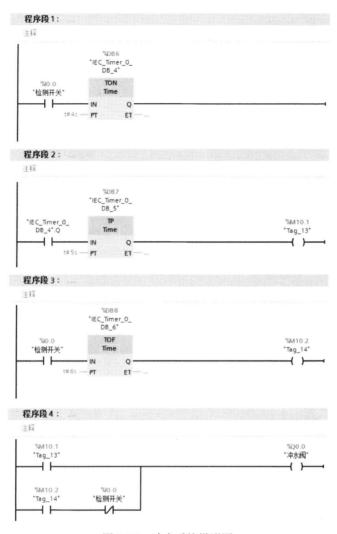

图 5.56 冲水系统梯形图

5.1.3 计数器指令

计数器指令可对内部程序事件和外部过程事件进行计数。SIMATIC S7-1500 PLC 可以使用 IEC 计数器和 SIMATIC 计数器。本节只介绍 IEC 计数器。博途 V15 软件主要有加计数（CTU）、减计数（CTD）、加减计数（CTUD）等指令，如图 5.57 所示。IEC 计数器占用 CPU 的工作存储器资源，数量与工作存储器大小有关，最大可支持 64 位无符号整数 ULINT 型变量作为计数值，同时使用背景数据块进行状态记录。

1. 加计数（CTU）

（1）指令功能

在执行加计数指令之前，如果逻辑运算结果（RLO）从"0"变为"1"，则使用 CTU 将当前计数值加 1，每来一个信号上升沿，计数值都将加 1，当计数值大于等于预设值时，计数器的输出端 Q 置"1"并保持，反之为"0"，即使不再有输入信号，输出端也保持置"1"，具有记忆功能。

（2）指令格式

CTU 指令格式如图 5.58 所示。

图 5.57　计数器指令　　　　　图 5.58　CTU 指令格式

（3）指令参数

表 5.23 为 CTU 指令参数。

表 5.23　CTU 指令参数

参数	声明	数 据 类 型	存　储　区	说　　　明
CU	Input	BOOL	I、Q、M、D、L 或常数	计数输入
R	Input	BOOL	I、Q、M、T、C、D、L、P 或常数	复位输入
PV	Input	整数	I、Q、M、D、L、P 或常数	设定计数值 PV
Q	Output	BOOL	I、Q、M、D、L	计数器状态
CV	Output	整数、CHAR、WCHAR、DATE	I、Q、M、D、L、P	当前计数值

（4）加计数的使用

在执行加计数指令之前，需要事先预设以下几个参数。

① 选择数据类型。

当调用加计数指令时，必须为其选择一个 IEC 计数器存储数据类型，可从指令格式符号???下拉列表中选择数据类型，如图 5.59 所示。

② 设定计数输入信号 CU。

在梯形图中设定一个逻辑运算作为加计数器的计数输入信号。

③ 设定计数值 PV。

在 CTU 的 PV 端连接一个变量或输入一个常数作为预设值。计数值的数值范围取决于所选的数据类型。如果计数值是无符号整数，则可以加计数到范围限值；如果计数值是有符号整数，则可以加计数到正整数限值，如图 5.60 所示。

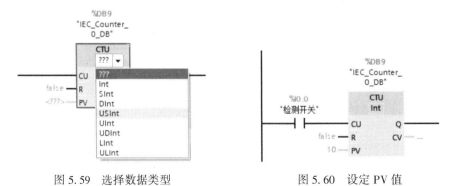

图 5.59　选择数据类型　　　　　图 5.60　设定 PV 值

④ 输出端 Q。

输出端 Q 为计数器的位输出，可以不接地址，在 CTU 的背景数据块中有一个 Q 变量，如图 5.61 所示。该变量的值就是输出端 Q 的状态，在编写梯形图时，可以根据需要调用数据背景块中的 Q 变量来完成控制，如图 5.62 所示。

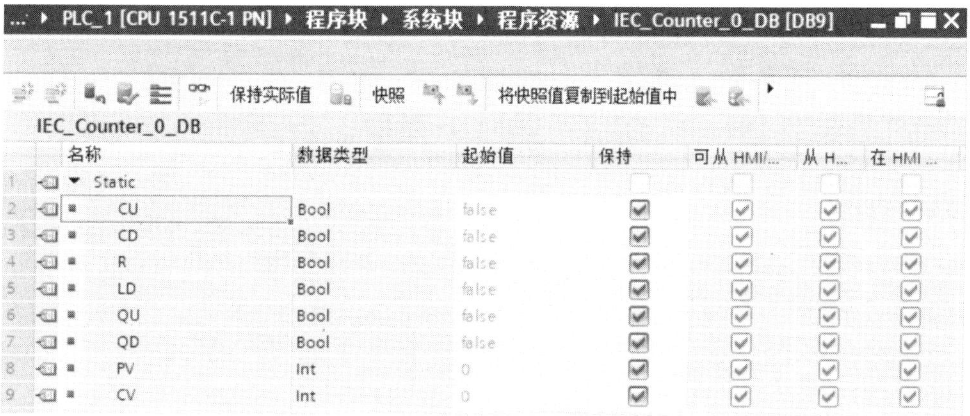

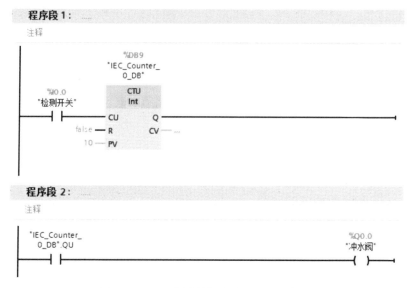

图 5.61 CTU 的背景数据块

图 5.62 CTU 背景数据块中 Q 变量的使用

⑤ 当前计数值 CV。

CTU 的 CV 端可以连接一个变量，用于显示及存放当前计数值，变量类型与计数器类型一致。在编写程序时，CV 端可以根据实际情况来选择是否设定地址（CV 端可以不接地址）。

⑥ 复位端 R。

复位端 R 接入一个逻辑信号，当计数器需要复位清 0 或第一次使用时，需要对计数器进行复位；当复位端 R 的信号状态为"1"时，计数器复位，输出端 Q 的信号状态变为"0"，当前计数值被清 0。

【实例 5.21】CTU 的应用。

图 5.63 为 CTU 的应用梯形图：当按下启动按钮 I0.0 三次时，电动机启动运转；当按下停止按钮 I0.1 时，电动机停止。图 5.64 为 CTU 的运行时序图。

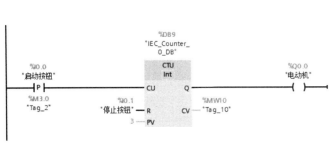

图 5.63　CTU 的应用梯形图　　　　　图 5.64　CTU 的运行时序图

2. 减计数（CTD）

（1）指令功能

使用 CTD 指令时，每检测到一个信号上升沿，计数值减 1，直至 0 或指定数据类型的下限，达到下限时，输入端 CD 的信号状态将不再影响 CTD 指令。若当前计数值小于或等于"0"，则输出端 Q 的信号状态将置位为"1"。在其他任何情况下，输出端 Q 的信号状态均为"0"。

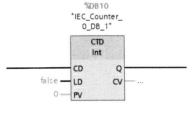

图 5.65　CTD 指令格式

当 LD 端的信号状态变为"1"时，输出端 Q 被复位为"0"，并将预设值装入计数器作为当前计数值，输入端 CD 的信号状态不起作用。

（2）指令格式

CTD 指令格式如图 5.65 所示。

（3）指令参数

表 5.24 为 CTD 指令参数。

表 5.24　CTD 指令参数

参数	声明	数据类型	存储区	说明
CD	Input	BOOL	I、Q、M、D、L 或常数	计数输入
LD	Input	BOOL	I、Q、M、T、C、D、L、P 或常数	计数器复位与装载输入
PV	Input	整数	I、Q、M、D、L、P 或常数	使用 LD = 1 置位输出 CV 的目标值
Q	Output	BOOL	I、Q、M、D、L	计数器状态
CV	Output	整数、CHAR、WCHAR、DATE	I、Q、M、D、L、P	当前计数值

【实例 5.22】CTD 的应用。

图 5.66 为 CTD 的应用梯形图：当按下启动按钮 I0.0 三次时，CTD 的当前计数值 CV 为 "0"，输出端 Q 置"1"，电动机启动运转；当按下停止按钮 I0.1 时，CTD 复位，电动机停止，PV 预设值 3 装载到当前计数值 CV。图 5.67 为 CTD 的运行时序图。

第 5 章　S7-1500 PLC 的常用指令

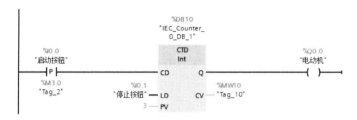

图 5.66　CTD 的应用梯形图

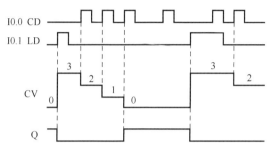

图 5.67　CTD 的运行时序图

3. 加减计数（CTUD）

（1）指令功能

CTUD 指令可递增或递减输出端 CV 的计数值。

当 LD 端和 R 端都没有输入信号时，如果输入端 CU 的信号状态从"0"变为"1"，则当前计数值加 1 并存储在输出端 CV 中，随着 CU 信号状态的变化，当 CV 中的值递增到等于或大于预设值 PV 时，输出端 QU 置"1"；如果输入端 CD 的信号状态从"0"变为"1"，则输出端 CV 的计数值减 1，随着 CD 信号状态的变化，当 CV 中的值递减到等于或小于 0 时，输出端 QD 置"1"；如果在一个程序周期内，输入端 CU 和 CD 都出现信号上升沿，则输出端 CV 的当前计数值保持不变。

当输入端 LD 的信号状态变为"1"时，把预设值 PV 输出到 CV 当前计数值中，此时 PV 值等于 CV 值，输出端 QU 变为"1"状态，输出端 QD 被复位为"0"。只要输入端 LD 的信号状态保持为"1"，输入端 CU 和 CD 的信号状态就不起作用。

当输入端 R 的信号状态变为"1"时，计数器复位，CV 被清零，输出端 QU 变为"0"状态，QD 端变为"1"状态。只要输入端 R 的信号状态保持为"1"，输入端 CU、CD 和 LD 信号状态的改变都不会影响计数值。

在使用 CTUD 的过程中可以在背景数据块的输出端 QD 查询加计数器的状态，如果当前计数值大于或等于预设值 PV，则输出端 QU 的信号状态置位为"1"，在其他任何情况下，输出端 QU 的信号状态均为"0"；可以在输出端 QD 查询减计数器的状态，如果当前计数值小于或等于"0"，则输出端 QD 的信号状态置位为"1"，在其他任何情况下，输出端 QD 的信号状态均为"0"。

（2）指令格式

CTUD 指令格式如图 5.68 所示。

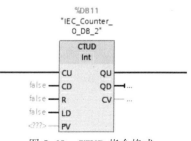

图 5.68　CTUD 指令格式

(3) 指令参数

表 5.25 为 CTUD 指令参数。

表 5.25 CTUD 指令参数

参数	声明	数据类型	存储区	说明
CU	Input	BOOL	I、Q、M、D、L 或常数	加计数输入
CD	Input	BOOL	I、Q、M、D、L 或常数	减计数输入
R	Input	BOOL	I、Q、M、T、C、D、L、P 或常数	复位输入
LD	Input	BOOL	I、Q、M、T、C、D、L、P 或常数	装载输入
PV	Input	整数	I、Q、M、D、L、P 或常数	输出 QU 被设置的值/LD=1 的情况下,输出 CV 被设置的值
QU	Output	BOOL	I、Q、M、D、L	加计数器的状态
QD	Output	BOOL	I、Q、M、D、L	减计数器的状态
CV	Output	整数、CHAR、WCHAR、DATE	I、Q、M、D、L、P	当前计数值

【实例 5.23】 CTUD 的应用。

图 5.69 为 CTUD 的应用梯形图:当预设值 PV 设定为 4,CV 值为 0 时,在没有任何输入信号下,输出端 QD 置"1"状态,指示灯 2 亮;按下加计数按钮 I0.0 一次,此时 CV 值大于 0,输出端 QD 的状态为"0",指示灯 2 灭;继续按下加计数按钮三次,CV 值为 4,等于 PV 值,输出端 QU 置"1",指示灯 1Q0.0 亮;按下复位按钮,计数器复位,指示灯 1 灭;如果在指示灯 1 亮的状态下,按下减计数按钮 I0.1 一次,CV 值为 3,小于预设值,指示灯 1 灭;继续按下减计数按钮三次,CV 值等于 0,输出端 QD 置"1",指示灯 2 亮;当按下装载按钮 I0.3 时,计数器复位,指示灯 2 灭,指示灯 1 亮。CTUD 的运行时序图如图 5.70 所示。

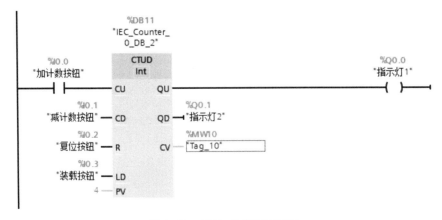

图 5.69 CTUD 的应用梯形图

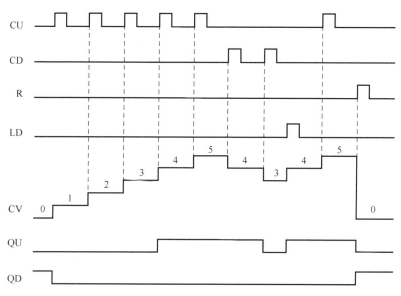

图 5.70 CTUD 的运行时序图

5.1.4 比较指令

比较指令用来对数据类型相同的两个操作数进行比较，根据比较结果进行相关处理。博途 V15 软件常用的比较指令有数值比较指令、值范围比较指令、检查有效性指令、检查无效性指令等，如图 5.71 所示。

1. 等于比较指令（CMP ==）

（1）指令功能

等于比较指令是判断两个数据类型相同的两个操作数是否相等的操作，比较结果用触点的形式表现，当两个操作数相等时，触点被激活，否则触点为"0"状态。

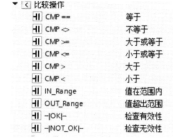

图 5.71 比较指令

（2）梯形图格式

等于比较指令的梯形图格式如图 5.72 所示。在指令上方的"<??? >"操作数占位符中指定第一个比较值（操作数 1），在指令下方的"<??? >"操作数占位符中指定第二个比较值（操作数 2）。指令中间的"???"是选择数据类型，如图 5.73 所示。

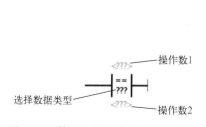

图 5.72 等于比较指令的梯形图格式

图 5.73 选择数据类型

217

（3）指令参数

表 5.26 为等于比较指令参数。

表 5.26 等于比较指令参数

参　数	声明	数据类型	存　储　区	说　明
<操作数 1>	Input	位字符串、整数、浮点数、字符串、定时器、日期时间、ARRAY of<数据类型>（ARRAY 限值固定/可变）、STRUCT、VARIANT、ANY、PLC 数据类型	I、Q、M、D、L、P 或常数	第一个比较值
<操作数 2>	Input	位字符串、整数、浮点数、字符串、定时器、日期时间、ARRAY of<数据类型>（ARRAY 限值固定/可变）、STRUCT、VARIANT、ANY、PLC 数据类型	I、Q、M、D、L、P 或常数	第二个比较值

注：数据类型 ARRAY、STRUCT（PLC 数据类型中）、VARIANT、ANY 和 PLC 数据类型（UDT）仅适用于固件版本 V2.0 或 V4.2 及更高版本。

【实例 5.24】等于比较指令的应用。

图 5.74 为等于比较指令的应用梯形图：按下按钮 I0.0 后，若 MW10 与 MW12 相等，则指示灯 1 亮；按钮断开，指示灯 1 灭。

图 5.74 等于比较指令的应用梯形图

2. 不等于比较指令（CMP<>）

（1）指令功能

不等于比较指令可判断第一个比较值<操作数 1>是否不等于第二个比较值<操作数 2>，当比较条件满足时，触点接通，为"1"；否则触点断开，为"0"。

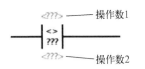

图 5.75 不等于比较指令的梯形图格式

（2）梯形图格式

不等于比较指令的梯形图格式如图 5.75 所示。

（3）指令参数

表 5.27 为不等于比较指令参数。

表 5.27 不等于比较指令参数

参　数	声明	数据类型	存　储　区	说　明
<操作数 1>	Input	位字符串、整数、浮点数、字符串、定时器、日期时间、ARRAY of<数据类型>（ARRAY 限值固定/可变）、STRUCT、VARIANT、ANY、PLC 数据类型	I、Q、M、D、L、P 或常数	第一个比较值
<操作数 2>	Input	位字符串、整数、浮点数、字符串、定时器、日期时间、ARRAY of<数据类型>（ARRAY 限值固定/可变）、STRUCT、VARIANT、ANY、PLC 数据类型	I、Q、M、D、L、P 或常数	第二个比较值

注：数据类型 ARRAY、STRUCT（PLC 数据类型中）、VARIANT、ANY 和 PLC 数据类型（UDT）仅适用于固件版本 V2.0 或 V4.2 及更高版本。

【实例 5.25】 不等于比较指令的应用。

图 5.76 为不等于比较指令的应用梯形图：当按钮 I0.0 闭合后，MW10 与 MW12 的数值不相等时，指示灯 1 亮；按钮断开时，指示灯 1 灭。

图 5.76 不等于比较指令的应用梯形图

3. 大于或等于比较指令（CMP>=）

（1）指令功能

大于或等于比较指令可以比较操作数 1 是否大于或等于操作数 2，当比较条件满足时，触点接通，变为"1"；否则触点断开，变为"0"。

（2）梯形图格式

大于或等于比较指令的梯形图格式如图 5.77 所示。

图 5.77 大于或等于比较指令的梯形图格式

（3）指令参数

表 5.28 为大于或等于比较指令参数。

表 5.28 大于或等于比较指令参数

参　　数	声明	数据类型	存　储　区	说　　明
<操作数 1>	Input	位字符串、整数、浮点数、字符串、定时器、日期时间、ARRAY of<数据类型>（ARRAY 限值固定/可变）、STRUCT、VARIANT、ANY、PLC 数据类型	I、Q、M、D、L、P 或常数	第一个比较值
<操作数 2>	Input	位字符串、整数、浮点数、字符串、定时器、日期时间、ARRAY of<数据类型>（ARRAY 限值固定/可变）、STRUCT、VARIANT、ANY、PLC 数据类型	I、Q、M、D、L、P 或常数	第二个比较值

注：数据类型 ARRAY、STRUCT（PLC 数据类型中）、VARIANT、ANY 和 PLC 数据类型（UDT）仅适用于固件版本 V2.0 或 V4.2 及更高版本。

【实例 5.26】 大于或等于比较指令的应用。

图 5.78 为大于或等于比较指令的应用梯形图：当按钮 I0.0 闭合后，操作数 1 中的常数 10 与 MW12 中的数值比较，当 10 大于或等于 MW12 中的数值时，指示灯 1 亮；当按钮 I0.0 断开时，指示灯 1 灭。

图 5.78 大于或等于比较指令的应用梯形图

4. 小于或等于比较指令（CMP<=）

（1）指令功能

小于或等于比较指令可以比较操作数 1 是否小于或等于操作数 2，当比较条件满足时，

图 5.79 小于或等于比较指令的梯形图格式

触点接通，变为"1"；否则触点断开，变为"0"。

（2）梯形图格式

小于或等于比较指令的梯形图格式如图 5.79 所示。

（3）指令参数

表 5.29 为小于或等于比较指令参数。

表 5.29 小于或等于比较指令参数

参　数	声明	数据类型	存　储　区	说　明
<操作数 1>	Input	位字符串、整数、浮点数、字符串、定时器、日期时间、ARRAY of <数据类型>（ARRAY 限值固定/可变）、STRUCT、VARIANT、ANY、PLC 数据类型	I、Q、M、D、L、P 或常数	第一个比较值
<操作数 2>	Input	位字符串、整数、浮点数、字符串、定时器、日期时间、ARRAY of <数据类型>（ARRAY 限值固定/可变）、STRUCT、VARIANT、ANY、PLC 数据类型	I、Q、M、D、L、P 或常数	第二个比较值

注：数据类型 ARRAY、STRUCT（PLC 数据类型中）、VARIANT、ANY 和 PLC 数据类型（UDT）仅适用于固件版本 V2.0 或 V4.2 及更高版本。

【实例 5.27】小于或等于比较指令的应用。

图 5.80 为小于或等于比较指令的应用梯形图：当按钮 I0.0 闭合后，操作数 1 中的常数 10 与 MW12 中的数值比较，当 10 小于或等于 MW12 中的数值时，指示灯 1 亮；当按钮 I0.0 断开时，指示灯 1 灭。

图 5.80 小于或等于比较指令的应用梯形图

5. 大于比较指令（CMP>）

（1）指令功能

大于比较指令可以比较操作数 1 是否大于操作数 2，当比较条件满足时，触点接通，变为"1"；否则触点断开，变为"0"。

（2）梯形图格式

大于比较指令的梯形图格式如图 5.81 所示。

（3）指令参数

表 5.30 为大于比较指令参数。

图 5.81 大于比较指令的梯形图格式

表 5.30 大于比较指令参数

参　数	声明	数据类型	存　储　区	说　明
<操作数 1>	Input	位字符串、整数、浮点数、字符串、定时器、日期时间、ARRAY of <数据类型>（ARRAY 限值固定/可变）、STRUCT、VARIANT、ANY、PLC 数据类型	I、Q、M、D、L、P 或常数	第一个比较值

第 5 章　S7-1500 PLC 的常用指令

续表

参　数	声明	数据类型	存储区	说　明
<操作数 2>	Input	位字符串、整数、浮点数、字符串、定时器、日期时间、ARRAY of<数据类型>（ARRAY 限值固定/可变）、STRUCT、VARIANT、ANY、PLC 数据类型	I、Q、M、D、L、P 或常数	第二个比较值

注：数据类型 ARRAY、STRUCT（PLC 数据类型中）、VARIANT、ANY 和 PLC 数据类型（UDT）仅适用于固件版本 V2.0 或 V4.2 及更高版本。

【实例 5.28】大于比较指令的应用。

图 5.82 为大于比较指令的应用梯形图：当按钮 I0.0 闭合后，操作数 1 中的常数 10 与 MW12 中的数值比较，当 10 大于 MW12 中的数值时，指示灯 1 亮；当按钮 I0.0 断开时，指示灯 1 灭。

图 5.82　大于比较指令的应用梯形图

6. 小于比较指令（CMP<）

（1）指令功能

小于比较指令可以比较操作数 1 是否小于操作数 2，当比较条件满足时，触点接通，变为 "1"；否则触点断开，变为 "0"。

（2）梯形图格式

小于比较指令的梯形图格式如图 5.83 所示。

（3）指令参数

表 5.31 为小于比较指令参数。

图 5.83　小于比较指令的梯形图格式

表 5.31　小于比较指令参数

参　数	声明	数据类型	存储区	说　明
<操作数 1>	Input	位字符串、整数、浮点数、字符串、定时器、日期时间、ARRAY of<数据类型>（ARRAY 限值固定/可变）、STRUCT、VARIANT、ANY、PLC 数据类型	I、Q、M、D、L、P 或常数	第一个比较值
<操作数 2>	Input	位字符串、整数、浮点数、字符串、定时器、日期时间、ARRAY of<数据类型>（ARRAY 限值固定/可变）、STRUCT、VARIANT、ANY、PLC 数据类型	I、Q、M、D、L、P 或常数	第二个比较值

注：数据类型 ARRAY、STRUCT（PLC 数据类型中）、VARIANT、ANY 和 PLC 数据类型（UDT）仅适用于固件版本 V2.0 或 V4.2 及更高版本。

【实例 5.29】小于比较指令的应用。

图 5.84 为小于比较指令的应用梯形图：当按钮 I0.0 闭合后，操作数 1 中的常数 10 与

MW12 中的数值比较，当 10 小于 MW12 中的数值时，指示灯 1 亮；当按钮 I0.0 断开时，指示灯 1 灭。

图 5.84 小于比较指令的应用梯形图

7. 值在范围内比较指令（IN_Range）

（1）指令功能

值在范围内比较指令可比较输入端 VAL 的值是否在指定的取值范围内。如果输入端 VAL 的值满足 MIN<=VAL<=MAX 比较条件，则输出的信号状态为"1"；如果不满足比较条件，则输出的信号状态为"0"。输入端 VAL、MIN 和 MAX 的数据类型必须相同。

只有比较值的数据类型相同且互连功能框输入时，才能执行比较功能。

（2）指令格式

值在范围内比较指令的格式如图 5.85 所示。可以从指令框的"???"下拉列表中选择数据类型，如图 5.86 所示。

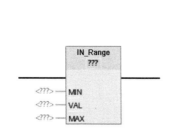

图 5.85 值在范围内比较指令的格式

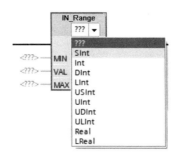

图 5.86 选择数据类型

（3）指令参数

表 5.32 为值在范围内比较指令参数。

表 5.32 值在范围内比较指令参数

参　数	声明	数据类型	存　储　区	说　明
功能框输入	Input	BOOL	I、Q、M、D、L 或常量	上一个逻辑运算的结果
MIN	Input	整数、浮点数	I、Q、M、D、L 或常量	取值范围的下限
VAL	Input	整数、浮点数	I、Q、M、D、L 或常量	比较值
MAX	Input	整数、浮点数	I、Q、M、D、L 或常量	取值范围的上限
功能框输出	Output	BOOL	I、Q、M、D、L	比较结果

【实例 5.30】值在范围内比较指令的应用。

图 5.87 为值在范围内比较指令的应用梯形图：当按钮 I0.0 闭合时，比较 VAL 中的常数 10 是否在 MIN、MAX 之间，当 10 大于 MW10 中的数值且小于 MW12 中的数值时，输出

"1",指示灯1亮;当按钮I0.0断开时,指示灯1灭。

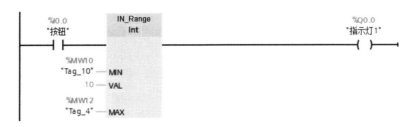

图 5.87 值在范围内比较指令的应用梯形图

8. 值超出范围比较指令(OUT_Range)

(1)指令功能

值超出范围比较指令可比较输入端 VAL 的值是否在指定的取值范围内。如果输入端 VAL 的值满足小于 MIN 或大于 MAX 的比较条件,则输出的信号状态为 "1";如果不满足比较条件,则输出的信号状态为 "0"。输入端 VAL、MIN 和 MAX 的数据类型必须相同。

只有比较值的数据类型相同且互连功能框输入时,才能执行比较功能。

(2)指令格式

值超出范围比较指令的格式如图 5.88 所示。

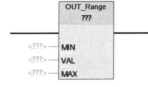

图 5.88 值超出范围比较指令的格式

(3)指令参数

表 5.33 为值超出范围比较指令参数。

表 5.33 值超出范围比较指令参数

参 数	声明	数据类型	存 储 区	说 明
功能框输入	Input	BOOL	I、Q、M、D、L 或常量	上一个逻辑运算的结果
MIN	Input	整数、浮点数	I、Q、M、D、L 或常量	取值范围的下限
VAL	Input	整数、浮点数	I、Q、M、D、L 或常量	比较值
MAX	Input	整数、浮点数	I、Q、M、D、L 或常量	取值范围的上限
功能框输出	Output	BOOL	I、Q、M、D、L	比较结果

【实例 5.31】值超出范围比较指令的应用。

图 5.89 为值超出范围比较指令的应用梯形图:当按钮 I0.0 闭合时,比较 VAL 中的常数 10 是否超出 MIN 到 MAX 的范围,当 10 小于 MW10 中的数值或大于 MW12 中的数值时,输出 "1",指示灯1亮;当按钮 I0.0 断开时,指示灯1灭。

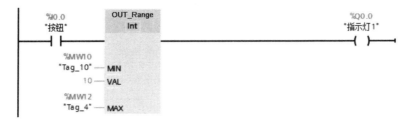

图 5.89 值超出范围比较指令的应用梯形图

9. 检查有效性比较指令 (⊣ OK ⊢)

（1）指令功能

检查有效性比较指令可检查操作数的值是否为有效的浮点数。如果操作数的值是有效浮点数且信号状态为"1"，则输出的信号状态为"1"，在其他任何情况下，输出的信号状态都为"0"。如果输入的信号状态为"1"，则在每个程序周期内都进行检查。

检查有效性比较指令一般和具有 EN 机制的指令配合使用，将该指令的功能框连接到 EN 使能输入端，仅在值的有效性查询结果为正数时才置位使能输入端。确保仅在指定操作数的值为有效浮点数时才启用该指令。

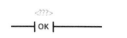

图 5.90 检查有效性比较指令的格式

（2）指令格式

检查有效性比较指令的格式如图 5.90 所示。

（3）指令参数

表 5.34 为检查有效性比较指令参数。

表 5.34 检查有效性比较指令参数

参　数	声　明	数据类型	存　储　区	说　明
<操作数>	Input	浮点数	I、Q、M、D、L	要查询的值

【实例 5.32】检查有效性比较指令的应用。

图 5.91 为检查有效性比较指令的应用梯形图：当操作数 MD4 和 MD6 的值显示为有效浮点数时，会执行等于比较指令，当 MD4 和 MD6 的值相等时，指示灯 1 亮。

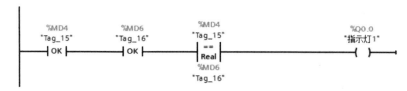

图 5.91 检查有效性比较指令的应用梯形图

10. 检查无效性比较指令 (⊣ NOT_OK ⊢)

（1）指令功能

检查无效性比较指令可检查操作数的值是否为无效浮点数。如果操作数的值是无效浮点数且信号状态为"1"，则输出的信号状态为"1"，在其他任何情况下，输出的信号状态都为"0"。如果输入的信号状态为"1"，则在每个程序周期内都进行检查。

（2）指令格式

检查无效性比较指令的格式如图 5.92 所示。

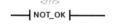

（3）指令参数

图 5.92 检查无效性比较指令的格式

表 5.35 为检查无效性比较指令参数。

表 5.35 检查无效性比较指令参数

参　数	声　明	数据类型	存　储　区	说　明
<操作数>	Input	浮点数	I、Q、M、D、L	要查询的值

【实例 5.33】检查无效性比较指令的应用。

图 5.93 为检查无效性比较指令的应用梯形图：当操作数 MD4 是有效浮点数时，触点接

通置"1",操作数 MD6 是无效浮点数时,触点接通置"1",执行等于比较指令,当 MD4 与实数 10.0 相等时,指示灯 1 亮,即三个触点都满足接通条件。

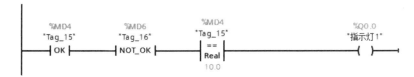

图 5.93　检查无效性比较指令的应用梯形图

5.1.5　数学函数指令

数学函数指令包含整数运算指令、浮点数运算指令及三角函数指令等,如图 5.94 所示。

▼ 数学函数			
CALCULATE	计算	SQR	计算平方
ADD	加	SQRT	计算平方根
SUB	减	LN	计算自然对数
MUL	乘	EXP	计算指数值
DIV	除法	SIN	计算正弦值
MOD	返回除法的余数	COS	计算余弦值
NEG	取反	TAN	计算正切值
INC	递增	ASIN	计算反正弦值
DEC	递减	ACOS	计算反余弦值
ABS	计算绝对值	ATAN	计算反正切值
MIN	获取最小值	FRAC	返回小数
MAX	获取最大值	EXPT	取幂
LIMIT	设置限值		

图 5.94　数学函数指令

1. 计算指令 (CALCULATE)

SIMATIC S7-1500 PLC 增加了由用户自行设定计算公式的计算指令。该指令非常适合复杂的变量函数运算,无需考虑中间变量及变量的类型是否一致,执行时可以进行隐形转换。

(1) 指令功能

使用计算指令,用户可以自定义计算公式,并根据所选择的数据类型进行数学运算或复杂逻辑运算。其结果传送到输出端 OUT。当执行计算指令并成功完成所有单个运算时, ENO = 1;否则 ENO = 0。

(2) 梯形图格式

图 5.95 为计算指令的梯形图格式。

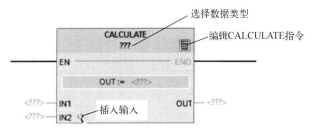

图 5.95　计算指令的梯形图格式

（3）指令参数

表 5.36 为计算指令参数。

表 5.36　计算指令参数

参数	声明	数据类型	存储区	说明
EN	Input	BOOL	I、Q、M、D、L 或常量	使能输入
ENO	Output	BOOL	I、Q、M、D、L	使能输出
IN1	Input	位字符串、整数、浮点数	I、Q、M、D、L、P 或常量	第一个可用的输入
IN2	Input	位字符串、整数、浮点数	I、Q、M、D、L、P 或常量	第二个可用的输入
INn	Input	位字符串、整数、浮点数	I、Q、M、D、L、P 或常量	其他插入的值
OUT	Output	位字符串、整数、浮点数	I、Q、M、D、L、P	最终结果要传送到的输出端

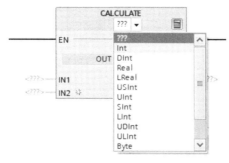

图 5.96　选择数据类型

（4）计算指令的使用

使用计算指令时，需要预设的参数如下。

① 选择数据类型。

可以从指令框的"???"下拉列表中选择数据类型，如图 5.96 所示。根据所选的数据类型，可以组合某些指令的函数在计算指令的表达式中一起执行复杂运算。计算指令中能一起执行的指令见表 5.37（取决于所选的数据类型）。例如，指令选择数据类型为整数，则计算指令中的表达式运算应由 ADD、SUB、MUL、DIV、MOD、INV、NGE 和 ABS 等指令组成。

表 5.37　计算指令中能一起执行的指令

数据类型	指令	语法	示例
位字符串	AND："与"运算	AND	IN1 AND IN2 OR IN3
	OR："或"运算	OR	
	XOR："异或"运算	XOR	
	INV：求反码	NOT	
	SWAP：交换①	SWAP	
整数	ADD：加	+	（IN1+IN2）* IN3；（ABS(IN2)）*（ABS(IN1)）
	SUB：减	−	
	MUL：乘	*	
	DIV：除	/	
	MOD：返回除法的余数	MOD	
	INV：求反码	NOT	
	NEG：取反	−(IN1)	
	ABS：计算绝对值	ABS( )	

续表

数据类型	指　　令	语　　法	示　　例
浮点数	ADD：加	+	SIN(IN2)*SIN(IN2)+(SIN(IN3)*SIN(IN3))/IN3,SQR(SIN(IN2))+SQR(COS(IN3))/IN2
	SUB：减	-	
	MUL：乘	*	
	DIV：除	/	
	EXPT：取幂	**	
	ABS：计算绝对值	ABS( )	
	SQR：计算平方	SQR( )	
	SQRT：计算平方根	SQRT( )	
	LN：计算自然对数	LN( )	
	EXP：计算指数值	EXP( )	
	FRAC：返回小数	FRAC( )	
	SIN：计算正弦值	SIN( )	
	COS：计算余弦值	COS( )	
	TAN：计算正切值	TAN( )	
	ASIN：计算反正弦值	ASIN( )	
	ACOS：计算反余弦值	ACOS( )	
	ATAN：计算反正切值	ATAN( )	
	NEG：取反	-(in1)	
	TRUNC：截尾取整	TRUNC( )	
	ROUND：取整	ROUND( )	
	CEIL：浮点数向上取整	CEIL( )	
	FLOOR：浮点数向下取整	FLOOR( )	

注：①，不可使用数据类型 Byte。

② 输入计算的操作数。

计算指令通过指令的输入来执行运算，使用中，可根据要求创建多个输入（IN1、IN2、…、INn）。在初始状态下，指令框至少包含两个输入（IN1 和 IN2），要添加其他输入，可单击最后一个输入处的 图标，扩展的输入按升序编号自动插入。如果在表达式中使用功能框中没有的输入，则会在单击"确认"按钮后，自动插入这个输入。需要注意的是，表达式中新定义的输入编号是连续的。例如，如果表达式中未定义输入 IN3，就不能使用输入 IN4。

③ 编辑计算公式。

单击计算器图标 可打开对话框，在其中定义数学函数表达式。表达式可以包含输入参数的名称和指令的语法，不能指定操作数名称和操作数地址。单击"确定"按钮保存函数时，对话框会自动生成计算指令的输入。输入的表达式将在"OUT:="文本框中显示。

④ 定义输出端 OUT。

定义一个变量，存储计算结果。

⑤ 定义 ENO 使能输出端。

【实例5.34】 计算指令的应用。

【控制要求】 用计算指令计算 RESULT=[（5+10)×4]/6 的结果。

【操作步骤】 ① 将指令 CALCULATE 从指令任务卡中拖放到梯形图。

② 从"<???>"下拉列表中选择数据类型 INT。

③ 定义变量见表5.38，将块接口中声明的变量与指令框的输入和输出互连。

表5.38 定义变量

名 称	声 明	数据类型	备 注	值
A	Input	INT	被加数	5
B	Input	INT	加数	10
C	Input	INT	乘数	4
D	Input	INT	除数	6
RESULT	OUT	INT	最终结果	10

④ 单击指令框右上角的计算器图标，输入待计算的方程式，单击"确认"按钮。

⑤ 编写完整程序如图5.97所示。当按钮 I0.0 闭合时执行指令，操作数 A 的值与操作数 B 的值相加，将结果乘以操作数 C 的值，再除以操作数 D 的值，最终结果保存在 RESUIT 操作数中，计算成功后，指示灯1亮。

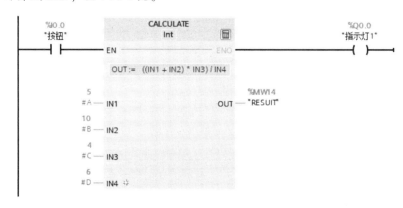

图5.97 计算指令应用的完整程序

2. 加指令（ADD）

（1）指令功能

加指令可将整数或浮点数的可用输入参数的值相加，结果存储在输出 OUT 中。当指令执行成功后，ENO 使能输出的信号状态为"1"，否则为"0"，如果指令结果超出输出 OUT 指定数据类型的允许范围，则 ENO 输出也为"0"。

在初始状态下，指令框中至少包含两个输入（IN1 和 IN2），根据需要可以扩展输入数目，在功能框中按升序自动插入输入编号。

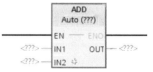

图5.98 加指令梯形图格式

（2）梯形图格式

加指令梯形图格式如图5.98所示。

（3）指令参数

表5.39 为加指令参数。

表 5.39 加指令参数

参 数	声 明	数据类型	存 储 区	说 明
EN	Input	BOOL	I、Q、M、D、L 或常量	使能输入
ENO	Output	BOOL	I、Q、M、D、L	使能输出
IN1	Input	整数、浮点数	I、Q、M、D、L、P 或常量	要相加的第一个数
IN2	Input	整数、浮点数	I、Q、M、D、L、P 或常量	要相加的第二个数
INn	Input	整数、浮点数	I、Q、M、D、L、P 或常量	要相加的可选输入值
OUT	Output	整数、浮点数	I、Q、M、D、L、P	总和

【实例 5.35】加指令的应用。

图 5.99 为加指令的应用梯形图：当按钮 I0.0 接通时，执行加指令，将操作数 10 与操作数 A 的值相加，结果存储在操作数 RESUIT 中。如果指令执行成功，则使能输出 ENO 的信号状态为"1"，同时置位输出指示灯 1 亮。

图 5.99 加指令的应用梯形图

3. 减指令（SUB）

（1）指令功能

减指令可将整数或浮点数的可用输入参数的值相减，求得的差存储在输出 OUT 中。当指令执行成功后，ENO 使能输出的信号状态为"1"，否则为"0"。如果指令结果超出输出 OUT 指定数据类型的允许范围时，ENO 输出也为"0"。

（2）梯形图格式

减指令梯形图格式如图 5.100 所示。

（3）指令参数

表 5.40 为减指令参数。

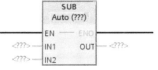

图 5.100 减指令梯形图格式

表 5.40 减指令参数

参 数	声 明	数据类型	存 储 区	说 明
EN	Input	BOOL	I、Q、M、D、L 或常量	使能输入
ENO	Output	BOOL	I、Q、M、D、L	使能输出
IN1	Input	整数、浮点数	I、Q、M、D、L、P 或常量	被减数
IN2	Input	整数、浮点数	I、Q、M、D、L、P 或常量	减数
OUT	Output	整数、浮点数	I、Q、M、D、L、P	差值

【实例 5.36】减指令的应用。

图 5.101 为减指令的应用梯形图：当按钮 I0.0 接通时，执行减指令，将操作数 10 与操作数 A 的值相减，相减的结果存储在操作数 RESUIT 中。如果指令执行成功，则使能输出 ENO 的信号状态为"1"，同时置位输出指示灯 1 亮。

图 5.101 减指令的应用梯形图

4. 乘指令（MUL）

（1）指令功能

乘指令可将整数或浮点数的可用输入参数的值相乘，求得的积存储在输出 OUT 中。当指令执行成功后，ENO 使能输出的信号状态为"1"，否则为"0"。如果指令结果超出输出 OUT 指定数据类型的允许范围，ENO 输出也为"0"。

在初始状态下，指令框中至少包含两个输入（IN1 和 IN2），根据需要可以扩展输入数目，在功能框中按升序自动插入输入编号。

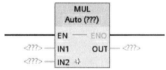

图 5.102 乘指令梯形图格式

（2）梯形图格式

乘指令梯形图格式如图 5.102 所示。

（3）指令参数

表 5.41 为乘指令参数。

表 5.41 乘指令参数

参数	声明	数据类型	存储区	说明
EN	Input	BOOL	I、Q、M、D、L 或常量	使能输入
ENO	Output	BOOL	I、Q、M、D、L	使能输出
IN1	Input	整数、浮点数	I、Q、M、D、L、P 或常量	乘数
IN2	Input	整数、浮点数	I、Q、M、D、L、P 或常量	相乘的数
INn	Input	整数、浮点数	I、Q、M、D、L、P 或常量	相乘的可选输入值
OUT	Output	整数、浮点数	I、Q、M、D、L、P	乘积

【实例 5.37】乘指令的应用。

图 5.103 为乘指令的应用梯形图：当按钮 I0.0 接通时，执行乘指令，将操作数 10 与操作数 A 的值相乘，相乘的结果存储在操作数 RESUIT 中。如果指令执行成功，则使能输出 ENO 的信号状态为"1"，同时置位输出指示灯 1 亮。

5. 除法指令（DIV）

（1）指令功能

除法指令可将整数或浮点数的可用输入参数的值相除，求得的商存储在输出 OUT 中。

第5章 S7-1500 PLC 的常用指令

图 5.103 乘指令的应用梯形图

当指令执行成功后，ENO 使能输出的信号状态为"1"，否则为"0"。如果指令结果超出输出 OUT 指定数据类型的允许范围时，ENO 输出也为"0"。

（2）梯形图格式

除法指令梯形图格式如图 5.104 所示。

（3）指令参数

表 5.42 为除法指令参数。

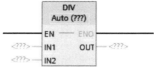

图 5.104 除法指令梯形图格式

表 5.42 除法指令参数

参 数	声 明	数据类型	存 储 区	说 明
EN	Input	BOOL	I、Q、M、D、L 或常量	使能输入
ENO	Output	BOOL	I、Q、M、D、L	使能输出
IN1	Input	整数、浮点数	I、Q、M、D、L、P 或常量	除数
IN2	Input	整数、浮点数	I、Q、M、D、L、P 或常量	相除的数
INn	Input	整数、浮点数	I、Q、M、D、L、P 或常量	相除的可选输入值
OUT	Output	整数、浮点数	I、Q、M、D、L、P	商

【实例 5.38】除法指令的应用。

图 5.105 为除法指令的应用梯形图：当按钮 I0.0 接通时，执行除法指令，将操作数 10 与操作数 A 的值相除，相除的结果存储在操作数 RESUIT 中。如果指令执行成功，则使能输出 ENO 的信号状态为"1"，同时置位输出指示灯 1 亮。

图 5.105 除法指令的应用梯形图

【实例 5.39】加减乘除指令的综合应用。

【控制要求】使用算术运算指令，计算 $X=[(A+B)\times 15]/D$ 的值。

【操作步骤】① 定义变量，见表 5.43。

② 在主程序 OB1 中编写程序如图 5.106 所示。

表 5.43　定义变量

变量表_1

	名称	数据类型	地址
1	按钮	Bool	%I0.0
2	指示灯1	Bool	%Q0.0
3	A	Int	%MW4
4	C	Int	%MW8
5	D	Int	%MW10
6	B	Int	%MW16
7	Temp1	Int	%MW18
8	Temp2	Int	%MW20
9	x	DInt	%MD22

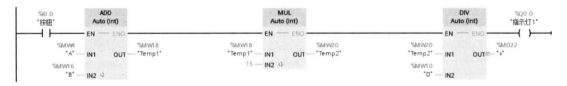

图 5.106　主程序 OB1

6. 返回除法的余数指令（MOD）

（1）指令功能

返回除法的余数指令可将输入 IN1 的值除以输入 IN2 的值，相除的余数存储在输出 OUT 中。如果指令执行成功，则使能输出 ENO 的信号状态为“1”。

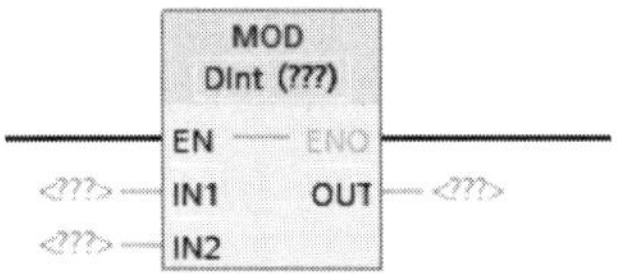

图 5.107　返回除法的余数指令梯形图格式

（2）梯形图格式

返回除法的余数指令梯形图格式如图 5.107 所示。

（3）指令参数

表 5.44 为返回除法的余数指令参数。

表 5.44　返回除法的余数指令参数

参　数	声　明	数据类型	存　储　区	说　明
EN	Input	BOOL	I、Q、M、D、L 或常量	使能输入
ENO	Output	BOOL	I、Q、M、D、L	使能输出
IN1	Input	整数	I、Q、M、D、L、P 或常量	被除数
IN2	Input	整数	I、Q、M、D、L、P 或常量	除数
OUT	Output	整数	I、Q、M、D、L、P	除法的余数

【实例 5.40】 返回除法的余数指令的应用。

图 5.108 为返回除法的余数指令的应用梯形图：当按钮 I0.0 接通时，执行返回除法的余数指令，将操作数 10 与操作数 A 的值相除取余数，并把余数存储在操作数 RESUIT 中。如果指令执行成功，则使能输出 ENO 的信号状态为“1”，同时置位输出指示灯 1 亮。

7. 取反指令（NEG）

（1）指令功能

取反指令可将输入 IN 的符号取反，并传送到输出 OUT 中存储。例如，如果输入 IN 为

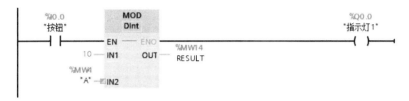

图 5.108　返回除法的余数指令的应用梯形图

正值,则将该值的负值发送到输出 OUT。指令执行成功后,使能输出 ENO 的信号状态为"1",否则输入 EN 的信号状态为"0"。

(2)梯形图格式

取反指令梯形图格式如图 5.109 所示。

(3)指令参数

表 5.45 为取反指令参数。

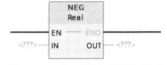

图 5.109　取反指令梯形图格式

表 5.45　取反指令参数

参数	声明	数据类型	存储区	说　　明
EN	Input	BOOL	I、Q、M、D、L 或常量	使能输入
ENO	Output	BOOL	I、Q、M、D、L	使能输出
IN	Input	SINT、INT、DINT、UNT、浮点数	I、Q、M、D、L、P 或常量	输入值
OUT	Output	SINT、INT、DINT、UNT、浮点数	I、Q、M、D、L、P	输入值取反

【实例 5.41】取反指令的应用。

图 5.110 为取反指令的应用梯形图:当按钮 I0.0 接通时,执行取反指令,更改输入 A 中值的符号,并将结果存储在输出 result 中。如果指令执行成功,则使能输出 ENO 的信号状态为"1",同时置位输出指示灯 1 亮。

说明:NEG 的数据类型为 Real,如果输入 IN 的数据类型为 Int,则输入接口将出现灰色方框 ▮IN,表示输入的数据类型自动转换成指令数据类型 Real。

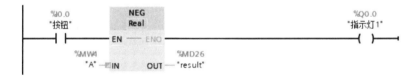

图 5.110　取反指令的应用梯形图

8. 递增指令(INC)

(1)指令功能

递增指令可将参数 IN/OUT 中操作数的值加 1。只有使能输入 EN 的信号状态为"1"时,才执行递增指令。如果在执行期间计算值未超出计算范围,则使能输出 ENO 的信号状态置"1"。

(2)梯形图格式

递增指令梯形图格式如图 5.111 所示。

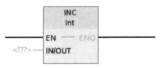

图 5.111　递增指令梯形图格式

(3) 指令参数

表 5.46 为递增指令参数。

表 5.46　递增指令参数

参　数	声　明	数据类型	存　储　区	说　明
EN	Input	BOOL	I、Q、M、D、L 或常量	使能输入
ENO	Output	BOOL	I、Q、M、D、L	使能输出
IN/OUT	InOut	整数	I、Q、M、D、L	要递增的值

【实例 5.42】 递增指令的应用。

图 5.112 为递增指令的应用梯形图：当按钮 I0.0 接通时，操作数 A 的值将加 1，并置位输出指示灯 1 亮。

图 5.112　递增指令的应用梯形图

9. 递减指令（DEC）

(1) 指令功能

递减指令可将参数 IN/OUT 中操作数的值减 1。只有使能输入 EN 的信号状态为 "1" 时，才执行递减指令。如果在执行期间计算值未超出计算范围，则使能输出 ENO 的信号状态置 "1"。

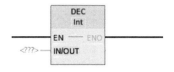

图 5.113　递减指令梯形图格式

(2) 梯形图格式

递减指令梯形图格式如图 5.113 所示。

(3) 指令参数

表 5.47 为递减指令参数。

表 5.47　递减指令参数

参　数	声　明	数据类型	存　储　区	说　明
EN	Input	BOOL	I、Q、M、D、L 或常量	使能输入
ENO	Output	BOOL	I、Q、M、D、L	使能输出
IN/OUT	InOut	整数	I、Q、M、D、L	要递增的值

【实例 5.43】 递减指令的应用。

图 5.114 为递减指令的应用梯形图：当按钮 I0.0 接通时，操作数 A 的值将减 1，并置位输出指示灯 1 亮。

10. 计算绝对值指令（ABS）

(1) 指令功能

计算绝对值指令可计算输入 IN 指定的值的绝对值。只有使能输入 EN 的信号状态为 "1" 时，才执行计算绝对值指令，并将结果发送到输出 OUT 中。如果成功执行指令，则使能输出 ENO 的信号状态置 "1"。

图 5.114 递减指令的应用梯形图

（2）梯形图格式

计算绝对值指令梯形图格式如图 5.115 所示。

（3）指令参数

表 5.48 为计算绝对值指令参数。

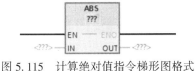

图 5.115 计算绝对值指令梯形图格式

表 5.48 计算绝对值指令参数

参数	声明	数据类型	存储区	说明
EN	Input	BOOL	I、Q、M、D、L 或常量	使能输入
ENO	Output	BOOL	I、Q、M、D、L	使能输出
IN	Input	SINT、INT、DINT、UNT、浮点数	I、Q、M、D、L、P 或常量	输入值
OUT	Output	SINT、INT、DINT、UNT、浮点数	I、Q、M、D、L、P	输入值的绝对值

【实例 5.44】计算绝对值指令的应用。

图 5.116 为计算绝对值指令的应用梯形图：当按钮 I0.0 接通时，将执行计算绝对值指令，计算输入 A 值的绝对值，并将结果发送到输出 result，置位输出指示灯 1 亮。

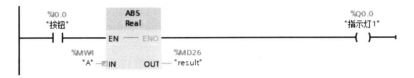

图 5.116 计算绝对值指令的应用梯形图

11. 获取最小值指令（MIN）

（1）指令功能

获取最小值指令可用来比较输入值，并将输入值中最小的值写入输出 OUT。如果指令成功执行，则置位使能输出 ENO。

要执行该指令，最少需要指定 2 个输入，最多可以指定 100 个输入，根据需要可在指令框中扩展输入的数量。

（2）梯形图格式

获取最小值指令梯形图格式如图 5.117 所示。

（3）指令参数

表 5.49 为获取最小值指令参数。

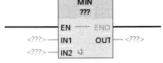

图 5.117 获取最小值指令梯形图格式

表 5.49 获取最小值指令参数

参数	声明	数据类型	存储区	说明
EN	Input	BOOL	I、Q、M、D、L 或常量	使能输入
ENO	Output	BOOL	I、Q、M、D、L	使能输出

续表

参数	声明	数据类型	存储区	说明
IN1	Input	整数、浮点数、DTL、DT	I、Q、M、D、L、P 或常量	第一个输入值
IN2	Input	整数、浮点数、DTL、DT	I、Q、M、D、L、P 或常量	第二个输入值
INn	Input	整数、浮点数、DTL、DT	I、Q、M、D、L、P 或常量	其他插入的输入值（其值待比较）
OUT	Output	整数、浮点数、DTL、DT	I、Q、M、D、L、P	结果

注：在不激活 IEC 检查时，还可以使用 TIME、LTIME、TOD、LTOD、DATE 和 LDT 数据类型的变量，其方法是选择长度相同的位串或整数作为指令的数据类型。例如，用 UDINT 或 DWORD=32 位来代替 TIME=>DINT。

【实例 5.45】 获取最小值指令的应用。

图 5.118 为获取最小值指令的应用梯形图：当按钮 I0.0 接通时，执行获取最小值指令，比较指定输入操作数 A、B、C 的值，并将最小值写入输出 result，置位输出指示灯 1 亮。

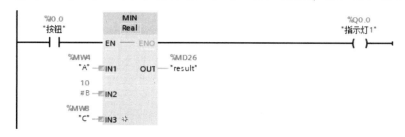

图 5.118　获取最小值指令的应用梯形图

12. 获取最大值指令（MAX）

（1）指令功能

获取最大值指令可用来比较输入值，并将输入值中最大的值写入输出 OUT。如果指令成功执行，则置位使能输出 ENO。

要执行该指令，最少需要指定 2 个输入，最多可以指定 100 个输入，根据需要可在指令框中扩展输入的数量。

图 5.119　获取最大值指令梯形图格式

（2）梯形图格式

获取最大值指令梯形图格式如图 5.119 所示。

（3）指令参数

表 5.50 为获取最大值指令参数。

表 5.50　获取最大值指令参数

参数	声明	数据类型	存储区	说明
EN	Input	BOOL	I、Q、M、D、L 或常量	使能输入
ENO	Output	BOOL	I、Q、M、D、L	使能输出
IN1	Input	整数、浮点数、DTL、DT	I、Q、M、D、L、P 或常量	第一个输入值
IN2	Input	整数、浮点数、DTL、DT	I、Q、M、D、L、P 或常量	第二个输入值
INn	Input	整数、浮点数、DTL、DT	I、Q、M、D、L、P 或常量	其他插入的输入值（其值待比较）
OUT	Output	整数、浮点数、DTL、DT	I、Q、M、D、L、P	结果

注：在不激活 IEC 检查时，还可以使用 TIME、LTIME、TOD、LTOD、DATE 和 LDT 数据类型的变量，其方法是选择长度相同的位串或整数作为指令的数据类型。例如，用 UDINT 或 DWORD=32 位来代替 TIME=>DINT。

【实例 5.46】 获取最大值指令的应用。

图 5.120 为获取最大值指令的应用梯形图：当按钮 I0.0 接通时，执行获取最大值指令，比较指定输入操作数 A、B、C 的值，并将最大值写入输出 result，置位输出指示灯 1 亮。

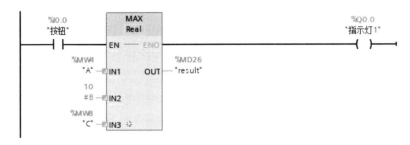

图 5.120　获取最大值指令的应用梯形图

13. 设置限值指令（LIMIT）

（1）指令功能

设置限值指令可将输入 IN 的值限制在输入 MN 与 MX 的值之间。如果输入 IN 的值满足 MN<=IN<=MX 的条件，则复制到 OUT 并输出。如果不满足该条件且输入 IN 的值低于 MN 的值，则将输出 OUT 设置为输入 MN 的值。如果超出上限 MX 的值，则将输出 OUT 设置为输入 MX 的值。如果输入 MN 的值大于输入 MX 的值，则输出为输入 IN 的指定值且使能输出 ENO 为"0"。

（2）梯形图格式

设置限值指令梯形图格式如图 5.121 所示。

（3）指令参数

表 5.51 为设置限值指令参数。

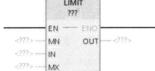

图 5.121　设置限值指令梯形图格式

表 5.51　设置限值指令参数

参数	声明	数据类型	存储区	说明
EN	Input	BOOL	I、Q、M、D、L 或常量	使能输入
ENO	Output	BOOL	I、Q、M、D、L	使能输出
MN	Input	整数、浮点数、TIME、LTIME、TOD、LTOD、DATE、LDT、DTL、DT	I、Q、M、D、L、P 或常量	下限
IN	Input	整数、浮点数、TIME、LTIME、TOD、LTOD、DATE、LDT、DTL、DT	I、Q、M、D、L、P 或常量	输入值
MX	Input	整数、浮点数、TIME、LTIME、TOD、LTOD、DATE、LDT、DTL、DT	I、Q、M、D、L、P 或常量	上限
OUT	Output	整数、浮点数、TIME、LTIME、TOD、LTOD、DATE、LDT、DTL、DT	I、Q、M、D、L、P	结果

注：如果未启用 IEC 测试，则不能使用数据类型 TOD、LTOD、DATE 和 LDT。

【实例 5.47】 设置限值指令的应用。

图 5.122 为设置限值指令的应用梯形图：当按钮 I0.0 接通时，执行设置限值指令，将操作数#C 的值 4 与操作数#A 的值 5 和操作数#B 的值 10 进行比较。由于操作数#C 的值小于

下限值，因此将操作数#A的值复制到输出result。如果指令成功执行，则置位输出指示灯1亮。

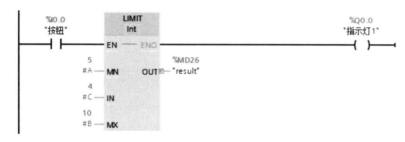

图5.122 设置限值指令的应用梯形图

14. 计算平方指令（SQR）

（1）指令功能

计算平方指令可计算输入IN浮点值的平方，并将结果写入输出OUT。如果成功执行该指令，则置位使能输出ENO。

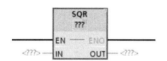

图5.123 计算平方指令梯形图格式

（2）梯形图格式

计算平方指令梯形图格式如图5.123所示。

（3）指令参数

表5.52为计算平方指令参数。

表5.52 计算平方指令参数

参数	声明	数据类型	存储区	说明
EN	Input	BOOL	I、Q、M、D、L或常量	使能输入
ENO	Output	BOOL	I、Q、M、D、L	使能输出
IN	Input	浮点数	I、Q、M、D、L、P或常量	输入值
OUT	Output	浮点数	I、Q、M、D、L、P	输入值的平方

【实例5.48】计算平方指令的应用。

图5.124为计算平方指令的应用梯形图：当按钮I0.0接通时，执行计算平方指令，将计算输入值6.0的平方，并将结果36.0发送到输出result。如果指令成功执行，则置位输出指示灯1亮。

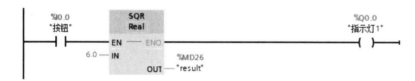

图5.124 计算平方指令的应用梯形图

15. 计算平方根指令（SQRT）

（1）指令功能

计算平方根指令可计算输入IN浮点值的平方根，并将结果写入输出OUT。如果输入值大于零，则结果为正数。如果输入值小于零，则输出OUT返回一个无效浮点数。如果指令成功执行，则置位使能输出 ENO。

（2）梯形图格式

计算平方根指令梯形图格式如图 5.125 所示。

（3）指令参数

表 5.53 为计算平方根指令参数。

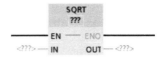

图 5.125　计算平方根指令梯形图格式

表 5.53　计算平方根指令参数

参　数	声　明	数据类型	存　储　区	说　明
EN	Input	BOOL	I、Q、M、D、L 或常量	使能输入
ENO	Output	BOOL	I、Q、M、D、L	使能输出
IN	Input	浮点数	I、Q、M、D、L、P 或常量	输入值
OUT	Output	浮点数	I、Q、M、D、L、P	输入值的平方根

【实例 5.49】 计算平方根指令的应用。

图 5.126 为计算平方根指令的应用梯形图：当按钮 I0.0 接通时，执行计算平方根指令，计算输入值 36.0 的平方根，并将结果发送到输出 result。如果指令成功执行，则置位输出指示灯 1 亮。

图 5.126　计算平方根指令的应用梯形图

16. 计算自然对数指令（LN）

（1）指令功能

计算自然对数指令可以计算输入 IN 的值以 e = 2.718282 为底的自然对数，其结果存储在输出 OUT 中。如果输入 IN 的值大于零，则结果为正数。如果输入 IN 的值小于零，则输出 OUT 返回一个无效浮点数。如果指令成功执行，则置位使能输出 ENO。

（2）梯形图格式

计算自然对数指令梯形图格式如图 5.127 所示。

（3）指令参数

表 5.54 为计算自然对数指令参数。

图 5.127　计算自然对数指令梯形图格式

表 5.54　计算自然对数指令参数

参　数	声　明	数据类型	存　储　区	说　明
EN	Input	BOOL	I、Q、M、D、L 或常量	使能输入
ENO	Output	BOOL	I、Q、M、D、L	使能输出
IN	Input	浮点数	I、Q、M、D、L、P 或常量	输入值
OUT	Output	浮点数	I、Q、M、D、L、P	输入值的自然对数

【实例5.50】计算自然对数指令的应用。

图5.128为计算自然对数指令的应用梯形图：当按钮I0.0接通时，执行计算自然对数指令，计算输入Tag_15值的自然对数，并将结果发送到输出result。如果指令成功执行，则置位输出指示灯1亮。

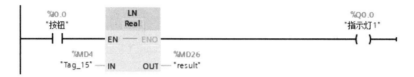

图5.128 计算自然对数指令的应用梯形图

17. 计算指数值指令（EXP）

（1）指令功能

计算指数值指令是计算以e为底的输入IN值的指数，并将结果存储在输出OUT中。如果指令成功执行，则置位使能输出ENO。

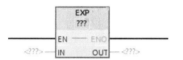

图5.129 计算指数值指令梯形图格式

（2）梯形图格式

计算指数值指令梯形图格式如图5.129所示。

（3）指令参数

表5.55为计算指数值指令参数。

表5.55 计算指数值指令参数

参 数	声 明	数据类型	存 储 区	说 明
EN	Input	BOOL	I、Q、M、D、L或常量	使能输入
ENO	Output	BOOL	I、Q、M、D、L	使能输出
IN	Input	浮点数	I、Q、M、D、L、P或常量	输入值
OUT	Output	浮点数	I、Q、M、D、L、P	输入值IN的指数值

【实例5.51】计算指数值指令的应用。

图5.130为计算指数值指令的应用梯形图：当按钮I0.0接通时，执行计算指数值指令，将以e为底计算Tag_15的值的指数，并将结果发送到输出result。如果指令成功执行，则置位输出指示灯1亮。

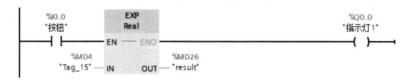

图5.130 计算指数值指令的应用梯形图

18. 计算正弦值指令（SIN）

（1）指令功能

计算正弦值指令可以计算角度的正弦值。角度大小在输入IN以弧度形式指定。指令结果发送到输出OUT。如果指令成功执行，则置位使能输出ENO。

（2）梯形图格式

计算正弦值指令梯形图格式如图 5.131 所示。

（3）指令参数

表 5.56 为计算正弦值指令参数。

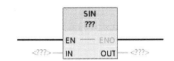

图 5.131 计算正弦值指令梯形图格式

表 5.56 计算正弦值指令参数

参　数	声　明	数据类型	存　储　区	说　明
EN	Input	BOOL	I、Q、M、D、L 或常量	使能输入
ENO	Output	BOOL	I、Q、M、D、L	使能输出
IN	Input	浮点数	I、Q、M、D、L、P 或常量	角度值（弧度形式）
OUT	Output	浮点数	I、Q、M、D、L、P	指定角度的正弦值

【实例 5.52】计算正弦值指令的应用。

图 5.132 为计算正弦值指令的应用梯形图：当按钮 I0.0 接通时，执行计算正弦值指令，计算 Tag_15 指定角度的正弦值，并将结果保存在 result 中。如果指令成功执行，则置位输出指示灯 1 亮。

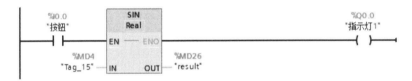

图 5.132 计算正弦值指令的应用梯形图

19. 计算余弦值指令（COS）

（1）指令功能

计算余弦值指令可以计算角度的余弦值。角度大小在输入 IN 以弧度形式指定。指令结果发送到输出 OUT。如果指令成功执行，则置位使能输出 ENO。

（2）梯形图格式

计算余弦值指令梯形图格式如图 5.133 所示。

（3）指令参数

表 5.57 为计算余弦值指令参数。

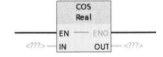

图 5.133 计算余弦值指令梯形图格式

表 5.57 计算余弦值指令参数

参　数	声　明	数据类型	存　储　区	说　明
EN	Input	BOOL	I、Q、M、D、L 或常量	使能输入
ENO	Output	BOOL	I、Q、M、D、L	使能输出
IN	Input	浮点数	I、Q、M、D、L、P 或常量	角度值（弧度形式）
OUT	Output	浮点数	I、Q、M、D、L、P	指定角度的余弦值

【实例 5.53】计算余弦值指令的应用。

图 5.134 为计算余弦值指令的应用梯形图：当按钮 I0.0 接通时，执行计算余弦值指令，计算 Tag_15 指定角度的余弦值，并将结果保存在 result 中。如果指令成功执行，则置位输出

指示灯 1 亮。

图 5.134　计算余弦值指令的应用梯形图

20. 计算正切值指令（TAN）

（1）指令功能

计算正切值指令可以计算角度的正切值。角度大小在输入 IN 以弧度形式指定。指令结果发送到输出 OUT。如果指令成功执行，则置位使能输出 ENO。

图 5.135　计算正切值指令梯形图格式

（2）梯形图格式

计算正切值指令梯形图格式如图 5.135 所示。

（3）指令参数

表 5.58 为计算正切值指令参数。

表 5.58　计算正切值指令参数

参　数	声　明	数据类型	存　储　区	说　明
EN	Input	BOOL	I、Q、M、D、L 或常量	使能输入
ENO	Output	BOOL	I、Q、M、D、L	使能输出
IN	Input	浮点数	I、Q、M、D、L、P 或常量	角度值（弧度形式）
OUT	Output	浮点数	I、Q、M、D、L、P	指定角度的正切值

【实例 5.54】计算正切值指令的应用。

图 5.136 为计算正切值指令的应用梯形图：当按钮 I0.0 接通时，执行计算正切值指令，计算 Tag_15 指定角度的正切值，并将结果保存在 result 中。如果指令成功执行，则置位输出指示灯 1 亮。

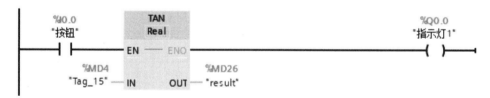

图 5.136　计算正切值指令的应用梯形图

21. 计算反正弦值指令（ASIN）

（1）指令功能

计算反正弦值指令可根据输入 IN 指定的正弦值，计算与该值对应的角度值。只能为输入 IN 指定范围为 -1~+1 的有效浮点数。计算出的角度值以弧度为单位，由 OUT 输出，范围为 $-\pi/2$~$+\pi/2$。如果指令成功执行，则置位使能输出 ENO。

（2）梯形图格式

计算反正弦值指令梯形图格式如图 5.137 所示。

（3）指令参数

表 5.59 为计算反正弦值指令参数。

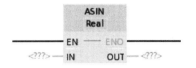

图 5.137　计算反正弦值指令梯形图格式

表 5.59　计算反正弦值指令参数

参　数	声　明	数据类型	存　储　区	说　明
EN	Input	BOOL	I、Q、M、D、L 或常量	使能输入
ENO	Output	BOOL	I、Q、M、D、L	使能输出
IN	Input	浮点数	I、Q、M、D、L、P 或常量	正弦值
OUT	Output	浮点数	I、Q、M、D、L、P	角度值（弧度形式）

【实例 5.55】　计算反正弦值指令的应用。

图 5.138 为计算反正弦值指令的应用梯形图：当按钮 I0.0 接通时，执行计算反正弦值指令，计算与 Tag_15 指定正弦值对应的角度值，并将结果保存在 result 中。如果指令成功执行，则置位输出指示灯 1 亮。

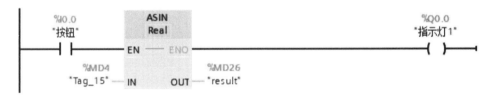

图 5.138　计算反正弦值指令的应用梯形图

22．计算反余弦值指令（ACOS）

（1）指令功能

计算反余弦值指令可以根据输入 IN 指定的余弦值，计算与该值对应的角度值。只能为输入 IN 指定范围为 $-1\sim+1$ 的有效浮点数。计算出的角度值以弧度为单位，由 OUT 输出，范围为 $0\sim+\pi$。如果指令成功执行，则置位使能输出 ENO。

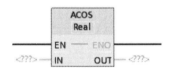

图 5.139　计算反余弦值指令梯形图格式

（2）梯形图格式

计算反余弦值指令梯形图格式如图 5.139 所示。

（3）指令参数

表 5.60 为计算反余弦值指令参数。

表 5.60　计算反余弦值指令参数

参　数	声　明	数据类型	存　储　区	说　明
EN	Input	BOOL	I、Q、M、D、L 或常量	使能输入
ENO	Output	BOOL	I、Q、M、D、L	使能输出
IN	Input	浮点数	I、Q、M、D、L、P 或常量	余弦值
OUT	Output	浮点数	I、Q、M、D、L、P	角度值（弧度形式）

【实例 5.56】 计算反余弦值指令的应用。

图 5.140 为计算反余弦值指令的应用梯形图：当按钮 I0.0 接通时，执行计算反余弦值指令，计算与 Tag_15 指定余弦值对应的角度值，并将结果保存在 result 中。如果指令成功执行，则置位输出指示灯 1 亮。

图 5.140　计算反余弦值指令的应用梯形图

23. 计算反正切值（ATAN）

（1）指令功能

计算反正切值指令可以根据输入 IN 指定的正切值，计算与该值对应的角度值。输入 IN 的值只能是有效浮点数。计算出的角度值以弧度形式由 OUT 输出，范围为 $-\pi/2 \sim +\pi/2$。如果指令成功执行，则置位使能输出 ENO。

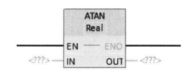

（2）梯形图格式

计算反正切值指令梯形图格式如图 5.141 所示。

（3）指令参数

表 5.61 为计算反正切值指令参数。

图 5.141　计算反正切值指令梯形图格式

表 5.61　计算反正切值指令参数

参　数	声　明	数据类型	存　储　区	说　明
EN	Input	BOOL	I、Q、M、D、L 或常量	使能输入
ENO	Output	BOOL	I、Q、M、D、L	使能输出
IN	Input	浮点数	I、Q、M、D、L、P 或常量	正切值
OUT	Output	浮点数	I、Q、M、D、L、P	角度值（弧度形式）

【实例 5.57】 计算反正切值指令的应用。

图 5.142 为计算反正切值指令的应用梯形图：当按钮 I0.0 接通时，执行计算反正切值指令，计算与 Tag_15 指定正切值对应的角度值，并将结果保存在 result 中。如果指令成功执行，则置位输出指示灯 1 亮。

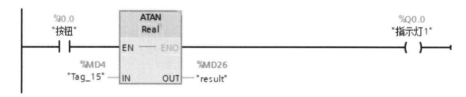

图 5.142　计算反正切值指令的应用梯形图

24. 返回小数指令（FRAC）

（1）指令功能

返回小数指令可确定输入 IN 的小数位，并复制存储到输出 OUT。如果指令成功执行，则使能输出 ENO 的信号状态为"1"。

（2）梯形图格式

返回小数指令梯形图格式如图 5.143 所示。

（3）指令参数

表 5.62 为返回小数指令参数。

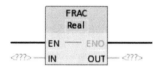

图 5.143 返回小数指令梯形图格式

表 5.62 返回小数指令参数

参数	声明	数据类型	存储区	说明
EN	Input	BOOL	I、Q、M、D、L 或常量	使能输入
ENO	Output	BOOL	I、Q、M、D、L	使能输出
IN	Input	浮点数	I、Q、M、D、L、P 或常量	要确定小数位的值
OUT	Output	浮点数	I、Q、M、D、L、P	输入 IN 值的小数位

【实例 5.58】返回小数指令的应用。

图 5.144 为返回小数指令的应用梯形图：当按钮 I0.0 接通时，执行返回小数指令，将输入 IN 的值 123.4567 的小数部分 0.4567 复制并保存到 result 中。如果指令成功执行，则置位输出指示灯 1 亮。

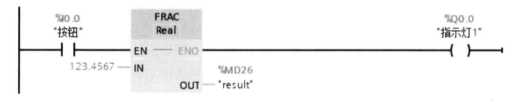

图 5.144 返回小数指令的应用梯形图

25. 取幂指令（EXPT）

（1）指令功能

取幂指令可计算以输入 IN1 的值为底，以输入 IN2 的值为幂的结果。该结果存储在输出 OUT 中。如果指令成功执行，则使能输出 ENO 的信号状态为"1"。

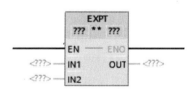

图 5.145 取幂指令梯形图格式

输入 IN1 指定有效数为浮点数，输入 IN2 指定有效数为整数或浮点数。

（2）梯形图格式

取幂指令梯形图格式如图 5.145 所示。

（3）指令参数

表 5.63 为取幂指令参数。

表 5.63 取幂指令参数

参　数	声　明	数据类型	存　储　区	说　明
EN	Input	BOOL	I、Q、M、D、L 或常量	使能输入
ENO	Output	BOOL	I、Q、M、D、L	使能输出
IN1	Input	浮点数	I、Q、M、D、L、P 或常量	底数值
IN2	Input	整数、浮点数	I、Q、M、D、L、P 或常量	对底数进行幂运算所用的值
OUT	Output	浮点数	I、Q、M、D、L、P	结果

【实例 5.59】 取幂指令的应用。

图 5.146 为取幂指令的应用梯形图：当按钮 I0.0 接通时，启动取幂指令，计算以输入 IN 的值 20.3 为底，以输入 IN2 的值 20 为幂的结果，并将结果存储在 result 中。如果指令执行成功，则使能输出 ENO 的信号状态为"1"，同时置位输出指示灯 1 亮。

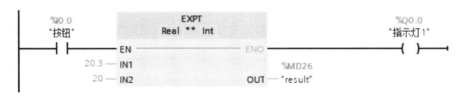

图 5.146 取幂指令的应用梯形图

5.1.6 移动操作指令

S7-1500 PLC 所支持的移动操作指令有移动值（MOVE）、序列化（Serialize）、反序列化（Deserialize）、存储区移动（MOVE_BLK）、交换（SWAP）等指令，还有针对数值 DB 和变量的移动操作指令，如图 5.147 所示。本节主要介绍几种常用的移动操作指令。

1. 移动值指令（MOVE）

（1）指令功能

移动值指令可将输入 IN 源地址操作数中的数据传送给 OUT1 指定的目标地址操作数中，始终沿地址升序方向传送，移动过程不会更改数据。如果传送数据的数据类型位长度超出 OUT1 数据类型的位长度，则高位会丢失。如果传送数据的数据类型位长度低于 OUT1 数据类型的位长度，则高位会被改写为 0。

在初始状态，指令框中包含 1 个输出（OUT1），可根据情况扩展输出数目，多个输出具有相同的信号状态。

当使能输入 EN 的信号状态为"1"时，使能输出 ENO 的信号状态置"1"。

图 5.147 移动操作指令

(2) 梯形图格式

移动值指令梯形图格式如图 5.148 所示。

(3) 指令参数

表 5.64 为移动值指令参数。

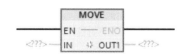

图 5.148　移动值指令梯形图格式

表 5.64　移动值指令参数

参　数	声　明	数　据　类　型	存　储　区	说　明
EN	Input	BOOL	I、Q、M、D、L 或常量	使能输入
ENO	Output	BOOL	I、Q、M、D、L	使能输出
IN	Input	位字符串、整数、浮点数、定时器、日期时间、CHAR、WCHAR、STRUCT、ARRAY、TIMER、COUNTER、IEC 数据类型、PLC 数据类型（UDT）	I、Q、M、D、L 或常量	源值
OUT1	Output	位字符串、整数、浮点数、定时器、日期时间、CHAR、WCHAR、STRUCT、ARRAY、TIMER、COUNTER、IEC 数据类型、PLC 数据类型（UDT）	I、Q、M、D、L	传送源值中的操作数

【实例 5.60】 移动值指令的应用。

移动值指令应用示意图如图 5.149 所示。

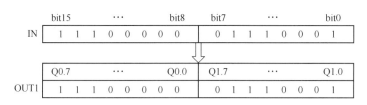

图 5.149　移动值指令应用示意图

2. 移动块指令（MOVE_BLK）

(1) 指令功能

移动块指令可将一个存储区（源存储区）中的数据移动到另一个存储区（目标存储区）中，输入端 COUNT 可以指定移动到目标存储区的数据个数，可通过输入端 IN 中数据的宽度来定义数据待移动的宽度。

仅当源存储区和目标存储区中的数据类型相同时才能执行该指令。

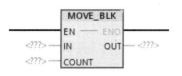

图 5.150　移动块指令梯形图格式

(2) 梯形图格式

移动块指令梯形图格式如图 5.150 所示。

(3) 指令参数

表 5.65 为移动块指令参数。

表 5.65　移动块指令参数

参　数	声　明	数 据 类 型	存 储 区	说　明
EN	Input	BOOL	I、Q、M、D、L 或常量	使能输入
ENO	Output	BOOL	I、Q、M、D、L	使能输出
IN[①]	Input	二进制数、整数、浮点数、定时器、DATE、CHAR、WCHAR、TOD、LTOD	D、L	待复制源区域中的首个数据
COUNT	Input	USINT、UINT、UDINT、ULINT	I、Q、M、D、L、P 或常数	要从源范围移动到目标范围的数据个数
OUT[①]	Output	二进制数、整数、浮点数、定时器、DATE、CHAR、WCHAR、TOD、LTOD	D、L	源范围内容要复制到目标范围中的首个数据

注：①，ARRAY 结构中的数据只能使用指定的数据类型。

【实例 5.61】移动块指令的应用。

移动块指令的应用梯形图如图 5.151 所示。梯形图中，数组 a、数组 b 由全局数据块定义，如图 5.152 所示。当按钮 I0.0 接通时执行移动块指令，将数据块_1 中数值 a 的 0 号数据开始的 3 个连续数据，移动到数据块_1 中数组 b 变量中。如果指令执行成功，则使能输出 ENO 的信号状态为"1"，同时置位输出指示灯 1 亮。

图 5.151　移动块指令的应用梯形图

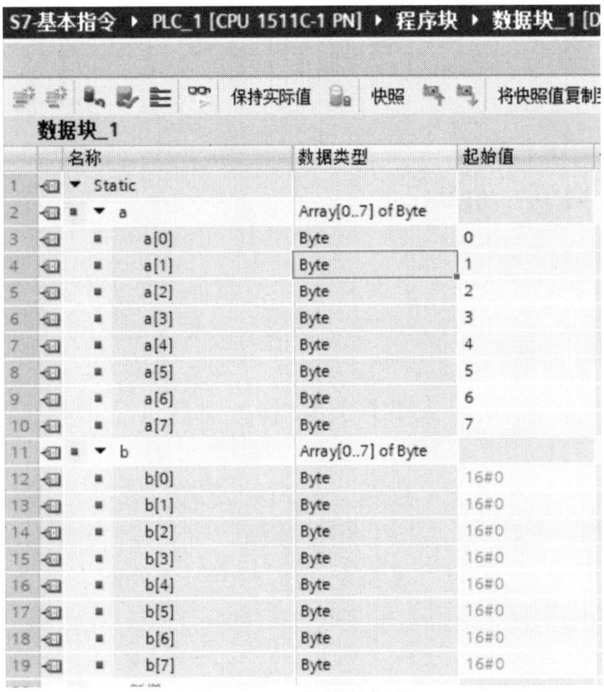

图 5.152　全局数据块

3. 不可中断的存储区移动指令（UMOVE_BLK）

不可中断的存储区移动指令功能与移动块指令相同，区别在于该指令在运行过程中不会被其他操作系统的任务打断。

4. 交换指令（SWAP）

（1）指令功能

交换指令可以更改输入 IN 中字节的顺序，输出并保存到 OUT 指定的地址中，当数据类型为 WORD 时，交换高、低字节的顺序；当数据类型为 DWORD 时，交换 4 个字节中的顺序，交换过程示意图如图 5.153 所示。

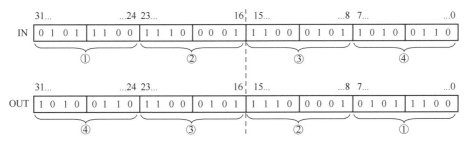

图 5.153 交换过程示意图

（2）梯形图格式

交换指令梯形图格式如图 5.154 所示。

（3）指令参数

表 5.66 为交换指令参数。

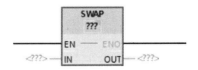

图 5.154 交换指令梯形图格式

表 5.66 交换指令参数

参　　数	声　　明	数 据 类 型	存　储　区	说　　明
EN	Input	BOOL	I、Q、M、D、L 或常量	使能输入
ENO	Output	BOOL	I、Q、M、D、L	使能输出
IN	Input	WORD、DWORD、LWORD	I、Q、M、D、L、P 或常量	要交换字节的操作数
OUT	Output	WORD、DWORD、LWORD	I、Q、M、D、L、P	结果

【实例 5.62】交换指令的应用。

图 5.155 为交换指令的应用梯形图：当按钮 I0.0 接通时，执行交换指令，把输入操作数 A 中数值（0000 1111 0101 0101）字节的顺序改变为（0101 0101 0000 1111），并存储在操作数 D 中。

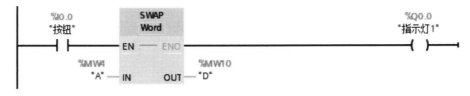

图 5.155 交换指令的应用梯形图

5. 填充块指令（FILL_BLK）

（1）指令功能

填充块指令可将输入 IN 的数据（源存储区）移动填充到输出 OUT 指定的目标存储区，可以使用参数 COUNT 指定复制操作的次数，仅当源存储区和目标存储区的数据类型相同时才能执行。

图 5.156　填充块指令梯形图格式

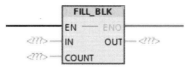

（2）梯形图格式

填充块指令梯形图格式如图 5.156 所示。

（3）指令参数

表 5.67 为填充块指令参数。

表 5.67　填充块指令参数

参　数	声　明	数据类型	存储区	说　明
EN	Input	BOOL	I、Q、M、D、L 或常量	使能输入
ENO	Output	BOOL	I、Q、M、D、L	使能输出
IN	Input	二进制数、整数、浮点数、定时器、DATE、CHAR、WCHAR、TOD、LTOD	I、Q、M、D、L、P 或常量	用于填充目标范围的数据
COUNT	Input	USINT、UINT、UDINT、ULINT	I、Q、M、D、L、P 或常量	移动操作的重复次数
OUT	Output	二进制数、整数、浮点数、定时器、DATE、CHAR、WCHAR、TOD、LTOD	D、L	目标范围中填充的起始地址

【实例 5.63】 填充块指令的应用。

图 5.157 为填充块指令的应用梯形图。梯形图中，全局数据块_1 的定义如图 5.158 所示：当按钮 I0.0 接通时，执行填充块指令，从操作数的第一个数据开始，将 3222 填充到 OUT 指定的“数据块_1”.a[0] 中 3 次。如果指令成功执行，将 ENO 使能输出的信号状态置位为“1”。

图 5.157　填充块指令的应用梯形图

数据块_1

	名称	数据类型	起始值
1	▼ Static		
2	▼ a	Array[0..7] of Int	
3	a[0]	Int	0
4	a[1]	Int	0
5	a[2]	Int	0
6	a[3]	Int	0
7	a[4]	Int	0
8	a[5]	Int	0
9	a[6]	Int	0
10	a[7]	Int	0

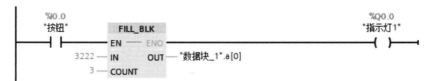

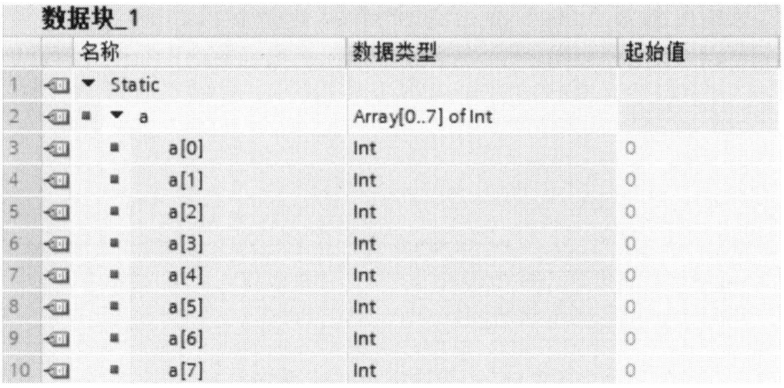

图 5.158　定义全局数据块_1

6. 不可中断的存储区填充指令（UFILL_BLK）

不可中断的存储区填充指令功能与填充块指令相同，区别在于该指令在运行过程中不会被其他操作系统的任务打断。

5.1.7 转换指令

一个指令中有关操作数的数据类型应一致，如果不一致，应进行转换。转换指令可将数据从一种数据类型转换为另一种数据类型。S7-1500 PLC 常用的转换指令如图 5.159 所示。

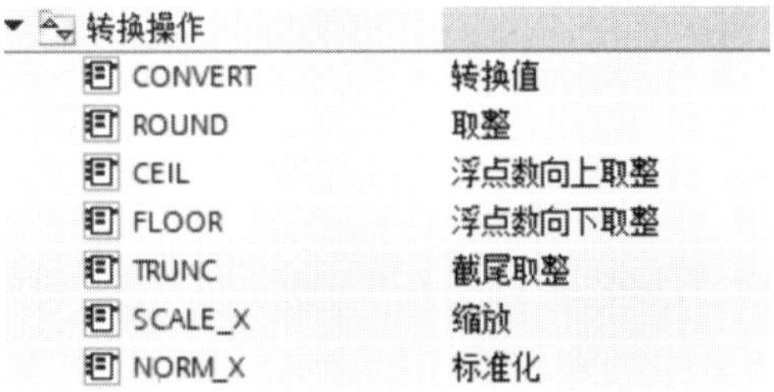

1. 转换值指令（CONVERT）

（1）指令功能

转换值指令将读取参数 IN 的数据，根据指令框中选择的数据类型对其进行转换，并由 OUT 输出。如果在转换过程中无错误，则使能输出 ENO 的信号状态为"1"；如果出现错误，则使能输出 ENO 的信号状态为"0"。

图 5.159 常用的转换指令

提示：在 S7-1500 PLC 的 CPU 中，DWORD 和 LWORD 数据类型只能与 REAL 或 LREAL 数据类型互相转换。

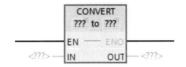

图 5.160 转换值指令梯形图格式

（2）梯形图格式

转换值指令梯形图格式如图 5.160 所示。

（3）指令参数

表 5.68 为转换值指令参数。

表 5.68 转换值指令参数

参数	声明	数据类型	存储区	说明
EN	Input	BOOL	I、Q、M、D、L 或常量	使能输入
ENO	Output	BOOL	I、Q、M、D、L	使能输出
IN	Input	位字符串、整数、浮点数、CHAR、WCHAR、BCD16、BCD32	I、Q、M、D、L、P 或常量	要转换的数据
OUT	Output	位字符串、整数、浮点数、CHAR、WCHAR、BCD16、BCD32	I、Q、M、D、L、P	转换结果

【实例 5.64】 转换值指令的应用。

（1）整数转换为双整数

图 5.161 为整数转换为双整数的应用梯形图：当按钮 I0.0 接通时，执行整数转换为双整数指令，把 MW40 中的十六进制整数 16#0012 转换为双整数 16#0000 0012，并输出到 MD40 存储区。转换过程示意图如图 5.162 所示。转换前、后数据大小没有变化，存放位置发生了变化。

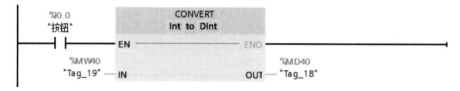

图 5.161　整数转换为双整数的应用梯形图

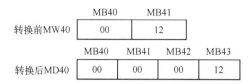

图 5.162　转换过程示意图

（2）双整数转换为实数

图 5.163 为双整数转换为实数的应用梯形图：当按钮 I0.0 接通时，执行双整数转换为实数指令，把 MD40 中的十进制双整数 16 转换为实数 16.0，并输出到 MD50 存储区（实数占用 4 个字节存储器）。

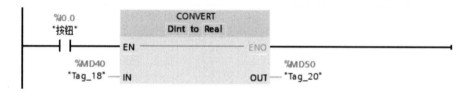

图 5.163　双整数转换为实数的应用梯形图

2. 取整指令（ROUND）

（1）指令功能

取整指令可将输入 IN 的值四舍五入取整为最接近的整数，并把结果发送到输出 OUT 存储器。如果指令成功执行，则置位输出 ENO。取整指令的输入 IN 为浮点数，可转换为一个 DINT 数据类型的整数。如果输入值恰好在一个偶数和一个奇数之间，则选择偶数。

图 5.164　取整指令梯形图格式

（2）梯形图格式

取整指令梯形图格式如图 5.164 所示。

（3）指令参数

表 5.69 为取整指令参数。

表 5.69　取整指令参数

参数	声明	数据类型	存储区	说明
EN	Input	BOOL	I、Q、M、D、L 或常量	使能输入
ENO	Output	BOOL	I、Q、M、D、L	使能输出
IN	Input	浮点数	I、Q、M、D、L、P 或常量	要取整的输入值
OUT	Output	整数、浮点数	I、Q、M、D、L、P	取整的结果

【实例 5.65】 取整指令的应用。

图 5.165 为取整指令的应用梯形图：当按钮 I0.0 接通时，执行取整指令，可将输入的浮点数 2.7 取整到最接近的整数 3，并发送到输出 MD40 中。如果指令成功执行，则置位输出指示灯 1 亮。

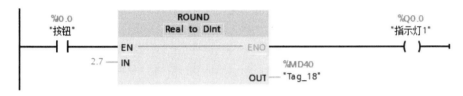

图 5.165　取整指令的应用梯形图

3. 浮点数向上取整指令（CEIL）

（1）指令功能

浮点数向上取整指令可将输入 IN 的值向上取整为相邻整数，并将输入的浮点数转换为较大的相邻整数，指令结果被发送到输出 OUT，输出值可以大于或等于输入值。

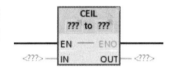

图 5.166　浮点数向上取整指令梯形图格式

（2）梯形图格式

浮点数向上取整指令梯形图格式如图 5.166 所示。

（3）指令参数

表 5.70 为浮点数向上取整指令参数。

表 5.70　浮点数向上取整指令参数

参　数	声　明	数据类型	存　储　区	说　明
EN	Input	BOOL	I、Q、M、D、L 或常量	使能输入
ENO	Output	BOOL	I、Q、M、D、L	使能输出
IN	Input	浮点数	I、Q、M、D、L、P 或常量	输入值
OUT	Output	整数、浮点数	I、Q、M、D、L、P	结果为相邻的较大整数

【实例 5.66】 浮点数向上取整指令的应用。

图 5.167 为浮点数向上取整指令的应用梯形图：当按钮 I0.0 接通时，执行浮点数向上取整指令，将输入的浮点数 125.56 向上取整到最接近的实数 126.0，发送到输出 MD30 中。如果指令成功执行，则置位输出指示灯 1 亮。

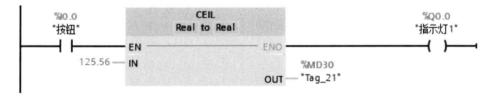

图 5.167　浮点数向上取整指令的应用梯形图

4. 浮点数向下取整指令（FLOOR）

（1）指令功能

浮点数向下取整指令可将输入 IN 的值向下取整为相邻整数，并将输入的浮点数转换为较小的相邻整数，指令结果被发送到输出 OUT，输出值可以小于或等于输入值。

（2）梯形图格式

浮点数向下取整指令梯形图格式如图 5.168 所示。

图 5.168　浮点数向下取整指令梯形图格式

（3）指令参数

表 5.71 为浮点数向下取整指令参数。

表 5.71　浮点数向下取整指令参数

参　数	声　明	数据类型	存　储　区	说　明
EN	Input	BOOL	I、Q、M、D、L 或常量	使能输入
ENO	Output	BOOL	I、Q、M、D、L	使能输出
IN	Input	浮点数	I、Q、M、D、L、P 或常量	输入值
OUT	Output	整数、浮点数	I、Q、M、D、L、P	结果为相邻的较小整数

【实例 5.67】浮点数向下取整指令的应用。

图 5.169 为浮点数向下取整指令的应用梯形图：当按钮 I0.0 接通时，执行浮点数向下取整指令，将输入的浮点数 125.56 向下取整到最接近的实数 125.0，并发送到输出 MD30 中。如果指令成功执行，则置位输出指示灯 1 亮。

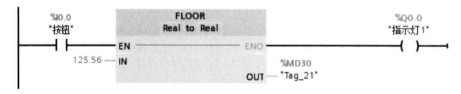

图 5.169　浮点数向下取整指令的应用梯形图

5. 截尾取整指令（TRUNC）

（1）指令功能

截尾取整指令可将输入 IN 的值的整数部分发送到输出 OUT，不带小数位。输入 IN 的值为浮点数。

（2）梯形图格式

截尾取整指令梯形图格式如图 5.170 所示。

图 5.170　截尾取整指令梯形图格式

（3）指令参数

表 5.72 为截尾取整指令参数。

表 5.72　截尾取整指令参数

参　数	声　明	数据类型	存　储　区	说　明
EN	Input	BOOL	I、Q、M、D、L 或常量	使能输入

续表

参　数	声　明	数据类型	存　储　区	说　明
ENO	Output	BOOL	I、Q、M、D、L	使能输出
IN	Input	浮点数	I、Q、M、D、L或常量	输入值
OUT	Output	整数、浮点数	I、Q、M、D、L	输入值的整数部分

【实例 5.68】截尾取整指令的应用。

图 5.171 为截尾取整指令的应用梯形图：当按钮 I0.0 接通时，执行截尾取整指令，将输入的浮点数 125.56 截尾取整为 125，并发送到输出 MD40 中。如果指令成功执行，则置位输出指示灯 1 亮。

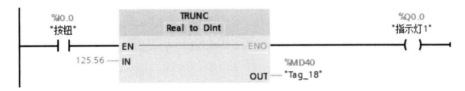

图 5.171　截尾取整指令的应用梯形图

6. 缩放指令（SCALE_X）

（1）指令功能

缩放指令可通过将输入 VALUE 的值映射到指定的范围，并对该值进行缩放。当执行缩放指令时，输入 VALUE 的浮点值（0≤VALUE≤1.0）被线性转换为由参数 MIN 和 MAX 定义范围，转换结果为整数，并存储在输出 OUT 指定的地址中。

缩放指令将按公式进行计算：OUT=[VALUE*(MAX-MIN)]+MIN。缩放指令示意图如图 5.172 所示。

（2）梯形图格式

缩放指令梯形图格式如图 5.173 所示。

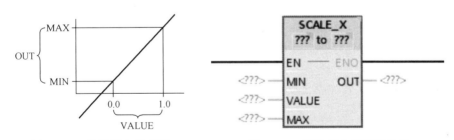

图 5.172　缩放指令示意图　　　图 5.173　缩放指令梯形图格式

（3）指令参数

表 5.73 为缩放指令参数。

表 5.73　缩放指令参数

参　数	声　明	数据类型	存　储　区	说　明
EN	Input	BOOL	I、Q、M、D、L或常量	使能输入

续表

参 数	声 明	数据类型	存 储 区	说 明
ENO	Output	BOOL	I、Q、M、D、L	使能输出
MIN	Input	整数、浮点数	I、Q、M、D、L或常量	取值范围的下限
VALUE	Input	浮点数	I、Q、M、D、L或常量	要缩放的值，如果输入一个常量，则必须对其声明
MAX	Input	整数、浮点数	I、Q、M、D、L或常量	取值范围的上限
OUT	Output	整数、浮点数	I、Q、M、D、L	缩放的结果

【实例5.69】缩放指令的应用。

缩放指令常用于模拟量 A/D 转换，如图 5.174 所示，当操作数 Tagin = I0.0 的信号状态为 "1" 时，执行缩放指令，输入 Tag_Value 的实数 0.5 将缩放到由输入 Tag_MIN = 0 和 Tag_MAX = 27648 定义的范围，结果存储在输出 Tag_Result = 13824 中。如果指令成功执行，则使能输出 ENO 的信号状态为 "1"，同时置位输出 TagOut。

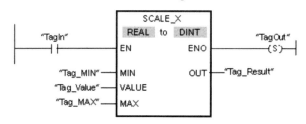

图 5.174 缩放指令的应用梯形图

7. 标准化指令（NORM_X）

(1) 指令功能

标准化指令将输入 VALUE 的值映射到线性标尺，对其进行线性标准化转换，得到一个 0~1.0 之间的浮点数，转换结果被输出到 OUT 指定的地址。参数 MIN 和 MAX 用于定义线性标尺的范围。如果要标准化的值等于输入 MIN 的值，则输出 OUT 为 0.0；如果要标准化的值等于输入 MAX 的值，则输出 OUT 为 1.0。因此标准化指令可按公式进行计算：OUT = (VALUE-MIN)/(MAX-MIN)。标准化指令示意图如图 5.175 所示。

(2) 梯形图格式

标准化指令梯形图格式如图 5.176 所示。

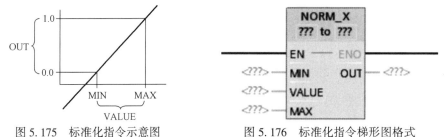

图 5.175 标准化指令示意图　　图 5.176 标准化指令梯形图格式

(3) 指令参数

表 5.74 为标准化指令参数。

表 5.74 标准化指令参数

参　数	声　明	数据类型	存　储　区	说　明
EN	Input	BOOL	I、Q、M、D、L 或常量	使能输入
ENO	Output	BOOL	I、Q、M、D、L	使能输出
MIN①	Input	整数、浮点数	I、Q、M、D、L 或常量	取值范围的下限
VALUE①	Input	整数、浮点数	I、Q、M、D、L 或常量	要标准化的值
MAX①	Input	整数、浮点数	I、Q、M、D、L 或常量	取值范围的上限
OUT	Output	浮点数	I、Q、M、D、L	标准化结果

注：①，如果在这三个参数中都使用常量，则仅需声明其中一个。

【实例 5.70】 标准化指令的应用。

标准化指令常用于模拟量 D/A 转换，如图 5.177 所示，当操作数 Tag in=I0.0 的信号状态为"1"时，执行标准化指令，将输入 Tag_Value=13824 标准化到由输入 Tag_MIN=0 和 Tag_MAX=1.0 定义的范围。其结果输出并存储在 Tag_Result=0.5 中。如果指令成功执行，则使能输出 ENO 的信号状态为"1"，同时置位输出 TagOut。

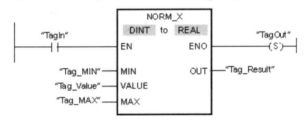

图 5.177 标准化指令的应用梯形图

5.1.8 程序控制指令

程序控制指令包括跳转指令、块操作指令及运行时控制指令，如图 5.178 所示。

1. 跳转指令（JMP）、(JMPN）与跳转标签（LABEL）

（1）指令功能

① 当跳转指令（JMP）的输入逻辑运算结果（RLO）为"1"时，跳转指令将中断正在顺序执行的程序，跳转到由指定跳转标签（LABEL）标识的程序段并执行，执行完毕，再返回到跳转处，继续执行后续程序。

如果不满足跳转指令的输入条件（RLO=0），则继续执行程序。

② 当跳转指令（JMPN）的输入逻辑运算结果（RLO）为"0"时，跳转指令将中断正在顺序执行的程序，与 JMP 用法一样，在此不再赘述。

③ 跳转标签可标识跳转的目标程序段。

图 5.178 程序控制指令

提示：指定的跳转标签与执行的指令必须位于同一数据块中。指定的名称在数据块中只能出现一次。S7-1500 PLC 最多可以声明 256 个跳转标签。一个程序段中只能设置一个跳转标签。每个跳转标签可以跳转到多个位置。

（2）梯形图格式

跳转指令与跳转标签的梯形图格式分别如图 5.179、图 5.180 所示，在"???"处可指定跳转标签的名称。

图 5.179 跳转指令梯形图格式

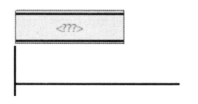

图 5.180 跳转标签梯形图格式

跳转标签名称的编写应遵循以下语法规则：
① 最多由四位组成，第一位必须是字母，即 a～z 或 A～Z，例如 CAS1；
② 字母和数字组合时需注意排列顺序，即首先是字母，然后是数字；
③ 不能使用特殊字符或反向排序字母与数字组合。

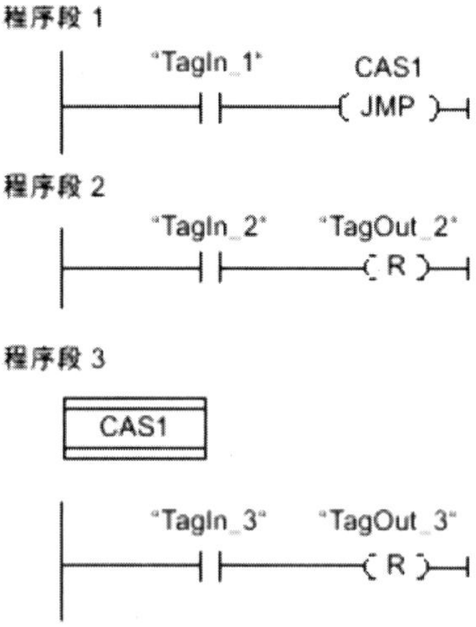

【实例 5.71】跳转指令与跳转标签的应用。

图 5.181 为跳转指令与跳转标签的应用梯形图：当操作数 Tagin_1 的信号状态为"1"时，执行跳转指令，跳转到由跳转标签 CAS1 标识的程序段 3 并执行，如果 Tagin_3 输入的信号状态为"1"，则置位 TagOut_3 输出。

当操作数 Tagin_1 的信号状态为"0"时，不执行跳转指令，继续按顺序执行程序段 2。

2. 定义跳转列表指令（JMP_LIST）

（1）指令功能

定义跳转列表指令仅在 EN 使能输入的信号状态为"1"时才执行，可定义多个有条件跳转，并继续执行由 K 参数指定程序段中的程序。

可使用跳转标签（LABEL）定义跳转，跳转标签由可以在指令框的输出指定。输出从 0 开始编号，按升序排列，只能指定跳转标签，不能指定指令或操作数。

图 5.181 跳转指令与跳转标签的应用梯形图

K 参数可指定输出编号，程序将从跳转标签处执行。如果 K 参数大于可用的输出编号，则执行下个程序段中的程序。

（2）梯形图格式

定义跳转列表指令梯形图格式如图 5.182 所示。

图 5.182 定义跳转列表指令梯形图格式

（3）指令参数

表 5.75 为定义跳转列表指令参数。

表 5.75　定义跳转列表指令参数

参　数	声　明	数据类型	存　储　区	说　明
EN	Input	BOOL	I、Q、M、D、L 或常量	使能输入
K	Input	UINT	I、Q、M、D、L 或常数	指定输出的编号及要执行的跳转
DEST0	—	—	—	第一个跳转标签
DEST1	—	—	—	第二个跳转标签
DESTn	—	—	—	可选跳转标签

【实例 5.72】定义跳转列表指令的应用。

图 5.183 为定义跳转列表指令的应用梯形图：当操作数 Tag_Input 的信号状态为"1"时，执行定义跳转列表指令，根据操作数 Tag_Value 中的值在跳转标签标识的程序段中执行程序。如果 Tag_Value=0，则执行跳转标签 LABEL0 标识的程序段；如果 Tag_Value=1，则执行跳转标签 LABEL1 标识的程序段。

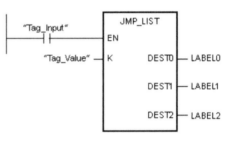

图 5.183　定义跳转列表指令的应用梯形图

3. 跳转分配器指令（SWITCH）

（1）指令功能

跳转分配器指令可根据一个或多个比较指令的结果，定义要执行的多个程序跳转。参数 K 指定要比较的值，将该值与各个输入提供的值进行比较。例如，>、<、<= 等各比较指令的可用性取决于指令的数据类型，见表 5.76。跳转分配器指令从第一个值开始比较，直至满足比较条件，并执行相对应输出设定的跳转程序，不考虑后续比较条件。如果未满足任何指定的比较条件，将在输出端 ELSE 执行跳转。如果输出端 ELSE 未定义程序跳转，则从下一个程序段执行程序。

表 5.76　根据选定的数据类型列出可用的比较指令

数据类型	指　　令	语　　法
位字符串	等于	==
	不等于	<>
整数、浮点数、TIME、LTIME、DATE、TOD、LTOD、LDT	等于	==
	不等于	<>
	大于等于	>=
	小于等于	<=
	大于	>
	小于	<

跳转分配器指令可在指令框中增加输出的数量，从 0 开始编号，按升序排列，可在指令的输出中指定跳转标签（LABEL），不能指定指令或操作数。

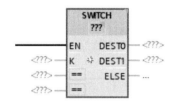

图 5.184 跳转分配器指令的梯形图格式

(2) 梯形图格式

跳转分配器指令的梯形图格式如图 5.184 所示。选择指令"???"的不同数据类型，输入可用的比较指令也有所不同。

(3) 指令参数

表 5.77 为跳转分配器指令参数。

表 5.77 跳转分配器指令参数

参 数	声 明	数 据 类 型	存 储 区	说 明
EN	Input	BOOL	I、Q、M、D、L 或常量	使能输入
K	Input	UINT	I、Q、M、D、L 或常量	指定要比较的值
<比较值>	Input	位字符串、整数、浮点数、TIME、LTIME、DATE、TOD、LTOD、LDT	I、Q、M、D、L 或常量	要与参数 K 的值进行比较的输入值
DEST0	—	—	—	第一个跳转标签
DEST1	—	—	—	第二个跳转标签
ELSE	—	—	—	在不满足任何比较条件时，执行的程序跳转

【实例 5.73】跳转分配器指令的应用。

图 5.185 为跳转分配器指令的应用梯形图，参数见表 5.78，当操作数 Tag_Input 的信号状态为"1"时，执行跳转分配器指令；当 Tag_Value = 23 与 Tag_Value_1 = 20 进行相等比较，且比较结果不相等时不跳转；继续向下对 Tag_Value = 23 与 Tag_Value_2 = 21 进行大于比较，若比较结果满足，则跳转到跳转标签 LABEL1 标识的程序段中执行程序。

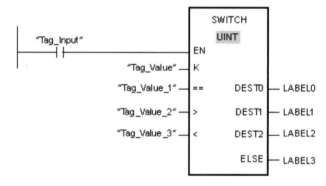

图 5.185 跳转分配器指令的应用梯形图

表 5.78 跳转分配器的参数

参 数	操作数/跳转标签	说 明
K	Tag_Value	23
==	Tag_Value_1	20
>	Tag_Value_2	21
<	Tag_Value_3	19

续表

参　数	操作数/跳转标签	说　明
DEST0	LABEL0	跳转到跳转标签 LABEL0（如果参数 K 等于 20）
DEST1	LABEL1	跳转到跳转标签 LABEL1（如果参数 K 大于 21）
DEST2	LABEL2	跳转到跳转标签 LABEL2（如果参数 K 小于 19）
ELSE	LABEL3	如果不满足任何比较条件，则跳转到跳转标签 LABEL3

4. 返回指令（RET）

FC 或 FB 可使用返回指令停止有条件执行或无条件执行，在一般情况下，不需要在程序结束时使用 RET 指令来结束。

图 5.186 为返回指令梯形图，"???"是一个返回值，使用时需要输入一个布尔量，如果返回值设置为"1"，则在返回上一级程序后，FC 或 FB 的使能输出端 ENO 有信号输出，使其后面的指令继续执行；如果返回值设置为"0"，则返回上一级程序后，FC 或 FB 使能输出端 ENO 没有信号输出，使其后面的指令停止执行。

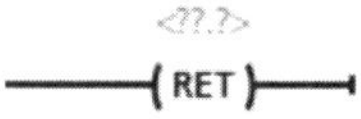

图 5.186　返回指令梯形图

5.1.9　字逻辑运算指令

字逻辑运算指令可对 BYTE（字节）、WORD（字）、DWORD（双字）、LWORD（长字）逐位进行逻辑运算操作。常用的字逻辑运算指令如图 5.187 所示。

1. "与"运算指令（AND）

(1) 指令功能

"与"运算指令可将输入 IN1 的值和输入 IN2 的值按位进行"与"运算，其结果由 OUT 输出。

执行指令时，输入 IN1 的位 0 和输入 IN2 的位 0 进行"与"运算，其结果存储在输出 OUT 的位 0 中。对输入值的所有其他位都执行相同的逻辑运算，当逻辑运算中两个位的信号状态均为"1"时，结果位的信号状态才为"1"；如果逻辑运算中的两个位有一个位的信号状态为"0"，则对应的结果位将是"0"。

图 5.187　常用的字逻辑运算指令

"与"运算指令可扩展输入数量，在功能框中按升序自动编号。

(2) 梯形图格式

"与"运算指令梯形图格式如图 5.188 所示。

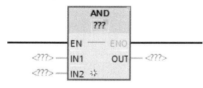

图 5.188　"与"运算指令梯形图格式

(3) 指令参数

表 5.79 为"与"运算指令参数。

表 5.79 "与"运算指令参数

参　数	声　明	数据类型	存　储　区	说　明
EN	Input	BOOL	I、Q、M、D、L 或常量	使能输入
ENO	Output	BOOL	I、Q、M、D、L	使能输出
IN1	Input	位字符串	I、Q、M、D、L、P 或常量	逻辑运算的第一个值
IN2	Input	位字符串	I、Q、M、D、L、P 或常量	逻辑运算的第二个值
INn	Input	位字符串	I、Q、M、D、L、P 或常量	其值要进行逻辑组合的其他输入
OUT	Output	位字符串	I、Q、M、D、L、P	指令的结果

【实例 5.74】"与"运算指令的应用。

图 5.189 为"与"运算指令的应用梯形图：当按钮 I0.0 接通时，执行"与"运算指令，将操作数 A 的值与操作数 B 的值进行"与"运算，结果按位映射并输出到操作数 result 中，使能输出 ENO 置"1"，指示灯 1 亮。"与"运算指令的工作过程如图 5.190 所示。

```
A  0101 0101 0101 0101
B  0000 0000 0000 1111
与 ─────────────────────
C  0000 0000 0000 0101
```

图 5.189　"与"运算指令的应用梯形图　　　图 5.190　"与"运算指令的工作过程

2. "或"运算指令（OR）

（1）指令功能

"或"运算指令可将输入 IN1 的值和输入 IN2 的值按位进行"或"运算，其结果由 OUT 输出。

执行指令时，输入 IN1 的位 0 和输入 IN2 的位 0 进行"或"运算，其结果存储在输出 OUT 的位 0 中，对输入值的所有其他位都执行相同的逻辑运算，当逻辑运算中两个位的信号状态均为"0"时，结果位的信号状态才为"0"；如果逻辑运算中的两个位有一个位的信号状态为"1"或全为"1"，则对应的结果位将是"1"。

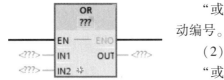

"或"运算指令可扩展输入数量，在功能框中按升序自动编号。

（2）梯形图格式

"或"运算指令梯形图格式如图 5.191 所示。

图 5.191　"或"运算指令梯形图格式

（3）指令参数

表 5.80 为"或"运算指令参数。

表 5.80 "或"运算指令参数

参　数	声　明	数据类型	存　储　区	说　明
EN	Input	BOOL	I、Q、M、D、L 或常量	使能输入
ENO	Output	BOOL	I、Q、M、D、L	使能输出

续表

参　数	声　明	数据类型	存　储　区	说　明
IN1	Input	位字符串	I、Q、M、D、L、P 或常量	逻辑运算的第一个值
IN2	Input	位字符串	I、Q、M、D、L、P 或常量	逻辑运算的第二个值
INn	Input	位字符串	I、Q、M、D、L、P 或常量	其值要进行逻辑组合的其他输入
OUT	Output	位字符串	I、Q、M、D、L、P	指令的结果

【实例 5.75】"或"运算指令的应用。

图 5.192 为"或"运算指令的应用梯形图：当按钮 I0.0 接通时，执行"或"运算指令，将操作数 A 的值与操作数 B 的值进行"或"运算，结果按位映射并输出到操作数 result 中，使能输出 ENO 置"1"，指示灯 1 亮。"或"运算指令的工作过程如图 5.193 所示。

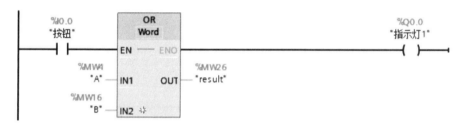

图 5.192　"或"运算指令的应用梯形图

```
    A  0101 0101 0101 0101
    B  0000 0000 0000 1111
或 ─────────────────────
    C  0101 0101 0101 1111
```

图 5.193　"或"运算指令的工作过程

3. "异或"运算指令（XOR）

（1）指令功能

"异或"运算指令可将输入 IN1 的值和输入 IN2 的值按位进行"异或"运算，其结果由 OUT 输出。

执行指令时，输入 IN1 的位 0 和输入 IN2 的位 0 进行"异或"运算，其结果存储在输出 OUT 的位 0 中，对输入值的所有其他位都执行相同的逻辑运算，当逻辑运算中的两个位中有一个位的信号状态为"1"时，结果位的信号状态为"1"；如果逻辑运算中两个位的信号状态均为"1"或"0"，则对应的结果位为"0"。

"异或"运算指令可扩展输入数量，在功能框中按升序自动编号。

（2）梯形图格式

"异或"运算指令梯形图格式如图 5.194 所示。

（3）指令参数

表 5.81 为"异或"运算指令参数。

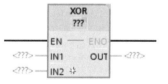

图 5.194　"异或"运算指令梯形图格式

表 5.81 "异或"运算指令参数

参 数	声 明	数据类型	存 储 区	说 明
EN	Input	BOOL	I、Q、M、D、L 或常量	使能输入
ENO	Output	BOOL	I、Q、M、D、L	使能输出
IN1	Input	位字符串	I、Q、M、D、L、P 或常量	逻辑运算的第一个值
IN2	Input	位字符串	I、Q、M、D、L、P 或常量	逻辑运算的第二个值
INn	Input	位字符串	I、Q、M、D、L、P 或常量	其值要进行逻辑组合的其他输入
OUT	Output	位字符串	I、Q、M、D、L、P	指令的结果

【实例 5.76】"异或"运算指令的应用。

图 5.195 为"异或"运算指令的应用梯形图：当按钮 I0.0 接通时，执行"异或"运算指令，将操作数 A 的值与操作数 B 的值进行"异或"运算，结果按位映射并输出到操作数 result 中，使能输出 ENO 置"1"，指示灯 1 亮。"异或"运算指令的工作过程如图 5.196 所示。

图 5.195 "异或"运算指令的应用梯形图

```
A   0101 0101 0101 0101
B   0000 0000 0000 1111
异或 ────────────────────
C   0101 0101 0101 1010
```

图 5.196 "异或"运算指令的工作过程

4. 求反码指令（INVERT）

（1）指令功能

求反码指令可对输入 IN 的值的各个位的信号状态取反。执行指令时，输入 IN 的值与一个十六进制掩码（表示 16 位数的 W#16#FFFF 或表示 32 位数的 DW#16#FFFF FFFF）进行"异或"运算，将各个位的信号状态取反，其结果存储在输出 OUT 中。

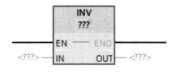

图 5.197 求反码指令的梯形图格式

（2）梯形图格式

求反码指令的梯形图格式如图 5.197 所示。

（3）指令参数

表 5.82 为求反码指令参数。

表 5.82 求反码指令参数

参数	声明	数据类型	存储区	说明
EN	Input	BOOL	I、Q、M、D、L 或常量	使能输入
ENO	Output	BOOL	I、Q、M、D、L	使能输出
IN	Input	位字符串、整数	I、Q、M、D、L、P 或常量	输入值
OUT	Output	位字符串、整数	I、Q、M、D、L、P	输入 IN 的值的反码

【实例 5.77】求反码指令的应用。

图 5.198 为求反码指令的应用梯形图：当按钮 I0.0 接通时，执行求反码指令，对输入 A=W#16#000F 的各个位的信号状态取反，并将结果写入输出 result=W#16#FFF0，使能输出 ENO 的信号状态为"1"，指示灯 1 亮。

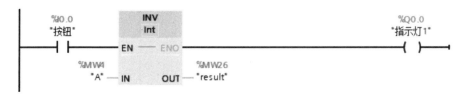

图 5.198 求反码指令的应用梯形图

5. 解码指令（DECO）

（1）指令功能

解码指令可将输入值指定的输出值中的某个位置位。如果输入 IN 的值为 N，则解码指令将输出 OUT 中的第 N 位置位为"1"，其他位用 0 填充，当输入 IN 的值大于 31 时，将执行以 32 为模的指令。

（2）梯形图格式

解码指令梯形图格式如图 5.199 所示。

（3）指令参数

表 5.83 为解码指令参数。

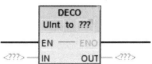

图 5.199 解码指令梯形图格式

表 5.83 解码指令参数

参数	声明	数据类型	存储区	说明
EN	Input	BOOL	I、Q、M、D、L 或常量	使能输入
ENO	Output	BOOL	I、Q、M、D、L	使能输出
IN	Input	UINT	I、Q、M、D、L、P 或常量	输出值中待置位位的位置
OUT	Output	位字符串	I、Q、M、D、L、P	输出值

【实例 5.78】解码指令的应用。

图 5.200 为解码指令的应用梯形图：当按钮 I0.0 接通时，执行解码指令，从输入的 A 操作数中读取位号 3，并将输出 result 操作数的第三位置"1"，即 result=1000。如果指令执行成功，则使能输出 ENO 的信号状态为"1"，同时置位输出指示灯 1 亮。解码指令的工作过程如图 5.201 所示。

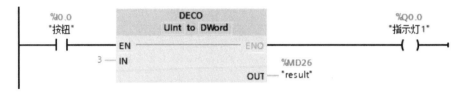

图 5.200 解码指令的应用梯形图

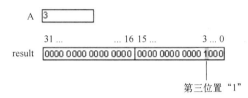

图 5.201 解码指令的工作过程

6. 编码指令（ENCO）

（1）指令功能

编码指令与解码指令相反。编码指令是将输入 IN 的值中为 1 的最低有效位的位号写入输出 OUT 的变量。例如，IN 为 2#00100100，OUT 指定的编码结果为 2。

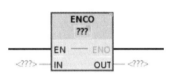

图 5.202 编码指令梯形图格式

（2）梯形图格式

编码指令梯形图格式如图 5.202 所示。

（3）指令参数

表 5.84 为编码指令参数。

表 5.84 编码指令参数

参 数	声 明	数 据 类 型	存 储 区	说 明
EN	Input	BOOL	I、Q、M、D、L 或常量	使能输入
ENO	Output	BOOL	I、Q、M、D、L	使能输出
IN	Input	位字符串	I、Q、M、D、L、P 或常量	输入值
OUT	Output	INT	I、Q、M、D、L、P	输出值

【实例 5.79】编码指令的应用。

图 5.203 为编码指令的应用梯形图：当按钮 I0.0 接通时，执行编码指令，从输入的 A 操作数中选择最低有效位，并将位号 3 写入输出 result，即 result = 3。如果指令执行成功，则使能输出 ENO 的信号状态为"1"，同时置位输出指示灯 1 亮。编码指令的工作过程如图 5.204 所示。

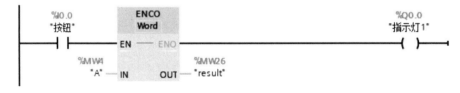

图 5.203 编码指令的应用梯形图

第5章 S7-1500 PLC 的常用指令

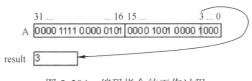

图 5.204 编码指令的工作过程

7. 选择指令 (SEL)

(1) 指令功能

选择指令可根据开关（输入 G）的情况，选择输入 IN0 或 IN1 中的一个，将其内容复制到输出 OUT。如果输入 G 的信号状态为 "0"，则将输入 IN0 的值复制到输出 OUT。如果输入 G 的信号状态为 "1"，则将输入 IN1 的值复制到输出 OUT。如果指令成功执行，则使能输出 ENO 的信号状态为 "1"。

选择指令所有参数的所有变量都必须具有相同的数据类型。

(2) 梯形图格式

选择指令梯形图格式如图 5.205 所示。

(3) 指令参数

表 5.85 为选择指令参数。

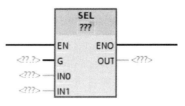

图 5.205 选择指令梯形图格式

表 5.85 选择指令参数

参数	声明	数据类型	存储区	说明
EN	Input	BOOL	I、Q、M、D、L 或常量	使能输入
ENO	Output	BOOL	I、Q、M、D、L	使能输出
G	Input	BOOL	I、Q、M、D、L、T、C 或常量	开关
IN0	Input	位字符串、整数、浮点数、定时器、TOD、LTOD、LDT、CHAR、WCHAR、DATE	I、Q、M、D、L、P 或常量	第一个输入值
IN1	Input	位字符串、整数、浮点数、定时器、TOD、LTOD、LDT、CHAR、WCHAR、DATE	I、Q、M、D、L、P 或常量	第二个输入值
OUT	Output	位字符串、整数、浮点数、定时器、TOD、LTOD、LDT、CHAR、WCHAR、DATE	I、Q、M、D、L、P	结果

【实例 5.80】 选择指令的应用。

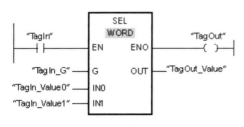

图 5.206 选择指令的应用梯形图

图 5.206 为选择指令的应用梯形图：当按钮 TagIn 接通时，执行选择指令，即根据 TagIn_G 输入的信号状态，选择 TagIn_Value0 或 TagIn_Value1 输入的值，将其复制到 TagOut_Value。如果指令成功执行，则使能输出 ENO 的信号状态为 "1"，同时置位输出 TagOut。

8. 多路复用指令 (MUX)

(1) 指令功能

多路复用指令可将选定输入的内容复制到输出 OUT。执行指令时,接口参数 K 的数值与输入参数 IN 的编号相比较,若相等,则可将接口所连接变量的值复制到输出 OUT,同时使能输出 ENO 有信号输出;如果没有相等的,则将 ELSE 接口变量的值复制到输出 OUT,同时使能输出 ENO 停止信号输出。

多路复用指令可以扩展指令框中可选输入的数量,按升序编号,最多可声明 32 个输入。

多路复用指令只有当所有输入和输出变量中的数据类型都相同时才能执行。参数 K 例外,只能为其指定整数。

(2) 梯形图格式

多路复用指令梯形图格式如图 5.207 所示。

(3) 指令参数

表 5.86 为多路复用指令参数。

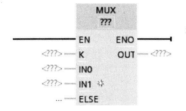

图 5.207 多路复用指令梯形图格式

表 5.86 多路复用指令参数

参数	声明	数据类型	存储区	说明
EN	Input	BOOL	I、Q、M、D、L 或常量	使能输入
ENO	Output	BOOL	I、Q、M、D、L	使能输出
K	Input	整数	I、Q、M、D、L、P 或常量	指定要复制哪个输入值。 • 如果 $K=0$,则复制输入 IN0 的值 • 如果 $K=1$,则复制输入 IN1 的值。依此类推
IN0	Input	二进制数、整数、浮点数、定时器、CHAR、WCHAR、TOD、LTOD、DATE、LDT	I、Q、M、D、L、P 或常量	第一个输入值
IN1	Input	二进制数、整数、浮点数、定时器、CHAR、WCHAR、TOD、LTOD、DATE、LDT	I、Q、M、D、L、P 或常量	第二个输入值
INn	Input	二进制数、整数、浮点数、定时器、CHAR、WCHAR、TOD、LTOD、DATE、LDT	I、Q、M、D、L、P 或常量	可选的输入值
ELSE	Input	二进制数、整数、浮点数、定时器、CHAR、WCHAR、TOD、LTOD、DATE、LDT	I、Q、M、D、L、P 或常量	指定 $K>n$ 时要复制的值
OUT	Output	二进制数、整数、浮点数、定时器、CHAR、WCHAR、TOD、LTOD、DATE、LDT	I、Q、M、D、L、P	要将值复制到的输出

【实例 5.81】 多路复用指令的应用。

图 5.208 为多路复用指令的应用梯形图:当操作数 Tag_Input 的信号状态为"1"时,执行多路复用指令;如果 Tag_Number=1,则根据操作数 Tag_Number 的值,将输入 Tag_Value_1 的值复制并分配给输出 Tag_Result;如果指令成功执行,则置位使能输出 ENO 和 Tag_Output。

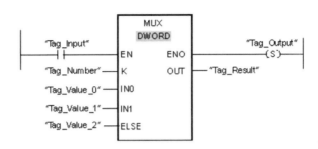

图 5.208　多路复用指令的应用梯形图

9. 多路分用指令（DEMUX）

（1）指令功能

多路分用指令（DEMUX）与多路复用指令相反，可将输入 IN 的内容复制到选定的输出。

执行指令时，接口参数 K 的数值与输出参数 OUT 的编号相比较，若相等，则可将输入 IN 所连接变量的值复制到输出 OUT，同时使能输出 ENO 有信号输出；如果没有相等的，则将输入 IN 变量的值复制到输出 ELSE，同时使能输出 ENO 停止信号输出。

多路分用指令可以扩展指令框中可选输出的数量，按升序编号，最多可声明 32 个输出。

多路分用指令只有在输入和输出所有变量的数据类型都相同时才能执行。参数 K 例外，只能为其指定整数。

（2）梯形图格式

多路分用指令梯形图格式如图 5.209 所示。

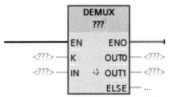

图 5.209　多路分用指令梯形图格式

（3）指令参数

表 5.87 为多路分用指令参数。

表 5.87　多路分用指令参数

参　数	声　明	数据类型	存　储　区	说　明
EN	Input	BOOL	I、Q、M、D、L 或常量	使能输入
ENO	Output	BOOL	I、Q、M、D、L	使能输出
K	Input	整数	I、Q、M、D、L、P 或常量	指定要将输入值（IN）复制到的输出。 • 如果 K=0，则复制到 OUT0。 • 如果 K=1，则复制到 OUT1。 依此类推
IN	Input	二进制数、整数、浮点数、定时器、CHAR、WCHAR、TOD、LTOD、DATE、LDT	I、Q、M、D、L、P 或常量	输入值
OUT0	Output	二进制数、整数、浮点数、定时器、CHAR、WCHAR、TOD、LTOD、DATE、LDT	I、Q、M、D、L、P	第一个输出值
OUT1	Output	二进制数、整数、浮点数、定时器、CHAR、WCHAR、TOD、LTOD、DATE、LDT	I、Q、M、D、L、P	第二个输出值

续表

参数	声明	数据类型	存储区	说明
OUTn	Output	二进制数、整数、浮点数、定时器、CHAR、WCHAR、TOD、LTOD、DATE、LDT	I、Q、M、D、L、P	可选输出值
ELSE	Output	二进制数、整数、浮点数、定时器、CHAR、WCHAR、TOD、LTOD、DATE、LDT	I、Q、M、D、L、P	要将输入值（K>n 时的 IN）复制到的输出

【实例 5.82】 多路分用指令的应用。

图 5.210 为多路分用指令的应用梯形图：当操作数 Tag_Input 的信号状态为"1"时，执行多路分用指令；如果 Tag_Number=1，则将输入 Tag_Value 的值复制并分配到输出 Tag_Output_1；如果指令成功执行，则置位使能输出 ENO 和 Tag_Output。

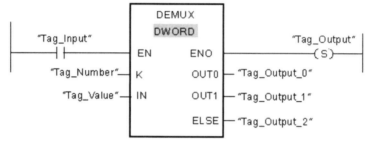

图 5.210 多路分用指令的应用梯形图

5.1.10 移位和循环移位指令

1. 右移指令（SHR）

（1）指令功能

右移指令可将输入 IN 操作数中的内容按照参数 N 指定的移位位数向右移位，并将移位结果保存到输出 OUT。

如果参数 N 的值为 0，则将输入 IN 的值复制到输出 OUT；如果参数 N 的值大于位数，则输入 IN 的操作数值将向右移动该指令的位数。

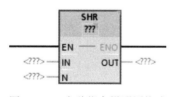

图 5.211 右移指令梯形图格式

若为无符号值移位，则用 0 填充操作数左侧区域中空出的位。如果指定值有符号，则用符号位的信号状态填充空出的位。

（2）梯形图格式

右移指令梯形图格式如图 5.211 所示。

（3）指令参数

表 5.88 为右移指令参数。

表 5.88 右移指令参数

参数	声明	数据类型	存储区	说明
EN	Input	BOOL	I、Q、M、D、L 或常量	使能输入

续表

参数	声明	数据类型	存储区	说明
ENO	Output	BOOL	I、Q、M、D、L	使能输出
IN	Input	位字符串、整数	I、Q、M、D、L 或常量	要移位的值
N	Input	USINT、UINT、UDINT、ULINT	I、Q、M、D、L 或常量	将对值进行移位的位数
OUT	Output	位字符串、整数	I、Q、M、D、L	指令的结果

【实例 5.83】右移指令的应用。

图 5.212 为右移指令的应用梯形图：将操作数 A 的值设定为 2#1010 1111 0000 1111，参数 N 的值设定为 4，当按钮 I0.0 接通时，执行右移指令，将操作数 A 的值按照参数 N 设定的数值向右移动 4 位，结果发送到输出 result（result=2#1111 1010 1111 0000）。如果指令成功执行，则使能输出 ENO 的信号状态为"1"，同时置位输出指示灯 1 亮。有符号数右移过程示意图如图 5.213 所示。

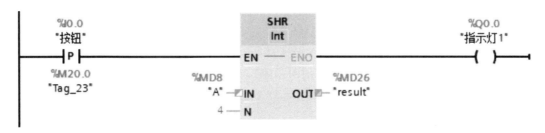

图 5.212 右移指令的应用梯形图

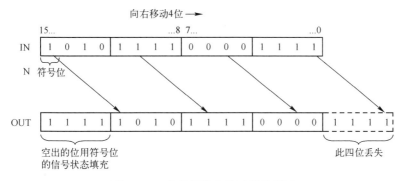

图 5.213 有符号数右移过程示意图

2. 左移指令（SHL）

（1）指令功能

左移指令可将输入 IN 操作数中的内容按照参数 N 指定的移位位数向左移位，并将移位结果保存在输出 OUT 中。

如果参数 N 的值为 0，则将输入 IN 的值复制到输出 OUT 的操作数中；如果参数 N 的值大于位数，则输入 IN 的值将向左移动移位的位数。

移位无符号值时，用零填充操作数右侧区域中空出的位。如果指定值有符号，则用符号

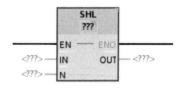

图 5.214 左移指令的梯形图格式

位的信号状态填充空出的位。

（2）梯形图格式

左移指令的梯形图格式如图 5.214 所示。

（3）指令参数

表 5.89 为左移指令参数。

表 5.89　左移指令参数

参　数	声　明	数据类型	存　储　区	说　明
EN	Input	BOOL	I、Q、M、D、L 或常量	使能输入
ENO	Output	BOOL	I、Q、M、D、L	使能输出
IN	Input	位字符串、整数	I、Q、M、D、L 或常量	要移位的值
N	Input	USINT、UINT、UDINT、ULINT	I、Q、M、D、L 或常量	将对值进行移位的位数
OUT	Output	位字符串、整数	I、Q、M、D、L	指令的结果

【实例 5.84】 左移指令的应用。

图 5.215 为左移指令的应用梯形图：将参数 A 的值设定为 2#0000 1111 0101 0101，参数 N 的值设定为 6，当按钮 I0.0 接通时，执行左移指令，把操作数 A 中的值向左移动 6 位，结果发送到输出 result 中（result = 2#1101 0101 0100 0000）。如果指令成功执行，则使能输出 ENO 的信号状态为 "1"，同时置位输出指示灯 1 亮。无符号数左移过程示意图如图 5.216 所示。

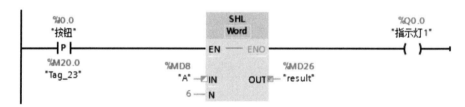

图 5.215　左移指令的应用梯形图

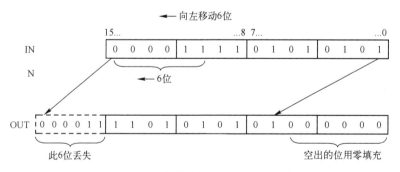

图 5.216　无符号数左移过程示意图

3. 循环右移指令（ROR）

（1）指令功能

循环右移指令可将输入 IN 操作数中的内容按照参数 N 指定循环移位的位数

向右循环移位,并将移动结果保存到输出 OUT 中,用移出的位填充因循环移位而空出的位。

如果参数 N 的值为 0,则将输入 IN 的值复制到输出 OUT 的操作数中。

如果参数 N 的值大于移位位数,则输入 IN 操作数中的值仍会循环移动指定位数。

（2）梯形图格式

循环右移指令的梯形图格式如图 5.217 所示。

（3）指令参数

表 5.90 为循环右移指令参数。

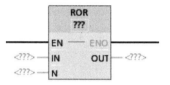

图 5.217 循环右移指令的梯形图格式

表 5.90 循环右移指令参数

参数	声明	数据类型	存储区	说明
EN	Input	BOOL	I、Q、M、D、L 或常量	使能输入
ENO	Output	BOOL	I、Q、M、D、L	使能输出
IN	Input	位字符串、整数	I、Q、M、D、L 或常量	要循环移位的值
N	Input	USINT、UINT、UDINT、ULINT	I、Q、M、D、L 或常量	将值循环移位的位数
OUT	Output	位字符串、整数	I、Q、M、D、L	指令的结果

【实例 5.85】 循环右移指令的应用。

图 5.218 为循环右移指令的应用梯形图:将参数 A 的值设定为 32 位 2#10101010000111 10000111101010101,参数 N 的值设定为 3,当按钮 I0.0 接通时,执行循环右移指令,将 A 的值向右循环移动 3 位,其结果发送到输出 result 中。如果指令成功执行,则使能输出 ENO 的信号状态为"1",同时置位输出指示灯 1 亮。循环右移过程示意图如图 5.219 所示。

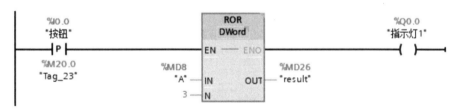

图 5.218 循环右移指令的应用梯形图

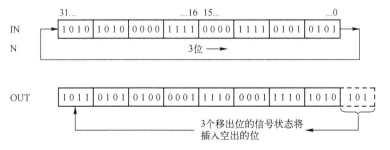

图 5.219 循环右移过程示意图

4. 循环左移指令（ROL）

（1）指令功能

循环左移指令可将输入 IN 操作数中的内容按照参数 N 指定循环移位的位数向左循环移位，并将移动结果保存到输出 OUT 中，用移出的位填充因循环移位而空出的位。

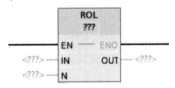

图 5.220 循环左移指令的梯形图格式

如果参数 N 的值为 0，则将输入 IN 的值复制到输出 OUT 的操作数中。

如果参数 N 的值大于移位位数，则输入 IN 操作数中的值仍会循环移动指定位数。

（2）梯形图格式

循环左移指令的梯形图格式如图 5.220 所示。

（3）指令参数

表 5.91 为循环左移指令参数。

表 5.91 循环左移指令参数

参 数	声 明	数据类型	存 储 区	说 明
EN	Input	BOOL	I、Q、M、D、L 或常量	使能输入
ENO	Output	BOOL	I、Q、M、D、L	使能输出
IN	Input	位字符串、整数	I、Q、M、D、L 或常量	要循环移位的值
N	Input	USINT、UINT、UDINT、ULINT	I、Q、M、D、L 或常量	将值循环移位的位数
OUT	Output	位字符串、整数	I、Q、M、D、L	指令的结果

【实例 5.86】 循环左移指令的应用。

图 5.221 为循环左移指令的应用梯形图：将参数 A 的值设定为 32 位 2#10101010000111110000111101010101，参数 N 的值设定为 3，当按钮 I0.0 接通时，执行循环左移指令，将 A 的值向左循环移动 3 位，结果发送到输出 result 中。如果指令成功执行，则使能输出 ENO 的信号状态为"1"，同时置位输出指示灯 1 亮。循环左移过程示意图如图 5.222 所示。

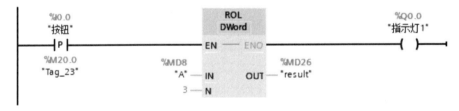

图 5.221 循环左移指令的应用梯形图

【实例 5.87】 彩灯循环移位的控制。

【控制要求】 有 16 盏彩灯，当接通电源开关时，第一盏彩灯亮，每隔 1s 循环移位，彩灯的循环左移或循环右移由方向循环开关决定。

【操作步骤】

（1）定义相关变量见表 5.92 所示。

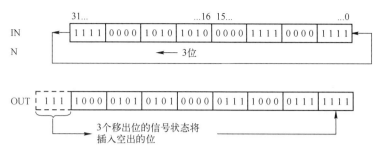

图 5.222　循环左移过程示意图

表 5.92　定义相关变量

	名称	数据类型	地址
1	启动开关	Bool	%I10.0
2	停止开关	Bool	%I10.1
3	方向循环开关	Bool	%I10.2
4	彩灯1	Bool	%Q4.0
5	彩灯2	Bool	%Q4.1
6	彩灯3	Bool	%Q4.2
7	彩灯4	Bool	%Q4.3
8	彩灯5	Bool	%Q4.4
9	彩灯6	Bool	%Q4.5
10	彩灯7	Bool	%Q4.6
11	彩灯8	Bool	%Q4.7
12	彩灯9	Bool	%Q5.0
13	彩灯10	Bool	%Q5.1
14	彩灯11	Bool	%Q5.2
15	彩灯12	Bool	%Q5.3
16	彩灯13	Bool	%Q5.4
17	彩灯14	Bool	%Q5.5
18	彩灯15	Bool	%Q5.6
19	彩灯16	Bool	%Q5.7
20	彩灯17	Bool	%Q6.0

（2）编写程序。激活 CPU 中的系统存储器和时钟字节存储器，设定 1s 脉冲信号 M0.5，初始闭合扫描脉冲 M1.0。彩灯循环控制梯形图如图 5.223 所示。图中，启动开关 I10.0 接通，可将 16 盏彩灯的初始状态 16#0001 赋值给输出 QW4，方向循环开关 I10.2 闭合时为右循环，断开时左循环。停止开关 I10.1 闭合时，彩灯灭，停止循环。

提示：图中的 M0.5 必须需要上升沿指令，否则每个扫描循环周期都要执行一次循环移位，而不是每秒钟移位 1 次。

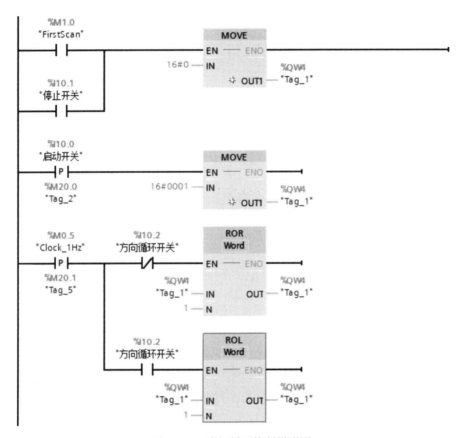

图 5.223　彩灯循环控制梯形图

5.2　扩展指令

博途 V15 软件提供的扩展指令基本上是与系统功能有关的指令。本节主要介绍日期与时间指令、字符串与字符指令。

5.2.1　日期与时间指令

本节介绍的日期与时间指令主要是与 CPU 系统中的时钟信息有关的指令。

1. 比较时间变量指令（T_COMP）

（1）指令功能

比较时间变量指令用于对数据类型为"定时器"或"日期和时间"两个变量的内容进行比较，其结果将在参数 OUT 中作为返回值输出，当满足比较条件时，参数 OUT 将置位为"1"。要进行比较的两个变量的数据类型的长度和格式必须相同。

（2）梯形图格式

比较时间变量指令的梯形图格式如图 5.224 所示。比较方式和数据类型可在指令符上选择。几种比较方式的含义说明见表 5.93。

第 5 章 S7-1500 PLC 的常用指令

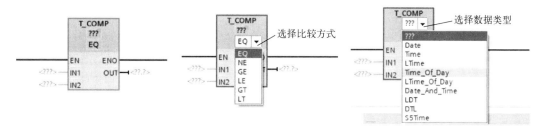

图 5.224 比较时间变量指令的梯形图格式

表 5.93 几种比较方式的含义说明

比较方式	含 义 说 明
EQ	如果参数 IN1 和 IN2 的时间点相同，则返回值的信号状态为"1"
NE	如果参数 IN1 和 IN2 的时间点不同，则返回值的信号状态为"1"
GE	如果参数 IN1 的时间点大于（早于）或等于参数 IN2 的时间点，则返回值的信号状态为"1"
LE	如果参数 IN1 的时间点小于（晚于）或等于参数 IN2 的时间点，则返回值的信号状态为"1"
GT	如果参数 IN1 的时间点大于（早于）参数 IN2 的时间点，则返回值的信号状态为"1"
LT	如果参数 IN1 的时间点小于（晚于）参数 IN2 的时间点，则返回值的信号状态为"1"

（3）指令参数

表 5.94 为比较时间变量指令参数。

表 5.94 比较时间变量指令参数

参 数	声 明	数 据 类 型	存 储 区	说 明
IN1	Input	DATE、TIME、LTIME、TOD、LTOD、DT、LDT、DTL、SSTime	I、Q、M、D、L、P 或常量	待比较的第一个值
IN2	Input	DATE、TIME、LTIME、TOD、LTOD、DT、LDT、DTL、SSTime	I、Q、M、D、L、P 或常量	将比较的第二个值
OUT	Output	BOOL	I、Q、M、D、L、P	返回值

【实例 5.88】 比较时间变量指令的应用。

先创建一个全局数据块，并定义 3 个全局时间变量进行数据存储，如图 5.225 所示。比较时间变量指令的应用梯形图如图 5.226 所示，使用大于或等于比较指令来比较两个 LTime 数据类型的时间值，当第一个待比较的时间值大于或等于第二个时间值时，返回值 value1GEvalue2 将显示信号状态 TRUE。

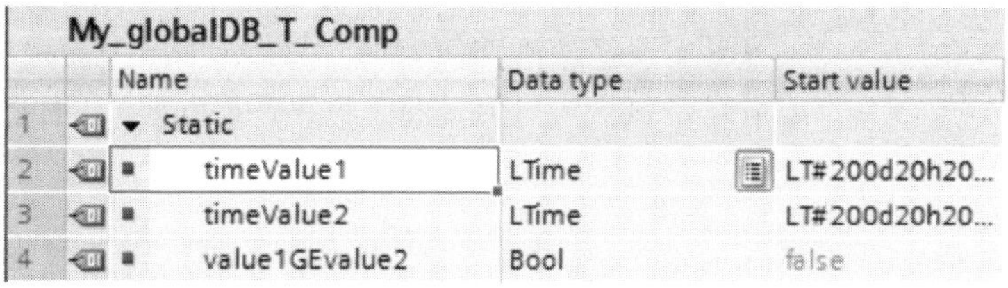

图 5.225 定义全局时间变量

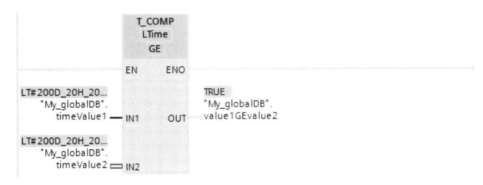

图 5.226　比较时间变量指令的应用梯形图

2. 转换时间并提取指令（T_CONV）

（1）指令功能

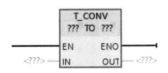

图 5.227　转换时间并提取指令的梯形图格式

T_CONV 指令可将 IN 输入参数的数据类型转换为 OUT 输出参数的数据类型，从输入和输出的指令框中选择进行转换的数据格式。

（2）梯形图格式

转换时间并提取指令的梯形图格式如图 5.227 所示。

（3）指令参数

表 5.95 为转换时间并提取指令参数。

表 5.95　转换时间并提取指令参数

参数	声明	数据类型		存储区	说明
		S7-1200	S7-1500		
IN	Input	整数、TIME、日期和时间*	WORD、整数、时间、日期和时间*	I、Q、M、D、L、P 或常量	要转换的值
OUT	Return	整数、TIME、日期和时间*	WORD、整数、时间、日期和时间*	I、Q、M、D、L、P	转换结果

注：* 支持的数据类型范围取决于 CPU，有关 S7-1200 和 S7-1500 模块支持哪些数据类型，请参见有效数据类型概述。

【实例 5.89】转换时间并提取指令的应用。

先创建一个全局数据块，并定义两个全局时间变量进行数据存储，如图 5.228 所示。转换时间并提取指令的应用梯形图如图 5.229 所示，将 Date And Time 数据类型的时间值转换为 LTime Of Day 数据类型的时间值。待转换的值（inputTime）作为新值输出到 returnTime，日期信息丢失。

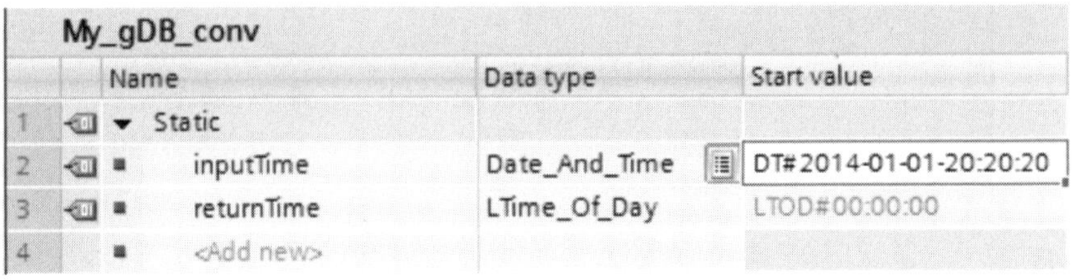

图 5.228　定义全局时间变量

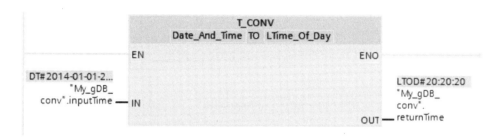

图 5.229　转换时间并提取指令的应用梯形图

3. 时间加运算指令（T_ADD）

（1）指令功能

时间加运算指令可将 IN1 输入中的时间信息加到 IN2 输入中的时间信息上，其结果可在 OUT 输出参数中查询。

（2）梯形图格式

时间加运算指令的梯形图格式如图 5.230 所示。

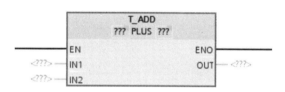

图 5.230　时间加运算指令的梯形图格式

（3）指令参数

时间加运算指令可以对下列两种格式的数据进行相加操作：一是将一个时间段加到另一个时间段上；二是将一个时间段加到某个时间上。表 5.96、表 5.97 分别列出了时间加运算指令两种格式数据相加操作中的参数。

表 5.96　时间段加到时间段上指令中的参数

参　数	声　明	数 据 类 型	存　储　区	说　明
IN1	Input	TIME，LTIME	I、Q、M、D、L、P 或常量	要相加的第一个数
IN2	Input	TIME，LTIME	I、Q、M、D、L、P 或常量	要相加的第二个数
OUT	Return	TIME，LTIME	I、Q、M、D、L、P	相加的结果。数据类型的选择取决于为 IN1 和 IN2 输入参数选择的数据类型

表 5.97　时间段加到时间上指令中的参数

参　数	声　明	数 据 类 型	存　储　区	说　明
IN1	Input	DT，TOD，LTOD，LDT，DTL	I、Q、M、D、L、P 或常量	要相加的第一个数。对于参数 IN2 中的 LTime，只能使用 LTOD、LDT 或 DTL
IN2	Input	TIME，LTIME	I、Q、M、D、L、P 或常量	要相加的第二个数
OUT	Return	DT，DTL，LDT，TOD，LTOD	I、Q、M、D、L、P	相加的结果。数据类型的选择取决于为 IN1 和 IN2 输入参数选择的数据类型

【实例 5.90】时间加运算指令的应用。

先创建一个全局数据块，并定义 3 个全局时间变量进行数据存储，如图 5.231 所示。时间加运算指令的应用梯形图如图 5.232 所示,将 Time 数据类型的 timeValTOD 时间段添加到 TOD 数据类型的 timeValTIME 时间上,其结果作为时间值通过输出参数 OUT 显示在 valueTimeResult 中。

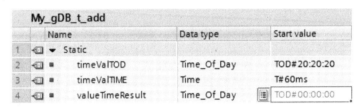

图 5.231 定义全局时间变量

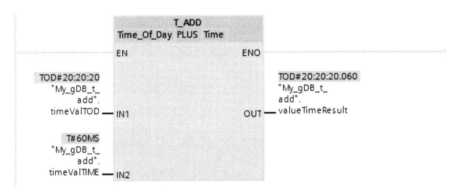

图 5.232 时间加运算指令的应用梯形图

4. 时间相减指令（T_SUB）

（1）指令功能

图 5.233 时间相减指令的梯形图格式

时间相减指令可将 IN1 输入参数中的时间值减去 IN2 输入参数中的时间值,并通过输出参数 OUT 查询差值。

（2）梯形图格式

时间相减指令的梯形图格式如图 5.233 所示。

（3）指令参数

时间相减指令可以对下列两种格式的数据进行相减操作：一是将一个时间段减去另一个时间段；二是从某个时间中减去时间段。表 5.98、表 5.99 分别列出了时间相减指令两种格式数据相减操作中的参数。

表 5.98 时间段减时间段指令中的参数

参 数	声 明	数据类型	存 储 区	说 明
		S7-1500		
IN1	Input	Time, LTime	I、Q、M、D、L、P 或常量	被减数
IN2	Input	Time, LTime	I、Q、M、D、L、P 或常量	减数
OUT	Return	Time, LTime	I、Q、M、D、L、P	相减的结果

表 5.99 时间减时间段指令中的参数

参数	声明	数据类型 S7-1500	存储区	说明
IN1	Input	TOD, LTOD, DTL, DT, LDT	I、Q、M、D、L、P 或常量	被减数。对于参数 IN2 中的 LTime，仅支持 LTOD、LDT 或 DT1
IN2	Input	Time, LTime	I、Q、M、D、L、P 或常量	减数
OUT	Return	TOD, LTOD, DTL, DT, LDT	I、Q、M、D、L、P	相减的结果

【实例 5.91】时间相减指令的应用。

先创建一个全局数据块，并定义 3 个全局时间变量进行数据存储，如图 5.234 所示。时间相减指令的应用梯形图如图 5.235 所示，从 TOD 数据类型的时间 value1TOD 中减去 Time 数据类型的时间段 value2Time，其结果作为时间值通过输出参数 OUT 显示在 value1MINvalue2 中。

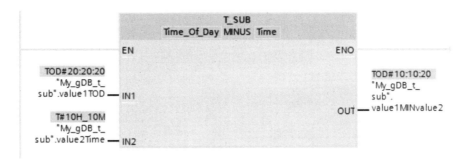

图 5.234 定义全局时间变量

图 5.235 时间相减指令的应用梯形图

5. 时间值相减指令（T_DIFF）

（1）指令功能

时间值相减指令可将 IN1 输入参数中的时间值减去 IN2 输入参数中的时间值，其结果发送到输出参数 OUT 中。如果 IN2 输入参数中的时间值大于 IN1 输入参数中的时间值，则 OUT 输出参数中将输出一个负数结果。如果减法运算的结果超出 Time 值范围，则使能输出 ENO 的值为"0"。根据所选数据类型，获得的结果值截断或为"0"（0:00）。如果选择数据类型为 DTL 的被减数和减数，则计算结果的数据类型为 Time。不能大于 24 天，否

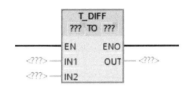

图 5.236 时间值相减指令的梯形图格式

则使能输出 ENO 的值为 "0"，且结果为 "0"。如果选择数据类型为 LDT 的被减数和减数，则可避免该限制条件。

（2）梯形图格式

时间值相减指令的梯形图格式如图 5.236 所示。

（3）指令参数

表 5.100 为时间值相减指令参数。

表 5.100 时间值相减指令参数

参数	声明	数据类型	存储区	说明
IN1	Input	DTL、DATE、DT、TOD、LTOD、LDT	I、Q、M、D、L、P 或常量	被减数
IN2	Input	DTL、DATE、DT、TOD、LTOD、LDT	I、Q、M、D、L、P 或常量	减数
OUT	Return	Time、LTime、INT	I、Q、M、D、L、P	输入参数之间的差值

【实例 5.92】时间值相减指令的应用。

先创建一个全局数据块，并定义 3 个全局时间变量进行数据存储，如图 5.237 所示。时间值相减指令的应用梯形图如图 5.237 所示，将两个 TOD 数据类型的第一个时间 todvalue1 与第二个时间 todvalue2 相减，其差值作为时间段通过输出参数 OUT 显示在 timevalueDIFF 中。

图 5.237 定义全局时间变量

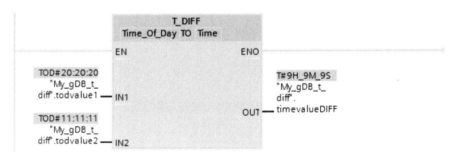

图 5.238 时间值相减指令的应用梯形图

6. 组合时间指令（T_COMBINE）

（1）指令功能

组合时间指令用于合并日期值和时间值，并生成一个合并日期时间值。合并后的日期值和时间值的数据类型在 OUT 输出值中输出。日期值在输入参数 IN1 中输入，输入范围为

1990-01-01 至 2089-12-31 之间的值。时间值在参数 IN2 中输入。

（2）梯形图格式

组合时间指令的梯形图格式如图 5.239 所示。

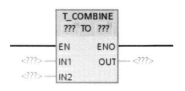

图 5.239　组合时间指令的梯形图格式

（3）指令参数

表 5.101 为组合时间指令参数。

表 5.101　组合时间指令参数

参　数	声　明	数据类型	存 储 区	说　明
IN1	Input	DATE	I、Q、M、D、L、P 或常量	日期的输入变量
IN2	Input	TOD，LTOD	I、Q、M、D、L、P 或常量	时间的输入变量
OUT	Return	DT，DTL，LDT	I、Q、M、D、L、P	日期和时间的返回值

【实例 5.93】组合时间指令的应用。

先创建一个全局数据块，并定义 3 个全局时间变量进行数据存储，如图 5.240 所示。组合时间指令的应用梯形图如图 5.241 所示，将 TOD 数据类型的时间 valueDATE 与 DATE 数据类型的日期 valueTOD 组合在一起，其结果以 DT 数据类型指定的返回值通过输出参数 OUT 显示在 combTIME 中。

My_gDB_t_comb

	Name	Data type	Start value
1	▼ Static		
2	■ valueDATE	Date	D#2014-01-01
3	■ valueTOD	Time_Of_Day	TOD#20:22:20
4	■ combTIME	Date_And_Time	DT#1990-01-01-00:00:00

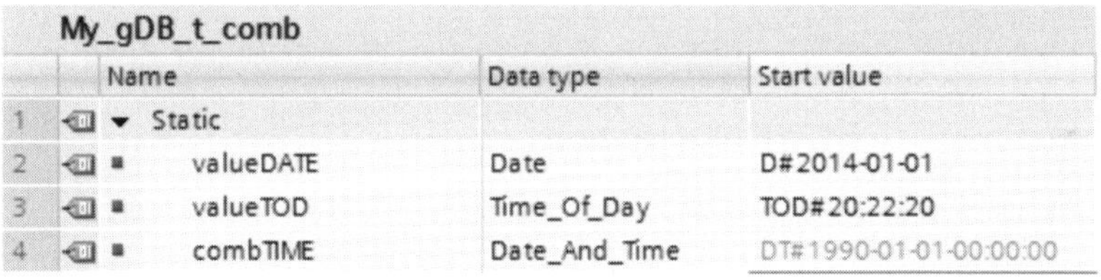

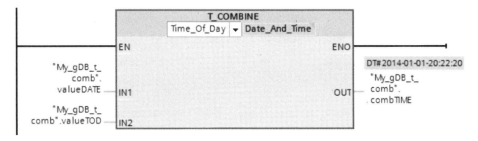

图 5.240　定义全局时间变量

图 5.241　组合时间指令的应用梯形图

> **提示：**下面将要介绍的设置系统时间指令、读取系统时间指令、读取本地时间指令、写入本地时间指令、设置时区指令、同步从站时钟指令、读取系统时间指令、运行时间定时器指令等均是 CPU 的时钟功能指令。这些指令涉及的系统时间是博途 V15 软件默认的格林尼治标准时间。本地时间是根据当地时区设置的本地标准时间。我国的本地时间（北京时间）比系统时间多 8 个小时。在 CPU 属性组态时，设置时区为北京，不使用夏令时。

7. 设置系统时间指令（WR_SYS_T）

（1）指令功能

设置系统时间指令可设置 CPU 时钟的日期和时间（模块时间）。在输入参数 IN 中输入日期和时间，在执行指令期间是否发生错误，可以在 RET_VAL 输出参数中查询，执行正确时显示"0"。WR_SYS_T 指令不能用于传递有关本地时区或夏令时的信息。

输入值范围如下。

DT：DT#1990-01-01-0:0:0 ~ DT#2089-12-31-23:59:59.999。

LDT：LDT#1970-01-01-0:0:0.000000000 ~ LDT#2200-12-31-23:59:59.999999999。

DTL：DTL#1970-01-01-00:00:00.0 ~ DTL#2200-12-31-23:59:59.999999999。

（2）梯形图格式

设置系统时间指令的梯形图格式如图 5.242 所示。

图 5.242 设置系统时间指令的梯形图格式

（3）指令参数

表 5.102 为设置系统时间指令参数。

表 5.102 设置系统时间指令参数

参　数	声　明	数 据 类 型	存　储　区	说　明
IN	Input	DT**，DTL，LDT	I、Q、M、D、L、P 或常量*	日期和时间
RET_VAL	Return	INT	I、Q、M、D、L、P	指令的状态

注：*数据类型 DT 和 DTL 无法用于以下存储区：输入、输出和位存储器。

**使用数据类型 DT 时，毫秒信息将不传送到 CPU。

【实例 5.94】设置系统时间指令的应用。

先创建一个全局数据块，并定义 3 个全局时间变量进行数据存储，如图 5.243 所示。设置系统时间指令的应用梯形图如图 5.244 所示，设置 CPU 时钟的日期和时间，如果常开触点 execute 的信号状态为 TRUE，则执行 WR_SYS_T 指令，将设置时间 inputTIME 覆盖 CPU 时钟的模块时间，输出参数 returnValueT 用于指示处理有无错误。

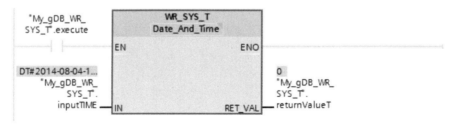

图 5.243 定义全局时间变量

图 5.244 设置系统时间指令的应用梯形图

提示：当设置完时钟时间后，可以采取以下方法查看 CPU 时钟是否正确接收了新模块时间 inputTIME。

① 使用 S7-1500 CPU 的显示屏查看，即在 CPU 显示屏上找到"设置"→"日期和时间"→"常规"选项查看。

② 使用博途 V15 软件中 RD_SYS_T 指令读取 CPU 时钟的模块时间。

③ 在博途 V15 软件"项目树"下找到 CPU 站点下的"在线与诊断"选项并打开，单击"功能"→"设置时间"选项查看。

8. 读取系统时间指令（RD_SYS_T）

（1）指令功能

读取系统时间指令可读取 CPU 时钟的当前日期和当前时间（模块时间），由 OUT 输出读取的日期。读取的日期值不包含有关本地时区或夏令时的信息。可以在 RET_VAL 输出中查询在执行指令期间是否发生了错误，执行正确时显示"0"。

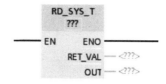

图 5.245 读取系统时间指令的梯形图格式

（2）梯形图格式

读取系统时间指令的梯形图格式如图 5.245 所示。

（3）指令参数

表 5.103 为读取系统时间指令参数。

表 5.103 读取系统时间指令参数

参　数	声　明	数据类型	存　储　区	说　明
RET_VAL	Return	INT	I、Q、M、D、L、P	指令的状态
OUT	Output	DT、DTL、LDT	I、Q、M、D、L、P*	CPU 的日期和时间

注：*数据类型 DT 和 DTL 无法用于以下存储区：输入、输出和位存储器。

【实例 5.95】读取系统时间指令的应用。

先创建一个全局数据块，并定义两个全局时间变量进行数据存储，如图 5.246 所示。读取系统时间指令的应用梯形图如图 5.247 所示，使用数据类型为 Date And Time 读取 CPU 时钟的模块时间，并通过 OUT 输出参数显示在 outputTIME 中。输出参数 returnValue 用于指示处理有无错误。

图 5.246 定义全局时间变量

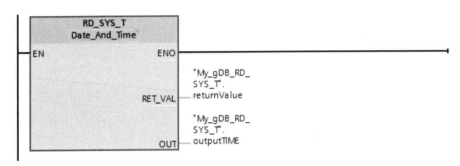

图 5.247　读取系统时间指令的应用梯形图

9. 读取本地时间指令（RD_LOC_T）

（1）指令功能

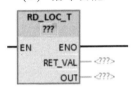

图 5.248　读取本地时间指令的梯形图格式

读取本地时间指令可从 CPU 时钟读取当前的本地时间，并将该时间在 OUT 输出端输出，在 RET_VAL 的输出中可查询在执行指令期间是否发生错误，执行正确时显示“0”。在输出本地时间时会用到 CPU 时钟组态中设置的夏令时和标准时间的时区和开始时间的相关信息。

（2）梯形图格式

读取本地时间指令的梯形图格式如图 5.248 所示。

（3）指令参数

表 5.104 为读取本地时间指令参数。

表 5.104　读取本地时间指令参数

参　　数	声　　明	数据类型	存　储　区	说　　明
RET_VAL	Return	INT	I、Q、M、D、L、P	指令的状态
OUT	Output	DT，LDT，DTL	I、Q、M、D、L、P*	本地时间

注：*数据类型 DT 和 DTL 无法用于以下存储区：输入、输出和位存储器。

【实例 5.96】 读取本地时间指令的应用。

先创建一个全局数据块，并定义两个全局时间变量进行数据存储，如图 5.249 所示。读取本地时间指令的应用梯形图如图 5.250 所示，使用数据类型为 Date And Time，读取 CPU 时钟的本地时间，并通过输出参数 OUT 显示在 outputLocTIME 中。输出参数 returnValue 指示处理有无错误，通过此调用，可将本地时间作为夏令时输出。

My_gDB_RD_LOC_T

	Name	Data type	Start value	Monitor value
1	▼ Static			
2	outputLocTIME	Date_And_Time	DT#1990-01-01-00:00:00	DT#2014-08-04-16:15:15.001
3	returnValue	Int	0	1

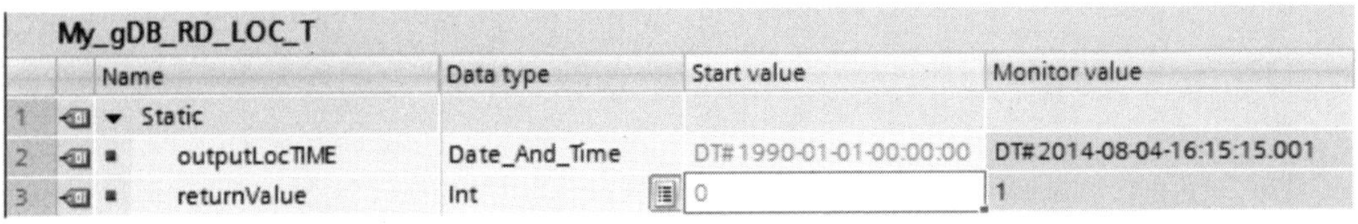

图 5.249　定义全局时间变量

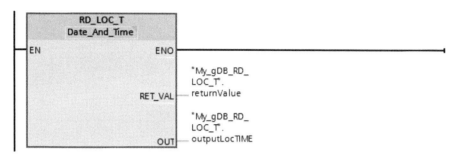

图 5.250　读取本地时间指令的应用梯形图

10. 写入本地时间指令（WR_LOC_T）

（1）指令功能

WR_LOC_T 指令用于设置 CPU 时钟的日期和时间，在输入参数 LOCTIME 中输入日期和时间作为本地时间，在执行指令期间是否发生错误可以在 Ret_Val 输出参数中查询，执行正确时显示"0"。

输入值的范围如下。

DTL：DTL#1970-01-01-00:00:00.0 ~ DTL#2200-12-31 23:59:59.999999999。

LDT：LDT#1970-01-01-0:0:0.000000000 ~ LDT#2200-12-31 23:59:59.999999999。

（2）梯形图格式

写入本地时间指令的梯形图格式如图 5.251 所示。

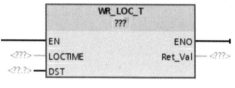

图 5.251　写入本地时间指令的梯形图格式

（3）指令参数

表 5.105 为写入本地时间指令参数。

表 5.105　写入本地时间指令参数

参　数	声　明	数据类型	存　储　区	说　明
LOCTIME	Input	DTL, LDT	I、Q、M、D、L、P 或常量*	本地时间
DST	Input	BOOL	I、Q、M、D、L、P、T、C 或常量	仅在"双重小时值"期间时钟更改为标准时间时才进行求值。 • TRUE＝夏令时（第一个小时值） • FALSE＝标准时间（第二个小时值）
Ret_Val	Return	INT	I、Q、M、D、L、P	

注：*数据类型 DTL 无法用于以下存储区：输入、输出和位存储器。

【实例 5.97】 写入本地时间指令的应用。

先创建一个全局数据块，并定义 4 个全局时间变量进行数据存储，如图 5.252 所示。写入本地时间指令的应用梯形图如图 5.253 所示，使用数据类型 DTL 设置 CPU 时钟的本地时间，当常开触点 execute 的信号状态为 TRUE 时，执行指令，将设置的时间 inputLocTIME 覆盖 CPU 时钟的本地时间，输出参数 returnValue 用于指示处理有无错误，输入参数 DST dstValue 指定的时间信息是指标准时间。

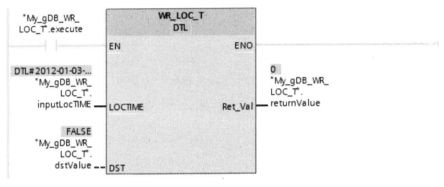

图 5.252 定义全局时间变量

图 5.253 写入本地时间指令的应用梯形图

> **提示**：当设置完 CPU 时钟的本地时间后，可以采取以下方法查看 CPU 时钟是否正确接收了新模块时间 inputLOCTIME。本地时间以 12 小时制格式输出。
> ① 使用 S7-1500 PLC 的显示屏查看，即在 CPU 显示屏上找到"设置"→"日期和时间"→"常规"选项查看。
> ② 使用博途 V15 软件的 RD_LOC_T 指令读取 CPU 时钟的模块时间。
> ③ 在博途 V15 软件的"项目树"下找到 CPU 站点下的"在线与诊断"选项并打开，单击"功能"→"设置时间"选项查看。

11. 设置时区指令（SET_TIMEZONE）

（1）指令功能

SET_TIMEZONE 指令可对 CPU 的本地时区和夏令时/标准时间切换的参数进行设置。执行指令时，需要在 TimeZone 参数中定义 TimeTransformationRule 系统数据类型的相应参数（本地时区参数和夏令时/标准时间转换参数存储在 TimeTransformationRule 系统数据类型中）。该参数通过在数据块或函数块的本地接口中输入 TimeTransformationRule 作为数据类型的方式创建。

调用 SET_TIMEZONE 指令时，SET_TIMEZONE 指令将内部数据写入 CPU 的装载存储器，在发生电源故障时，可应用时区中的更改内容，无需再次调用该指令。如果在每次更改时区时需要调用该指令一次，则建议在启动 OB 中调用该指令。SET_TIMEZONE 指令只能用于 S7-1500 PCL 的 CPU（固件版本为 V1.7 及更高）。

（2）梯形图格式

设置时区指令的梯形图格式如图 5.254 所示。

第 5 章　S7—1500 PLC 的常用指令

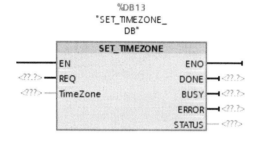

图 5.254　设置时区指令的梯形图格式

（3）指令参数

表 5.106 为设置时区指令参数。表 5.107 为参数 TimeZone 的内部结构。

表 5.106　设置时区指令参数

参　数	声　明	数据类型	存　储　区	说　明
REQ	Input	BOOL	I、Q、M、D、L、P 或常量	设置存储在参数 TimeZone 中的参数
TimeZone	Input	TimeTransformationRule	D、L	在参数 TimeZone 中连接系统数据类型 TimeTransformationRule
DONE	Output	BOOL	I、Q、M、D、L、P	状态参数： ● 0：作业尚未启动或仍在执行过程中。 ● 1：作业已经成功完成
BUSY	Output	BOOL	I、Q、M、D、L、P	状态参数： ● 0：作业尚未启动或已完成。 ● 1：作业尚未完成，无法启动新作业
ERROR	Output	BOOL	I、Q、M、D、L、P	状态参数： ● 0：无错误。 ● 1：出现错误
STATUS	Output	WORD	I、Q、M、D、L、P	在参数 STATUS 处输出详细的错误和状态信息。该参数设置仅维持一次调用所持续的时间。因此，要显示其状态，应将 STATUS 参数复制到可用数据区域

表 5.107　参数 TimeZone 的内部结构

名　称	数据类型	说　明
Bias	INT	本地时间与系统时间（UTC）之间的时差（单位为 min），该值必须介于 −720 ~ +780min（−12 ~ +13h）之间。对应于用户在 CPU 属性中指定的时区
DaylightBias	INT	标准时间与夏令时之间的时差（单位为 min），该值必须介于 0 ~ 120min 之间。 ● 值"0"表示禁用夏令时和标准时间之间的转换。DaylightStart... 和 StandardStart... 的值设为"0"，仅计算偏差值（本地时间与系统时间的时差）。 ● 如果值不为"0"，将对 TimeTransformationRule 结构的所有变量进行求值。如果输入无效，将通过参数 STATUS 输出错误代码 808F

续表

名称	数据类型	说明
向夏令时切换的时间规范,以下时间始终是指本地时间。		
DaylightStartMonth	USINT	向夏令时切换的月份: 1=一月 2=二月 3=三月 ⋮ 12=十二月
DaylightStartWeek	USINT	向夏令时切换的星期。 1=该月的第一周 ⋮ 5=该月的最后一周
DaylightStartWeekday	USINT	向夏令时切换的工作日: 1=星期日 ⋮ 7=星期六
DaylightStartHour	USINT	向夏令时切换的小时
DaylightStartMinute	USINT	向夏令时切换的分钟
向标准时间切换的时间规范,以下时间始终是指本地时间。		
StandardStartMonth	USINT	向标准时间切换的月份: 1=一月 2=二月 3=三月 ⋮ 12=十二月
StandardStartWeek	USINT	向标准时间切换的星期: 1=该月的第一周 ⋮ 5=该月的最后一周
StandardStartWeekday	USINT	向标准时间切换的工作日: 1=星期日 ⋮ 7=星期六
StandardStartHour	USINT	向标准时间切换的小时
StandardStartMinute	USINT	向标准时间切换的分钟
TimeZoneName	STRING[80]	未使用:系统将忽略所组态的字符串,不会写入 CPU 内部数据

【实例 5.98】 设置时区指令的应用。

【控制要求】 编制一段程序,执行在启动 OB 中调用 SET_TIMEZONE 指令,对本地时区和夏令时/标准时间进行切换。

【操作步骤】

(1) 创建变量

创建一个全局数据块,并在全局数据块中创建存储数据 TimeZone 的结构(数据类型为 TimeTransformationRule)和 5 个全局变量,如图 5.255 所示。在本地 OB 接口区再设定一个本地变量 9，statDone，Bool，false，Non-retain。

		Name	Data type	Start value
1	▼	Static		
2	■	execute	Bool	false
3	▼	timezone	TimeTransformatio...	
4	■	Bias	Int	120
5	■	DaylightBias	Int	60
6	■	DaylightStartMonth	USInt	3
7	■	DaylightStartWeek	USInt	5
8	■	DaylightStartWeekday	USInt	7
9	■	DaylightStartHour	USInt	2
10	■	DaylightStartMinute	USInt	0
11	■	StandardStartMonth	USInt	10
12	■	StandardStartWeek	USInt	5
13	■	StandardStartWeekday	USInt	1
14	■	StandardStartHour	USInt	3
15	■	StandardStartMinute	USInt	0
16	■	TimeZoneName	String[80]	'My_GMT+'
17	■	modeDONE	Bool	false
18	■	modeBUSY	Bool	false
19	■	modeERROR	Bool	false
20	■	statusTime	Word	16#0
21	■	memErrStatus	Word	16#0

图 5.255 创建全局变量

（2）编制梯形图

设置时区指令的应用梯形图如图 5.256 所示。

（3）调试监控结果

① 先将 execute 变量的初始值设置为 TRUE。

② 在启动 OB 时调用图 5.256 所示程序，则 CPU 在启动时会运行该程序，在该程序加载到 CPU 之前，将 CPU 设置为 STOP 模式。加载完成后，再将 CPU 设置为 RUN 模式。

③ SET_TIMEZONE 指令成功执行后，调试监控示意图如图 5.257 所示，modeDONE 置位为 TRUE，REQ 输入参数 execute 的值将自动复位为 FALSE，复位后，statusTime 输出状态值 16#7000（16#7000 表示未激活任何作业处理）。

提示：可采用以下方式确定 CPU 时钟是否正确接收了设置的数据。
① 在 CPU 显示屏上通过"设置"→"日期和时间"→"夏令时"选项查看。
② 通过使用 RD_LOC_T 指令读取 CPU 时钟的本地时间来查看。
③ 通过使用 RD_SYS_T 指令读取 CPU 时钟的模块时间来查看。

12. 同步从站时钟指令（SNC_RTCB）

（1）指令功能

同步从站时钟指令是指在某总线段时钟主站的 CPU 上调用 SNC_RTCB 指令时，可同步 CPU 或总线段的所有从站本地时钟的日期和时间，与设定的同步时间间隔无关。执行同步期间未发生错误时可在 RET_VAL 端输出显示"0000"。

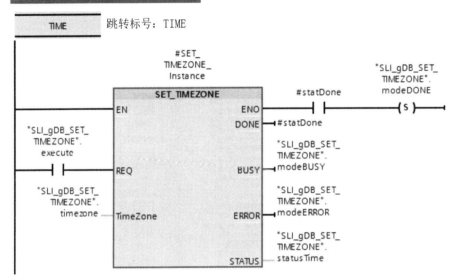

图 5.256 设置时区指令的应用梯形图

(2) 梯形图格式

同步从站时钟指令的梯形图格式如图 5.258 所示。

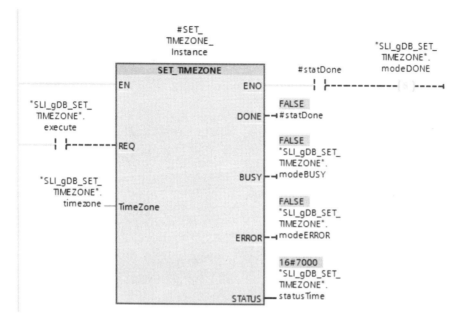

图 5.257 调试监控示意图

图 5.258 同步从站时钟指令的梯形图格式

（3）指令参数

表 5.108 为同步从站时钟指令参数。

表 5.108 同步从站时钟指令参数

参数	声明	数据类型	存储区	说明
RET_VAL	Output	INT	I、Q、M、D、L	在指令执行过程中如果发生错误，则返回值将包含错误代码

13. 读取系统时间指令（TIME_TCK）

（1）指令功能

TIME_TCK 指令可以读取 CPU 的系统时间，并通过输出参数 RET_VAL 显示在 outputCPUtimer 中。系统时间是一个时间计数器，从 0 开始计数，直至最大值 2147483647ms，发生溢出时，将重新从 0 开始计数，时间刻度和精度均为 1ms，仅受 CPU 操作模式的影响。例如，使用系统时间，通过调用两次 TIME_TCK 指令进行比较，可以测量一个过程的持续时间。读取系统时间指令不提供任何错误信息。

（2）梯形图格式

读取系统时间指令的梯形图格式如图 5.259 所示。

图 5.259 读取系统时间指令的梯形图格式

(3)指令参数

表5.109为读取系统时间指令参数。

表5.109 读取系统时间指令参数

参 数	声 明	数据类型	存 储 区	说 明
RET_VAL	Return	TIME	I、Q、M、D、L	参数 RET_VAL 包含所读取的系统时间,范围为 $0 \sim 2^{31}-1$ ms

14. 运行时间定时器指令（RTM）

(1)指令功能

运行时间定时器指令可对 CPU 的 32 位运行小时计数器执行设置、启动、停止和读取等操作。在执行用户程序期间,也可以停止或重新启动运行小时计数器,但可能会导致保存的值不正确。

(2)梯形图格式

运行时间定时器指令的梯形图格式如图 5.260 所示。

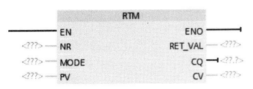

图 5.260 运行时间定时器指令的梯形图格式

(3)指令参数

运行时间定时器指令参数见表 5.110。

表5.110 运行时间定时器指令参数

参 数	声 明	数据类型	存 储 区	说 明
ER	Input	RTM	I、Q、M、D、L 或常量	运行小时计数器的编号。编号从 0 开始。有关 CPU 的运行小时计数器数目的信息,请参见技术规范
MOOE	Input	BYTE	I、Q、M、D、L 或常量	作业 ID： • 0：读取（随后将状态写入 CQ,当前值写入 CV）,在运行小时计数器达到 $(2^{31})-1h$ 后,将停在可显示的最后一个值处并输出一条"上溢"（Overflow）错误信息。 • 1：启动（从上一计数值开始）。 • 2：停止。 • 4：设置为参数 PV 中指定的值。 • 5：设置为参数 PV 中指定的值并启动。 • 6：设置为参数 PV 中指定的值并停止
PV	Input	DINT	I、Q、M、D、L 或常量	运行小时计数器的新值
RET_VAL	Reture	INT	I、Q、M、D、L	在指令执行过程中如果发生错误,则返回值将包含错误代码
CQ	Output	BOOL	I、Q、M、D、L	运行小时计数器的状态（1：正在运行）
CV	Output	DINT	I、Q、M、D、L	运行小时计数器的当前值

【实例 5.99】运行时间定时器指令的应用。

先创建一个全局数据块,并定义 6 个全局变量用于数据存储,如图 5.261 所示。运行时间定时器指令的应用梯形图如图 5.262 所示,设置 CPU 的运行时间定时器,并在一小时后读取，当常开触点 execute 的信号状态为 TRUE 时，执行 RTM 指令，CPU 的运行小时计数器设置为目标值 in_processValue 并启动，在启动运行小时计数器后，将输入参数 comandMODE 的值设置为“0”。因此，RTM 指令仅原样读取运行小时计数器的当前值 currentValue，输出 statusRTM 指示在运行小时计数器启动后，运行小时计数器正在运行值为 TRUE。输出参数 returnValue 指示处理正在运行，且无错误。一小时后，输出参数 currentValue 指示值为“6”，运行监控示意图如图 5.263 所示。

My_gDB_RTM

	Name	Data type	Start value
1	▼ Static		
2	execute	Bool	false
3	in_processValue	DInt	5
4	returnValue	Int	0
5	statusRTM	Bool	false
6	currentValue	DInt	0
7	comandMODE	Byte	5

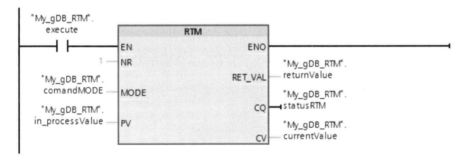

图 5.261　定义全局变量

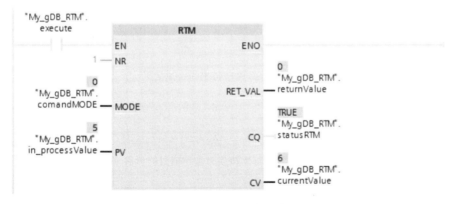

图 5.262　运行时间定时器指令的应用梯形图

图 5.263　运行监控示意图

5.2.2 字符串与字符指令

1. 转换字符串指令（S_CONV）

（1）指令功能

转换字符串指令可将 IN 输入的值转换为 OUT 输出指定的数据格式，可以实现三种转换。

① 将输入的字符串转换为对应的数值（整数或浮点数），可对 IN 输入参数中指定字符串的所有字符执行转换。允许的字符包括数字 0~9、小数点及加/减号。字符串的第一个字符可以是有效数字或符号。转换后的数值用参数 OUT 指定的地址保存，如果输出的数值超出数据类型允许的范围，则 OUT 输出为 0，ENO 被置位为 "0" 状态。使用 S_CONV 指令转换浮点数时，请勿使用指数计数法（e 或 E）。

② 将数值转换为对应的字符串，即将数字值（INT、UINT 和浮点数数据类型）转换为一个由输出 OUT 指定的字符串，转换后的字符串长度取决于 IN 输入的值，输出字符串的值右边对齐，值前面的字符用空格填充，空格的数量取决于数字值的长度，输出正数字符串时不带符号。

③ 将字符转换为字符，实际就是复制字符串功能，输入与输出的数据类型均为 String，并把输入 IN 指定的字符串复制到输出 OUT 指定的地址。

（2）指令格式

转换字符串指令格式如图 5.264 所示，通过对指令框中的输入/输出参数类型的选择，可实现不同的转换类型。

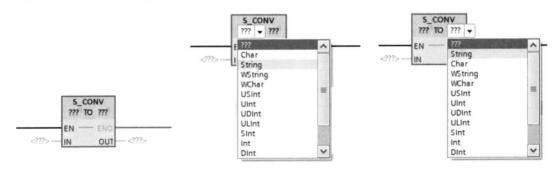

图 5.264 转换字符串指令格式

（3）指令参数

① 将字符串转换为数字值时的参数见表 5.111。

表 5.111 将字符串转换为数字值时的参数

参数	声明	数据类型	存储区	说明
IN	Input	STRING、WSTRING	D、L 或常量	要转换的值
OUT	Output	CHAR, WCHAR, USINT, UINT, UDINT, ULINT, SINT, INT, DINT, LINT, REAL, LREAL	I、Q、M、D、L	转换结果

② 将数字值转换为字符串时的参数见表 5.112。

表 5.112 将数字值转换为字符串时的参数

参数	声明	数据类型	存储区	说明
IN	Input	CHAR, WCHAR, USINT, UINT, UDINT, ULINT, SINT, INT, DINT, LINT, REAL, LREAL	I、Q、M、D、L 或常量	要转换的值
OUT	Output	STRING, WSTRING	D、L	转换结果

③ 将字符转换为字符时的参数见表 5.113。

表 5.113 将字符转换为字符时的参数

参数	声明	数据类型	存储区	说明
IN	Input	CHAR, WCHAR	I、Q、M、D、L 或常量	要转换的值
OUT	Output	CHAR, WCHAR	I、Q、M、D、L	转换结果（可能的转换：CHAR 到 WCHAR 或相反）

【实例 5.100】转换字符串指令的应用。

【要求】将 INT 数据类型的数值转换为一个 STRING 数据类型的字符串。

提示：使用转换字符串指令之前，必须先在全局数据块或代码块的接口区中定义用于存储字符串的变量（变量表中不能定义字符串）。

【操作步骤】

（1）创建全局数据块，并定义两个用于存储数据的全局数据块变量，如图 5.265 所示。

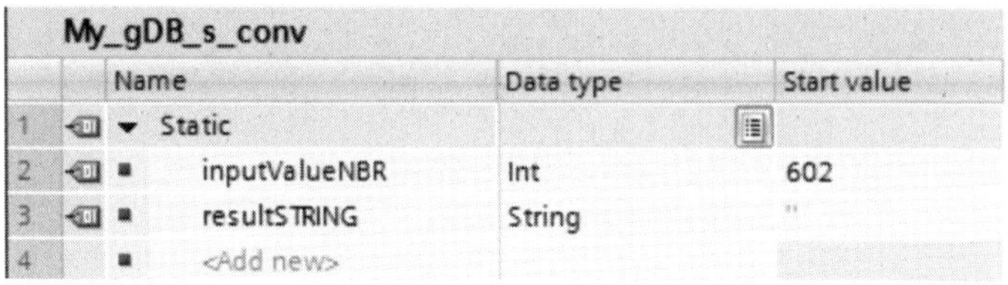

图 5.265 定义全局数据块变量

（2）在 OB1 中编写梯形图，如图 5.266 所示，将数值 602（inputValueNBR）转换为字符串的形式，并通过输出参数 resultSTRING 输出，即将数值 602 转换为字符串 ' 602'，空格字符写在字符串前开头的空白区域。全局数据块变量监视如图 5.267 所示。

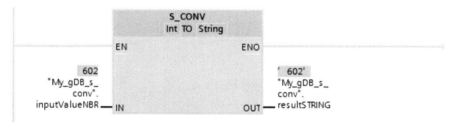

图 5.266 转换字符串指令的应用梯形图

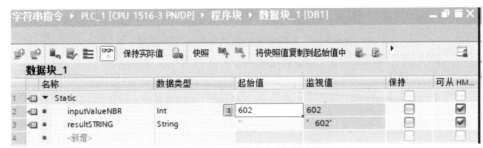

图 5.267　全局数据块变量监视

2. 将字符串转换为数值指令（STRG_VAL）

（1）指令功能

STRG_VAL 指令可将字符串转换为整数或浮点数。在 IN 输入参数中指定要转换的字符串，通过参数 P 指定要从字符串的第 P 个字符开始转换，直到字符串结束。通过为 OUT 输出参数选择数据类型，确定输出值的格式，转换后的数值保存在 OUT 指定的存储单元中。转换允许的字符包括数字 0~9、小数点、计数制 E 和 e 及加/减号。如果发现无效字符，将取消转换过程。

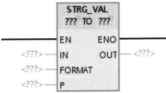

图 5.268　STRG_VAL 指令格式

（2）指令格式

STRG_VAL 指令格式如图 5.268 所示。

（3）指令参数

STRG_VAL 指令参数见表 5.114。使用 FORMAT 参数指定解释字符串字符的格式。FORMAT 参数的说明见表 5.115。

表 5.114　STRG_VAL 指令参数

参　数	声　明	数据类型	存　储　区	说　明
IN	Input	STRING，WSTRING	D、L 或常量	要转换的数字字符串
FORMAT	Input	WORD	I、Q、M、D、L、P 或常量	字符的输入格式
P	Input	UINT	I、Q、M、D、L、P 或常量	要转换的第一个字符的引用（第一个字符=1，值"0"或大于字符串长度的值无效）
OUT	Output	USINT，SINT，UINT，INT，UDINT，DINT，ULINT，LINT，REAL，LREAL	I、Q、M、D、L、P	转换结果

表 5.115　FORMAT 参数的说明

值（W#16#....）	表　示　法	小数点表示法
0000	小数	"."
0001		","
0002	指数	"."
0003		","
0004 到 FFFF	无效值	

【实例5.101】STRG_VAL指令的应用。
【要求】将String数据类型的字符串转换为一个INT数据类型的数值。
【操作步骤】
（1）创建全局数据块，并定义4个用于存储数据的全局数据块变量，如图5.269所示。

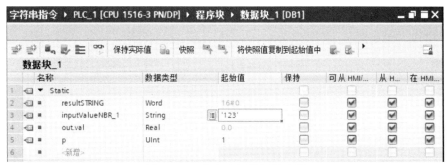

图5.269　定义全局数据块变量

（2）在OB1中编写梯形图如图5.270所示。

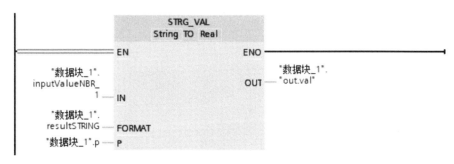

图5.270　STRG_VAL指令的应用梯形图

（3）程序仿真。

① 打开仿真软件并进入仿真界面，如图5.271所示。图中，当FORMAT参数设定为16#0000时，表示字符串中的句点"."作为小数点来用；当P参数设定为1时，表示指令将从字符串第一位开始转换。如果输入一个不带句点的字符串123，则指令将从第一位开始将其转换为实数的形式，并通过输出参数OUT输出为123.0。如果输入一个带句点的字符串12.3，则输出的实数结果为12.3。图5.272为字符串中带句点的程序监控。

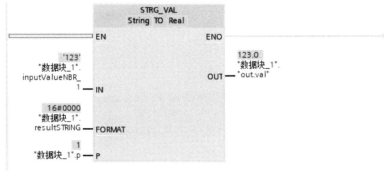

图5.271　字符串中不带句点的程序仿真

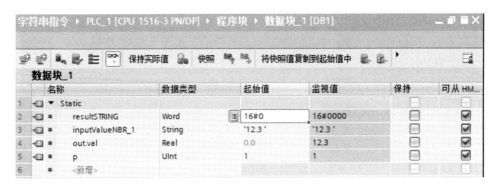

图 5.272 字符串中带句点的程序监控

② 当 FORMAT 参数设定为 16#0001 时，表示字符串中的逗号","作为小数点来用，如图 5.273 所示。如果输入一个不带逗号的字符串 01234567，则指令将从第一位开始将其转换为实数的形式，并通过输出参数 OUT 输出为 1234567.0。如果输入一个带逗号的字符串 012,34567，则输出的实数结果为 012.34567，如图 5.274 所示。

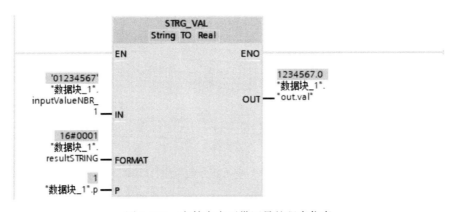

图 5.273 字符串中不带逗号的程序仿真

图 5.274 字符串中带逗号的程序监控

③ 当 P 参数设置为 2 时，表示从字符串中第二位开始转换，图 5.275 为程序仿真，转换结果如图 5.276 所示。

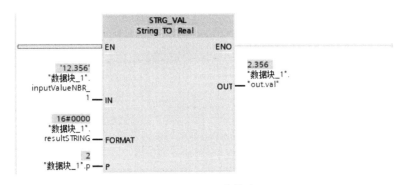

图 5.275 程序仿真

图 5.276 转换结果

3. 将数字值转换为字符串指令（VAL_STRG）

（1）指令功能

VAL_STRG 指令可将数字值转换为字符串，在 IN 输入参数中指定要转换的数字值，并通过选择数据类型来决定数字值的格式，转换结果在 OUT 输出参数中查询。转换允许的字符包括数字 0~9、小数点、计数制 E 和 e 及加/减号。如果为无效字符或输出字符串长度超过输出范围，将中断转换过程，ENO 被置位为"0"。

（2）指令格式

VAL_STRG 指令格式如图 5.277 所示。

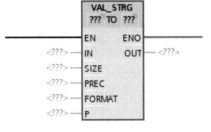

图 5.277 VAL_STRG 指令格式

（3）指令参数

VAL_STRG 指令参数见表 5.116。表 5.117 为 FORMAT 参数的可能值及其含义。

表 5.116 VAL_STRG 指令参数

参数	声明	数据类型	存储区	说明
IN	Input	USINT、SINT、UINT、INT、UDINT、DINT、ULINT、LINT、REAL、LREAL	I、Q、M、D、L、P 或常量	要转换的值
SIZE	Input	USINT	I、Q、M、D、L、P 或常量	字符位数
PREC	Input	USINT	I、Q、M、D、L、P 或常量	小数位数

301

续表

参数	声明	数据类型	存储区	说明
FORMAT	Input	WORD	I、Q、M、D、L、P 或常量	字符的输出格式
P	InOut	UINT	I、Q、M、D、L、P 或常量	开始写入结果的字符
OUT	Output	STRING, WSTRING	D、L	转换结果

表 5.117 FORMAT 参数的可能值及其含义

可能值（W#16#....）	表示法	符号	小数点表示法
0000	小数	"-"	"."
0001	小数	"-"	","
0002	指数	"-"	"."
0003	指数	"-"	","
0004	小数	"+" 和 "-"	"."
0005	小数	"+" 和 "-"	","
0006	指数	"+" 和 "-"	"."
0007	指数	"+" 和 "-"	","
0008 到 FFFF	无效值		

【实例 5.102】 VAL_STRG 指令的应用。

【要求】将 REAL 数据类型的浮点数转换为 STRING 数据类型的字符串。

【操作步骤】

(1) 定义全局数据块变量，如图 5.278 所示。

图 5.278 定义全局数据块变量

(2) 在 OB1 中编写梯形图，如图 5.279 所示。

(3) 仿真调试。打开仿真软件并进入仿真界面，根据 P 参数的值"16"，即从第 16 个字符开始写入字符串，根据 SIZE 参数的值"10"，写入 SIZE 参数规定的 10 个长度字符；由于参数 FORMAT 的值为"16#0000"，所以输入端待转换值中的点将解释为小数点分隔符；根据参数 PREC 的值"2"，向字符串写入两个小数位；待转换值的"-"符号作为字符存储在字符串中，作为数字的前缀；字符串通过输出参数 OUT 输出结果 ' -5670.00'。符

第 5 章　S7-1500 PLC 的常用指令

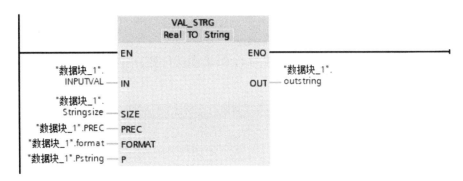

图 5.279　VAL_STRG 的应用梯形图

号前面的空白区域是填充的空字符。程序仿真如图 5.280 所示。转换结果监控如图 5-281 所示。

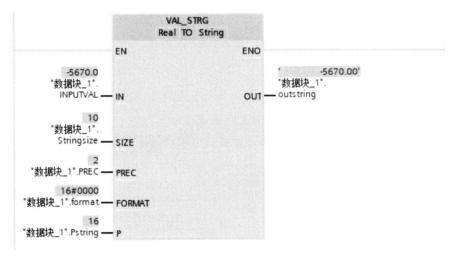

图 5.280　程序仿真

图 5.281　转换结果监控

【实例 5.103】 编写一段转换程序，把一个代表某电流的数值转换为相应的字符串，并在人机界面上显示字符串中的动态电流数值。

303

【操作步骤】

（1）定义全局数据块变量

在调用 VAL_STRG 之前，先将变量表中的 OUT 参数设置为一个含有初始值'I=   A'的空字符串，字符串中的等号到 A 之间有4个空字符，全局数据块变量如图 5.282 所示。

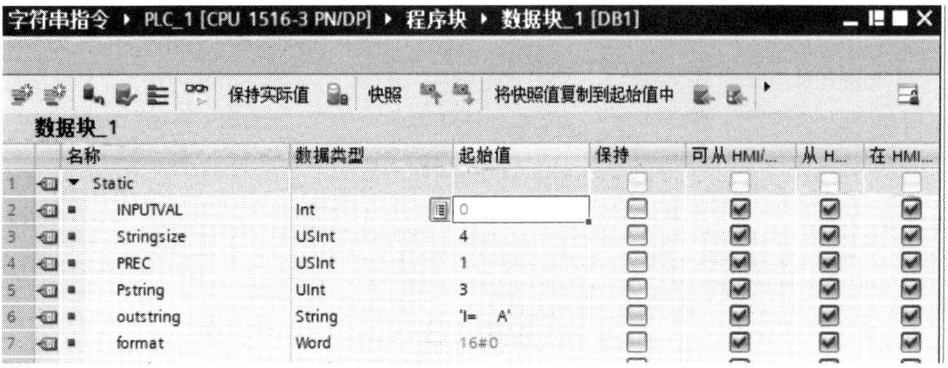

图 5.282 全局数据块变量

（2）在 OB1 中编写梯形图

将数值转换为字符串的梯形图如图 5.283 所示：当 M10.0 接通时，将输入数值转换为字符串，并嵌入 VAL_STRG 指令的输出 OUT 参数变量初始值中，在人机界面上调用"数据块_1.outstring"变量，即可在人机界面上显示动态电流数据字符串。

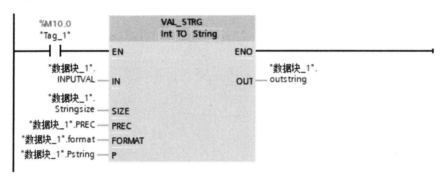

图 5.283 将数值转换为字符串的梯形图

（3）仿真调试

打开仿真软件进入仿真界面。在全局数据块中，将输入参数"数据块_1.INPTVAL"的值改为"100"，接通 M10.0，运行结果由 OUT 参数输出字符串为"I=10.0A"，如图 5.284 所示。本例输入值的位数不能超过三位数，否则输出中断转换，ENO 输出置位为"0"。

为了更进一步理解 VAL_STRG 指令在不同参数设置下的运行情况，表 5.118 列出了调用 VAL_STRG 指令的部分应用运行实例。

表 5.118 调用 VAL_STRG 指令的部分应用运行实例

IN（值）	IN（数据类型）	P	SIZE	FORMAT（W#16#....）	PREC	OUT(STRING)	ENO 状态
123	UINT	16	10	0000	0	xxxxxxx123	1

续表

IN（值）	IN（数据类型）	P	SIZE	FORMAT（W#16#....）	PREC	OUT(STRING)	ENO 状态
0	UINT	16	10	0000	2	xxxxxx0.00	1
12345678	UDINT	16	10	0000	3	x12345.678	1
12345678	UDINT	16	10	0001	3	x12345.678	1
123	INT	16	10	0004	0	xxxxxx+123	1
−123	INT	16	10	0004	0	xxxxxx−123	1
−0.00123	REAL	16	10	0004	4	xxx−0.0012	1
−0.00123	REAL	16	10	0006	4	−1.2300E−3	1

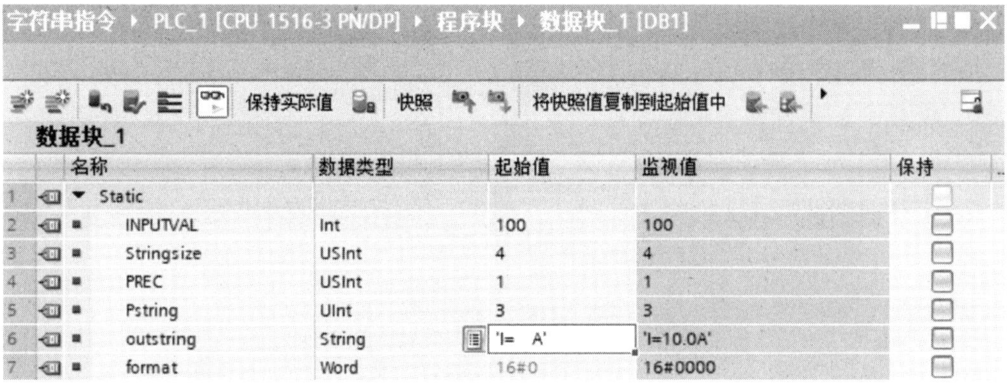

图 5.284 监控运行结果

4. 将字符串转换为字符指令（Strg_TO_Chars）

（1）指令功能

Strg_TO_Chars 指令可将字符串转换为字符元素组成的数值，即将数据类型为 STRING 的字符串复制到 Array of CHAR 或 Array of BYTE 中，或将数据类型为 WSTRING 的字符串复制到 Array of WCHAR 或 Array of WORD 中。该操作只能复制 ASCII 字符。

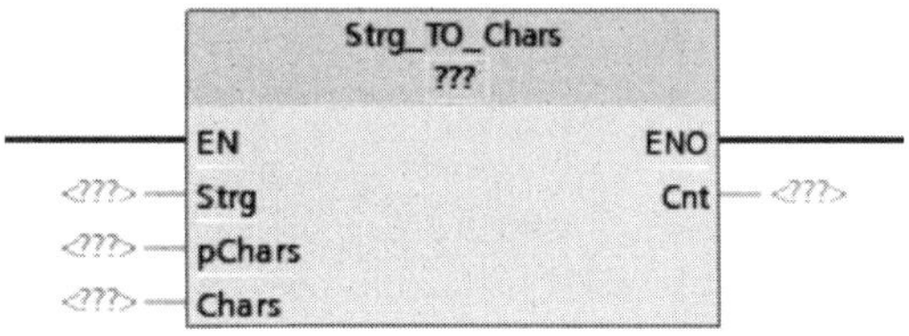

（2）指令格式

Strg_TO_Chars 指令格式如图 5.285 所示。

图 5.285 Strg_TO_Chars 指令格式

（3）指令参数

Strg_TO_Chars 指令参数见表 5.119。表中，目标域中的字符数量至少与从源字符串中复制的字符数量相同。如果目标域包含的字符数量少于源字符串中的字符数量，则只写入最多与目标域最大长度相同的字符数量。当 pChars = 0 时，将使用数组下标的下限（如 Array [0..5] of CHAR 的 CHAR[0]）。如果数组的下限为负值（如 Array [−5..5] of CHAR 的 CHAR[−5]），则此规则也适用。

表 5.119 Strg_TO_Chars 指令参数

参数	声明	数据类型	存储区	说明
Strc	Input	STRING, WSTRING	D、L 或常量	复制操作的源
pChars	Input	DINT	I、Q、M、D、L、P 或常量	Array of (W) CHAR/BYTE/WORD 结构中的位置，从该位置开始写入字符串的相应字符
Chars	InOut	WARIANT	D、L	复制操作的目标。将字符复制到 Array of (W) CHAR/BYTE/WORD 数据类型的结构中
Cnt	Output	UINT	I、Q、M、D、L、P	移动的字符数量

【实例 5.104】Strg_TO_Chars 指令的应用。

【要求】将 STRING 数据类型字符串中的字符复制到 Array of CHAR 数据类型的结构中。

【操作步骤】

(1) 定义全局数据块变量

在创建的全局数据块中定义 4 个全局数据块变量用于数据存储，如图 5.286 所示。

图 5.286 定义全局数据块变量

(2) 在 OB1 中编写梯形图

Strg_TO_Chars 指令应用梯形图如图 5.287 所示。根据 Array of CHAR 数据类型创建一个包含各个字符的结构。CHARS 结构的长度为 10 个字符(Array...[0..9])。根据参数 pChars 的值 2，从该结构的第三个字符开始写入 (0 和 1 为空，2 包含字符串 "数据块_2.inputstrg" 的第一个字符)。将字符串 inputstrg 的字符写入结构 "数据块_2.CHARS" 后，待创建结构的最后一个字符将写入为空。字符串中移动的字符数通过输出参数 Cnt 输出。

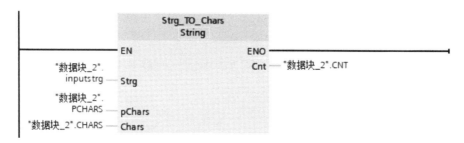

图 5.287　Strg_TO_Chars 指令应用梯形图

(3) 仿真调试

打开仿真软件进入仿真界面。在全局数据块中，将输入参数“数据块_2. inputstrg”的起始值改为‘AB7575#’，其结果由 CNT 参数输出到字符元素组中，如图 5.288 所示。

	名称	数据类型	起始值	监视值	保持	可从 HM...
1	▼ Static					
2	inputstrg	String[10]	'AB7575#'	'AB7575#'		☑
3	PCHARS	DInt	2	2		☑
4	CNT	UInt	0	7		☑
5	▼ CHARS	Array[0..9] of Char				☑
6	CHARS[0]	Char	' '	' '		☑
7	CHARS[1]	Char	' '	' '		☑
8	CHARS[2]	Char	' '	'A'		☑
9	CHARS[3]	Char	' '	'B'		☑
10	CHARS[4]	Char	' '	'7'		☑
11	CHARS[5]	Char	' '	'5'		☑
12	CHARS[6]	Char	' '	'7'		☑
13	CHARS[7]	Char	' '	'5'		☑
14	CHARS[8]	Char	' '	'#'		☑
15	CHARS[9]	Char	' '	' '		☑

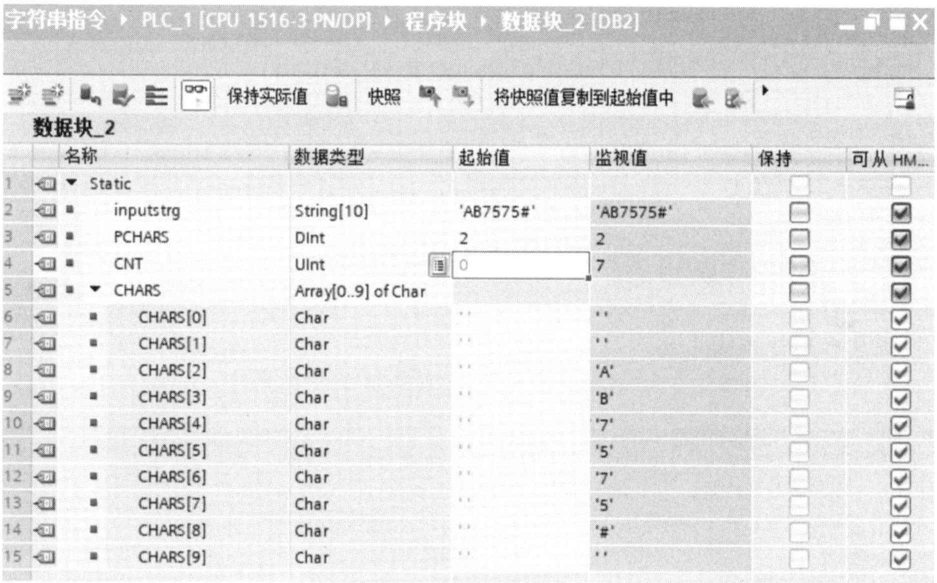

图 5.288　监控运行结果

5. 将字符转换为字符串指令（Chars_TO_Strg）

(1) 指令功能

Chars_TO_Strg 指令可将字符转换为字符串，即将字符串从 Array of CHAR 或 Array of BYTE 复制到数据类型为 STRING 的字符串中，或将字符串从 Array of WCHAR 或 Array of WORD 复制到数据类型为 WSTRING 的字符串中。复制操作仅支持 ASCII 字符。

(2) 指令格式

Chars_TO_Strg 指令格式如图 5.289 所示。

图 5.289　Chars_TO_Strg 指令格式

(3) 指令参数

Chars_TO_Strg 指令参数见表 5.120。表中，目标域中的字符数量至少与从源字

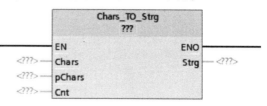

符串中复制的字符数量相同。如果目标域包含的字符数量少于源字符串中的字符数量，则目标域写入最大长度的字符。参数 Cnt 的值为"0"，表示将复制所有的字符。

表 5.120　Chars_TO_Strg 指令参数

参　数	声　明	数据类型	存　储　区	说　明
Chars	Input	VARIANT	D、L	复制操作的源。 从 Array of（W）CHAR/BYTE/WORD 开始复制字符
pChars	Input	DINT	I、Q、M、D、L、P 或常量	Array of（W）CHAR/BYTE/WORD 中的位置，从该位置开始复制字符
Cnt	Input	UINT	I、Q、M、D、L、P 或常量	要复制的字符数量，使用值"0"将复制所有字符
Strg	Output	STRING，WSTRING	D、L	复制操作的目标。 （W）STRING 数据类型的字符串，遵守数据类型的最大长度： ● STRING：254 个字符。 ● WSTRING：254 个字符（默认）/16382 个字符（最大）。使用 WSTRING 时，请注意必须使用方括号明确定义超过 254 个字符的长度（例如 WSTRING[16382]）

【实例 5.105】Chars_TO_Strg 指令的应用。

【要求】将 Array of CHAR 数据类型的字符复制到 STRING 数据类型的字符串中。

【操作步骤】

（1）定义全局数据块变量

在创建的全局数据块中定义 4 个全局数据块变量用于数据存储，如图 5.290 所示。

图 5.290　定义全局数据块变量

（2）在 OB1 中编写梯形图

Chars_TO_Strg 指令应用梯形图如图 5.291 所示。图中，Chars 结构的长度为 10 个字符（Array ... [0..9]），根据参数 pChars 的起始值设置为 2，即从第三个位置（下标为 [2] 的数组）开始将字符复制到输出字符串 Strg 中，从位置 2 开始，结构中的所有字符“数据块_3. inputchars”都将复制到字符串“数据块_3. outstring”中。

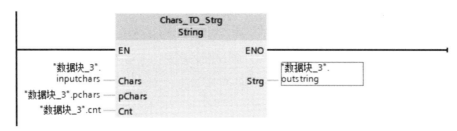

图 5.291　Chars_TO_Strg 指令应用梯形图

（3）仿真调试

打开仿真软件进入仿真界面。在全局数据块中，将输入参数“数据块_3. inputchars”的起始值改为‘TIAS7-PLC’，则运行结果将有 Strg 参数输出字符串到“数据块_3. outstring”中，显示值为‘S7-PLC’，如图 5.292 所示。

	名称	数据类型	起始值	监视值	保持	可从 HM...
1	▼ Static					
2	▼ inputchars	Array[0..9] of Char			☐	☑
3	inputchars[0]	Char	'T'	'T'	☐	☑
4	inputchars[1]	Char	'I'	'I'	☐	☑
5	inputchars[2]	Char	'A'	'A'	☐	☑
6	inputchars[3]	Char	'S'	'S'	☐	☑
7	inputchars[4]	Char	'7'	'7'	☐	☑
8	inputchars[5]	Char	'-'	'-'	☐	☑
9	inputchars[6]	Char	'P'	'P'	☐	☑
10	inputchars[7]	Char	'L'	'L'	☐	☑
11	inputchars[8]	Char	'C'	'C'	☐	☑
12	inputchars[9]	Char	' '	' '	☐	☑
13	pchars	DInt	3	3	☐	☑
14	outstring	String	''	'S7-PLC'	☐	☑
15	cnt	UInt	0	0	☐	☑

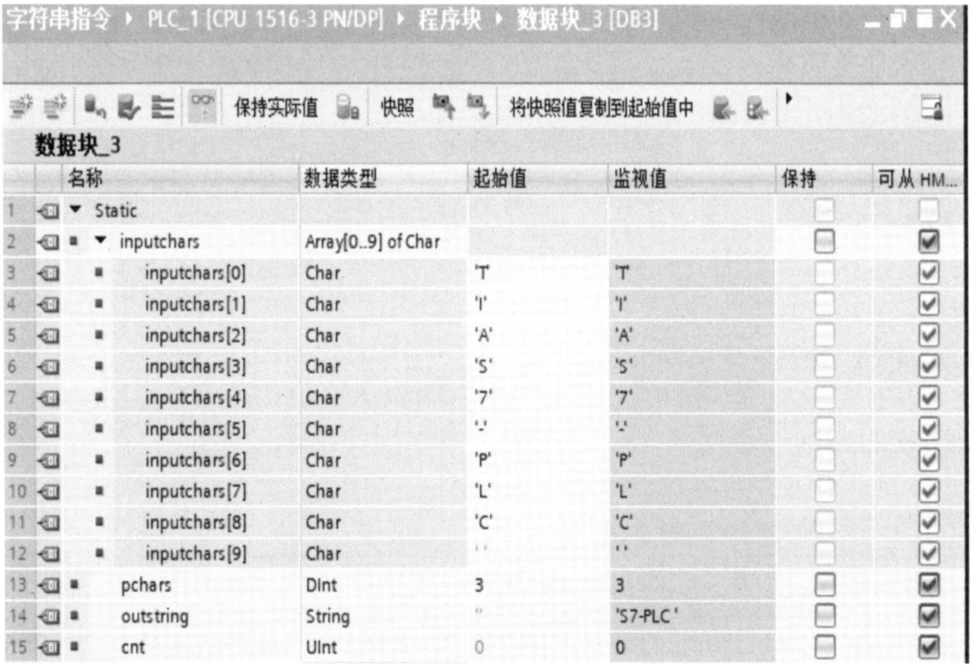

图 5.292　监控运行结果

6. 确定字符串的长度指令（LEN）

（1）指令功能

LEN 指令可查询 IN 输入参数中指定字符串的当前长度，并将其作为数值输出到输出参数

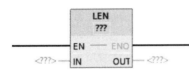

图 5.293　LEN 指令格式

OUT 中。当前长度表示实际使用的字符位置数，必须小于或等于最大长度，空字符串（' '）的长度为零。如果在指令执行过程中出错，则参数 OUT 的输出值为"0"。

（2）指令格式

LEN 指令格式如图 5.293 所示。

（3）指令参数

LEN 指令参数见表 5.121。

表 5.121　LEN 指令参数

参　　数	声　　明	数据类型	存　储　区	说　　明
IN	Input	STRING、WSTRING	D、L 或常量	字符串
OUT	Return	INT	I、Q、M、D、L	有效字符数

【实例 5.106】LEN 指令的应用。

【要求】确定 STRING 数据类型字符串的当前长度。

【操作步骤】

（1）定义全局数据块变量

在创建的全局数据块中定义两个用于存储数据的变量，如图 5.294 所示。

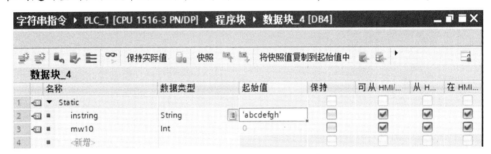

图 5.294　定义全局数据块变量

（2）在 OB1 中编写梯形图

LEN 指令应用梯形图如图 5.295 所示，可确定字符串中实际占用的字符数，并将其作为数字值，通过输出参数 OUT 显示。

图 5.295　LEN 指令应用梯形图

（3）仿真调试

打开仿真软件进入仿真界面。在全局数据块中，将输入参数变量"数据块_4.instring"的起始值改为'abcdefgh'，其运行结果由 OUT 参数输出到"数据块_4.mw10"中，显示值为"8"，如图 5.296 所示。

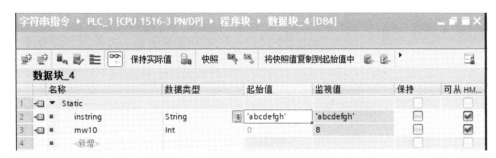

图 5.296　监控运行结果

7. 确定字符串的最大长度指令（MAX_LEN）

（1）指令功能

MAX_LEN 指令可确定输入参数 IN 中所指定字符串的最大长度，并将其作为数字值输出到输出参数 OUT。如果指令在执行过程中出错，则参数 OUT 的输出值为"0"。

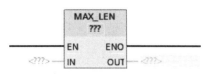

图 5.297　MAX_LEN 指令格式

（2）指令格式

MAX_LEN 指令格式如图 5.297 所示。

（3）指令参数

MAX_LEN 指令参数见表 5.122。

表 5.122　MAX_LEN 指令参数

参　数	声　明	数据类型	存　储　区	说　明
IN	Input	• STRING • WSTRING	D、L 或常量	字符串
OUT	Return	• INT • DINT	I、Q、M、D、L、P	最大字符数

【实例 5.107】MAX_LEN 指令的应用。

【要求】确定 STRING 数据类型字符串的最大长度。

【操作步骤】

（1）定义全局数据块变量

在创建的全局数据块中定义两个用于存储数据的变量，如图 5.298 所示。

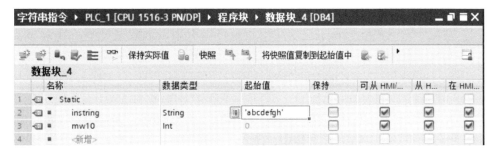

图 5.298　定义全局数据块变量

(2) 在 OB1 中编写梯形图

MAX_LEN 指令应用梯形图如图 5.299 所示，可确定字符串的最大长度，并将其作为数字值，通过输出参数 OUT 显示。

图 5.299　MAX_LEN 指令应用梯形图

(3) 仿真调试

打开仿真软件进入仿真界面。在全局数据块中，将输入参数变量"数据块_4.instring"的起始值改为'abcdefgh'，其运行结果由 OUT 参数输出到"数据块_4.mwS10"中，显示值为 254，如图 5.300 所示。

图 5.300　监控运行结果

8. 将十六进制数转换为 ASCII 字符串指令（HTA）

(1) 指令功能

HTA 指令可将 IN 输入中指定的十六进制数转换为 ASCII 字符串，转换结果存储在 OUT 参数指定的地址中，最多可将 32767 个字符写入 ASCII 字符串，转换结果由数字 0~9 及大写字母 A~F 表示。如果 OUT 参数无法显示转换的完整结果，则可部分写入。

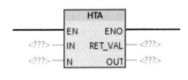

图 5.301　HTA 指令格式

(2) 指令格式

HTA 指令格式如图 5.301 所示。

(3) 指令参数

HTA 指令参数见表 5.123。表中，使用 IN 参数（十六进制）中的指针可以引用以下数据类型：Array of CHAR、Array of BYTE、STRING、BYTE、CHAR、WORD、Array of WORD、INT、DWORD、Array of DWORD、DINT、SINT、USINT、UINT、UDINT、Array of WCHAR、WSTRING、WCHAR、ULINT、LINT、LWORD、Array of LWORD；使用 OUT 参数（ASCII）中的指针可以引用以下数据类型：STRING、WSTRING、Array of CHAR、Array of WCHAR、Array of BYTE、Array of WORD；参数 N 可指定待转换十六进制字节的数量。由于 ASCII 字符为 8 位，而十六进制数只有 4 位，所以输出值长度为输入值长度的两倍。

表 5.123　HTA 指令参数

参　数	声　明	数据类型	存　储　区	说　明
IN	Input	VARIANT	I、Q、M、D、L	十六进制数的起始地址
N	Input	UINT	I、Q、M、D、L 或常量	待转换的十六进制字节数
RET_VAL	Return	WORD	I、Q、M、D、L	错误消息
OUT	Output	VARIANT	D、L	结果的存储地址

表 5.124 为十六进制数与 ASCII 字符的对应关系。

表 5.124　十六进制数与 ASCII 字符的对应关系

十六进制数	ASCII 编码的十六进制数	ASCII 字符
0	30	0
1	31	1
2	32	2
3	33	3
4	34	4
5	35	5
6	36	6
7	37	7
8	38	8
9	39	9
A	41	A
B	42	B
C	43	C
D	44	D
E	45	E
F	46	F

9. 将 ASCII 字符串转换为十六进制数指令（ATH）

ATH 指令可将 IN 输入参数中指定的 ASCII 字符串转换为十六进制数，转换结果输出到 OUT 输出参数中。ATH 指令是 HTA 指令的相反过程。

10. 合并字符串指令（CONCAT）

（1）指令功能

CONCAT 指令可将 IN1 输入参数中的字符串与 IN2 输入参数中的字符串合并在一起。其结果以（W）STRING 格式通过 OUT 输出参数输出。如果生成的字符串长度大于 OUT 输出参数中指定的变量长度，则将生成的字符串限制到可用长度。如果在指令的执行过程中发生错误，且可写入 OUT 输出参数，则将输出空字符串。

（2）指令格式

CONCAT 指令格式如图 5.302 所示。

（3）指令参数

CONCAT 指令参数见表 5.125。

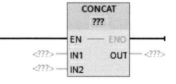

图 5.302　CONCAT 指令格式

表 5.125 CONCAT 指令参数

参　数	声　明	数据类型	存储区	说　明
IN1	Input	STRING，WSTRING	D、L 或常量	字符串
IN2	Input	STRING，WSTRING	D、L 或常量	字符串
OUT	Return	STRING，WSTRING	D、L	生成的字符串

【实例 5.108】CONCAT 指令的应用。

【要求】将两个 STRING 数据类型的字符串连接在一起。

【操作步骤】

(1) 定义全局数据块变量

在创建的全局数据块中定义 3 个全局数据块变量用于数据存储，如图 5.303 所示。

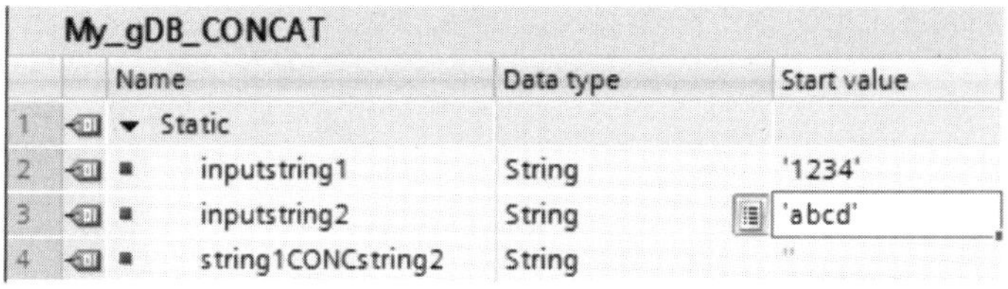

图 5.303 定义全局数据块变量

(2) 在 OB1 中编写梯形图，并进行仿真调试

CONCAT 指令应用梯形图如图 5.304 所示，将全局数据块变量中的起始值设定为'1234'，通过仿真调试，其运行结果是第二个字符串 inputstring2 的字符附加到第一个字符串 inputstring1，并通过输出参数 string1CONCstring2 输出，结果显示为'1234abcd'。

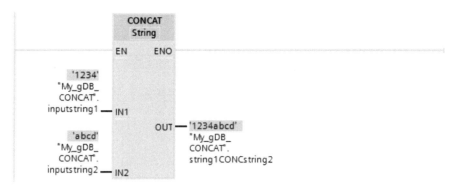

图 5.304 CONCAT 指令应用梯形图

11. 其他字符串操作指令

博途 V15 软件中的其他字符串操作指令还有以下几种，在此只进行简单介绍，具体的使用方法可参考在线帮助。

(1) 读取字符串左边字符的指令（LEFT）

LEFT 指令可提取以 IN 输入字符串第一个字符开头的部分字符串。L 参数用于指定要提取的字符数。提取的字符以 (W)STRING 格式通过 OUT 输出参数输出。如果要提取的字符数大于字符串的当前长度，则 OUT 输出参数会将输入字符串作为结果返回。如果 L 参数包含值 0 或输入值为空字符串，则返回空字符串。如果 L 参数中的值为负数，则输出空字符串。如果在指令的执行过程中发生错误且可写入 OUT 输出参数，则输出空字符串。LEFT 指令的应用梯形图如图 5.305 所示，根据参数 L 的值 4，从左侧的第一个字符开始，即从字符串 inputSTRING 提取一个 4 个字符的部分字符串，并通过输出参数 outputExtractSTRING 输出。

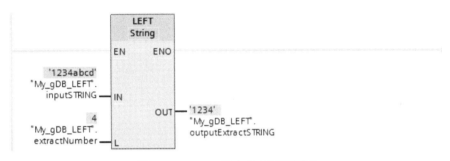

图 5.305　LEFT 指令的应用梯形图

（2）读取字符串右边字符的指令（RIGHT）

RIGHT 指令可提取 IN 输入字符串的最后一个 L 字符。L 参数用于指定要提取的字符数。提取的字符以（W）STRING 格式通过 OUT 输出参数输出。如果要提取的字符数大于字符串的当前长度，则 OUT 输出参数会将输入字符串作为结果返回。如果 L 参数包含值 0 或输入值为空字符串，则返回空字符串。如果 L 参数的值为负数，则输出空字符串。如果在指令的执行过程中发生错误且可写入 OUT 输出参数，则输出空字符串。RIGHT 指令的应用梯形图如图 5.306 所示，根据输入参数 L 的值 4，从右侧的第一个字符开始，在字符串 inputSTRING 中提取一个部分字符串，并通过输出参数 OUT 输出。

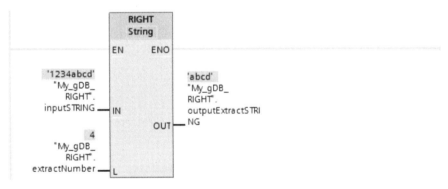

图 5.306　RIGHT 指令的应用梯形图

（3）读取字符串中间字符的指令（MID）

MID 指令可提取 IN 输入字符串中的一部分。使用 P 参数指定要提取的第一个字符的位置。使用 L 参数定义要提取的字符串的长度。使用 OUT 输出参数输出提取的部分字符串。如果待提取的字符数超过 IN 输入字符串的当前长度，则输出部分字符串。部分字符串从 P 字符串开始，至字符串结尾。如果 P 参数指定的字符位置超出 IN 输入字符串的当前长度，则 OUT 输出参数将输出空字符串。如果 P 或 L 参数的值等于零或为负数，则 OUT 输出参数将输出空字符串。如果在指令的执行过程中发生错误且可写入 OUT 输出参数，则输出空字符串。MID 指令的应用梯形图如图 5.307 所示，根据输入参数 L 的值 4，从字符串 inputSTRING 中提取一个 4 个字符的部分字符串。根据 startingPoint 的值 3 从字符串的第三个字符开始提取，并通过输出参数 OUT 输出。

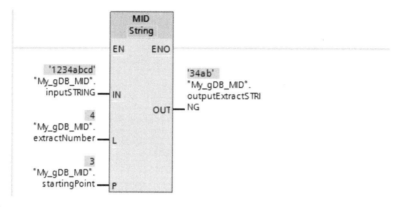

图 5.307　MID 指令的应用梯形图

（4）删除字符串中字符的指令（DELETE）

DELETE 指令可删除 IN 输入字符串中的一部分字符。使用 P 参数指定要删除的第一个字符的位置。使用 L 参数指定要删除的字符数。剩余的部分字符串以(W)STRING 格式通过 OUT 输出参数输出。

如果 P 参数的值为负数或等于零，则 OUT 输出参数将输出空字符串。如果 P 参数的值大于 IN 输入字符串的当前长度，则 OUT 输出参数将返回输入字符串。如果 L 参数的值为零，则 OUT 输出参数将返回输入字符串。如果 L 参数大于 IN 输入字符串的长度，则将删除从 P 参数指定位置开始的字符，并将输出由此生成的字符串。如果 L 参数的值为负数，则将输出空字符串。如果在指令的执行过程中发生错误且可写入 OUT 输出参数，则将输出空字符串。DELETE 指令的应用梯形图如图 5.308 所示，根据输入参数 L 的值 4 和 startingPoint 的值 3，从第三个字符串开始删除 4 个字符。剩余的字符串通过输出参数 OUT 输出。

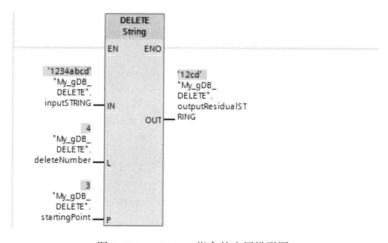

图 5.308　DELETE 指令的应用梯形图

(5) 在字符串中插入字符的指令 (INSERT)

INSERT 指令可将 IN2 输入的字符串插入到 IN1 输入的字符串中。使用 P 参数指定开始插入字符的位置。其结果以 (W)STRING 格式通过 OUT 输出参数输出。

如果 P 参数的值超出 IN1 输入字符串的当前长度，则 IN2 输入的字符串将附加到 IN1 输入字符串后。如果 P 参数的值为负数，则 OUT 输出参数将输出空字符串。如果生成的字符串的长度大于 OUT 输出参数指定的变量长度，则将生成的字符串限制到可用长度。INSERT 指令的应用梯形图如图 5.309 所示，将第二个字符串 input2_STRING 的字符插入第一个字符串 input1_STRING。根据参数 P 的值 3，字符将插入第一个字符串的第三个字符后，其结果将通过输出参数 OUT 输出。

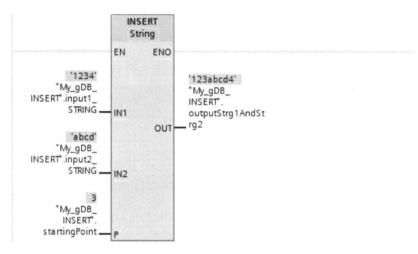

图 5.309　INSERT 指令的应用梯形图

(6) 替换字符串中字符的指令 (REPLACE)

REPLACE 指令可将 IN1 输入字符串中的一部分替换为 IN2 输入的字符串。使用 P 参数指定要替换的第一个字符的位置。使用 L 参数指定要替换的字符数。替换结果以 (W)STRING 格式通过 OUT 输出参数输出。

如果 P 参数的值为负数或等于零，则 OUT 输出参数将输出空字符串。如果 L 参数的值为负数，则 OUT 输出参数将输出空字符串。如果 P 等于 1，则 IN1 输入的字符串将从（且包含）第一个字符开始被替换。如果 P 参数的值超出 IN1 输入字符串的当前长度，则 IN2 输入的字符串将附加到 IN1 输入的字符串后。如果生成的字符串长度大于 OUT 输出参数指定的变量长度，则将生成的字符串限制到可用长度。如果参数 L 的值为 0，则将插入而非更换字符，适用条件与 INSERT 指令类似。REPLACE 指令的应用梯形图如图 5.310 所示，第二个字符串 input2_STRING 根据 startingPoint 的值 3 从第三个字符开始添加到第一个字符串 input1_STRING。根据参数 L 的值 2，替换第一个字符串 input1_STRING 的第三个和第四个字符。其结果通过输出参数 OUT 输出。REPLACE 指令运行监控结果如图 5.311 所示。

(7) 在字符串中查找字符的指令 (FIND)

FIND 指令可在 IN1 输入字符串内搜索特定的字符串。使用 IN2 输入参数指定要搜索的值，从左向右搜索。使用 OUT 输出参数输出第一次出现该值的位置。如果搜索返回没有匹

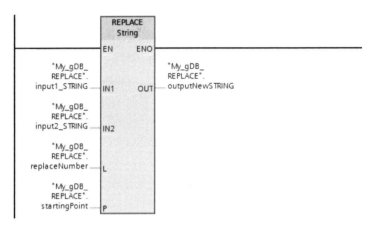

图 5.310　REPLACE 指令的应用梯形图

My_gDB_REPLACE

	Name	Data type	Start value	Monitor value
1	▼ Static			
2	input1_STRING	String	'1234'	'1234'
3	input2_STRING	String	'abcd'	'abcd'
4	replaceNumber	Int	2	2
5	startingPoint	Int	3	3
6	outputNewSTRING	String	''	'12abcd'

图 5.311　REPLACE 指令运行监控结果

配项，则 OUT 输出参数将输出值 0。如果 IN2 输入参数指定了无效字符，或者在处理期间出错，则 OUT 输出参数将输出值 0。FIND 指令的应用梯形图如图 5.312 所示，用第一个字符串 inputSTRING 搜索第二个字符串 STRINGsearchedFor 的值 4a。开始搜索字符串的字符位置为 4，其结果通过输出参数 OUT 输出，运行监控结果如图 5.313 所示。

图 5.312　FIND 指令的应用梯形图

My_gDB_FIND

	Name	Data type	Start value	Monitor value
1	▼ Static			
2	inputSTRING	String	'1234abcd'	'1234abcd'
3	STRINGsearchedFor	String	'4a'	'4a'
4	returnPosition	Int	0	4

图 5.313　FIND 指令运行监控结果

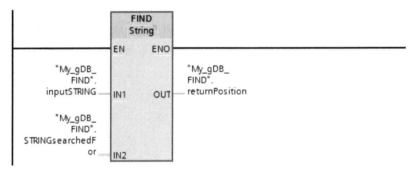

第 6 章

S7-1500 PLC 的程序块

6.1 程序块简介

6.1.1 用户程序块

S7-1500 PLC 的用户程序是用户自己编写的程序。用户为了完成特定的自动化任务,将程序编写在不同的程序块中,由 CPU 按照执行条件来执行相应的程序块或访问相对应的数据块,即将整个程序分成若干个信息块或子程序块,使程序变得清晰,便于阅读和修改。用户程序块通常包括组织块(OB)、函数(FC)、函数块(FB)和数据块(DB)等,如图 6.1 所示。程序块的类型及功能说明见表 6.1。

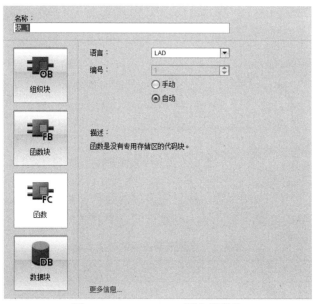

图 6.1 S7-1500 PLC 用户程序块

表 6.1　程序块的类型及功能说明

类　　型	功　能　说　明
组织块（OB）	（1）决定用户程序的结构。 （2）函数和函数块必须在 OB 中调用执行。 （3）执行具有优先级（0~27）
函数（FC）	（1）既可以作为子程序使用，也可以作为调用函数使用。 （2）没有存储器，只有临时变量。 （3）作为函数调用时必须分配参数
函数块（FB）	（1）作为子程序使用。 （2）具有存储器，允许用户编写函数。 （3）每次使用时必须分配背景数据块
数据块（DB）	（1）背景数据块存储在 FB 中的数据。 （2）全局数据块用于存储用户数据，在整个程序中均有效

6.1.2　程序块的结构

一个程序块主要由变量声明表（函数接口区）和程序区组成，如图 6.2 所示。变量声明表主要用来定义局部数据。局部数据包括参数和局部变量。

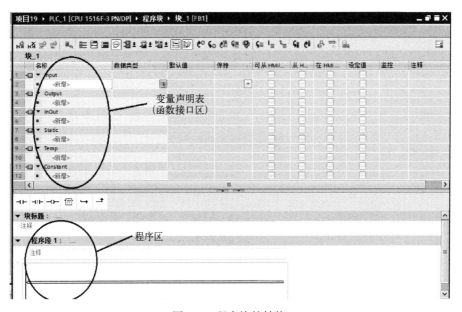

图 6.2　程序块的结构

参数是在调用程序块与被调用程序块之间传递的数据，主要包括输入、输出变量。局部变量包括静态变量和临时变量。表 6.2 为变量声明表中的数据类型。

表 6.2　变量声明表中的数据类型

变　　量	数 据 类 型	说　　　　明
输入	Input	接收主调用程序所提供的输入数据
输出	Output	将程序块执行结果传递到主调用程序中

续表

变　量	数据类型	说　　明
输入/输出	InOut	参数值既可以输入又可以输出
静态变量	Static	存储在背景数据块中，执行完毕，保留变量
临时变量	Temp	存储临时中间结果，执行完毕，变量消失
常量	Constant	带有声明符号名的常数，程序中可以使用符号代替常量，使得程序具有可读性，便于维护，局部常量仅在程序块内使用

6.2　组织块（OB）

6.2.1　组织块简介

组织块（OB）是操作系统和用户程序之间的接口，由操作系统调用。CPU 通过组织块以循环或事件驱动的方式执行以下具体特定的程序：

① 启动处理；
② 循环或定时程序处理；
③ 错误处理；
④ 中断响应的程序执行。

1. 用户程序的调用结构

一个程序块中至少含有一个组织块用于主程序的循环处理，可以在主程序中使用相关指令调用其他程序块，被调用的程序块执行完成后，返回原程序中断处继续执行。程序块的调用过程如图 6.3 所示。OB、FC、FB 可以调用其他程序块，被调用的程序块可以是 FC 和 FB，OB 不能被用户程序直接调用。

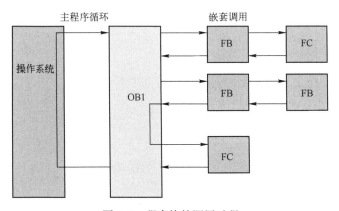

图 6.3　程序块的调用过程

2. 类型与优先级

组织块代表 CPU 的系统功能，不同类型的组织块可完成不同的系统功能。组织块的类型及优先级等见表 6.3。组织块按优先级顺序执行，S7-1500 PLC 支持优先级 26 个，数字 1 表示最低，26 表示最高。如果所发生事件的组织块优先级高于当前执行的组织块，则中断此组织块的执行。如果同一个优先级的组织块同时触发，将按组织块的编号由小到大依次执行。当某组织块启动时，操作系统将输出启动信息，在用户编写组织块程序时，可根据这些启动信息进行相应处理。

表 6.3 组织块的类型及优先级等

类　　型	优　先　级	编　　号	默认的系统响应	可用数目
程序循环	1	1，≥123	忽略	100
启动	1	100，≥123	忽略	100
延时中断	2~24（默认3）	20~23，≥123	不适用	20
循环中断	2~24（默认8~17，取决于循环时间）	30~38，≥123	不适用	20
硬件中断	2~26（默认16）	40~47，≥123	忽略	50
时间错误中断	22	80	忽略	1
超出循环监视时间一次	22	80	CPU进入停机模式	1
诊断错误中断	2~26（默认5）	82	忽略	1
移走或插入模块	2~26（默认6）	83	忽略	1
机架故障	2~26（默认6）	86	忽略	1
程序错误（仅限全局错误处理）	2~26（默认7）	121	CPU进入停机模式	1
I/O访问错误（仅限全局错误处理）	2~26（默认7）	122	忽略	1
时间中断	2~24（默认2）	10~17，≥123	不适用	20
MC伺服中断	17~31（默认25）	91	不适用	1
MC插补器中断	16~30（默认24）	92	不适用	1
等时同步模式中断	16~26（默认21）	61~64，≥123	忽略	20
状态中断	2~24（默认4）	55	忽略	1
更新中断	2~24（默认4）	56	忽略	1
制造商特定中断或配置文件特定中断	2~24（默认4）	57	忽略	1

6.2.2 程序循环组织块（主程序）

1. 主程序简介

一个用户程序执行项目至少要有一个程序循环组织块（默认的 Main 程序 OB1 被称为主程序）。程序循环 OB 在 CPU 处于 RUN 模式时，周期性地循环执行。可在程序循环 OB 中放置控制程序的指令或调用其他功能块（FC 或 FB），程序执行过程如图 6.4 所示。

S7-1500 PLC 支持的程序循环 OB 的数量最多为 100 个，并且按照 OB 的编号由小到大的顺序依次执行，OB1 是默认设置，其他程序循环 OB 的编号必须大于或等于 123。程序循环 OB 的优先级为 1，可被高优先级的 OB 中断。程序循环执行一次需要的时间即为程序的循环扫描周期时间。最长循环时间默认设置为 150ms。如果程序超过最长循环时间，则操作系统将调用 OB80（时间故障 OB）；如果 OB80 不存在，则 CPU 进入停机模式。

第 6 章　S7-1500 PLC 的程序块

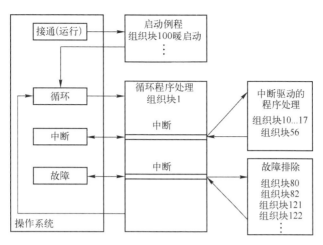

图 6.4　程序执行过程

2. 主程序的应用

【**实例 6.1**】在主程序 OB1 中调用一个 FC1。

(1) 创建主程序 OB1

在博途 V15 软件的"项目视图"中创建项目，如图 6.5 所示。单击"项目树"中的"添加新设备"选项，选择 S7-1500 PLC，CPU 选择 CPU 1516F-3 PN/PD 下的版本号，如图 6.6 所示。

图 6.5　创建项目

单击"确定"按钮后，在"项目树"下会自动生成主程序 OB1，如图 6.7 所示。

(2) 创建函数 FC

在"项目树"下选中已添加的 PLC，单击"程序块"选项，双击"添加新块"选项，选择

"函数"选项,如图 6.8 所示,单击"确定"按钮,函数 FC1 创建完毕,在函数 FC1 中编辑变量和相关程序如图 6.9 所示。

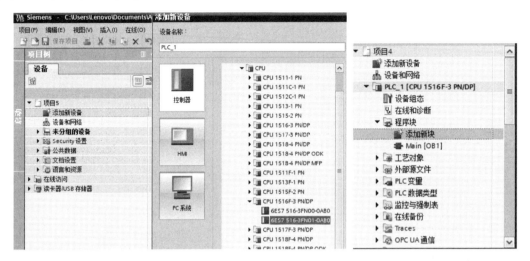

图 6.6　添加 S7-1500 PLC 设备　　　　图 6.7　生成主程序 OB1

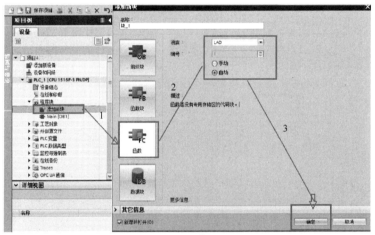

图 6.8　函数界面

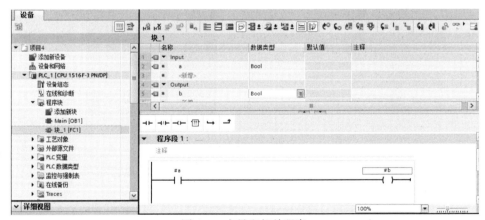

图 6.9　变量和相关程序

(3) 在主程序"Main[OB1]"中调用函数 FC1

选中"程序块"选项下新创建的函数"块_1[FC1]",按住鼠标左键并将其拖曳到主程序编辑器中自动生成主程序,如图 6.10 所示。单击"保存"按钮,完成在 OB1 中调用 FC1 的过程。

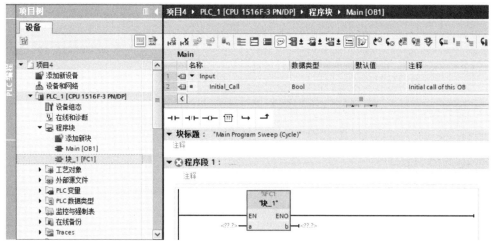

图 6.10　在 OB1 中调用 FC1

【实例 6.2】在主程序 OB1 中调用一个 FC 和 FB,并在 FC 中调用另外一个 FC,形成嵌套调用。

(1) 创建主程序 OB1、函数 FC1 和函数 FC2

按照【实例 6.1】的方法创建 OB1、FC1 和 FC2。

(2) 创建 FB1

创建 FB1 如图 6.11 所示,单击"确定"按钮。创建完成的 OB1、FC1、FC2 和 FB1 如图 6.12 所示。

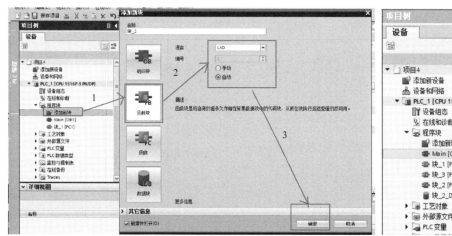

图 6.11　创建 FB1　　　　　　　　图 6.12　创建完成的 OB1、FC1、FC2、FB1

(3) 在 FC1 中调用 FC2

双击"项目树"下的"块_1[FC1]"选项，出现 FC1 的程序编辑界面，选中"块_3[FC2]"选项，按住鼠标左键，将其拖曳到程序编辑器中自动生成程序。

(4) 在 OB1 中调用 FB1 和 FC1

选中"程序块"下的"块_1[FC1]"和"块_2[FB1]"选项，按住鼠标左键，将其拖曳到主程序编辑器中自动生成主程序，如图 6.13 所示。单击"保存"按钮，完成了在 OB1 中调用 FC1（在 FC1 中调用 FC2）和 FB1 的过程。

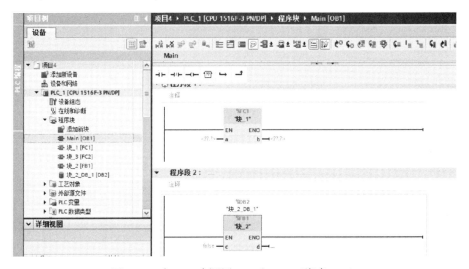

图 6.13　在 OB1 中调用 FB1 和 FC1（嵌套 FC2）

图 6.13 显示了主程序的具体内容，为了了解主程序中的调用结构，可以右击"Main[OB1]"，再单击"调用结构"选项，即可以清楚显示主程序的调用结构，如图 6.14 所示。

图 6.14　主程序的调用结构

6.2.3　循环中断组织块

1. 循环中断组织块简介

循环中断组织块是按照设定的时间间隔循环执行的周期性启动程序。

循环中断 OB 的时间间隔由循环时间和相位偏移量决定。在 OB 的属性中，每个 OB 的时间间隔都可以由用户设定，如图 6.15 所示。

S7-1500 PLC 最多提供 9 个循环中断 OB（OB30~OB38）。表 6.4 为循环中断 OB 的时帧和优先等级的默认值。每个循环中断 OB 的运行时间必须小于时间间隔。如果时间间隔太

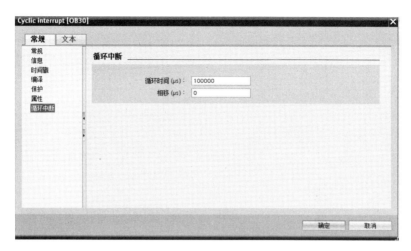

图 6.15　时间间隔的设定

短，会造成循环中断 OB 没有完成程序运行而被再次调用，这时会启动时间错误 OB80，执行导致错误的循环中断。

表 6.4　循环中断 OB 的时帧和优先等级的默认值

循环中断 OB	时帧的默认值	优先等级的默认值
OB 30	5s	7
OB 31	2s	8
OB 32	1s	9
OB 33	500ms	10
OB 34	200ms	11
OB 35	100ms	12
OB 36	50ms	13
OB 37	20ms	14
OB 38	10ms	15

　　程序中可以建立多个循环中断 OB，应用时可利用相位偏移量的设置来防止多个循环中断 OB 同时启动。例如，先建立一个循环时间为 10000μs 的 OB30，同时再创建一个循环时间为 100000μs 的 OB31。运行程序时，计时器开始计时，第一个 10000μs 到来时，运行 OB30 一次，计时到 20000μs 时，第二次运行 OB30，依次类推，当计时到 100000μs 时，既要运行 OB30，又要运行 OB31，这时两者会发生冲突。为了解决同等优先级循环中断 OB 的冲突，博途 V15 软件为每个循环中断 OB 均设置了一个相位偏移量，用来防止循环中断 OB 同时启动。

　　如果在同一时间间隔内同时调用低优先级 OB 和高优先级 OB，则只有在执行完高优先级 OB 后才会调用低优先级 OB，低优先级 OB 的调用时间可能有所偏移，这取决于执行高优先级 OB 的时间。如果低优先级 OB 组态的相位偏移大于高优先级 OB 的当前执行时间，则会在固定时基内调用低优先级 OB，如图 6.16 所示。

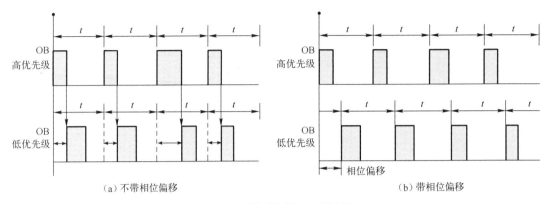

图 6.16　循环中断 OB 的调用

2. 循环中断组织块的应用

【实例 6.3】利用循环中断 OB 产生 1s 的脉冲控制闪烁灯。

（1）创建循环中断 OB30

在"项目树"下双击"添加新块"选项，创建循环中断 OB30，并设置循环时间为 500000μs，如图 6.17 所示。

图 6.17　创建循环中断 OB30

（2）编辑梯形图

打开 OB30，在程序编辑器中编辑梯形图，如图 6.18 所示。

（3）运行

下载硬件组态，调试程序，系统每隔 500000μs 执行一次 OB30，每执行一次 OB30，闪烁灯的输出状态就变化一次，如此循环。

【实例 6.4】当事件触发激活循环中断指令时，循环中断 OB 每隔 100ms，S7-1500 PLC 均采集一次通道 0 上的模拟量数值；当事件触发禁止循环中断指令时，循环中断停止。

在编程之前，先学习循环中断指令与禁止循环中断指令的相关知识。

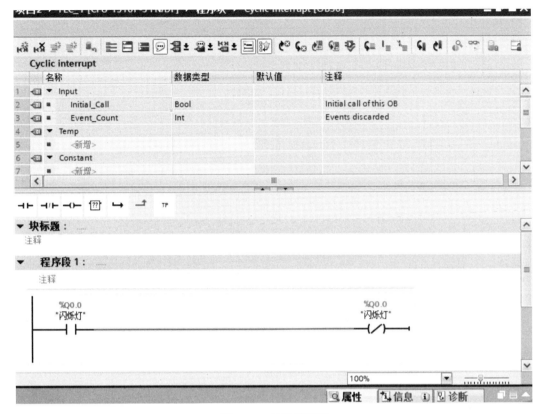

图 6.18　编辑梯形图

(1) 循环中断指令 (EN_IRT)

循环中断指令可启用已通过指令 DIS_IRT 禁用的中断和异步错误事件的处理过程,即在发生中断事件时,CPU 操作系统将响应调用中断 OB 或异步错误 OB,如果未编程中断 OB 或异步错误 OB,则不会触发指定响应。

EN_IRT 指令格式如图 6.19 所示,参数含义见表 6.5 和表 6.6。

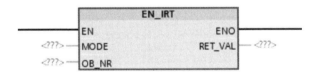

图 6.19　EN_IRT 指令格式

表 6.5　EN_IRT 指令参数

参　数	声　明	数据类型	存　储　区	说　　明
MODE	Input	BYTE	I、Q、M、D、L 或常量	指定启用哪些中断和异步错误事件
OB_NR	Input	INT	I、Q、M、D、L 或常量	OB 编号
RET_VAL	Return	INT	I、Q、M、D、L	在指令执行过程中如果发生错误,则返回值将包含错误代码

表 6.6 参数 MOD 和 RET_VAL 的含义

MODE	含 义	RET_VAL	含 义
0	启用所有新发生的中断和异步错误事件（编程错误以及直接访问 I/O 数据和运动控制 OB 期间的错误除外）	0000	未发生错误
1	启用基于指定中断类别的新发生事件，通过按以下方式进行指定来标识中断类别。 • 时间中断：10 • 延时中断：20 • 循环中断：30 • 过程中断：40 • DPVI 中断：50 • 同步循环中断：60 • 冗余错误中断：70 • 异步错误中断：80	8090	OB_NR 输入参数含有无效值
2	启用指定中断的所有新发生事件，可使用 OB 编号来指定中断	8091	MODE 输入参数含有无效值

（2）禁止循环中断指令（DIS_IRT）

DIS_IRT 可禁用中断和异步错误事件的处理过程。禁用是指，如果发生中断事件，则 CPU 的操作系统产生以下响应：既不会调用中断 OB 和异步错误 OB，也不会在未对中断 OB 或异步错误 OB 进行编程的情况下触发正常响应。

如果禁用中断和异步错误事件，则这种禁用对所有优先级都起作用，此时只能通过指令 EN_IRT 或暖启动/冷启动取消禁用。

注意：当对指令 DIS_IRT 进行编程时，将放弃发生的所有中断。

DIS_IRT 指令格式如图 6.20 所示，参数含义见表 6.7 和表 6.8。

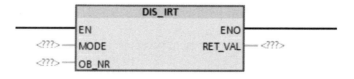

图 6.20 DIS_IRT 指令格式

表 6.7 DIS_IRT 指令参数

参 数	声 明	数据类型	存 储 区	说 明
MODE	Input	BYTE	I、Q、M、D、L 或常量	指定禁用哪些中断和异步错误
OB_NR	Input	INT	I、Q、M、D、L 或常量	OB 编号
RET_VAL	Return	INT	I、Q、M、D、L	在指令执行过程中如果发生错误，则返回值将包含错误代码

表 6.8 参数 MODE 与 RET_VAL 的含义

MODE (B#16#....)	含 义	RET_VAL	含 义
00	禁用所有新发生的中断和异步错误事件（编程错误以及直接访问 I/O 数据和运动控制 OB 期间的错误除外）。将值"0"分配给参数 OB_NR。继续在诊断缓冲区输入	0000	未发生错误
01	禁用属于指定中断类别的所有新发生事件，通过按以下方式进行指定来标识中断类别。 • 时间中断：10 • 延时中断：20 • 循环中断：30 • 过程中断：40 • DPVI 中断：50 • 同步循环中断：60 • 冗余错误中断：70 • 异步错误中断：80 继续在诊断缓冲区中输入	8090	OB_NR 输入参数含有无效值
02	禁用所有新发生的指定中断，可使用 OB 编号来指定中断，继续在诊断缓冲区中进行输入。	8091	MODE 输入参数含有无效值

(3) 编写梯形图

在"项目树"下添加新设备，选中循环中断组织块 OB30，并设置循环时间为 100000μs，如图 6.21 所示。

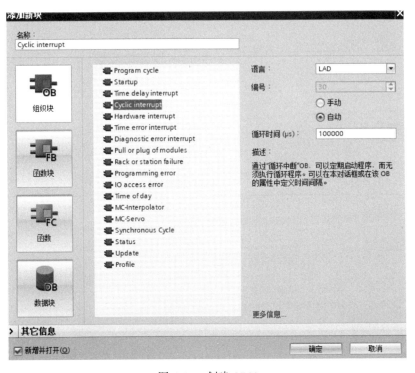

图 6.21 创建 OB30

打开 OB30，在程序编辑器中编写梯形图，如图 6.22 所示。运行程序时，每 100000μs 将采集到的模拟量转化成数字量传送到 MW20 中。

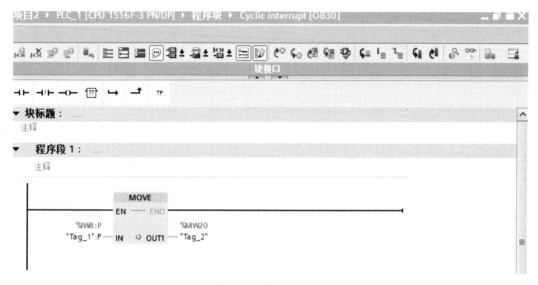

图 6.22　编写梯形图

打开主程序 OB1，编写循环中断指令控制程序，如图 6.23 所示。

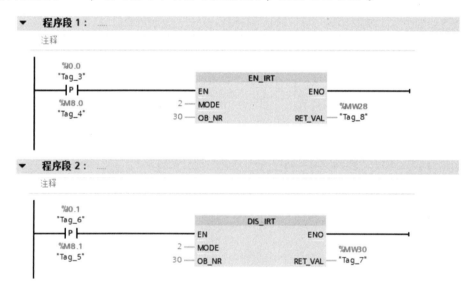

图 6.23　循环中断指令控制程序

组态硬件、编译、下载、调式程序即可。

6.2.4　时间中断组织块

1. 时间中断组织块简介

时间中断组织块在 CPU 属性中，可以设置日期时间及特定周期产生中断，可单次启动，也可定期启动。

S7-1500 PLC 常用的时间中断组织块有 20 个，默认范围为 OB10~OB17，其余的可组态 OB 编号 123 以上的组织块。

如需启用时间中断组织块，则必须提前设置时间中断，将其激活，并下载到 S7-1500 PLC 后才能运行。常用的启动方式有以下三种：

① 自动启动时间中断。在时间中断组织块的"属性"中设置并激活每个组态的时间中断，如图 6.24 所示。表 6.9 为组态激活时间中断时的几种情况。

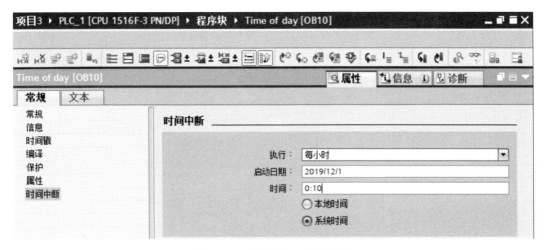

图 6.24 设置并激活时间中断

表 6.9 组态激活时间中断时的几种情况

组态激活	说　　明
未激活	不执行时间中断 OB，将其加载到 CPU，通过调用 ACT_TINT 指令激活时间中断
仅激活一次	时间中断 OB 在按照指定的时间运行一次后，自动取消。可在程序中使用 SET_TINT 指令复位时间中断，并使用 ACT_TINT 指令重新激活
定期激活	当发生时间中断时，CPU 将根据当前的时间和周期计算时间中断的下一次启动时间

② 根据组态设置时间中断组织块中的"启动日期"和"时间"，在执行文本框中选择"从未"，通过在程序中调用 ACT_TINT 指令激活时间中断，如图 6.25 所示。

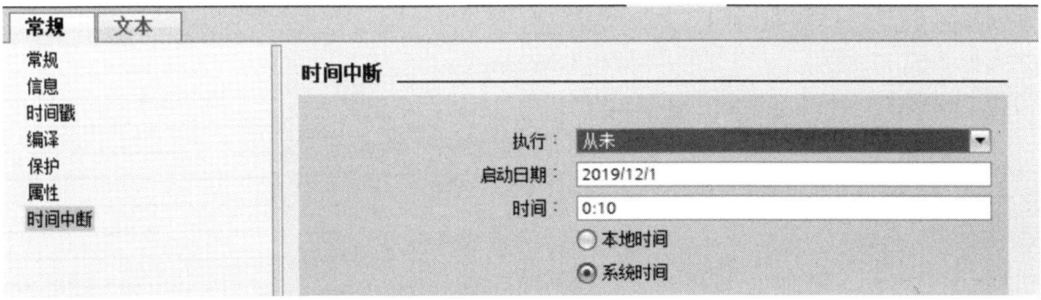

图 6.25 组态设置"启动日期"和"时间"

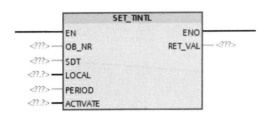

图 6.26 SET_TINTL 梯形图格式

③ 通过调用 SET_TINTL 指令来设置时间中断，通过 ACT_TINT 指令激活中断。

2. 相关指令

（1）设置时间中断指令（SET_TINTL）

指令 SET_TINTL 用于在用户程序中设置时间中断组织块的开始日期和时间，梯形图格式如图 6.26 所示。表 6.10 为 SET_TINTL 指令的相关参数。

表 6.10 SET_TINTL 指令的相关参数

参数	声明	数据类型	存储区	说明
OB_NR	Input	OB_TOD	I、Q、M、D、L 或常量	时间中断 OB 的编号： • 时间中断 OB 的编号为 10~17； • 也可分配从 123 开始的 OB 编号。 OB 编号通常显示在程序块文件夹和系统常量中
SDT	Input	DTL	D、L 或常量	开始日期和开始时间
LOCAL	Input	BOOL	I、Q、M、D、L 或常量	• true：使用本地时间。 • false：使用系统时间
PERIOD	Input	WORD	I、Q、M、D、L 或常量	从 SDT 开始计时的执行时间间隔： • W#16#0000＝单次执行。 • W#16#0201＝每分钟一次。 • W#16#0401＝每小时一次。 • W#16#1001＝每天一次。 • W#16#1201＝每周一次。 • W#16#1401＝每月一次。 • W#16#1801＝每年一次。 • W#16#2001＝月末
ACTIVATE	Input	BOOL	I、Q、M、D、L 或常量	• true：设置并激活时间中断。 • false：设置时间中断，并在调用 ACT_TINT 时激活
RET_VAL	Return	INT	I、Q、M、D、L	在指令执行过程中，如果发生错误，则在 RET_VAL 的实际值中将包含一个错误代码

（2）启用时间中断指令（ACT_TINT）

指令 ACT_TINT 可用于从用户程序中激活时间中断 OB。在执行该指令之前，时间中断 OB 必须已设置了开始日期和时间。ACT_TINT 梯形图格式如图 6.27 所示。表 6.11 为 ACT_TINT 指令的相关参数。

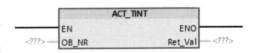

图 6.27 ACT_TINT 梯形图格式

表 6.11 ACT_TINT 指令的相关参数

参数	声明	数据类型	存储区	说明
OB_NR	Input	OB_TOD	I、Q、M、D、L 或常量	时间中断 OB 的编号： • 时间中断 OB 的编号为 10~17； • 也可分配从 123 开始的 OB 编号。 OB 编号通常显示在程序块文件夹和系统常量中
RET_VAL	Return	INT	I、Q、M、D、L	在指令执行过程中，如果发生错误，则在 RET_VAL 的实际值中将包含一个错误代码

（3）取消时间中断指令（CAN_TINT）

指令 CAN_TINT 可用于删除指定时间中断 OB 的开始日期和时间，取消激活时间中断，并且不再调用该 OB。CAN_TINT 梯形图格式如图 6.28 所示。表 6.12 为 CAN_TINT 指令参数。

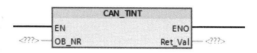

图 6.28 CAN_TINT 梯形图格式

表 6.12 CAN_TINT 指令参数

参数	声明	数据类型	存储区	说明
OB_NR	Input	OB_TOD	I、Q、M、D、L 或常量	待删除其开始日期和时间的时间中断 OB 编号
RET_VAL	Return	INT	I、Q、M、D、L	在指令执行过程中，如果发生错误，则在 RET_VAL 的实际值中将包含一个错误代码

如果要重复调用时间中断，则必须在重新设置开始时间（指令 SET_TINTL）后，重新激活时间中断。如果使用带有参数 ACTIVE = false 的指令 SET_TINTL 对时间中断进行设置，则将调用指令 ACT_TINT。使用指令 SET_TINTL 时，也可通过参数 ACTIVE = true 直接激活时间中断。

3. 时间组织块的应用

【实例 6.5】从 2020 年 1 月 1 日 0 时 0 分起，每半小时中断一次，并把中断的次数保存在存储器中。

第一种方法：利用自动启动时间中断。

（1）在"项目树"下添加时间中断组织块 OB10，并在属性中设置时间中断参数，如图 6.29 所示，单击"确定"按钮。

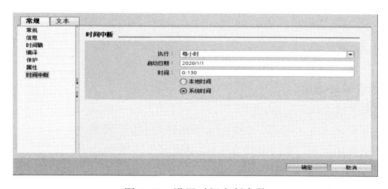

图 6.29 设置时间中断参数

（2）在 OB10 中编写如图 6.30 所示的中断程序。

图 6.30 中断程序

335

第二种方法：利用时间中断指令。

（1）创建OB10。

（2）在OB10中编写中断程序，见图6.30。

（3）在主程序中编写设置与激活时间中断指令程序，如图6.31所示。注意：将LOCAL设置成"true"，把本地CPU时钟设置为中国内地，如果LOCAL设置成"false"，将使用系统时间，与本地时间差8个小时。

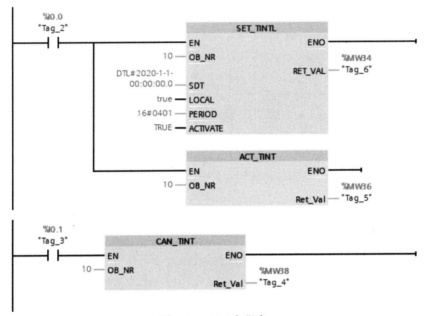

图6.31　OB1主程序

6.2.5　延时中断组织块

1. 延时中断组织块简介

延时中断OB在到达操作系统的延时时间后启动，将中断程序循环执行。S7-1500 PLC最多提供四个延时中断OB（OB20~OB23）。延时时间在扩展指令SRT_DINT的输入参数中指定。在操作系统调用延时中断OB之前，必须满足以下条件：

① 在组态过程中不得禁用延时中断OB。

② 必须通过调用SRT_DINT指令来启动延时中断。

③ 必须将延时中断OB作为用户程序的一部分下载到CPU。

2. 延时中断指令

（1）启动延时中断指令（SRT_DINT）

指令SRT_DINT用于启动延时中断，可在超过参数DTIME指定的延时时间后调用延时中断OB，并执行一次延时中断OB。SRT_DINT梯形图格式如图6.32所示，参数见表6.13所示。

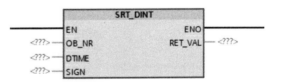

图6.32　SRT_DINT梯形图格式

第6章 S7-1500 PLC的程序块

表6.13 SRT_DINT指令参数

参 数	声 明	数据类型	存 储 区	说 明
OB_NR	Input	OB_DELAY(INT)	I、Q、M、D、L 或常量	延时时间后要执行的 OB 编号
DTIME	Input	TIME	I、Q、M、D、L 或常量	延时时间（1~60000ms），可以实现更长时间的延时，例如，通过在延时中断 OB 中使用计数器
SIGN	Input	WORD	I、Q、M、D、L 或常量	调用延时中断 OB 时 OB 的启动事件信息中出现的标识符
RET_VAL	Return	INT	I、Q、M、D、L	指令状态

如果延时中断未执行且再次调用指令 SRT_DINT，则系统将删除现有的延时中断，并启动一个新的延时中断。

如果所用延时时间小于或等于当前所用 CPU 的循环时间，且循环调用 SRT_DINT 指令，则每个 CPU 循环都将执行一次延时中断 OB。需确保所选择的延时时间大于 CPU 的循环时间。

（2）取消延时中断指令（CAN_DINT）

指令 CAN_DINT 可取消已启动的延时中断，梯形图格式如图 6.33 所示，参数见表 6.14 所示。

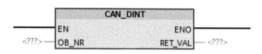

图 6.33 CAN_DINT 梯形图格式

表6.14 CAN_DINT 指令参数

参 数	声 明	数据类型	存 储 区	说 明
OB_NR	Input	INT	I、Q、M、D、L 或常量	要取消的 OB 编号（OB20~OB23）
RET_VAL	Return	INT	I、Q、M、D、L	如果在执行该指令期间发生了错误，则 RET_VAL 的实参包含一个错误代码

3. 延时中断组织块的应用

【实例6.6】利用延时中断完成如下任务：当接通 I0.0 时，延时 6s 后启动延时中断 OB20，使输出指示灯 LED 点亮；当接通 I0.1 时，取消延时中断，LED 熄灭。

【操作步骤】

（1）在"项目树"下的 PLC 站点中，右击打开属性，在"常规"选项下的"系统和时钟存储器"中勾选"启用系统存储器字节"选项，如图 6.34 所示，本例编程要用到的初始高电平字节为"%M1.2"。

（2）在"项目树"下添加延时中断 OB20。

（3）打开延时中断 OB20，编写梯形图程序，如图 6.35 所示。

（4）编写 OB1 主程序。在主程序中编写启用延时中断指令和取消延时中断指令，如图 6.36 所示。

（5）编译、下载、调试程序。

下载成功后：当闭合 I0.0 并延时 6s 后，执行中断程序 OB20，S7-1500 PLC 输出指示灯 LED 点亮；当闭合 I0.1 时，取消执行 OB20，指示灯 LED 熄灭。如果在闭合 I0.0 后，延时不到 6s 再闭合 I0.1，则取消执行 OB20。

图 6.34 勾选"启用系统存储器字节"

图 6.35 OB20 中的梯形图程序

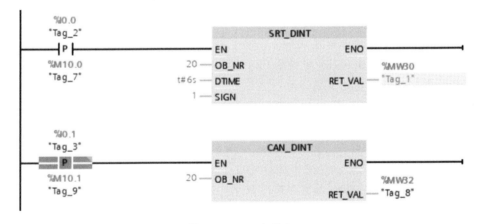

图 6.36 OB1 主程序

6.2.6 硬件中断组织块

1. 硬件中断组织块简介

硬件中断组织块在 CPU 处于 RUN 模式时,可响应特定硬件事件信号,例如信号模块、通信模块和功能模块等具有硬件中断能力模块的信号变化。这些事件虽可触发硬件中断，但必须已在所组态硬件的属性中定义。在应用中，可为触发硬件中断的每个事件指定一个硬件中断 OB，也可为一个硬件中断 OB 指定多个事件。当模块或子模块触发了一个硬件中断后，操作系将会确定相关的事件和相关的硬件中断 OB。如果当前活动 OB 的优先级低于该硬件中断 OB，则启动此硬件中断 OB。否则，硬件中断 OB 会被置于对应优先级的队列中。相应硬件中断 OB 执行完成后，将发送通道确认信息，即确认该硬件中断 OB。

如果在对硬件中断 OB 进行标识和确认的这段时间内，在同一模块或子模块中发生了另一过程事件，则遵循以下规则：

（1）如果该事件发生在触发当前硬件中断 OB 的通道中，则将丢失相关硬件中断 OB。只有确认当前硬件中断 OB 后，此通道才能触发其他硬件中断 OB。

（2）如果该事件发生在另一个通道中，将触发硬件中断 OB。

（3）分布式 I/O 模块或子模块可只触发一种类型的中断，直至确认当前中断。

2. 硬件中断组织块的应用

【实例 6.7】利用硬件中断组织块完成如下任务：当 S7-1500 PLC 输入信号 I0.1 上升沿时，触发硬件中断 OB40，并记录触发的次数。

（1）在"项目树"下双击"添加新块"选项，选中"组织块"并添加硬件中断 OB40（Hardware interrupt），如图 6.37 所示。

图 6.37 添加硬件中断 OB40

（2）选中硬件模块 DI 32×24VDC HF_1，单击巡视窗口中的"属性"选项卡，在"常规"选项下，选择"通道 1"，选中"启用上升沿检测"，"硬件中断"选择"Hardware interrupt",如图 6.38 所示。

（3）在 OB40 中编写梯形图，如图 6.39 所示。

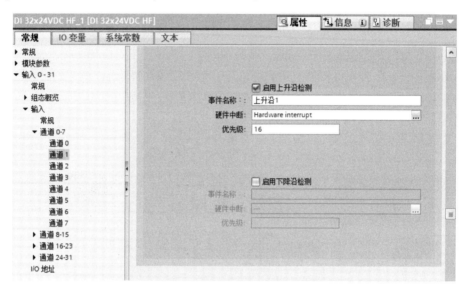

图 6.38 常规设置

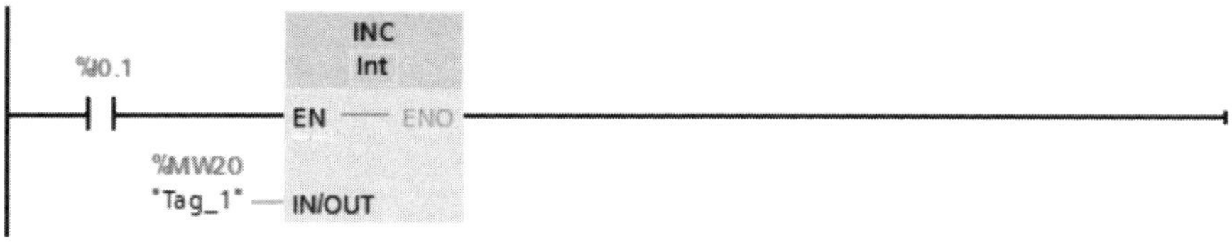

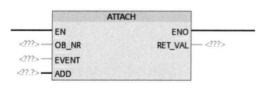

图 6.39 在 OB40 中编写梯形图

（4）编译、下载、调试程序。

下载成功后，当接通 I0.1 时，触发中断 OB40，MW20 自动加 1，并记录硬件触发的次数。

> 提示：当在 CPU 运行期间对中断时间重新分配时，可通过调用 ATTACH 指令实现；当在 CPU 运行期间对中断事件进行分离时，可通过调用 DETACH 指令实现。

① ATTACH 指令可将 OB 附加到中断事件中，梯形图格式如图 6.40 所示，参数见表 6.15。可以使用指令 ATTACH 为硬件中断事件指定一个组织块（OB），事件和硬件中断 OB 通过 EVENT 和 OB_NR 参数分配。

图 6.40 ATTACH 梯形图格式

表 6.15 ATTACH 指令参数

参　数	声　明	数 据 类 型	存 储 区	说　明
OB_NR	Input	OB_ATT	I、Q、M、D、L 或常量	组织块（最多支持 32767 个）

续表

参数	声明	数据类型	存储区	说明
EVENT	Input	EVENT_ATT	I、Q、M、D、L或常量	要分配给 OB 的硬件中断事件。必须先在硬件设备配置中为输入或高速计数器启用硬件中断事件
ADD	Input	BOOL	I、Q、M、D、L或常量	对先前分配的影响： • ADD=0（默认值）：该事件将取代先前为此 OB 分配的所有事件 • ADD=1：该事件将添加到此 OB 之前的事件分配中
RET_VAL	Return	INT	I、Q、M、D、L	指令状态

在 OB_NR 参数中输入组织块的符号或数字名称后，将其分配给 EVENT 参数中指定的事件，例如检测数字量输入的上升沿或下降沿，超出模拟量输入的既定下限和上限，高速计数器的外部重置、上溢/下溢、方向反转等。

在 EVENT 参数中选择硬件中断事件，已经生成的硬件中断事件列在"系统常量"（System constants）下的 PLC 变量中。

如果在成功执行 ATTACH 指令后发生 EVENT 参数中的事件，则将调用 OB_NR 参数中的组织块并执行。

使用 ADD 参数可指定应取消还是保留组织块到其他事件的先前指定。如果 ADD 参数的值为"0"，则现有指定将被替换为最新指定。

② DETACH 指令可将 OB 与中断事件分离，梯形图格式如图 6.41 所示，参数见表 6.16。在运行期间，若使用该指令，可取消组织块到一个或多个硬件中断事件的现有分配。

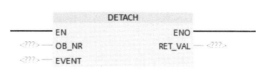

图 6.41 DETACH 梯形图格式

表 6.16 DETACH 指令参数

参数	声明	数据类型	存储区	说明
OB_NR	Input	OB_ATT	I、Q、M、D、L或常量	组织块（最多支持32767 个）
EVENT	Input	EVENT_ATT	I、Q、M、D、L或常量	硬件中断事件
RET_VAL	Return	INT	I、Q、M、D、L	指令状态

在 OB_NR 参数中输入组织块的符号或数字名称，可取消 EVENT 参数中指定的事件分配。

如果在 EVENT 参数中选择单个硬件中断事件，将取消 OB 到该硬件中断事件的分配，当前存在的所有其他分配仍保持激活状态。

如果未选择硬件中断事件，则当前分配给此 OB_NR 组织块的所有事件都会被分开。

6.3 函数（FC）

6.3.1 函数（FC）简介

函数（FC）是用户编写的程序块，相当于子程序，是不带数据存储器的逻辑块。由于 FC 没有自己的背景数据块，因此在使用时，FC 的形式参数都必须被赋予一个实际参数。函数（FC）的使用可分为无参数调用和有参数调用，如图 6.42 所示。

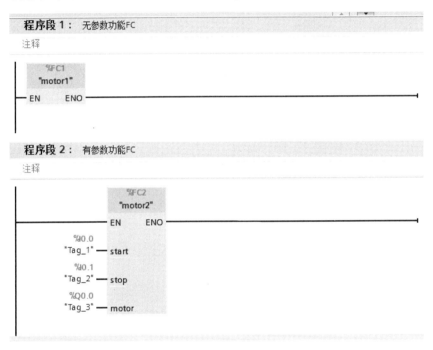

图 6.42　FC 的使用

（1）无参数调用

无参数调用是 FC 不从外部或主程序中接受参数，也不向外部发送参数，因此在编译无参数 FC 时，无须定义接口变量，直接在 FC 中使用绝对地址来完成控制程序的编写，可实现相对独立的控制程序，不能重复调用。

（2）有参数调用

有参数调用是 FC 需要从主程序接受参数，当处理完接受参数后，将处理结果再返回给主程序，因此在编译 FC 时需在变量声明表内定义形式参数，并使用自定义虚拟的符号地址，如 start、stop、motor 等来完成控制程序的编写，以便在其他程序块中重复调用有参数 FC。说明：FC 中的程序变量不能使用全局变量，只能使用局部变量。

FC 的变量声明表如图 6.43 所示。

图 6.43 中的变量如下。

① Input（输入参数）：用于接受主调用程序所提供的输入数据。

图 6.43　FC 的变量声明表

② Output（输出参数）：用于将 FC 的程序执行结果传递到主调用程序中。

③ InOut（输入/输出参数）：输入数据由主调用程序提供，FC 程序执行结果采用同一个参数传递给主调用程序。

④ Temp（临时变量）：用于存储临时中间结果的变量。调用时先赋值后使用，每次调用之后，不再保留临时数据。

⑤ Constant（常量）：在 FC 中使用并且带有声明的符号名常数。

⑥ Return（返回值）：文件中自动生成的返回值，没有输出参数，只有一个与函数同名的返回值，返回值默认的数据类型为 Void（表示没有返回值）。

6.3.2　函数（FC）应用

【**实例 6.8**】编写无参数调用函数 FC，实现单台电动机的启/停控制。

（1）创建函数 FC

在创建的"项目树"中选中已添加的 PLC，单击"程序块"选项，双击"添加新块"，弹出"添加新块"界面，如图 6.44 所示。单击左侧的函数 FC，将其"名称"改为"电动机启停控制"，"语言"选择"LAD"，"编号"选择"自动"，单击"确定"按钮，自动生成函数 FC 的程序编辑器界面如图 6.45 所示。

（2）在函数 FC 的程序编辑器中编写梯形图

因为本例是无参数调用函数 FC 的应用，所以在变量声明表中不需要设置任何变量参数，直接在程序编辑区编写梯形图并保存，如图 6.46 所示。

（3）编写主程序

在"项目树"中，双击主程序"Main[OB1]"进入程序编辑器界面，如图 6.47 所示。选中"程序块"下新创建的函数"电动机启停控制 FC1"，按住鼠标左键，将其拖曳到程序编辑器中自动生成主程序，如图 6.48 所示。单击"保存"按钮，项目创建完成。

图 6.44 "添加新块"界面

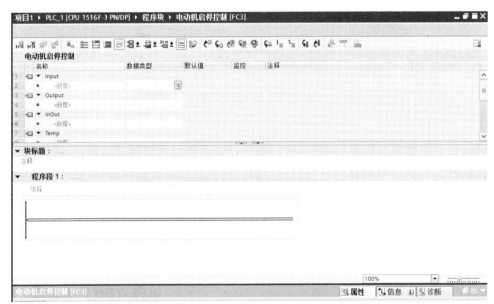

图 6.45 函数 FC 的程序编辑器界面

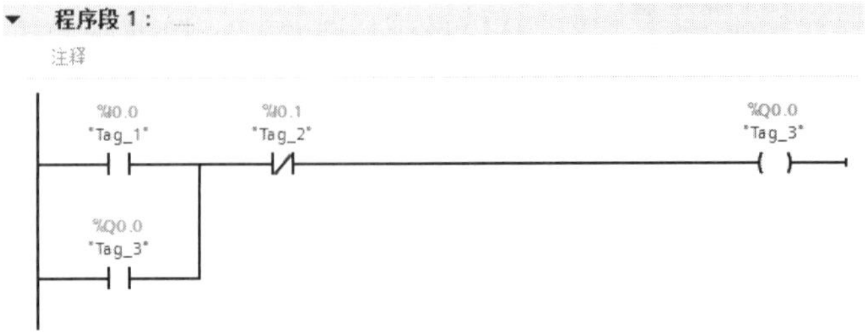

图 6.46 函数 FC 中电动机启停控制的梯形图

第6章 S7-1500 PLC 的程序块

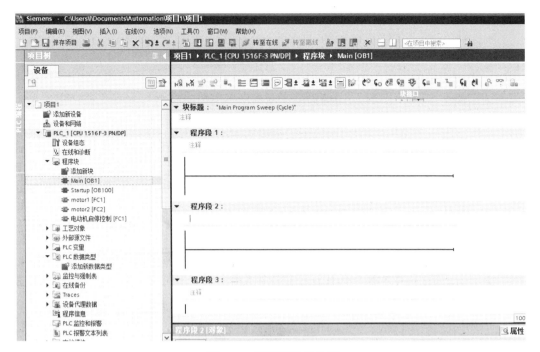

图 6.47 程序编辑器界面

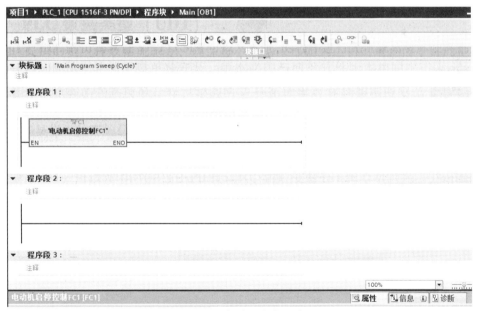

图 6.48 自动生成主程序

【实例 6.9】 编写有参数调用函数 FC，实现单台电动机的启/停控制。

（1）创建函数 FC

参照【实例 6.8】创建函数 FC。

（2）在变量声明表中设置相关的变量参数

因为本例是有参数调用函数 FC 的应用，所以在编写梯形图前先在变量声明表中定义需

345

要的变量参数，如图 6.49 所示。在 Input 输入参数栏中定义参数"启动"和"停止"，数据类型为"Bool"。在 InOut 栏中定义输入/输出参数为"电动机"，数据类型为"Bool"。

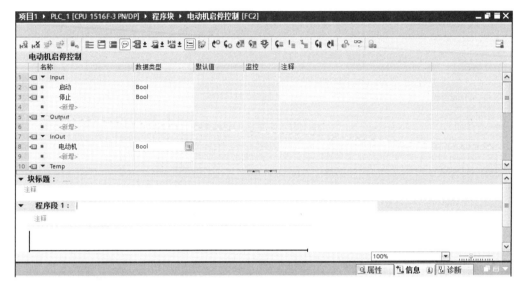

图 6.49 定义变量参数

（3）在程序编辑区编写梯形图并保存

电动机启/停控制的梯形图如图 6.50 所示。注意，梯形图中的参数前面会自动添加"#"。

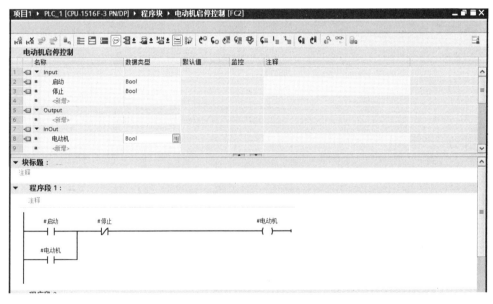

图 6.50 电动机启/停控制的梯形图

（4）编写主程序

在"项目树"下双击主程序"Main[OB1]"进入程序编辑器界面，选中"程序块"下新创建的函数"电动机启停控制 FC2"，按住鼠标左键，将其拖曳到程序编辑器中自动生成主程序,如图 6.51 所示。主程序函数 FC2 的接口设置相对应的地址。例如"启动"接口设置地址为 I0.0,"停止"接口设置地址为 I0.1,"电动机"接口设置地址为 Q0.0,如图 6.52 所示。单击"保存"按钮,项目创建完成。

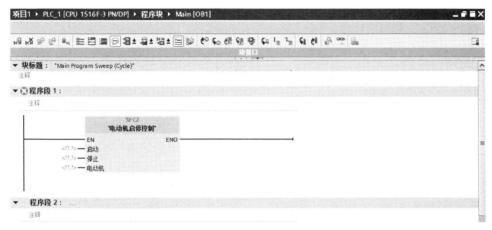

图 6.51　生成主程序

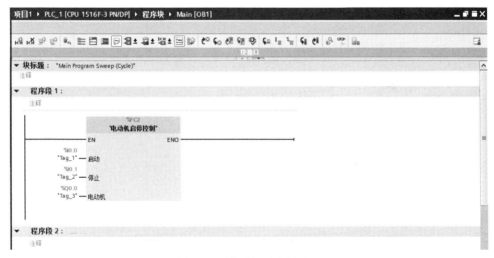

图 6.52　设置相对应的地址

将本例与【实例 6.8】相比,有参数调用函数 FC 的接口参数可以根据实际情况任意设置,应用非常灵活。

6.4　函数块(FB)和背景数据块(DB)

6.4.1　函数块(FB)和背景数据块(DB)简介

函数块(FB)是函数(FC)和背景数据块(DB)的组合,是一个带有数据保持存储器(背景数据块)的函数,在使用 FB 时,必须为其分配一个相对应的背景数据块来存储输入端变量、输出端变量、通道变量及静态变量。这些变量即使在程序结束之后也能保存在背景数据块中,因此 FB 成为具有"记忆功能"的模块。函数块虽可以利用临时变量工作,但临时变量不会保存在背景数据块中,仅保存在本地数据堆栈 L 存储区中,只能在一个循环周期时间内使用,当执行完 FB 后,本地数据堆栈 L 存储区中的数据会丢失。

在使用 FB 编程时,背景数据块的建立有两种方式:一是在程序中调用 FB 时,软件会自动提示创建一个背景数据块;二是在创建完一个 FB 后,可以直接在"添加新块"中创建一个 DB 数据块,在创建 DB 时,必须指定其所属的 FB(注意:这个 FB 必须是已经存在的),并自动生成背景数据块。

6.4.2 函数块(FB)应用

【实例 6.10】用函数块(FB)实现对一台电动机的星/三角降压启动控制。

由于电动机在星形降压启动后,延时一定的时间会自动转换成三角形正常运行,启动过程采用定时器控制,因此可调用 FB 来编程,如图 6.53 所示。

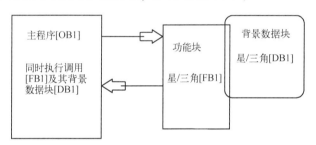

图 6.53 主程序调用 FB 的程序控制结构

(1) 新建项目并添加新设备

开启软件,新建项目,项目名称为"星三角",在"项目树"下双击"添加新块"选项,如图 6.54 所示。

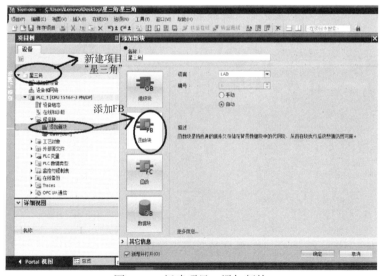

图 6.54 新建项目,添加新块

（2）添加 FB

在“项目树”的“PLC_1 [CPU 1516F-3 PN/DP]”设备下，双击“添加新块”选项，弹出添加新块界面，单击选中“函数块 FB”，将“名称”修改为“星三角”，见图 6.54。单击“确定”按钮，弹出“星三角［FB1］”编程界面，如图 6.55 所示。

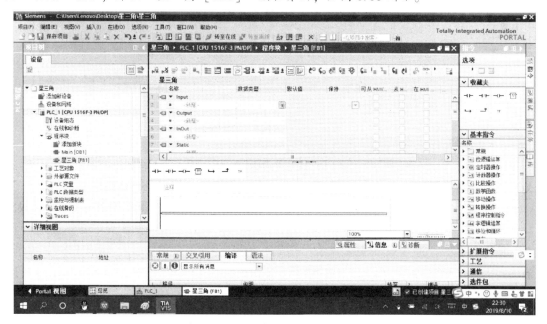

图 6.55　“星三角［FB1］”编程界面

（3）建立新变量

根据实例分析，在 FB1 编程界面的变量接口区新建星三角控制的相关变量，如图 6.56 所示。

星三角_DB

	名称	数据类型	起始值	保持	可从 HMI/...	从 H...	在 HMI ...	设定值
1	▼ Input			☐	☐	☐	☐	☐
2	■ start	Bool	false	☐	☑	☑	☑	☐
3	■ stop	Bool	false	☐	☑	☑	☑	☐
4	▼ Output			☐	☐	☐	☐	☐
5	■ KMx	Bool	false	☐	☑	☑	☑	☐
6	■ KMs	Bool	false	☐	☑	☑	☑	☐
7	▼ InOut			☐	☐	☐	☐	☐
8	■ KM1	Bool	false	☐	☑	☑	☑	☐
9	▼ Static			☐	☐	☐	☐	☐
10	■ ▼ T0	IEC_TIMER		☐	☑	☑	☑	☐
11	■ PT	Time	T#5s	☐	☑	☑	☑	☐
12	■ ET	Time	T#0ms	☐	☑	☐	☑	☐
13	■ IN	Bool	false	☐	☑	☑	☑	☐
14	■ Q	Bool	false	☐	☑	☐	☑	☐

图 6.56　在变量接口区建立相关变量

在接口输入参数“Input”中建立两个变量，即 start 和 stop，在建立变量时，需注意变量的类型为“Bool”。

在"Output"中建立两个变量，即 KMx 和 KMs，变量的类型为"Bool"。

在"InOut"中建立 1 个变量 KM1，变量类型为"Bool"。

在"Static"中建立 1 个变量 T0，变量类型为 IEC_TIMER。此时，单击变量 T0 左边的三角符号，将出现"PT"参数，将默认值改为"T#5s"。

（4）在 FB1 中编写梯形图

FB1 中的梯形图如图 6.57 所示。

```
    #start      #stop                                    #KM1
─────┤ ├────────┤/├──────────────────────────────────────( )─────
     │
     │  #KM1
     ├───┤ ├───┤
     
    #KM1                                                 #T0
─────┤ ├────────────────────────────────────────────────( TON )──
                                                          Time
                                                         #T0.PT
    
    #KM1        #T0.Q                                    #KMx
─────┤ ├────────┤/├──────────────────────────────────────( )─────
    
    #T0.Q                                                #KMs
─────┤ ├────────────────────────────────────────────────( )─────
```

图 6.57　FB1 中的梯形图

（5）在 OB1 中编写主程序

单击"项目树"下的"Main[OB1]"选项，将"函数块[FB1]"拖曳到程序编辑器中，可自动生成主程序，给主程序的接口区赋值实参，如图 6.58 所示。至此，星/三角降压启动控制任务完成，整个梯形图编译并无误后，可下载到 PLC 中进行调试（也可进行仿真调试）。

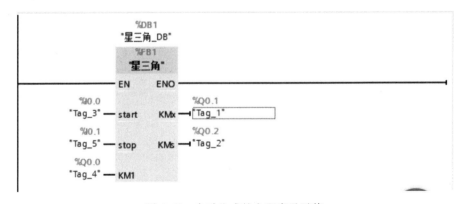

图 6.58　自动生成的主程序及赋值

【实例 6.11】 用函数块（FB）编程，计算 $y=ax+5b$ 的值，其中 a、b 可在程序中改变。

（1）新建项目并添加新设备

新建项目，并添加名称为"函数计算"的新设备。

（2）添加函数块 FB1

添加函数块 FB1，并取名为 $y=ax+5b$，如图 6.59 所示。

图 6.59　添加函数块 FB1

（3）建立新变量

根据实例要求，确定相关变量，并将其添加在函数块接口区，如图 6.60 所示。

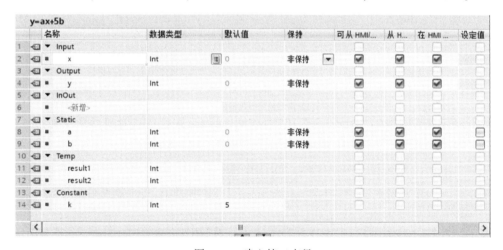

图 6.60　建立接口变量

（4）在 FB1 中编写梯形图

函数块 FB1 中的梯形图如图 6.61 所示。

（5）在 OB1 中编写主程序

打开"项目树"下的"Main[OB1]"选项，把函数块 FB1 拖曳到程序编辑器中，可自动生成程序块，将程序块的接口区 x 赋值为"15"，如图 6.62 所示。

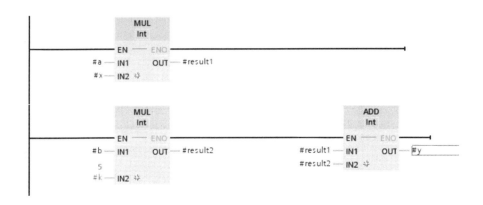

图 6.61 函数块 FB1 中的梯形图

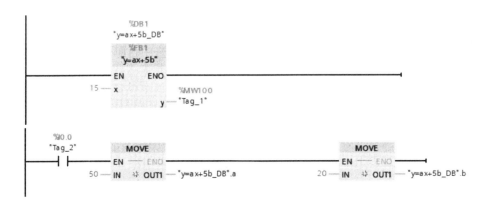

图 6.62 OB1 主程序

(6) PLC 仿真调试

整个项目的梯形图编译无误后,启动仿真调试。

① 当程序中的数据第一次存盘时,FB1 接口中的 a、b 两个变量的默认值都为 0,初次调试时,(MW100) = y = 0×15+5×0 = 0。

② 接通主程序中的 I0.0 后,常数"50"传送给静态变量""y=ax+5b_DB".a"中,常数"20"传送给静态变量""y=ax+5b_DB".b"中。FB1 的计算结果修改为(MW100) = y = 50×10+5×20 = 600。

当系统停止运行时,所有数据状态都保持在数据块中。

6.4.3 多重背景数据块

1. 多重背景数据块简介

通过前面的学习可知,在程序中使用函数块(FB)时,需要为其指定一个背景数据块(DB),用来存放函数块的输入、输出参数变量及静态变量。实际工程项目的程序往往会有很多函数块,如果为每个函数块(FB)都建立一个背景数据块,那么程序中会出现大量的背景数据块,影响程序的执行效率,编程时不仅费时费力,而且会使程序结构变得混乱,不易阅读。为了简化编程,提高程序的可读性,提高程序的执行效率,博途 V15 软件提供了一种新的编程思路:在组织块 OB1 中调用函数块 FB1,并且为函数块 FB1 分配背景数据块 DB1;当在函数块 FB1 中调用函数块 FB2 时,不单独为函数块 FB2 创建新的背景数据块,而是把函数块 FB1 的背景数据块 DB1 分配给函数块 FB2 使用,这样在组织块 OB1 中,函数块就只有一个总的背景数据块 DB1。这个总的背景数据块 DB1 就被称为多重背景数据块。图 6.63 为多重背景数据块的结构示意图。多重背景数据块可存储所有相关函数块的接口数据区。在创建函数块时,系统都默认具有多重背景数据块的能力,并且不能取消,在嵌套调用函数块时将弹出"调用选项"界面,可以选择"多重背景","接口参数中的名称"可以修改,如图 6.64 所示。

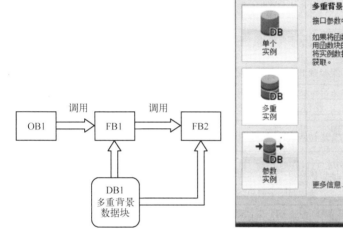

图 6.63　多重背景数据块的结构示意图　　　图 6.64　"调用选项"界面

2. 多重背景数据块的应用

(1) 在定时器中的应用

每次在调用 IEC 定时器指令时,都需要指定一个背景数据块,如果使用 IEC 定时器指令较多,将会生成大量的背景数据块。为了解决这种问题,在使用 IEC 定时器指令时,可以在函数块接口区的静态变量一栏中定义相关的变量,如数据类型为 IEC_Timer 或 IEC_Counter,即可用静态变量来提供 IEC 定时器的背景数据块。通过这样处理,多个 IEC 定时器的背景数据块就被包含在所在函数块的背景数据块中,不再为每个 IEC 定时器单独设置背景数据块。

【实例 6.12】利用多重背景数据块编写程序,实现对电动机的控制:当按下电动机的启动按钮 SB1 后,延时 3s,第一台电动机 Q0.0 得电运转;第一台电动机启动后,再延时 3s,第二台电动机 Q0.1 得电运转;当按下电动机停止按钮 SB2 后,电动机立即停止运转。

① 根据【实例 6.10】,新建一个项目,并添加新设备 PLC1500,CPU 为 1516F-3PN/DP。

② 添加函数块 FB1。根据【实例 6.10】,新建函数块 FB1,系统自动默认为"块 1_[FB1]",如图 6.65 所示。

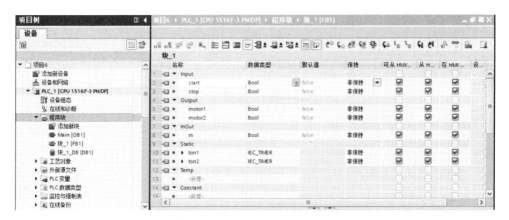

图 6.65 添加函数块 FB1

③ 建立新变量。根据实例要求，确定相关变量，并添加在函数块接口区，见图 6.65。
④ 在 FB1 中编写程序，如图 6.66 所示。

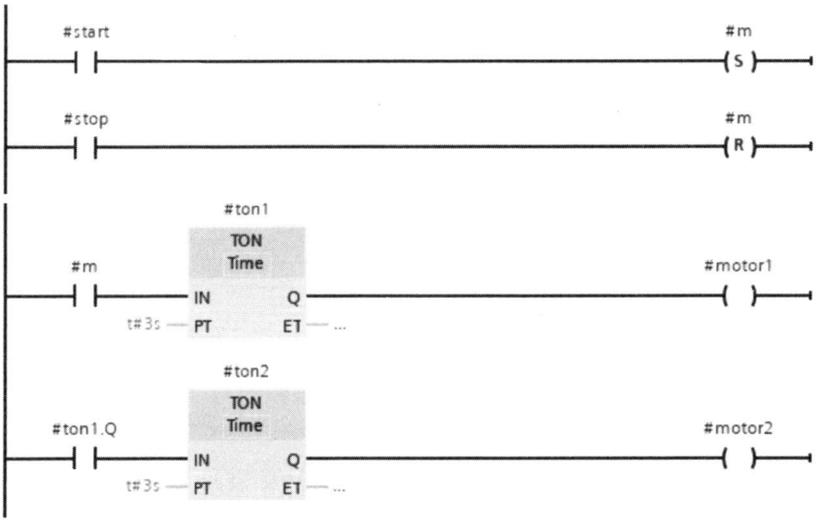

图 6.66 FB1 中的程序

⑤ 在 OB1 中编写主程序。打开"项目树"下的"Main[OB1]"选项，把函数块 FB1 拖曳到程序编辑器中，可自动生成程序块，将程序块的接口"start"赋值为"I0.0"，"stop"赋值为"I0.1"，"m"赋值为"M20.0"，"motor1"赋值为"Q0.0"，"motor2"赋值为"Q0.1"，如图 6.67 所示。
⑥ PLC 仿真调试。整个项目的程序编译无误后，启动仿真调。
（2）在计数器中的应用
【实例 6.13】利用多重背景数据块编写程序，实现对某生产线产品计数的控制：当产品通过传感器 I0.0 时进行计数，如果产品数量达到设定值 9，指示灯 Q0.0 亮；如果产品数量达到设定值 12，指示灯 Q0.1 亮；当按下复位按钮 I0.1 时，产品计数复位。

① 根据【实例 6.10】新建一个项目，名称为"产品计数"，并添加新设备，选择 1500

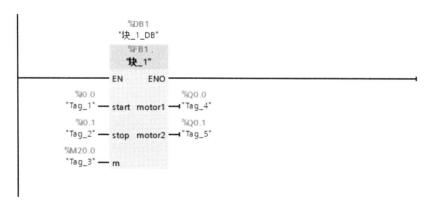

图 6.67 OB1 中主程序

PLC，CPU 为 1516F-3PN/DP。

② 添加函数块 FB1。根据【实例 6.10】新建函数块 FB1，系统自动默认为"块 1_[FB1]"，如图 6.68 所示。

图 6.68 添加函数块 FB1

③ 建立新变量。根据实例要求，确定相关变量，并添加在块接口区，见图 6.68。

④ 在 FB1 中编写程序如图 6.69 所示。

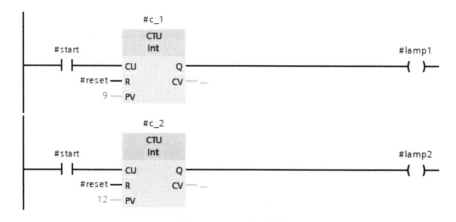

图 6.69 FB1 中程序

⑤ 在 OB1 中编写主程序。打开"项目树"下的"Main[OB1]"选项,把函数块 FB1 拖曳到程序编辑器中,可自动生成程序块,将程序块的接口"start"赋值为"I0.0","reset"赋值为"I0.1","lamp1"赋值为"Q0.0","lamp2"赋值为"Q0.1",如图 6.70 所示。

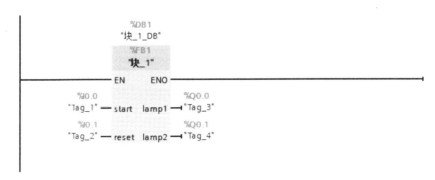

图 6.70 OB1 中主程序

⑥ PLC 仿真调试。整个项目的程序编译无误后,启动仿真调试。

(3) 在用户函数块中的应用

在 OB1 中调用 FB10,在 FB10 中又调用 FB1 和 FB2,则只要 FB10 的背景数据块选择为多重背景数据块,FB1 和 FB2 就不需要建立背景数据块了,其接口参数都保存在 FB10 的多重背景数据块中。

【实例 6.14】 在用户的函数块中建立多重背景数据块并编程,实现对多台电动机的控制:按下启动按钮 I0.0,1 号电动机启动;按下启动按钮 I0.2,2 号电动机启动;延时 9s 后,3 号电动机启动;按下停止按钮 I0.1,1 号电动机停止;按下停止按钮 I0.3,2 号、3 号电动机停止。

① 根据【实例 6.10】,新建一个项目,项目名称为"多重背景应用",并添加新设备,选择 1500PLC,CPU 为 1516F-3PN/DP。

② 添加函数块 FB1 及其变量,并编写程序。

根据【实例 6.10】新建函数块 FB1,名称改为"电动机控制 1",根据实例要求,确定相关变量,并添加在块接口区,如图 6.71 所示。在 FB1 中编写程序,如图 6.72 所示。

图 6.71 添加 FB1 及其变量

```
    #start        #stop                                #motor1
─────┤ ├──────────┤/├────────────────────────────────────( )─────
  │                │
  │   #motor1     │
  ├────┤ ├────────┤
```

图 6.72 FB1 中的程序

③ 添加函数块 FB2 及其变量，并编写程序。

新建函数块 FB2，名称改为"电动机控制 2"，根据实例要求，确定相关变量，并添加在块接口区，如图 6.73 所示。在 FB2 中编写程序如图 6.74 所示。

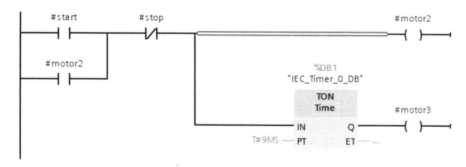

图 6.73 添加 FB2 及其变量

```
    #start       #stop
─────┤ ├─────────┤/├──────────────────────────────#motor2
  │                │                              ─( )─
  │   #motor2    │                   %DB1
  ├────┤ ├───────┤                "IEC_Timer_0_DB"
                                    ┌──────────┐
                                    │   TON    │
                                    │   Time   │       #motor3
                                  ──┤IN      Q ├───────( )──
                             T#9MS──┤PT     ET ├──
                                    └──────────┘
```

图 6.74 FB2 中的程序

④ 添加函数块 FB10 及其新变量，并编写程序。

新建函数块 FB10，名称改为"多台电动机控制"，为了实现多重背景，在 FB10 接口区的静态变量中添加两个数据类型为"电动机控制 1"和"电动机控制 2"的静态变量，如图 6.75 所示。在 FB10 中编写程序的过程中，将 FB1 数据背景类型选择为"多重实例 DB"，接口名称选择为"电动机控制 1"，FB2 数据背景类型选择为"多重实例 DB"，接口名称选择为"电动机控制 2"，如图 6.76 所示。此时，函数块 FB10 可生成一个名称为"多台电动机控制-DB[DB10]"的多重背景数据块。

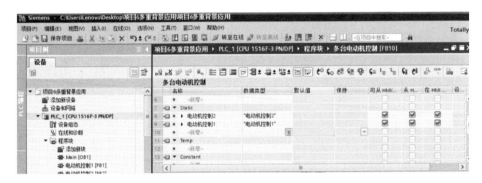

图 6.75　添加 FB10 及其变量

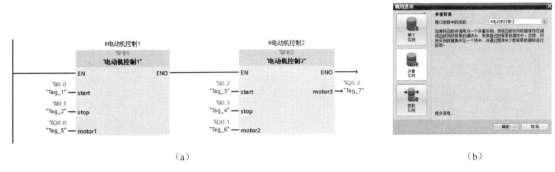

(a)　　　　　　　　　　　　　　　　　　　(b)

图 6.76　FB10 中的程序

⑤ 在 OB1 中编写主程序。

在"Main[OB1]"中调用 FB10，如图 6.77 所示。其背景数据块为"多台电动机控制 DB_1"。

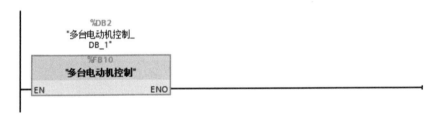

图 6.77　OB1 中主程序

⑥ PLC 仿真调试。

整个项目程序编译无误后，启动仿真调试。

6.5　数据块（DB）

6.5.1　数据块（DB）简介

数据块用于存储用户程序数据及程序中的中间变量。数据块可存储在装载存储器和工作存储器中，属于全局变量，使用时，与 M 存储器功能相似。数据块与 M 存储器的不同之处：M 存储器的大小在 CPU 技术规范中已经定义且不能扩展；数据块有用户定义，最大不能超过数据工作存储区和装载存储区。在使用中，数据块可以分为全局数据块、背景数据快、基于系统数据类型的数据块。

1. 全局数据块

全局数据块用于存储程序数据，使用时必须事先定义后，方可在程序中使用。在图 6.78 中创建全局数据块，在"项目树"下单击全局数据块的"属性"选项，出现如图 6.79 所示的界面，在界面中可设置 DB 的存储方式。具体存储方式的设置说明如下。

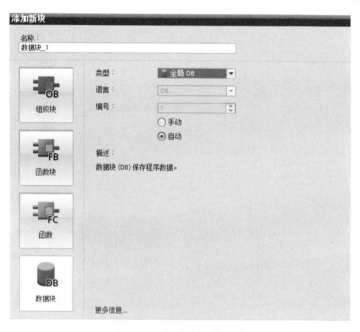

图 6.78　创建全局数据块

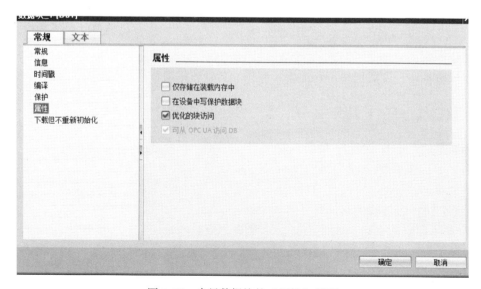

图 6.79　全局数据块的"属性"界面

① "仅存储在装载内存中"：选中此项，DB 下载后只存储在装载存储器中，如果要访问 DB 的数据，则可通过 READ-DBL 指令将装载存储器中的数据复制到工作存储器中，或者通过 WRIT-DBL 指令将数据写入装载存储器的 DB 中。

② "在设备中写保护数据块"：选中此项，DB 只能进行读访问。

③ "优化的块访问"：选中此项，DB 为优化访问。优化的存储方式只能以符号方式进行访问，如果为非优化方式，则可以采用绝对地址的方式进行访问。

新建数据块时，默认状态是"优化的块访问"，并且数据块中存储的变量的属性是非保持的。创建完数据块后，就可以定义新的变量，并对变量的数据类型、启动值及保持性等属性进行设置。对于非优化的数据块，整个数据块可统一设置保持性属性；对于优化的数据块，可以单独对每个变量的保持性进行设置。对于优化的数据组、结构、PLC 数据类型等，不能单独设置某个元素的保持性属性。图 6.80 是在优化的数据块中设置变量的实例。

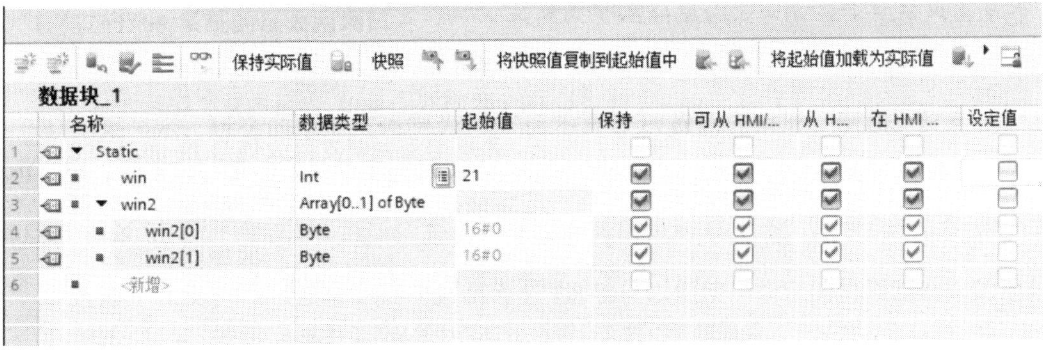

图 6.80 在优化的数据块中设置变量的实例

2. 背景数据块

背景数据块与全局数据块都是全局变量，访问方式相同。背景数据块用来存储函数块的输入、输出、输入/输出参数及静态变量。其变量只能在函数块中定义，不能在背景数据块中直接定义。因此，在创建 DB 时，必须指定其所属的 FB，而且该 FB 必须已经存在。

在程序中调用 FB 时，可以为其分配一个已经创建好的背景数据块，也可以直接定义一个新的背景数据块。该数据块可自动生成并作为背景数据块。

6.5.2 数据块（DB）应用

全局数据块用于存储程序数据，使用时必须事先定义后，方可在程序中使用，一个程序中可以使用多个数据块。

【实例 6.15】利用数据块控制电动机运行。

（1）在项目中先创建数据块 DB1，名称为"电动机数据块-1[DB1]"，如图 6.81 所示。

（2）打开 DB1 并添加启动、停止变量及其类型，见表 6.17。

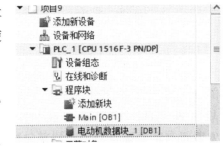

图 6.81 创建数据块 DB1

表 6.17　变量及其类型

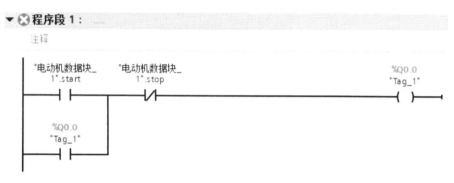

（3）在 OB1 中编写程序，如图 6.82 所示。

图 6.82　OB1 程序

6.6　PLC 数据类型（UDT）

6.6.1　UDT 简介

PLC 数据类型（UDT）是一种复杂的用户自定义数据类型，用于声明一个变量，是一个由多个不同数据类型元素组成的数据结构。其中的各元素可源自其他 PLC 数据类型、ARRAY，也可直接使用关键字 STRUCT 声明为一个结构。因此，嵌套深度限制为 8 级。PLC 数据类型（UDT）可以在 DB\OB\FC\FB 接口区、PLC 变量表 I 和 Q 处使用，并可在程序代码中统一更改和重复使用。一旦某 UDT 发生修改，则系统会自动更新该数据类型所有使用的变量。

定义一个 UDT 的变量在程序中可以作为一个变量整体使用、单独使用组成该变量的元素，并可以在 DB 中创建 UDT 的 DB，该 DB 只包含一个 UDT 的变量。

6.6.2　UDT 应用

在实际工程应用中，如果需要对多台电动机进行启动、停止控制，则一般需要定义多个启动、停止的变量，非常麻烦，如采用 UDT 来定义，就会相对简单。

【实例 6.16】利用创建 UDT 的变量来控制 5 台电动机的启动与停止。

（1）新建 UDT

双击"项目树"中 PLC 站点下的"PLC 数据类型"选项，添加"用户数据类型-1"，如图 6.83 所示。

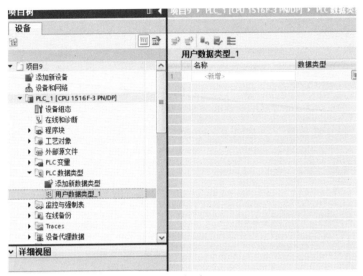

图 6.83　新建 UDT

（2）修改 UDT 名称

右键单击生成的"用户数据类型-1"，选择"属性"→"常规"选项，修改名称为"UDT1"，如图 6.84 所示。

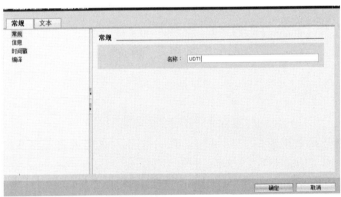

图 6.84　修改名称

（3）自定义 UDT1 中的变量

打开 UDT1，添加相应的启动、停止变量及数据类型、注释，见表 6.18。

表 6.18　定义 UDT1 中的变量

	名称	数据类型	默认值	可从 HMI/...	从 H...	在 HMI ...	设定值
1	start	Bool	false	✓	✓	✓	
2	stop	Bool	false	✓	✓	✓	
3	〈新增〉						

（4）创建数据块 DB1，命名为"电动机数据块_1"

打开"电动机数据块_1"创建参数"motor1"，其数据类型选择"UDT1"，"motor2"~"motor5"类似，如图 6.85 所示。

第 6 章　S7-1500 PLC 的程序块

图 6.85　创建数据块 DB1 并添加变量

（5）在 OB1 中编写程序

OB1 主程序如图 6.86 所示。

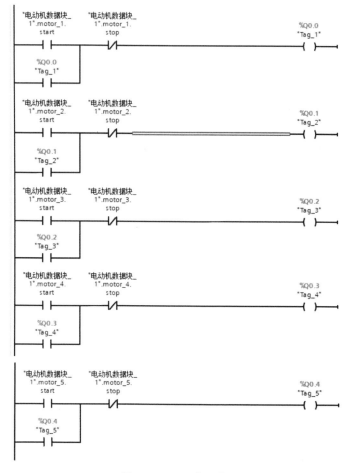

图 6.86　OB1 主程序

第 7 章

S7-1500 PLC 的程序调试

7.1 程序信息

程序信息用于显示用户程序中程序块的调用结构、从属性结构、分配列表及 CPU 资源等信息。在"项目树"下双击"程序信息"选项即可打开程序信息窗口，如图 7.1 所示。

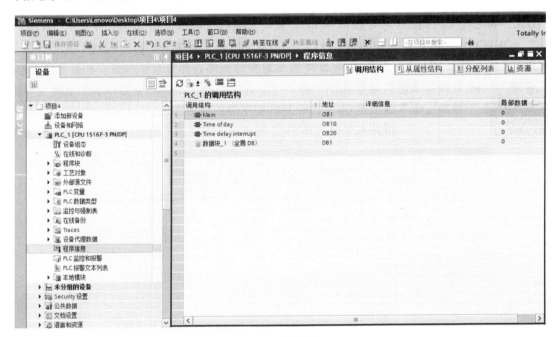

图 7.1　程序信息窗口

7.1.1　调用结构

调用结构用于说明 S7-1500 PLC 程序中各个程序块的调用层级。在程序信息窗口中选择"调用结构"，即可看到用户程序中使用的程序块列表和调用的层级关系，如图 7.2 所示，主要包含以下信息。

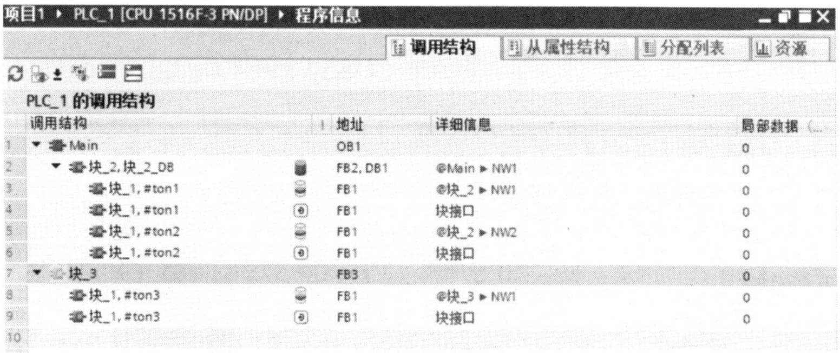

图 7.2 "调用结构"选项

① 显示所使用的程序块，如 OB1 中使用了 FB1 和 FB2。
② 显示跳转到程序块所使用的位置，如"详细信息"栏下的"@块_2►NW1"，双击此处可自动跳转到程序块 FB1。
③ 显示程序块之间的相互关系，如 OB1 中包含 FB1 和 FB2。
④ 显示程序块的局部数据要求。
⑤ 显示程序块的状态。

7.1.2 从属性结构

从属性结构显示程序中每个程序块的相互从属关系，如图 7.3 所示，与调用结构恰好相反。如某个程序块显示在最左侧，则调用或使用该程序块的其他程序块将缩进排列在该程序块的下方，即 FB2 被 OB1 调用。

图 7.3 从属性结构

7.1.3 分配列表

分配列表显示是否通过访问从 S7-1500 PLC 程序中分配了地址或是否已将地址分配给 SIMATIC S7-1500 PLC，是在用户程序中查找错误、避免地址冲突的重要应用基础。通过分配列表，可以查看用户程序中输入（I）、输出（O）、位存储器（M）、定时器（T）、计数器（C）、I/O（P）存储区字节的使用情况，如图 7.4 所示。

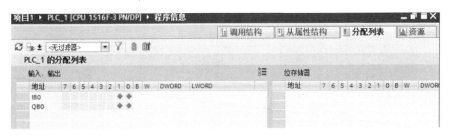

图 7.4 分配列表

7.1.4 资源

在"资源"选项卡（见图 7.5）中列出了硬件资源概览，显示信息取决于所使用的 CPU，显示的信息如下：

图 7.5 "资源"选项卡

① 显示 CPU 中所用的编程对象，如 OB、FC、FB、DB、数据类型和 PLC 变量；

② 显示 CPU 中可用的存储器（装载存储器、工作存储器、保持性存储器等）、存储器的最大存储空间及编程对象的应用情况；

③ 显示 CPU 组态和程序中使用的 I/O 模块的硬件资源，如 I/O 模块、数字量输入模块、数字量输出模块、模拟量输入模块和模拟量输出模块。

7.2 交叉引用

7.2.1 概述

交叉引用列表显示了用户程序中对象和设备的使用概况，通过交叉引用可以在列表中快速查找一个对象在程序中的使用情况和相互依赖关系、各个对象的所在位置，方便用户阅读和调试程序。通过交叉引用，可使用高亮显示的蓝色链接直接跳转到所选对象的参考位置。

在博途 V15 软件中，打开"项目视图"中的工具栏，单击"工具"下的"交叉引用"选项，弹出如图 7.6 所示的交叉引用列表信息。

图 7.6 交叉引用列表信息

7.2.2 交叉引用的使用

在程序测试或故障排除过程中，交叉引用系统将显示以下信息：
① 显示执行操作数运算的程序块和命令；
② 显示所用变量及应用方式和位置；
③ 显示哪个程序块被其他哪个程序块调用；
④ 显示下一级和上一级结构的交叉引用信息。

【例7.1】 查询如图 7.7 所示程序中 I0.1 变量的交叉引用情况。

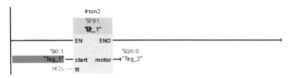

图 7.7 【例 7.1】程序

（1）在程序中选中要查询的变量 I0.1。
（2）右键打开菜单，单击"交叉引用信息"选项，如图 7.8 所示。

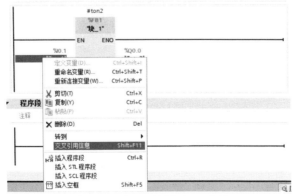

图 7.8 "交叉引用信息"选项

(3) 要查询的 I0.1 变量的交叉引用情况如图 7.9 所示。

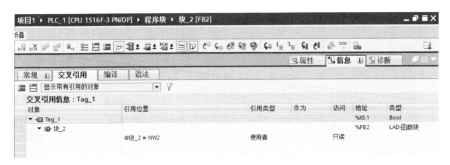

图 7.9　I0.1 变量的交叉引用情况

7.3　比较功能

比较功能用于比较项目中选定的对象，确定项目数据间的差异，比较同一类型的项目数据，通常可执以下几种比较方式。

1. 离线/在线比较

在实际工作中，当发现离线程序和在线程序不一致时，为了快速找到不同点，可通过离线/在线比较方式进行设备的软件对象与项目对象的比较。在比较过程中，将使用比较结果的图标来标记"项目树"中的可比较对象。表 7.1 列出了离线/在线比较结果符号。

表 7.1　离线/在线比较结果符号

符　号	说　明
◐	文件夹包含在线和离线版本不同的对象
◐	比较结果不可知或不能显示，原因如下： ● 无权访问受保护的 CPU； ● CPU 的加载过程通过低于 V14 版本的 TIA Portal 执行
●	对象的在线和离线版本相同
◐	对象的在线和离线版本不同
◐	对象仅离线存在
○	对象仅在线存在
▽	该比较标准禁用，且相关校验和未应用于比较结果

2. 离线/离线比较

离线/离线比较可以对两个设备的项目数据及软件和硬件进行比较。进行软件比较时，可以比较不同项目或库中的对象。进行硬件比较时，可以比较当前所打开项目或参考项目中的设备。此时，用户可确定自动比较所有对象或手动比较单个对象。表 7.2 列出了离线/离线比较结果符号。比较软件时，还可针对不相同的对象执行一些操作，具体操作动作符号见表 7.3。

第 7 章　S7-1500 PLC 的程序调试

表 7.2　离线/离线比较结果符号

符　号	说　明
●	参考程序
◎	版本比较
◎	文件夹包含版本比较存在的不同对象
◎	离线/离线比较的结果未知
◎	比较对象的版本相同
◎	比较对象的版本不同
◐	对象仅存在于参考程序中
◑	对象仅存在于比较版本中
◓	仅适用于硬件比较：虽然容器的下一级对象相同，但容器本身存在差异。这类容器可以是机架或其他硬件
◓	仅适用于硬件比较：容器的下一级对象不同，且容器间也存在差异。这类容器可以是机架或其他硬件
▽	该比较标准禁用，且相关校验和未应用于比较结果

表 7.3　操作动作符号

符　号	说　明
‖	无操作
→	使用参考程序中的对象覆盖被比较版本的对象
←	使用被比较版本的对象覆盖输出程序中的对象
⇄	文件夹中比较对象的不同操作

7.3.1　离线/离线比较

1. 执行软件离线/离线比较

在"项目树"下选择可进行离线/离线比较的设备，具体操作步骤如下：

（1）在快捷菜单中，通过"比较"选项选择"离线/离线（F）"，如图 7.10 所示。

图 7.10　选择"离线/离线（F）"选项

（2）打开比较编辑器，在左侧区域中显示所选设备，如图 7.11 所示。

图 7.11 "比较编辑器离线"界面

（3）将一个设备拖放到右侧比较区域，如图 7.12 所示，并通过"软件"选项卡显示所选设备的所有现有对象，可进行自动或手动比较。在比较编辑器中，可以使用一些符号标识对象的状态。

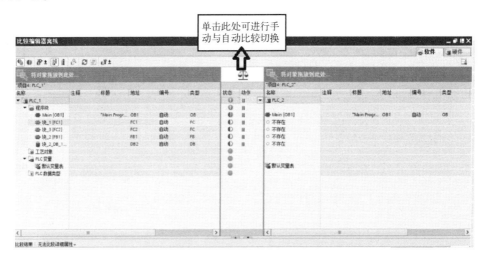

图 7.12 将一个设备拖放到右侧比较区域

（4）必要时，可定义比较标准。
（5）选择一个对象，显示属性比较的详细信息。
（6）如果要进行手动比较，则可在状态和操作区单击切换按钮，在自动和手动间进行切换。选择待比较的对象，将比较结果用符号标识对象的状态。如果进行详细比较，则按照以下步骤操作：

第 7 章　S7-1500 PLC 的程序调试

① 在比较编辑器中，选择要执行详细比较的对象，如图 7.13 所示中的 OB1（只能对左侧和右侧比较列表中列出的对象进行详细比较）。

图 7.13　选择详细比较的对象

② 单击工具栏中的"开始详细比较"按钮，如图 7.14 所示。

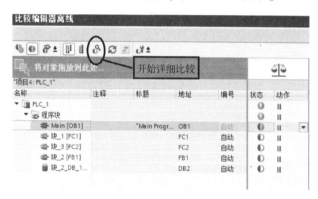

图 7.14　单击"开始详细比较"按钮

③ 在详细比较结果中，程序差异处有颜色标识，如图 7.15 所示。

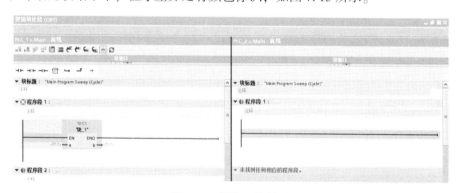

图 7.15　详细比较结果

2. 执行硬件离线/离线比较

要执行硬件离线/离线比较，可按照以下步骤操作：

（1）在"项目树"下选择可进行离线/离线比较的设备；
（2）在快捷菜单中选择"比较"→"离线/离线"选项；

（3）打开比较编辑器，在左侧区域中显示所选设备；

（4）将一个设备拖放到右侧的比较区域；

（5）打开"硬件"选项卡显示比较结果，如图 7.16 所示；

（6）如果要进行手动比较，则可在状态和操作区中单击切换按钮，在自动和手动间进行切换。选择待比较的对象，将显示属性的比较结果，可以使用符号标识对象的状态。

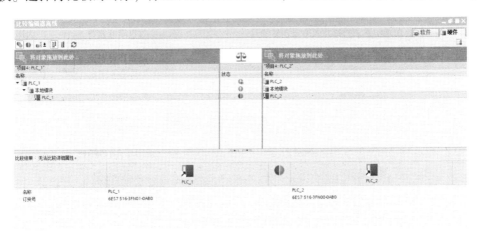

图 7.16　硬件离线/离线比较结果

7.3.2　离线/在线比较

在博途 V15 软件"项目视图"的工具栏中，单击"在线"按钮切换到在线状态，将设备对象与项目对象进行离线/在线比较，根据比较结果执行相应的操作。

（1）打开"项目树"，要执行离线/在线比较，应按照以下步骤进行操作：

① 在"项目树"下选择可进行离线/在线比较的设备。

② 在快捷菜单中选择"比较"→"离线/在线"选项。如果尚未与该设备建立在线连接，则打开"转至在线"对话框。在这种情况下，需要设置该连接所需的所有参数，单击"连接"按钮，将建立在线连接，打开比较编辑器进行比较。比较编辑器将以表格形式简要列出相应的比较结果，如图 7.17 所示。图中数字部位的具体含义：①比较编辑器的工具栏；②左侧比较表；③状态和操作区；④右侧比较表；⑤属性比较。

（2）比较执行完毕，可以在比较编辑器中为不相同的对象指定要执行的操作，具体步骤如下：

① 在状态和操作区的"动作"列中，单击要为其定义操作对象所在的单元格，该单元格将变为一个下拉列表。

② 单击该下拉列表选择所需的操作，如图 7.18 所示。

在下拉列表中可以选择"从设备中上传"或"下载到设备"选项。选择后，便会出现一个向左或向右的图标箭头，表示将要进行的操作是上传还是下载。将所有不一致的地方全部设置完毕，单击工具栏上的执行动作按钮，所有设置的操作将全部一起完成。

③ 同步操作完成后，可用工具栏中的刷新按钮刷新，用来查看最新的比较结果。

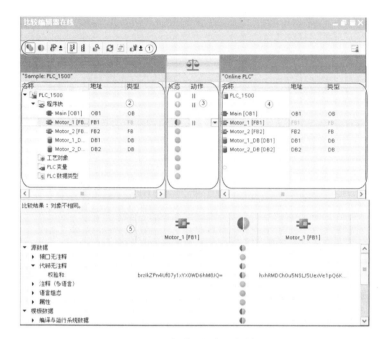

图 7.17 离线/在线比较结果

图 7.18 选择所需的操作

提示：无法为相同的对象选择任何操作；在进行硬件比较的过程中无法执行其他任何操作；在进行离线/在线比较时，仅允许进行单向同步操作，以确保保持程序的一致性。因此，虽然可以将多个程序块下载到设备或从设备中上传，但不能在一个同步操作中执行上传和下载操作。在这种情况下，比较编辑器中设置的第一个操作将确定同步的方向。如果对某个程序块指定了将离线程序块下载到设备，则通过同步操作也只能将其他对象下载到该设备。要想再次从设备上上传对象，则需先选择"无动作"选项，才可以根据需要再次指定操作设置，或者执行一个新的比较。

7.4 使用监控表与强制表调试

I/O 变量调试：使用监控表，调试时，可以监控和修改用户程序中的变量值；使用强制表，将变量强制设为特定值，以观察运行结果。

7.4.1 使用监控表调试

使用监控表不仅可以监控和修改用户程序中的变量值，还可以在 STOP 模式下为 CPU 的外围设备分配固定值。创建监控表后，可以保存、复制、打印及反复使用来监控和修改变量值。

1. 创建监控表

（1）打开博途 V15 软件中的"项目视图"。

（2）在"项目树"中选择要创建监控表的 CPU 站点。

（3）双击"监控与强制表"文件夹后，再双击"添加新监控表"选项，添加新的"监控表_1"，如图 7.19 所示。

图 7.19 添加新的监控表

2. 变量值的监控和修改

（1）打开目标 CPU 下新创建的"监控表_1"，在"名称"列或"地址"列中，输入要监控或修改变量的名称或绝对地址。输入变量到监控表时，确保要输入的变量必须事先在 PLC 变量表中已被定义，如图 7.20 所示。

图 7.20 添加变量

（2）如果要更改显示格式，则可从"显示格式"列中的下拉列表选择，如图 7.21 所示。

图 7.21 修改显示格式

> **提示**：监控表的输入可以使用复制、粘贴和拖曳等方式，相关变量可以从其他项目中复制和拖曳到本项目中。

3. 监控表的简单调试

（1）单击监控表工具栏中的监控变量按钮，可以看到表中变量的"监视值"，如图 7.22 所示。

第 7 章 S7-1500 PLC 的程序调试

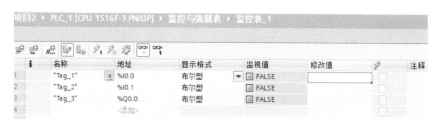

图 7.22 "监视值"列

（2）选中变量"%I0.0"的"修改值"栏，将其修改为"1"命令，此时变量状态变成"TRUE"，如图 7.23 所示。

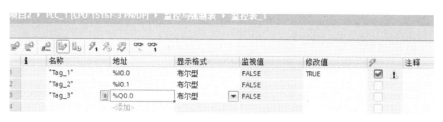

图 7.23 修改变量的"修改值"

（3）修改完毕，单击工具栏中的立即一次性监视所有变量按钮观察运行结果，如图 7.24 所示。图中，"监视值"一栏"I0.0"与"Q0.0"接通图标变为绿色。

图 7.24 运行结果

7.4.2 使用强制表调试

在线连接到 CPU，在程序调试过程中，对于外围设备的输入和输出信号可以使用强制表给用户程序中的各个 I/O 变量分配固定值（无论使用任何 CPU，能强制的对象只能是 I/O 变量，并且只能在线强制，不能使用仿真），观察调试情况。该操作被称为强制，具体操作步骤如下。

1. 打开一个已分配 CPU 的项目

在博途 V15 软件中添加了 PLC 设备后，系统会自动为 CPU 生成一个"监控与强制表"，无法新建强制表，无法复制。

2. 打开强制表

打开目标 CPU 下的"监控与强制表"文件夹，双击"强制表"，打开强制表。

3. 在强制表中输入所需更改的地址

（1）将变量强制为"0"的操作步骤如下：

① 输入所需的地址；

② 选择"在线"→"强制"→"强制为 0"选项，以便使用指定的值强制所选的地址；

③ 单击"是"按钮，如图 7.25 所示；

图 7.25　强制为"0"对话框

④ 结果显示，所选的地址被强制为"0"，不再显示黄色三角形。例如，红色的"F"显示在第一列中时，表示变量处于强制状态。

（2）将变量强制为"1"的操作步骤如下：

① 输入所需的地址；

② 选择"在线"→"强制"→"强制为 1"选项，以便使用指定的值强制所选的地址；

③ 单击"是"按钮，如图 7.26 所示。

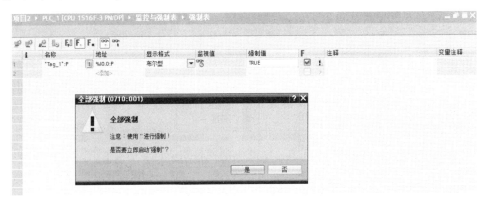

图 7.26　强制为"1"对话框

④ 显示结果，所选的地址被强制为"1"，不再显示黄色三角形。例如，红色的"F"显示在第一列中时，表示变量处于强制状态。

4. 停止强制

停止强制的操作步骤：

① 选择"在线"→"强制"→"停止强制"选项；

② 单击"是"按钮，如图 7.27 所示。

③ 显示结果，停止对所选值的强制，第一列中不再显示红色"F"。复选框后面再次出现的黄色三角形表示已经选择了该地址进行强制，但强制尚未开始。

第 7 章 S7-1500 PLC 的程序调试

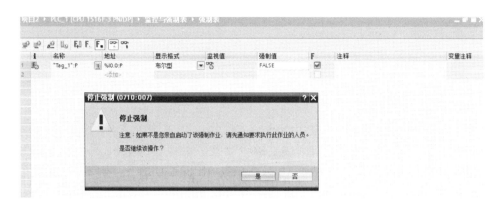

图 7.27 "停止强制"对话框

提示：强制时，只能通过单击停止强制图标或"在线"→"强制"→"停止强制"选项停止强制。如果单独关闭当前强制表或终止在线连接，都不会停止强制。

7.5 S7-PLCSIM 仿真软件

7.5.1 S7- PLCSIM 简介

西门子 PLC 的仿真软件 S7-PLCSIM 可以对 CPU 的程序进行完全脱离实际硬件的仿真调试。S7-PLCSIM 仿真软件需要单独安装，版本必须与博途软件版本相同。例如，安装了博途 V15 软件后，S7-PLCSIM 仿真软件也需安装相同的版本，不需要授权，安装后，计算机桌面会添加如图 7.28 所示的图标，博途 V15 软件工具栏中的开始仿真图标是亮的，否则为灰色。只有开始仿真图标亮时才可以使用，如图 7.29 所示。

图 7.28 仿真软件图标

S7-PLCSIM 用户界面包含两个主视图：一个是紧凑视图；另一个是项目视图。在使用时，可以根据自己的意图选择采用紧凑视图还是项目视图启动，默认启动为紧凑视图，如果想把项目视图改为默认启动，则可通过单击"项目视图"中的"选项"→"设置"选项进行修改，如图 7.30 所示。

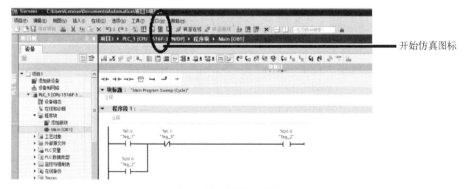

图 7.29 开始仿真图标

377

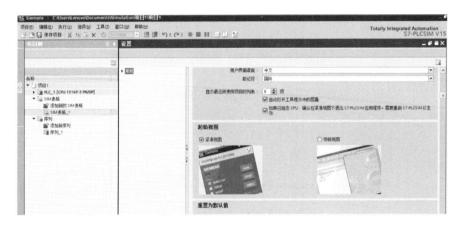

图 7.30 修改默认启动

1. 紧凑视图

S7-PLCSIM 仿真软件以紧凑视图启动。紧凑视图中无任何项目和仿真，采用操作面板形式显示。图 7.31 为无仿真的紧凑视图界面。图 7.32 为有仿真的紧凑视图界面。

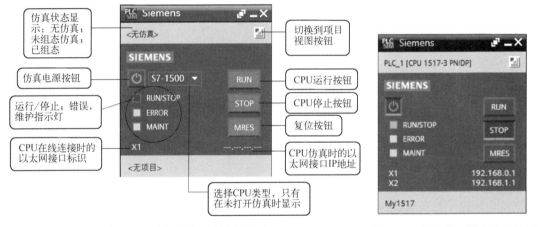

图 7.31 无仿真的紧凑视图界面　　　　　　图 7.32 有仿真的紧凑视图界面

2. 项目视图

项目视图可以实现全部仿真功能。图 7.33 是项目未打开，仿真未运行时的界面。图 7.34 是组态项目已打开且仿真已运行时的界面。

图 7.33 项目未打开，仿真未运行时的界面

第 7 章　S7-1500 PLC 的程序调试

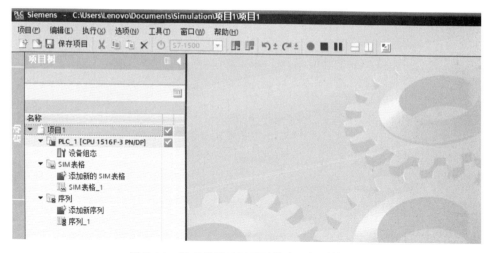

图 7.34　组态项目已打开且仿真运行时的界面

7.5.2　S7-PLCSIM 仿真软件的应用

S7-PLCSIM 仿真软件的使用比较简单，下面举例进行讲解。

【实例 7.1】将如图 7.35 所示的梯形图程序，用 S7-PLCSIM 进行仿真调试。

图 7.35　梯形图程序

仿真调试操作步骤如下：

（1）打开博途 V15 软件新建项目，并进行硬件组态。

（2）在 PLC 站点下的主程序块 OB1 中输入要仿真的程序，并完成项目编译，如图 7.36 所示。

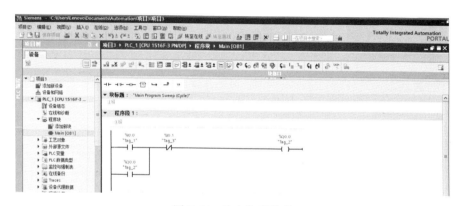

图 7.36　输入仿真程序

(3)单击开始仿真图标,开始加载,出现如图7.37所示的对话框,根据提示单击"确定"按钮。

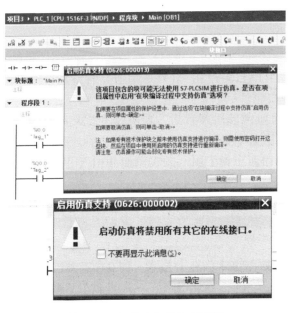

图7.37 加载时出现的对话框

(4)下载程序,启动仿真后,会出现如图7.38所示的"未组态的PLC[SIM-1500]"界面:设置"PG/PC接口的类型"为"PN/IE";"PG/PC接口"设置为"PLCSIM";"接口/子网的连接"要选择合适的选项进行设置,本例选择"插槽"1×1"处的方向"。设置完毕,单击"开始搜索"按钮,搜索完成后,找到一个与可访问相兼容的设备,如图7.39所示。单击"下载"按钮,在下载过程中会出现如图7.40所示的界面,选择"全部覆盖",单击"装载"按钮,直到下载完毕出现如图7.41所示的紧凑视图。

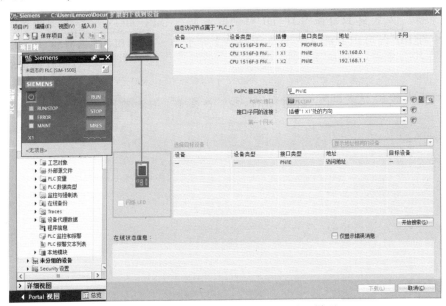

图7.38 "未组态的PLC[SIM-1500]"界面

第 7 章　S7-1500 PLC 的程序调试

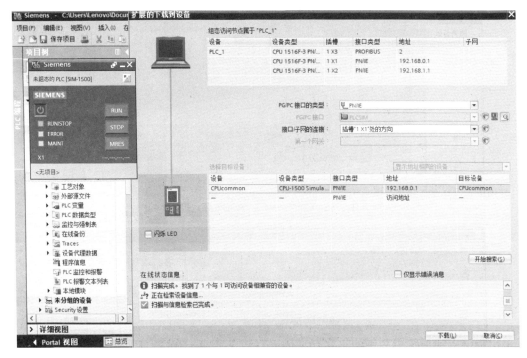

图 7.39　搜索结果界面

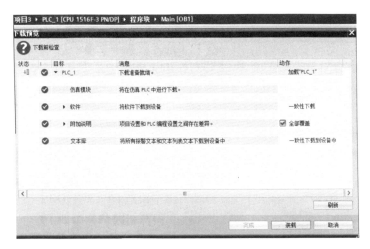

图 7.40　下载过程界面

图 7.41　下载完毕的紧凑视图

（5）开始仿真。

① 单击 S7-PLCSIM 工具栏上的"RUN"按钮置于运行模式。

② 单击切换到项目视图按钮进入项目视图仿真界面。至此，通过博途 V15 软件下载的方式完成了仿真组态，显示界面见图 7.33。

③ 单击菜单栏中的"项目"→"新建"选项，弹出如图 7.42 所示的"创建新项目"窗口，单击"创建"按钮，系统自动创建新项目，并自动与已运行的仿真组态连接，如图 7.43 所示。

381

图 7.42 "创建新项目"窗口

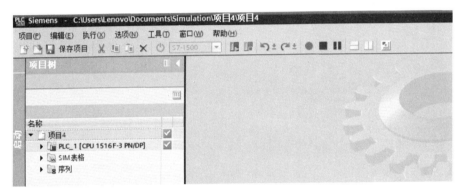

图 7.43 新建项目并连接仿真组态

④ 利用设备组态调试输入/输出。
- 单击"项目"下的"设备组态",如图 7.44 所示,DI 和 DQ 设备视图将自动添加设备地址到"地址"栏。
- 单击"监视/修改值"列的方框,出现"√"表示接通,如图 7.45 所示。

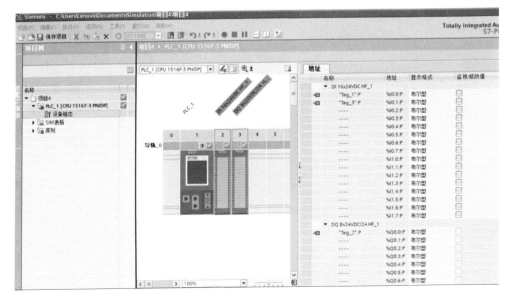

图 7.44 "设备组态"界面

第 7 章　S7-1500 PLC 的程序调试

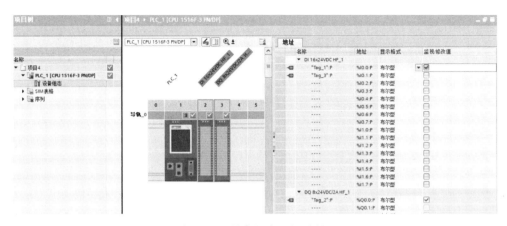

图 7.45　"设备组态"调试界面

⑤ 利用 SIM 监控表调试。

● 打开 SIM 监控表 1，添加仿真变量地址。

本例输入 I0.0、I0.1 和 Q0.0，如图 7.46 所示。单击 I0.0 的"位"栏出现"√"，表示 I0.0 接通，"监视/修改值"栏自动变成"TRUE"，此时 Q0.0 的"位"栏出现"√"表示接通，当去掉 I0.0"位"栏的"√"时，表示 I0.0 断开置 OFF。

图 7.46　SIM 监控表仿真

● 监视运行。

在博途 V15 软件项目中，打开编辑器，单击工具栏上的启用/禁用监视图标，如图 7.47 所示，监视运行结果为 I0.0 和 Q0.0 都接通。

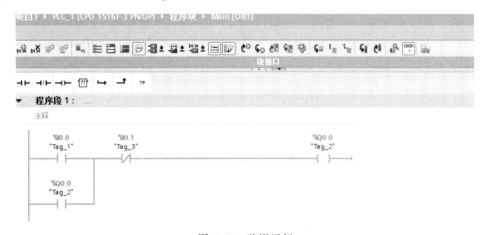

图 7.47　监视运行

⑥ 利用序列表调试。

对于一些有顺序控制要求的程序，在过程仿真时一般要按照一定的时间去触发信号，如果通过 SIM 进行仿真比较困难，因此可以通过仿真软件中的序列表来解决这个问题，具体操作步骤如下。

- 双击打开一个新创建的序列表，按要求添加变量并定义相关变量的时间点，如图 7.48 所示。

图 7.48 设置控制序列变量

- 单击工具栏上的启动序列图标，如图 7.49 所示，开始仿真，运行过程中的指示状态如图 7.50 所示。

图 7.49 工具栏上的图标

图 7.50 运行过程中的指示状态

● 单击工具栏上的停止序列图标,停止仿真。

序列表中的每一行都表示序列中的一个步,序列中的步骤和相关指示符图标见表7.4。当序列运行时,仿真软件的运行状态见表7.5。

表7.4 序列中的步骤和相关指示符图标

步骤和相关指示符图标	说　　明
启动步骤	此为固定行,不接受条目,包含的时间为00:00:00.00。 "动作"(Action)列中有两个选项:"立即启动"(Start immediately)、"触发条件"(Trigger condition)
可编辑的步骤	其时间介于序列中的第一步与最后一步之间的步骤
停止步骤	序列中的最后一步。"动作"(Action)列包含文本"停止序列"(Stop sequence)或"重复序列"(Repeat sequence)
当前正在执行的步骤	指示下一个即将执行的步。如果针对多个条目设置了相同的执行时间,则所有步会显示绿色箭头
错误指示符	指示该步存在错误。消息中会显示错误的相关信息

表7.5 仿真软件的运行状态

	在"项目树"中,正在运行(Running)图标显示在当前正在运行的序列旁边。如果序列已暂停,则会显示暂停(Pause)图标。通过这种方式,可以选择想要停止的正确序列
正在播放的序列:	序列播放(Sequence playing)图标会在序列正在运行时显示在序列表的右下方
	步骤执行图标将在序列中逐步移动,表示执行到相应的步骤。如果已定义多个步骤同时开始,则所有步骤都会显示绿色箭头
执行时间 2.64 (4)	执行时间将显示在序列表工具栏中

7.6　Trace变量

博途V15软件集成了Trace(轨迹)功能,通过轨迹功能可快速跟踪记录多个变量的变化情况,通过逻辑分析器可对记录进行评估分析。操作中,如果使用Trace功能,就必须进行Tarce的创建和配置,并下载到PLC。Trace变量的采样必须通过一个OB触发。

一个S7-1500 PLC的CPU集成Trace的数量与CPU的型号有关,如CPU1518集成8个,每个Trace最多定义16个变量,每个变量配置的最大存储空间为512KB。

7.6.1　创建和配置Trace变量

1. 创建Trace

在博途V15软件中创建一个Trace,如图7.51所示。

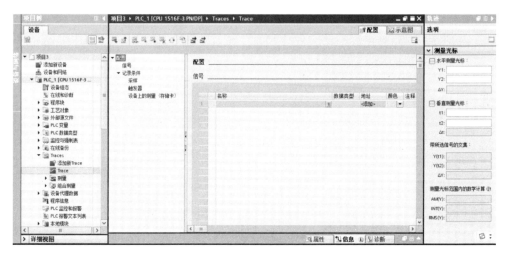

图 7.51　创建 Trace

2. 配置 Trace

（1）配置信号变量

一个 Trace 配置最多记录 16 个变量，能够记录变量的操作数区域有过程映像输入、过程映像输出、位存储和数据块。如图 7.52 所示，单击"配置"→"信号"，在表格内输入要记录跟踪变量的名称、数据类型及地址，配置待记录信号的操作步骤如下：

图 7.52　配置 Tarce 信号变量

① 选择一个信号；
② 在"名称"栏中单击选择一个变量；
③ 在"名称"栏的单元格中输入符号变量的名称；
④ 在"地址"栏中输入地址，或者通过拖放将信号拖入；
⑤ 单击"颜色"栏为信号显示选择一种色彩；
⑥ 单击"注释"栏为信号输入注释；

⑦ 重复上述步骤，直至所有待记录信号均输入。

（2）设置记录条件

"记录条件"选项可显示所选轨迹配置的触发条件、记录的频率、记录的速度和长度，当轨迹配置在离线模式下显示并且在未激活"观察开/关"时才可以进行配置。

在如图 7.53 所示的"记录条件"选项下可设定采样和触发器参数。

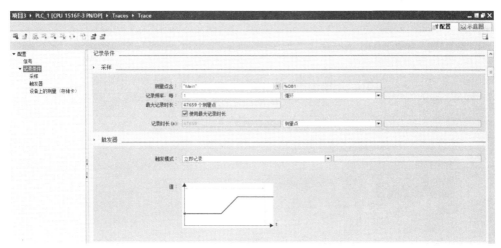

图 7.53 "记录条件"选项

图 7.53 中相关参数的含义如下：

① 测量点：使用 OB 触发，记录信号在 OB 结束处的数值。

② 记录频率：每隔多少个循环记录一次。

③ 最大记录时长：记录最大测量点的数量，一般将记录时长设为最大值，即勾选"使用最大记录时长"复选框。最大记录时长取决于所记录的信号数目及其数据类型。

④ 记录时长：定义测量点的个数或使用的最大测量点。

⑤ 触发模式：选择触发模式，可进行"立即记录"和"变量触发"设置。

"立即记录"：单击工具栏上的开始记录图标后立即记录，达到记录的测量数量后，停止记录并将其保存。

"变量触发"：一旦激活了已设置的轨迹，并满足了已配置的触发条件就开始记录，达到记录的测量数量后，停止记录并将其保存。当采用变量触发时，还需要设置"触发变量"、"事件"及"预触发"，如图 7.54 所示。变量触发条件、数据类型及含义见表 7.6。在"预触发"中设置为记录变量触发之前的周期，需在"预触发"输入栏中输入大于 0 的数值。

表 7.6 变量触发条件、数据类型及含义

变量触发条件	数 据 类 型	含 义
=TRUE	位	当触发状态为"TRUE"时，记录开始
=FALSE	位	当触发状态为"FALSE"时，记录开始
上升沿	位	当触发状态从"FALSE"变为"TRUE"时，记录开始
上升信号	整数和浮点数（非时间、日期和时钟）	当触发的上升值到达或超过为此事件配置的数值时，记录开始

续表

变量触发条件	数据类型	含义
下降沿	位	当触发状态从"TRUE"变为"FALSE"时,记录开始
下降信号	整数和浮点数(非时间、日期和时钟)	当触发的下降值到达或低于为此事件配置的数值时,记录开始
在范围内	整数和浮点数	一旦触发值位于为此事件配置的数值范围内,记录开始
不在范围内	整数和浮点数	一旦触发值不在为此事件配置的数值范围内,记录开始
改变值	支持所有数据类型	当记录被激活时检查值改变;当触发值改变时,记录开始
=值	整数	当触发值等于该事件的配置值时,记录开始
<>值	整数	当触发值不等于该事件的配置值时,记录开始
=位模式	整数和浮点数(非时间、日期和时钟)	当触发值与该事件的配置位模式匹配时,记录开始

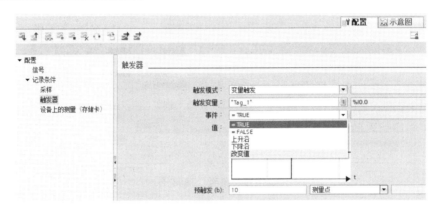

图 7.54 "变量触发"的配置

7.6.2 Trace 变量应用

【实例 7.2】通过 Trace 来记录如图 7.55 所示梯形图中变量的信号轨迹。

图 7.55 梯形图

操作步骤如下:
(1) 在博途 V15 软件中创建一个 PLC 项目,并在 OB1 中编写如图 7.55 所示的梯形图。
(2) 配置 Trace:
① 单击"配置"→"信号",在表格内输入要记录跟踪变量的名称、数据类型及地址。
② 设置记录条件。设置的相关参数分别见图 7.53、图 7.54。

(3) 记录信号轨迹：

① 将梯形图下载到 CPU，CPU 置于运行状态（可采用仿真进行调试）。

② 在 Trace 的轨迹工具栏（见图 7.56）中，单击在设备上安装轨迹图标，启用轨迹，再单击激活记录图标，将 Trace 视图从"配置"界面切换到"示意图"界面，如图 7.57 所示。图 7.58 为等待触发信号轨迹示意图界面。

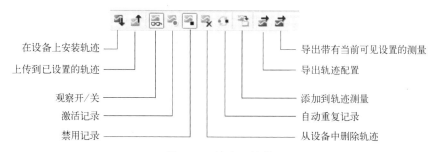

图 7.56 轨迹工具栏

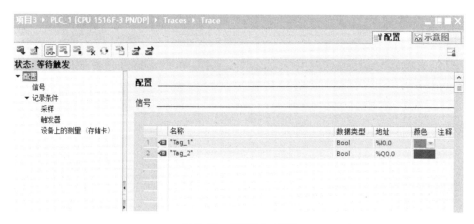

图 7.57 "配置"界面

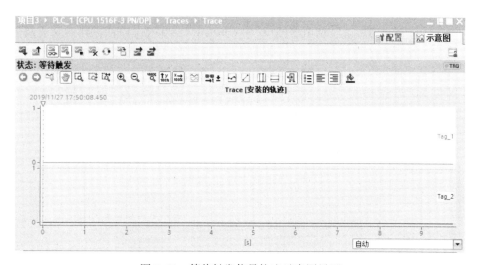

图 7.58 等待触发信号轨迹示意图界面

③ 接通变量触发信号 I0.0，Q0.0 接通，信号轨迹开始显示，如图 7.59 所示。

④ 当达到记录数目后，停止记录，或在记录过程中要停止记录时，可单击轨迹工具栏中的禁用记录图标，结束记录。

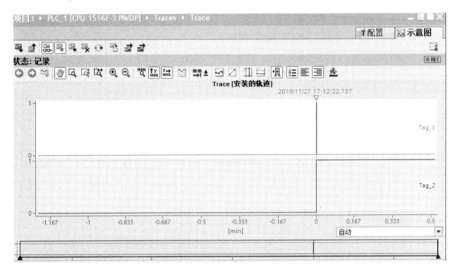

图 7.59　信号轨迹界面

第 8 章

S7-1500 PLC 的通信及应用

8.1 工业以太网与 PROFINET

工业以太网（IE）遵循国际标准 IEEE802.3，采用 TCP/IP 协议，将自动化系统连接到企业内部互联网、外部互联网和因特网实现远程数据交换，实现单元级、管理级的网络与控制网络的数据共享，通信数据量大、距离长。

基于工业以太网开发的 PROFINET 是工业以太网实时的开放的现场总线，具有很好的实时性，主要应用于连接现场设备。新一代西门子的工控产品基本上都集成了 PROFINET 以太网端口，可全面实现"以太网化"，同时实现多种通信服务，例如 S7 通信、开放式用户通信（OUC）和 PROFINET 通信。

8.1.1 工业以太网通信基础

1. 典型工业以太网的组成

典型工业以太网由以下网络部件组成：

（1）通信介质。西门子工业以太网可以使用工业快速连接双绞线、光纤和无线以太网传输。双绞线 FC 与西门子 TP RJ-45 接头配合使用，连接长度可达 100m，如图 8.1 所示。

（2）具有集成以太网端口的 S7-1500 CPU。

（3）交换机。当两个以上的设备通信时，需要使用交换机来实现网络连接。例如，西门子 CSM1277 是 4 端口交换机。集成两个以上以太网端口的 CPU 都内置一个双端口以太网交换机。

图 8.1 FC 与 TP RJ-45 连接

（4）S7-1500 PLC 的 PROFINET 模块 CP1542-1 和以太网模块 CP1543-1 等。

（5）中继器和集线器。中继器又称转发器，用来增加网络的长度；集线器又是多端口的中继器。它们可将接收到的信号进行整形和中继放大。

2. 设备的网络连接

S7-1500 CPU 以太网端口可通过网线连接或交换机连接方式与其他设备通信。

图 8.2 多台设备的交换机连接

（1）网线连接

当一个 S7-1500 CPU 与一个编程设备或一个触摸屏或另外一个 S7-1500 CPU 进行通信时，可采用网线直接连接。

（2）交换机连接

当两个以上的设备进行通信时，可使用交换机来实现网络连接，如图 8.2 所示。

8.1.2 工业以太网支持的通信服务

1. S7-1500 系统的以太网端口

（1）CPU 集成的以太网端口（X1、X2、X3，最多三个端口）。

（2）通信模块 CM1542-1 和通信处理器 CP1543-1。

2. S7-1500 PLC 以太网支持的通信服务

S7-1500 PLC 以太网端口支持的通信服务可按实时通信和非实时通信进行分类。实时通信包括 PROFINET IO 通信和 I-Device 通信。非实时通信包括 OUC 通信、S7 通信和 WEB 服务器通信。S7-1500 PLC 不同端口支持的通信服务见表 8.1。

表 8.1 S7-1500 PLC 不同端口支持的通信服务

端口	实时通信		非实时通信		
	PROFINET IO	I-Device	OUC	S7	WEB
CPU 集成端口 X1	有	有	有	有	有
CPU 集成端口 X2	无	无	有	有	有
CPU 集成端口 X3	无	无	有	有	有
CM1542-1	有	无	有	有	有
CP1543-1	无	无	有	有	有

8.2 OUC

8.2.1 概述

开放式用户通信（OUC）是通过 S7-1200/1500 和 S7-300/400 CPU 集成的 PN/IE 端口实现程序控制通信过程的开放式标准。通信伙伴可以是两个 SIMATIC PLC，也可以是 SIMATIC PLC 和第三方设备。OUC 的主要特点是所传送的数据结构具有高度的灵活性。允许 CPU 与任何通信设备进行开放式数据交换的前提，是这些设备支持集成端口可用的连接类型，见表 8.2。由于 OUC 仅由用户程序中的指令进行控制，因此可建立和终止事件驱动型连接，在运行期间，也可以通过用户程序修改连接。

表 8.2　S7-1500 PLC 以太网端口支持的 OUC 连接类型

端　口	连接类型			
	ISO	ISO_on_TCP	TCP/IP	UDP
CPU 集成端口 X1	无	有	有	有
CPU 集成端口 X2	无	有	有	有
CPU 集成端口 X3	无	有	有	有
CM1542-1	无	有	有	有
CP1543-1	有	有	有	有

OUC 支持的连接类型有 TCP、ISO-on-TCP、ISO 和 UDP 四种。

1. TCP

TCP 是 TCP/IP 簇传输层的主要协议，主要为设备之间的全双工、面向连接通信提供可靠安全的数据服务，在传输数据时需要指定 IP 地址和端口作为通信端点。通信的传输需要经过三个阶段：一是建立连接；二是数据传输；三是断开连接。建立连接的请求由 TCP 的客户端发起，数据传输结束后，通信双方都可以提出断开连接请求。

TCP 提供的是一种数据流服务，确保每个数据段都能到达目的地，位于目的地的 TCP 服务端需要对接收到的数据进行确认并发送确认信息。在通过 TCP 连接传送数据期间，不传送关于消息开始和结束的信息。接收方无法通过接收到的数据段来确定数据流中的一条消息在何处结束，下一条消息又在何处开始。因此，建议在使用 OUC 指令时，要为接收的字节数（参数为 LEN，指令为 TRCV/TRCV_C）和要发送的字节数（参数为 LEN，指令为 TSEND/TSEND_C）分配相同的值，发送方的数据长度与接收方的数据长度要相同。

如果发送方的数据长度和所要求的数据长度不一致，将出现以下情况：

（1）接收方的数据长度（参数为 LEN，指令为 TRCV/TRCV_C）大于发送方的数据长度（参数为 LEN，指令为 TSEND/TSEND_C）。

仅当达到所分配的数据长度后，TRCV/TRCV_C 指令才会将接收到的数据复制到指定的接收区（参数为 DATA）。当达到所分配的数据长度时，已经接收了下一个作业的数据，因此，接收区包含的数据来自两个不同的发送作业。如果不知道第一条消息的确切数据长度，将无法识别第一条消息的结束和第二条消息的开始。

（2）接收方的数据长度（参数为 LEN，指令为 TRCV/TRCV_C）小于发送方的数据长度（参数为 LEN，指令为 TSEND/TSEND_C）。

TRCV/TRCV_C 指令将 LEN 参数中指定字节的数据复制到接收区（参数为 DATA）后，将 NDR 状态参数设置为 TRUE（作业成功完成），并将 LEN 的值分配给 RCVD_LEN（实际接收的数据长度）。

2. ISO-on-TCP

ISO-on-TCP 是面向消息的协议，是通过 ISO-on-TCP 连接传送数据时传送关于消息长度和结束的信息，在接收端检测消息的结束，并向用户提供属于该消息的数据。ISO-on-TCP 与 TCP 一样，位于 OSI 模型的传输层，使用的数据传输端口为 102，利用传输服务访问点可将消息路由到接收方特定的通信端口。

3. ISO

ISO 用于实现 SIMATIC S7 与 SIMATIC S5 之间的工业以太网通信。一般新的通信处理器不再支持该通信服务，S7-1500 PLC 只有 CP1543-1 支持 ISO 通信方式。对于 S7-1500 CPU，已组态的 ISO 类型连接可以通过 TSEND_C 和 TRCV_C 指令来创建。

4. UDP

UDP 是面向消息的协议，支持简单的数据传输，数据无须确认，不检测数据传输的正确性，在发送数据之前无须建立通信连接，在传输时只需指定 IP 地址和端口作为通信端点，在传输时无须伙伴方的应答。UDP 协议支持较大数据量的传输，可通过工业以太网或 TCP/IP 网络传输数据，最大通信字节数为 1472 字节。SIMATIC S7 通过建立 UDP 连接，可提供发送/接收通信功能。

8.2.2 OUC 指令

西门子博途 V15 软件提供了两套 OUC 指令，如图 8.3 所示。这里重点讲解 TSEND_C 建立连接和发送数据指令、TRCV_C 建立连接和接收数据指令。这两个指令具有自动连接管理功能，内部集成 TCON、TSEND/TRCV 和 TDISCON 等指令。

1. TSEND_C 指令

TSEND_C 是建立连接和发送数据指令，其内部集成了 TCON、TSEND、T_DIAG、T_RESET 和 TDISCON 等指令，因此具有以下功能：

① 建立通信连接；
② 建立连接后发送数据；
③ 断开通信连接。

TSEND_C 指令格式如图 8.4 所示。

图 8.3 OUC 指令

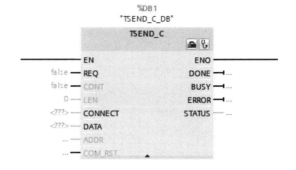

图 8.4 TSEND_C 指令格式

TSEND_C 指令的主要参数定义如下：

（1）REQ：启动请求，在上升沿触发激活发送作业。

（2）CONT：建立连接状态，当状态为 0 时断开连接，当状态为 1 时建立连接并保持。默认值为 1，此参数属于隐藏参数，在通信函数中不显示。

（3）LEN：设置实际的发送数据长度（TCP/ISO_on_TCP 通信数据长度为 8192 字节，UDP 通信数据长度为 1472 字节）。当 LEN=0 时，发送数据长度取决于 DATA 参数指定的数据发送区长度。例如，当设定为 70 时，表示将 DATA 中设定数据的前 70 个字节发送出去。LEN 可以是变量。当 DATA 参数为优化数据块的结构化变量时，建议设置 LEN 为 0；当 LEN≠0 时，数据长度不能大于 LEN 指定的数据长度。

（4）CONNECT：相关的连接指针（连接参数），由系统自动建立的通信数据块，用于存储连接信息。

（5）DATA：发送区域，指定发送的数据区，设置数据起始地址和发送数据区的长度。如果使用优化 DB，则不需要设置长度参数，只需在起始地址中使用符号名称方式定义。

（6）ADDR：隐藏参数，只用于 UDP 通信方式，用于指定通信伙伴的地址信息（IP 地址和端口号）。

（7）COM_RST：重新启动块，用于复位连接。

（8）DONE：状态参数，当状态为 0 时，发送作业尚未启动或仍在进行；当状态为 1 时，发送作业已成功执行。此状态仅显示一个周期，如果在处理（连接建立、发送、连接终止）期间成功完成中间步骤且 TSEND_C 的执行成功完成，将置位输出参数 DONE。

（9）BUSY：状态参数，当状态为 0 时，发送作业尚未启动或已完成；当状态为 1 时，发送作业尚未完成，无法启动新发送作业。

（10）ERROR：状态参数，当状态为 0 时，无错误；当状态为 1 时，建立连接、传送数据或终止连接时出错。若 TSEND_C 指令或在内部使用的通信指令出错，可置位输出参数 ERROR。

（11）STATUS：通信状态字，当 ERROR 的状态为 1 时，可以查看通信错误原因。

2. TRCV_C 指令

TRCV_C 是建立连接和接收数据指令，其内部使用通信指令 TCON、TRCV、T_DIAG、T_RESET 和 TDISCON。TRCV_C 指令具有以下功能：

① 设置并建立通信连接；

② 通过现有的通信连接接收数据；

③ 终止或重置通信连接。

TRCV_C 指令格式如图 8.5 所示。

TRCV_C 指令的主要参数定义如下：

（1）EN_R：启用接收功能。

（2）CONT：建立连接状态，当状态为 0 时，断开连接；当状态为 1 时，建立连接并保持。默认值为 1，此参数属于隐藏参数，在通信函数中不显示。

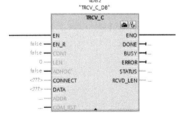

图 8.5　TRCV_C 指令格式

(3) LEN：设置实际的发送数据长度，当 LEN=0 时，发送数据长度取决于 DATA 参数指定的数据发送区长度；当 DATA 参数为优化数据块的结构化变量时，建议 LEN 设置为 0。

(4) ADHOC：TCP 协议选项使用 AD-HOC 模式，为可选参数（隐藏），在 AD-HOC 模式用于接收动态长度的数据。

(5) CONNECT：相关的连接指针（连接参数），由系统自动建立的通信数据块，用于存储连接信息。

(6) DATA：发送区域，指定发送的数据区，设置数据起始地址和发送数据区的长度。如果使用优化 DB，则不需要设置长度参数，只需在起始地址中使用符号名称方式定义。

(7) ADDR：隐藏参数，只用于 UDP 通信方式，用于指定通信伙伴的地址信息（IP 地址和端口号）。

(8) COM_RST：重新启动块，用于复位连接。

(9) DONE：状态参数，当状态为 0 时，发送作业尚未启动或仍在进行；当状态为 1 时，发送作业已成功执行。

(10) BUSY：状态参数，当状态为 0 时，发送作业尚未启动或已完成；当状态为 1 时，发送作业尚未完成，无法启动新发送作业。

(11) ERROR：状态参数，当状态为 0 时，无错误；当状态为 1 时，建立连接、传送数据或终止连接时出错。若 TSEND_C 指令或在内部使用的通信指令出错，则可置位输出参数 ERROR。

(12) STATUS：通信状态字，当 ERROR 的状态为 1 时，可以查看通信错误原因。

(13) RCVD_LEN：实际接收到的数据量（以字节为单位）。

8.2.3　OUC 实例

【实例 8.1】两台 S7-1500 PLC 之间的 ISO_on_TCP 通信。

【控制要求】两台 S7-1500 PLC 之间采用 ISO_on_TCP 通信连接方式。要求把第一台 S7-1500 PLC 的存储器 MB20 中的一个字节发送到第二台 S7-1500 PLC 的 MB20 中。

【操作步骤】

(1) 创建新项目

打开博途 V15 软件，新建项目，命名为"S7-OUC 通信"。

(2) 添加新设备

在"项目树"下单击"添加新设备"选项，分别选择 CPU 1513F-1 PN 和 CPU 1516F-3 PN/DP 创建两个 S7-1500 PLC 站点，在"设备视图"选项中分别双击 CPU，在"常规"选项下添加子网为"PN/IE_1"，启用两个 CPU 系统时钟存储器字节，如图 8.6 所示。

(3) 设置两台 S7-1500 PLC 的 IP 地址

① 在"设备视图"选项中，单击 CPU 1513F-1 PN 的以太网端口 PROFINET 接口 1，在"属性"标签栏中设置以太网端口的 IP 地址为"192.168.0.13"，子网掩码为"255.255.255.0"，如图 8.7 所示。

第 8 章 S7-1500 PLC 的通信及应用

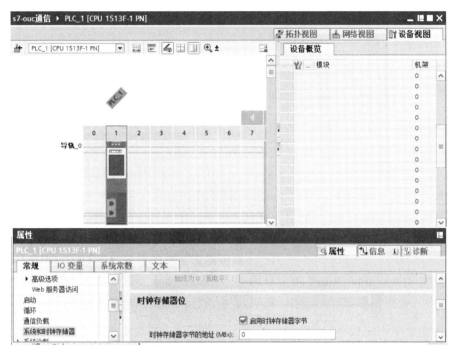

图 8.6 创建 CPU 并启用时钟存储器

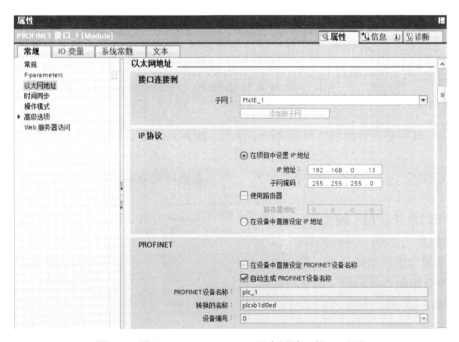

图 8.7 设置 CPU 1513F-1 PN 以太网端口的 IP 地址

② 设置第二台 S7-1500 PLC（CPU 1516F-3 PN/DP）的以太网端口 PROFINET 接口 1 的 IP 地址和子网掩码分别为 "192.168.0.16"、"255.255.255.0"，如图 8.8 所示。

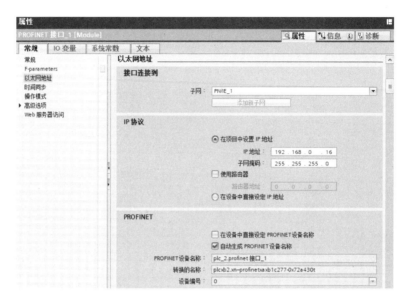

图 8.8　设置 CPU 1516F-3 PN/DP 以太网端口的 IP 地址

（4）编写 PLC1（第一台 S7-1500 PLC）主程序，调用通信函数 TSEND_C 指令和组态连接参数

① 调用通信函数 TSEND_C 指令。打开 PLC1 的主程序块 OB1，选中"指令"→"通信"→"开放式用户通信"，再将 TSEND_C 指令拖曳到主程序块中，单击自动出现的"调用选项"对话框中的"确定"按钮，自动生成 TSEND_C 的背景数据块 TSEND_C_DB_1（%DB3），如图 8.9 所示。

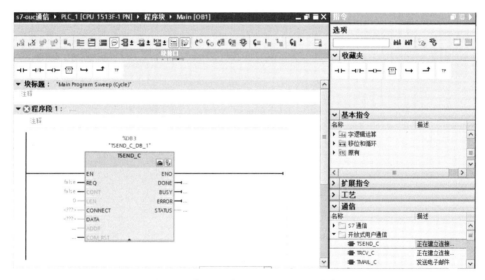

图 8.9　在 OB1 中调用 TSEND_C 指令

② 组态连接参数。

单击图 8.9 中 TSEND_C 指令中的开始组态图标，出现如图 8.10 所示的 TSEND_C 指令未组态连接参数界面。具体组态步骤如下：

第 8 章 S7-1500 PLC 的通信及应用

图 8.10 TSEND_C 指令未组态连接参数界面

- 选择通信伙伴为"PLC_2（第二台 S7-1500 PLC）"；
- 选择组态模式为"使用组态的连接"；
- 选择连接类型为"ISO_on_TCP"；
- 选择连接数据为"ISOonTCP_连接_1"；
- 选择"主动建立连接"。

至此，连接参数设置完成，如图 8.11 所示。

图 8.11 连接参数设置

③ 组态块参数。

块参数界面如图 8.12 所示。具体参数的组态步骤如下：

399

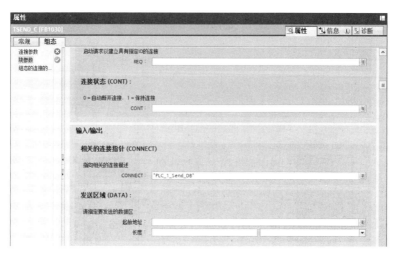

图 8.12 块参数界面

- 设置启动请求（REQ）为时钟存储器"Clock_2Hz"，每 0.5s 激活一次启动请求，每次将 MB20 中的一个字节信息发送出去。
- 设置连接状态（CONT）为"1"。
- 设置发送区域（DATA）的数据起始地址为"M20.0"，长度为"1Byte"。

至此，组态块参数设置完成，如图 8.13 所示。主程序块中的调用通信函数 TSEND_C 的参数自动赋值如图 8.14 所示。

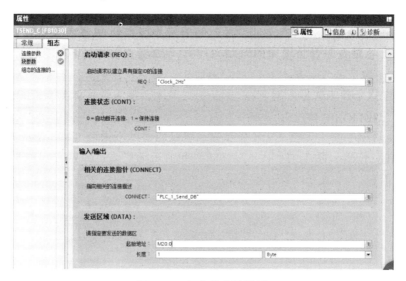

图 8.13 组态块参数设置

（5）编写 PLC2 主程序，调用通信函数 TRCV_C 指令和组态连接参数

① 调用通信函数 TRCV_C 指令。打开 PLC2 的主程序块 OB1，选中"指令"→"通信"→"开放式用户通信"，再将 TRCV_C 指令拖曳到主程序块中，单击自动出现的"调用选项"对话框中的"确定"按钮，自动生成 TRCV_C 的背景数据块 TRCV_C_DB（%DB1），如图 8.15 所示。

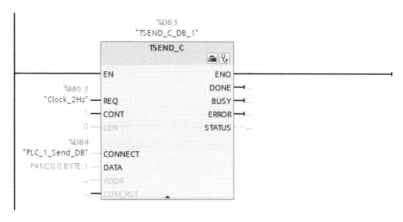

图 8.14　通信函数 TSEND_C 的参数自动赋值

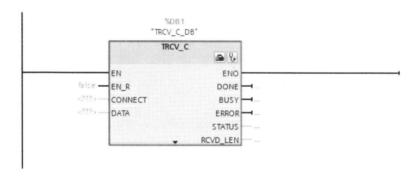

图 8.15　背景数据块 TRCV_C_DB(%DB1)

② 组态连接参数。

单击图 8.15 中 TRCV_C 指令中的开始组态图标，出现如图 8.16 所示的 TRCV_C 指令未组态连接参数界面。具体组态步骤如下：

图 8.16　TRCV_C 指令未组态连接参数界面

401

- 选择通信伙伴为"PLC_1";
- 选择组态模式为"使用组态的连接";
- 选择连接类型为"ISO_on_TCP";
- 选择连接数据为"ISOonTCP_连接_1"。

至此,连接参数设置完成,如图 8.17 所示。

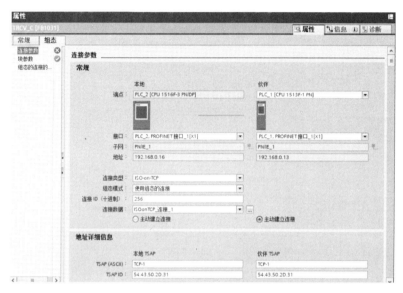

图 8.17 连接参数设置

③ 组态块参数。

块参数界面如图 8.18 所示。具体参数的组态步骤如下:

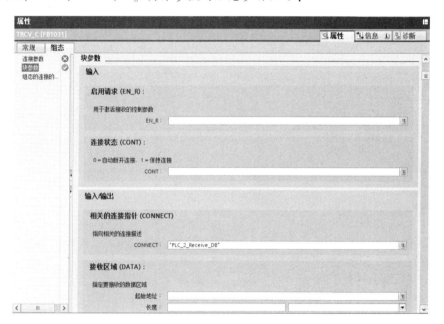

图 8.18 块参数界面

- 设置启用请求（EN_R）为时钟存储器"Clock_2Hz"，每0.5s激活一次接收请求，每次都将伙伴发送来的数据信息存储在MB20中。
- 设置连接指针（CONNECT）。
- 设置接收区域（DATA）的数据起始地址为"M20.0"，长度为"1，Byte"。

至此，组态块参数设置完成，如图8.19所示。主程序块中的调用通信函数TRCV_C的参数自动赋值如图8.20所示。

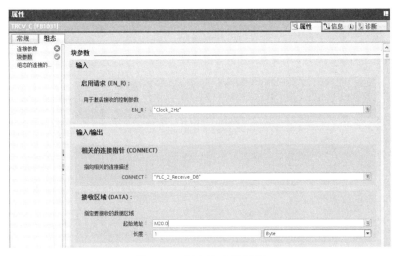

图8.19 组态块参数设置

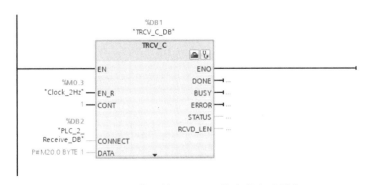

图8.20 通信函数TRCV_C的参数自动赋值

（6）程序编译与下载

两个站点配置组态完成后，进行程序编译并分别下载到两个CPU中，即可进行通信传输测试。

【实例8.2】两台S7-1500 PLC之间的TCP通信。

【控制要求】两台S7-1500 PLC之间采用TCP通信连接方式。要求利用PLC1（第一台S7-1500 PLC）中的输入按钮I0.0控制PLC2（第二台S7-1500 PLC）的Q0.0输出。

【操作步骤】

（1）新建项目，硬件组态

参考【实例8.1】新建项目，并进行两台S7-1500 PLC的IP地址设置。PLC1的IP地址为192.168.0.1，子网掩码为255.255.255.0；PLC2的IP地址为192.168.0.13，子网掩码为255.255.255.0。启用系统时钟存储器。

（2）PLC1的通信编程

PLC1作为主动连接，负责发送数据，把I0.0的状态发送到PLC2中。

① 调用组态函数TSEND_C。打开PLC1的主程序块OB1，添加通信指令TSEND_C，并对指令进行连接参数和块参数的组态，分别如图8.21、图8.22所示。

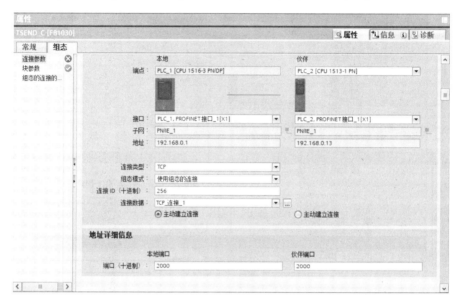

图8.21 连接参数组态

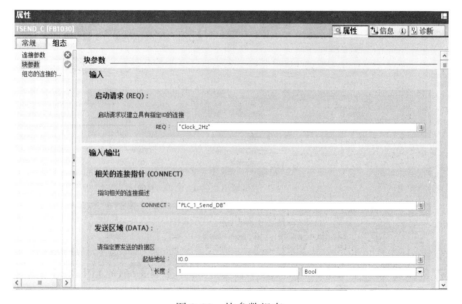

图8.22 块参数组态

② 编写PLC1的主程序，如图8.23所示。

第8章 S7-1500 PLC 的通信及应用

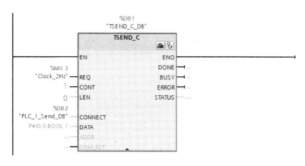

图 8.23　PLC1 的主程序

(3) PLC2 的通信编程

PLC2 作为伙伴连接，负责接收数据，把 I0.0 发送来的数据存储在 MB20 中。

① 调用组态函数 TRCV_C。打开 PLC2 的主程序块 OB1，添加通信指令 TACV_C，并对指令进行连接参数和块参数的组态，分别如图 8.24、图 8.25 所示。

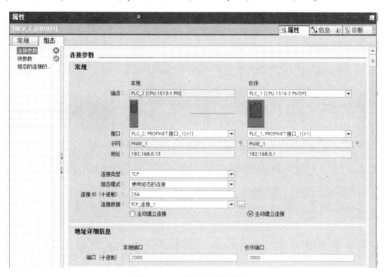

图 8.24　连接参数组态

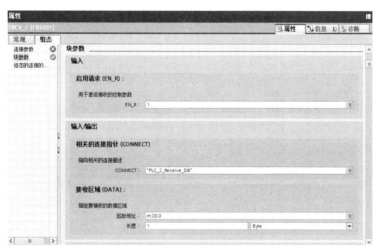

图 8.25　块参数组态

② 编写PLC2的主程序，如图8.26所示。

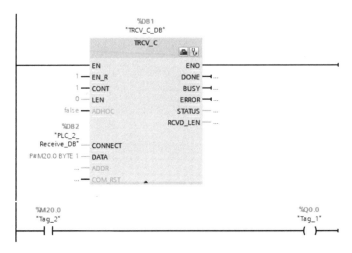

图8.26 PLC2的主程序

（4）程序编译与下载

两个站点配置组态完成后，进行程序编译，并分别下载到两个CPU中，即可进行通信传输测试。

【实例8.3】两台S7-1500 PLC之间的UDP通信。

【控制要求】两台S7-1500 PLC之间采用UDP通信连接方式。要求将PLC_1（第一台S7-1500 PLC）通信数据区DB7中的数据发送到PLC2（第二台S7-1500 PLC）接收数据区DB7中；PLC_2的通信数据区DB10中的数据发送到PLC_1接收数据区DB10中。

【操作步骤】

（1）创建新项目

打开博途V15软件，创建新项目，命名为"S7-UDP通信"。

（2）添加新设备

在"项目树"下单击"添加新设备"，分别选择CPU 1513F-1 PN和CPU 1516F-3 PN/DP，创建两个S7-1500 PLC的站点。在"设备视图"中分别双击CPU，在"常规"选项下添加子网为"PN/IE_1"，启用两个CPU的系统时钟存储器字节。

（3）设置两台S7-1500 PLC的IP地址

① 在"设备视图"中，单击CPU 1513F-1 PN的以太网端口PROFINET接口1，在"属性"标签栏中设置以太网端口的IP地址为192.168.0.13，子网掩码为255.255.255.0。

② 设置CPU 1516F-3 PN/DP的以太网端口PROFINET接口1的IP地址和子网掩码分别为192.168.0.16、255.255.255.0。

（4）PLC1的通信编程

在PLC1中调用并配置TCON、TUSEND、TURCV通信指令。

① 在PLC_1的OB1中调用TCON建立连接通信指令并组态。

- 打开主程序块OB1，在第一个CPU中调用发送通信指令，选中"指令"→"通信"→"开放式用户通信"，再将TCON指令拖曳到主程序块中，如图8.27所示。

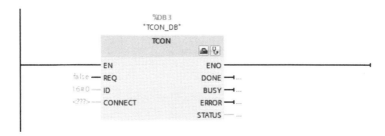

图 8.27　调用 TCON 指令

- 定义连接参数。单击图 8.27 中 TCON 指令的开始组态图标，组态连接参数和块参数分别如图 8.28、图 8.29 所示。

图 8.28　组态连接参数

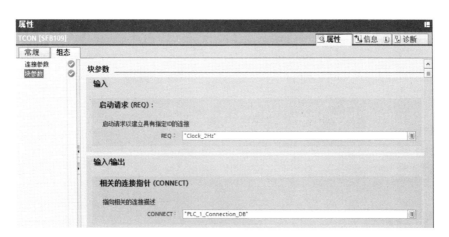

图 8.29　组态块参数

TCON 指令组态参数设置完成后，在主程序块中调用通信函数 TCON 的参数并自动赋值，如图 8.30 所示。

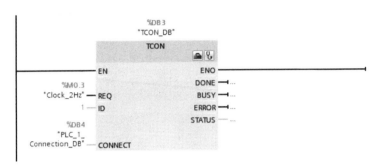

图 8.30　通信函数 TCON 自动赋值

② 在 PLC_1 的 OB1 中调用 TUSEND 发送通信指令并组态。
- 调用 TUSEND 指令，并组态块参数。单击图 8.31 中的开始组态图标🔒组态块参数 TUSEND，DATA 发送数据区域参数变量需要单独创建；ADDR 连接参数变量也需要单独创建后再赋值。

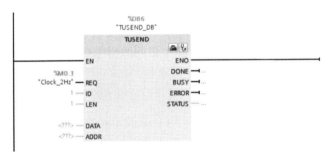

图 8.31　调用 TUSEND 指令组态块参数

- 创建并定义 PLC_1 中 DATA 发送数据区域 DB。在 PLC1 的程序块中添加发送数据块 MyUDP[DB7]，在数据块中定义一个变量名为 SEND_DB，数据类型为字节型数组 Array[0..9] of Byte，数组中存储 10 个字节数据需要发送，如图 8.32 所示。

	名称	数据类型	起始值	保持	可从 HMI/...	从 H...	
1	▼ Static						
2	▼ SEND_DB	Array[0..9] o...		☐	☑	☑	
3	■ SEND_DB[0]	Byte	16#0	☐	☑	☑	
4	■ SEND_DB[1]	Byte	16#0	☐	☑	☑	
5	■ SEND_DB[2]	Byte	16#0	☐	☑	☑	
6	■ SEND_DB[3]	Byte	16#0	☐	☑	☑	
7	■ SEND_DB[4]	Byte	16#0	☐	☑	☑	
8	■ SEND_DB[5]	Byte	16#0	☐	☑	☑	
9	■ SEND_DB[6]	Byte	16#0	☐	☑	☑	
10	■ SEND_DB[7]	Byte	16#0	☐	☑	☑	
11	■ SEND_DB[8]	Byte	16#0	☐	☑	☑	
12	■ SEND_DB[9]	Byte	16#0	☐	☑	☑	
13	■ <新增>						

图 8.32　添加数据块

- 定义 UDP 连接参数数据块。在 PLC1 的程序块中再添加一个变量名为"ADDR_IP"的数据块，数据类型选择为"TADDR_param"，并在数据块"起始值"栏中设定数据发送时接收方的 IP 地址和端口地址，如图 8.33 所示。

第8章　S7-1500 PLC 的通信及应用

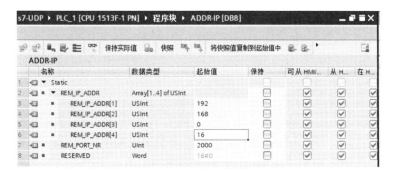

图 8.33　添加"ADDR_IP"数据块

- 定义 PLC_1 的 TUSEND 发送通信块 DATA 和 ADDR 接口参数，如图 8.34 所示。

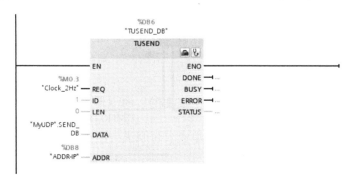

图 8.34　定义接口参数

③ 为了实现 PLC_1 接收来自 PLC_2 的数据，在 PLC_1 中调用接收指令 TURCV 并配置基本参数。

- 创建并定义 PLC_1 的接收数据区 DB10。

在 PLC1 的程序块中添加接收数据块 RVC_data[DB7]，在数据块中定义变量名为"RVC_data"，数据类型为"Array[0..9] of Byte"，数组中存储 PLC1 发送的 10 个字节数据，如图 8.35 所示。

图 8.35　创建接收数据块"RVC_data[DB7]"

409

- 在 PLC2 主程序中调用接收指令 TURCV，配置基本参数，如图 8.36 所示。

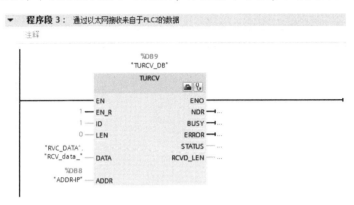

图 8.36　调用 TURCV 指令并配置基本参数

（5）PLC2 的通信编程

① 在 PLC_2 的 OB1 中调用 TCON 建立连接通信指令并组态。

- 打开 PLC_2 主程序 OB1，在 CPU 中调用发送通信指令，选中"指令"→"通信"→"开放式用户通信"，再将 TCON 指令拖曳到主程序块中，如图 8.37 所示。

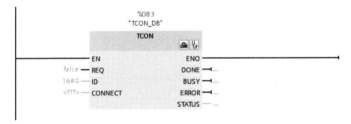

图 8.37　调用 TCON 指令

- 定义连接参数。单击图 8.37 中 TCON 指令的开始组态图标，组态连接参数和块参数分别如图 8.38、图 8.39 所示。

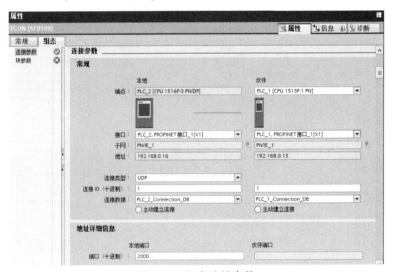

图 8.38　组态连接参数

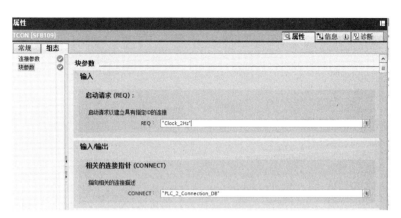

图 8.39 组态块参数

TCON 指令组态参数设置完成后,在主程序块中调用通信函数 TCON 的参数并自动赋值,如图 8.40 所示。

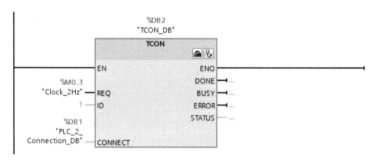

图 8.40 通信函数 TCON 后自动赋值

② 在 PLC_2 的 OB1 中调用 TUSEND 发送通信指令并组态。

- 调用 TUSEND 指令,并组态块参数。单击图 8.41 中 TUSEND 指令的开始组态图标,组态块参数 TUSEND,DATA 发送数据区域参数变量需要单独创建;ADDR 接口连接参数变量也需要单独创建后再赋值。

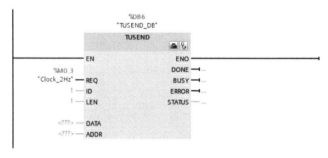

图 8.41 组态块参数 TUSEND

- 创建并定义 PLC_2 中 DATA 发送数据区域 DB。在 PLC2 的程序块中添加发送数据块"my_udp[DB4]",在数据块中定义一个变量名为"my_udp",数据类型为"Array[0..9] of Byte",数组中存储 10 个字节数据需要发送,如图 8.42 所示。

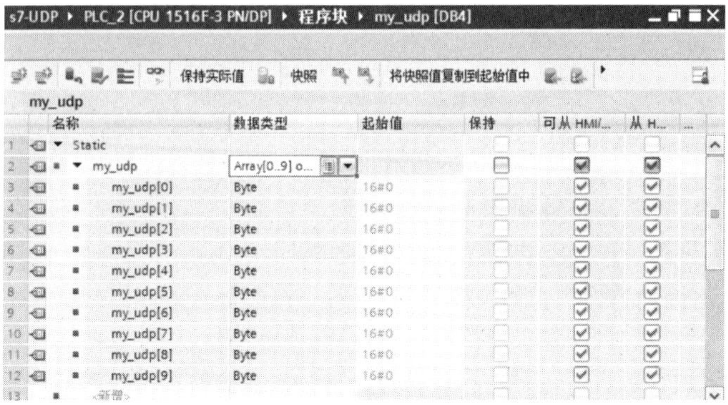

图 8.42 添加数据块 "my_udp[DB4]"

- 定义 UDP 连接参数数据块，如图 8.43 所示。

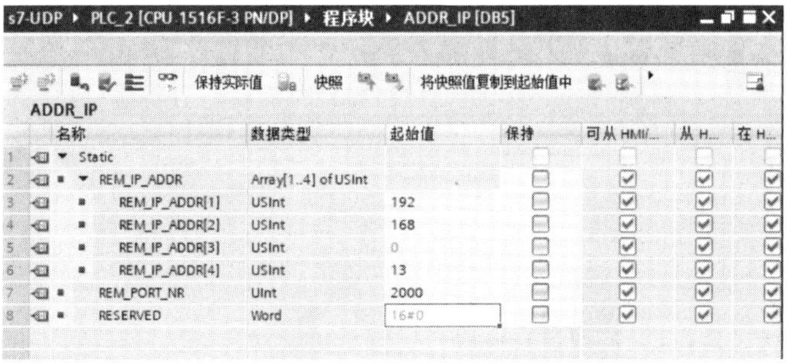

图 8.43 添加 "ADDR_IP" 数据块

- 定义 PLC_2 的 TUSEND 发送通信块 DATA 和 ADDR 基本参数，如图 8.44 所示。

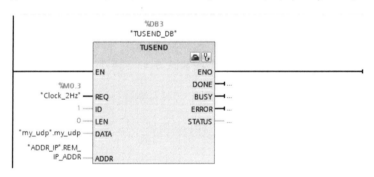

图 8.44 定义 TUSEND 基本参数

③ 为了接收来自 PLC_1 的数据，在 PLC_2 中调用接收指令 TURCV 并配置基本参数。
- 创建并定义 PLC_2 接收数据区域 DB7。在 PLC2 的程序块中添加接收数据块 "RVC_data[DB7]"，在数据块中定义变量名为 "RVC_data"，数据类型为字节型数组 "Array[0..9] of Byte"，数组中存储接收到 PLC1 发送来的 10 个字节数据，如图 8.45 所示。

图 8.45　添加接收数据块"RVC_data[DB7]"

- 在 PLC2 主程序中调用接收指令 TURCV，并配置基本参数，如图 8.46 所示。

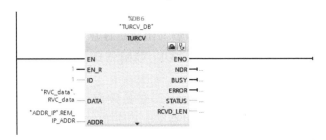

图 8.46　调用 TURCV 指令并配置基本参数

（6）下载硬件组态及程序并调试

下载两个 S7-1500 PLC 中的所有硬件组态及程序，并进行调试；当 PLC1 发送数据时，PLC2 接收数据；当 PLC2 发送数据时，PLC1 接收数据。

8.3　S7 通信

8.3.1　概述

S7 通信是西门子产品的专用通信协议，特别适用于 CPU 之间、CPU 与西门子触摸屏和编程设备之间的通信。该通信协议未公开，不能与第三方设备通信。基于工业以太网的 S7 通信协议使用 ISO/OSI 网络模型第七层——应用层通信协议，可以直接在用户程序中得到发送和接收的状态信息，是一种更安全的通信协议，也是最常用、最简单的通信方式，在 S7-1500/1200/300/400PLC 之间应用越来越广泛。S7-1500 PLC 所有以太网接口（PN 接口）都支持 S7 通信。

S7 通信是面向连接协议，在进行数据交换之前，必须与通信伙伴建立连接。这里的连接是指通信伙伴之间为了执行通信服务而建立的逻辑链路，而不是指两个站点之间用通信电缆实现的物理连接。S7 通信连接需要在博途 V15 软件中的"网络视图"界面下进行组态静态连接，是通信伙伴之间的一条虚拟的"专线"。

8.3.2 S7 通信指令

博途 V15 软件提供了三组 S7 通信指令，分别是 PUT/GET、USEND/URCV 和 BSEND/BRCV，如图 8.47 所示。

图 8.47 S7 通信指令

1. PUT/GET 指令

PUT 指令用于将数据写入伙伴 CPU；GET 指令用于从伙伴 CPU 中读取数据。应用时，采用单向编程的通信方式，只需在通信发起方（客户端）调用 PUT/GET 指令组态编程，无需在伙伴方（服务器端）组态编程，只对伙伴方进行读写操作。

PUT/GET 指令格式如图 8.48 所示。

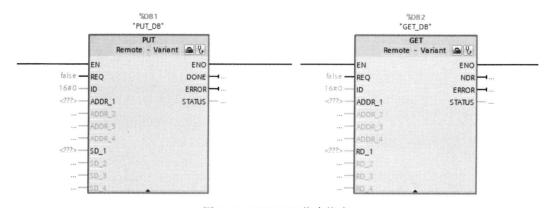

图 8.48 PUT/GET 指令格式

（1）PUT 指令参数定义

① REQ：在控制输入 REQ 的上升沿触发启动指令，每次触发时，写入区指针（ADDR_i）和数据（SD_i）随后会发送给伙伴 CPU，此时的伙伴 CPU 可以处于 RUN 模式或 STOP 模式。支持的数据类型为 BOOL。

② ID：S7 通信连接 ID，在组态 S7 通信连接时生成，用于指定与伙伴 CPU 连接的寻址参数，支持的数据类型为 WORD。

③ ADDR_i（i 取值为 1、2、3、4）：指向伙伴 CPU 中写入区域的指针。如果写入区域为数据块，则该数据块为标准访问的数据块，不支持优化访问。当指针 Remote 访问某个数据块时，必须始终指定该数据块。

④ SD_i（i 取值为 1、2、3、4）：指向本地 CPU 中发送区域的指针。本地数据可支持优化访问或标准访问。支持数据类型为 BOOL、BYTE、CHAR、WORD、INT、DWORD、DINT 和 REAL 等。传送数据结构（例如 Struct）时，参数 SD_i 的数据类型必须为 CHAR。

⑤ DONE：状态参数，表示数据被成功写入伙伴 CPU，当为 0 时，表示作业未启动或仍在执行中；当为 1 时，作业已执行，且无任何错误。支持数据类型为 BOOL。

⑥ ERROR：状态参数，当状态为 0 时，无错误；当状态为 1 时，建立连接、传送数据或终止连接时出错。

⑦ STATUS：通信状态字，当 ERROR 的状态为 1 时，可以查看通信错误原因。

> 使用 PUT 指令时的要求：
> ① 已在伙伴 CPU 属性"防护与安全"栏下的"连接机制"中激活"允许借助 PUT/GET 通信从远程伙伴访问"函数。
> ② 使用 PUT 指令访问的数据块是通过访问类型"标准"创建的。
> ③ 确保由参数 ADDR_i 和 SD_i 定义的区域在数量、长度和数据类型等方面都匹配。
> ④ 待写入区域（ADDR_i 参数）必须与发送区域（SD_i 参数）一样大。

(2) GET 指令参数定义

① REQ：在控制输入 REQ 的上升沿触发启动指令，每次触发时，可实现从远程 CPU 读取数据，此时的伙伴 CPU 可以处于 RUN 模式或 STOP 模式。支持的数据类型为 BOOL。

② ID：S7 通信连接 ID，在组态 S7 通信连接时生成，用于指定与伙伴 CPU 连接的寻址参数。支持的数据类型为 WORD。

③ ADDR_i（i 取值为 1、2、3、4）：指向伙伴 CPU 中待读取区域的指针。如果读取区域为数据块，则该数据块为标准访问的数据块，不支持优化访问，必须使用非优化 DB。指针 Remote 访问某个数据块时，必须始终指定该数据块。支持的数据类型为 REMOTE。

④ RD_i（i 取值为 1、2、3、4）：指向本地 CPU 中写入区域的指针。本地数据可支持优化访问或标准访问。支持数据类型为 BOOL、BYTE、CHAR、WORD、INT、DWORD、DINT 和 REAL 等。传送数据结构（例如 Struct）时，参数 RD_i 的数据类型必须为 CHAR。

⑤ NDR：状态参数，表示伙伴 CPU 中的数据被成功读取。当状态为 0 时，表示作业未启动或仍在执行中；当状态为 1 时，作业已执行，且无任何错误。支持的数据类型为 BOOL。

⑥ ERROR：状态参数，当状态为 0 时，无错误；当状态为 1 时，建立连接、传送数据或终止连接时出错。

⑦ STATUS：通信状态字，当 ERROR 的状态为 1 时，可以查看通信错误原因。

> 使用 GET 指令时的要求：
> ① 已在伙伴 CPU 属性"防护与安全"栏下的"连接机制"中激活"允许借助 PUT/GET 通信从远程伙伴访问"函数。
> ② 使用 GET 指令访问的数据块是通过访问类型"标准"创建的。
> ③ 确保由参数 ADDR_i 和 RD_i 定义的区域在数量、长度和数据类型等方面都匹配。
> ④ 待读取区域（ADDR_i 参数）不能大于存储数据的区域（RD_i 参数）。

2. BSEND/BRCV 指令

BSEND/BRCV 指令可用于双向编程的通信方式：一方发送数据；另一方接收数据。其通信方式为同步方式，发送方将数据发送到通信伙伴的接收缓冲区，通信伙伴调用接收函数，将数据复制到已经组态的接收区才认为发送成功。使用 BSEND/BRCV 指令可以进行大数据量通信，最大可以达到 64KB。

BSEND 是发送分段数据指令，可将数据分段发送至 BRCV 类型的远程伙伴。BRCV 指令接收到每一段数据后，远程伙伴需进行确认。如果数据已分段，则必须多次调用 BSEND 指令，直到所有的段均已传送。

BRCV 是接收分段数据指令，可接收来自远程伙伴且为 BSEND 指令发出的数据。每接收到一个数据段，都会向远程伙伴发送一个应答。如果存在多个数据段，则需要多次调用 BRCV 指令，直至接收到所有数据段。

BSEND/BRCV 指令格式如图 8.49 所示。

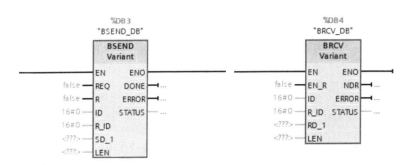

图 8.49　BSEND/BRCV 指令格式

（1）BSEND 指令参数定义

① REQ：用于触发数据的发送，每一个上升沿发送一次，支持的数据类型为 BOOL。

② R：Reset 控制参数，在上升沿时激活当前数据交换的中止操作，即为 1 时停止通信任务，支持的数据类型为 BOOL。

③ ID：通信连接 ID，用于指定与伙伴 CPU 连接的寻址参数，支持的数据类型为 CONN_PRG。

④ R_ID：通信函数的标识符，发送与接收函数块的标识符必须一致。支持的数据类型为 CONN_R_ID。

⑤ LEN：发送数据（字节）的长度。如果长度为 0，则表示发送整个发送区的数据。支持的数据类型为 WORD。

⑥ SD_1：发送区域。待发送数据的数据区域通过 SD_1 指定。为了确保数据的一致性，只能在当前发送操作完成后写入当前正在使用的发送区域 SD_1 的一部分。在这种情况下，状态参数 DONE 的值将变为"1"。传送数据时，发送端和接收端的结构必须相同。支持的数据类型为 VARIANT。

⑦ DONE：每次发送成功并且对方已经接收，可产生一个上升沿。

⑧ ERROR：错误状态位。

⑨ STATUS：通信状态字，如果错误状态位为 1，则可以查看通信状态信息。

（2）BRCV 指令参数定义

① EN_R：为 1 时，激活接收功能；为 0 时，取消处于活动状态的作业。

② ID：通信连接 ID，与 BSEND 相同。

③ R_ID：标识符，发送与接收函数块的标识符必须一致。

④ RD_1：接收区域，最大接收区域由 RD_1 指定。每接收到一个数据段，都会向伙伴指令发送一个应答。如果存在多个数据段，则需要多次调用 BRCV 指令，直至接收到所有数据段。

⑤ LEN：接收数据（字节）的长度。
⑥ NDR：状态参数，为"1"时，表示已经成功接收了所有数据段。
⑦ ERROR：错误状态位。
⑧ STATUS：通信状态字。

3. USEND/URCV 指令

USEND/URCV 指令用于双向编程的通信方式：一方发送数据；另一方接收数据。其通信方式为异步方式，具体参数定义参考 BSEND/BRCV 指令。

8.3.3　S7 通信实例

【实例 8.4】　两台 S7-1500 PLC 之间的 PUT/GET 单向通信。

【控制要求】　两台 S7-1500 PLC 之间采用 PUT/GET 指令实现 S7 通信连接。要求把第一台 S7-1500 PLC 存储器 MB10 中的一个字节发送到第二台 S7-1500 PLC 存储器 MB20 中；把第二台 S7-1500 PLC 存储器 MB40 中的一个字节发送到第一台 S7-1500 PLC 存储器 MB30 中。

【操作步骤】

（1）创建新项目

打开博途 V15 软件，新建项目，命名为"S7-PUT/GET 通信"。

（2）添加新设备

在"项目树"下单击"添加新设备"，分别选择 CPU 1513-1 PN 和 CPU 1516-3 PN/DP，创建两个 S7-1500 PLC 站点。

（3）设置两台 S7-1500 PLC 的 IP 地址

① 在"设备视图"中，双击 CPU 1513-1 PN，在"常规"选项中设置 PROFINET 接口 [X1] 的 IP 地址为 192.168.0.13，子网掩码为 255.255.255.0，添加子网为 PN/IE_1，并启用 CPU 的系统时钟存储器字节，在"防护与安全"栏下单击"连接机制"后，激活"允许来自远程对象的 PUT/GET 通信访问"，如图 8.50 所示。

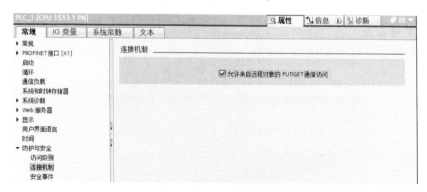

图 8.50　激活 PUT/GET 通信远程访问

② 设置第二台 S7-1500 PLC（CPU 1516-3 PN/DP）的 PROFINET 接口 [X1] 的 IP 地址和子网掩码分别为 192.168.0.16、255.255.255.0，添加子网为 PN/IE_1，并启用 CPU 的系统时钟存储器字节，在"防护与安全"栏下单击"连接机制"后，激活"允许来自远程对

象的 PUT/GET 通信访问"。

（4）编写 PLC1（第一台 S7-1500 PLC）客户端主程序，调用通信函数 PUT/GET 指令。

① 调用 PUT 指令。打开 PLC1 主程序 OB1，在 S7 通信指令中调用 PUT 指令，如图 8.51 所示。

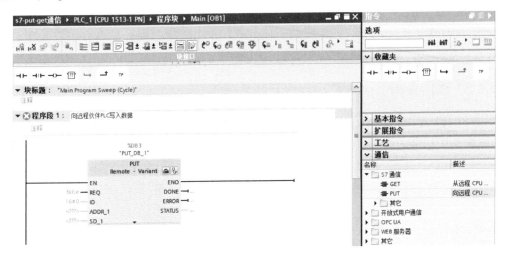

图 8.51　调用 PUT 指令

② 对通信函数 PUT 指令进行组态。
- 对连接参数进行设置。单击通信函数的组态开始图标对连接参数进行组态设置，首先设置伙伴为 PLC2 后，其他参数自动建立，如图 8.52 所示。

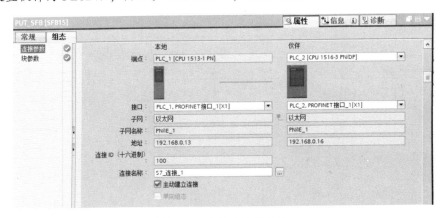

图 8.52　连接参数的设置

- 对块参数进行组态设置。单击块参数对 REQ 参数、写入区域和发送区域进行设置，如图 8.53 所示。

③ 调用 GET 指令。在 PLC1 主程序 OB1 中调用 S7 通信指令中的 GET 指令，如图 8.54 所示。
- 对连接参数进行设置。单击通信函数的组态开始图标对连接参数进行组态设置，首先设置伙伴为 PLC2 后，其他参数自动建立，如图 8.55 所示。

第8章 S7-1500 PLC 的通信及应用

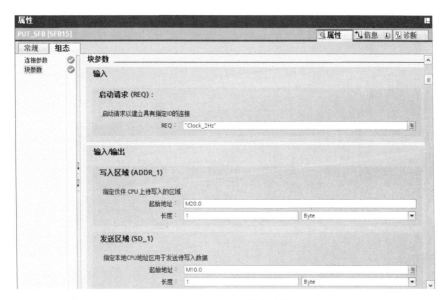

图 8.53 块参数组态设置

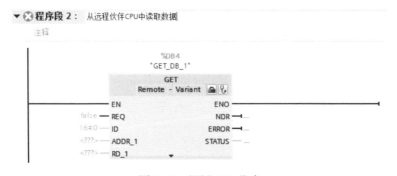

图 8.54 调用 GET 指令

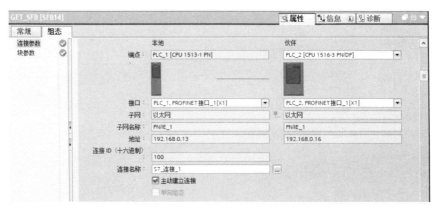

图 8.55 连接参数的设置

● 对块参数进行组态设置。单击块参数对 REQ 参数、读取区域（ADDR_1）和存储区域（RD_1）进行设置，如图 8.56 所示。

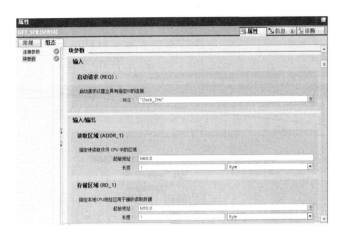

图 8.56 块参数组态设置

④ 组态配置完成后，通信连接自动生成，通信函数指令自动赋值，客户端主程序如图 8.57 所示。由于是单边通信，因此服务器不需要编写通信程序，只对其进行硬件组态即可。

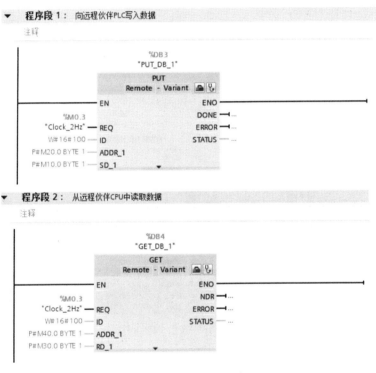

图 8.57 客户端主程序

(5) 下载与调试

将两台 S7-1500 PLC 的配置组态和程序分别下载到两个 CPU 中，单击通信函数上的诊断图标对通信进行诊断。当通信连接成功后，打开监控表可监控通信数据的变化情况。

(6) 通信仿真调试

① PLC1 站点的编译与仿真。

单击 PLC1 站点编译成功后，再单击开始仿真图标，弹出"启动仿真将禁用所有其它的在线接口"界面，如图 8.58 所示，单击"确定"按钮，进入启动仿真下载状态。

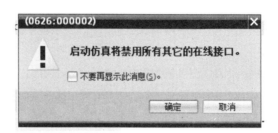

图 8.58 "启动仿真将禁用所有其它的在线接口"界面

② PLC2 站点的编译与仿真。

单击 PLC2 站点编译成功后，再单击开始仿真图标，按照提示进行仿真。

③ 查看通信连接是否建立。

单击通信函数 PUT 上的开始诊断图标对通信连接进行诊断，如图 8.59 所示，通信连接已经建立。

图 8.59 诊断 S7 通信连接

④ 利用监控表监控通信数据。

当两台 S7-1500 PLC 仿真通信建立成功后，先打开 PLC1 的监控表并添加变量 MB10 和 MB30，再打开 PLC2 的监控表并添加变量 MB20 和 MB40。

通信数据仿真监控表如图 8.60 所示。单击全部监视图标，再单击立即一次性修改所有选定值图标，发送数据区 MB10 修改即可完成。单击 PLC2 的全部监视图标后，PLC2 中待写入区 MB20 数据立即被更新为如图 8.60 所示的数据。

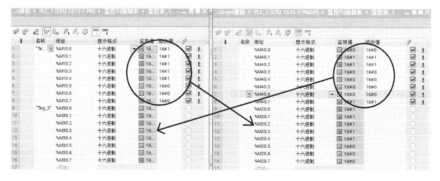

图 8.60 通信数据仿真监控表

按照上述方法将 PLC2 中的待读取区 MB40 数据修改写入后执行全部监视，PLC1 存储区 MB30 中的数据被更新。

【实例 8.5】 两台 S7-1500 PLC 之间的 BSEND/BRCV 双向通信。

【控制要求】两台 S7-1500 PLC 之间采用 BSEND/BRCV 指令实现 S7 通信连接。要求把第一台 S7-1500 PLC 存储器 MB10 中的一个字节发送到第二台 S7-1500 PLC 存储器 MB20 中；把第二台 S7-1500 PLC 存储器 MB40 中的一个字节发送到第一台 S7-1500 PLC 存储器 MB30 中。

【操作步骤】

（1）创建新项目

打开博途 V15 软件创建新项目，命名为"S7-BSEND-BRCV 通信"。

（2）添加新设备

在"项目树"下单击"添加新设备"，分别选择 CPU 1513-1 PN 和 CPU 1516-3 PN/DP，创建两个 S7-1500 PLC 站点。

（3）设置两台 S7-1500 PLC 的 IP 地址

① 在"设备视图"中，双击 CPU 1513-1 PN，在"常规"选项中设置 PROFINET 接口 [X1] 的 IP 地址为 192.168.0.1，子网掩码为 255.255.255.0，添加子网为 PN/IE_1，并启用 CPU 的系统时钟存储器字节。

② 设置第二台 S7-1500 PLC（CPU 1516-3 PN/DP） PROFINET 接口 [X1] 的 IP 地址和子网掩码分别为 192.168.0.2、255.255.255.0，添加子网为 PN/IE_1，并启用 CPU 的系统时钟存储器字节。

（4）创建 S7 网络视图连接

① 进入网络视图，单击左上角"连接"按钮，选择右边"S7 连接"类型，单击 CPU 1513-1 PN 的以太网接口 [X1] 并保持，将其拖曳到 CPU 1516-3 PN/DP 的任意一个以太网接口 [X1]，待出现连接符号后释放鼠标。这时就建立了一个 S7 连接并呈高亮显示，同时在连接表中出现两个连接（每个 CPU 有一个连接），如图 8.61 所示。

图 8.61 建立 S7 网络视图连接

② 单击"连接"选项，在 S7 连接表中，本地连接与伙伴连接的 ID 必须一致，因为编写通信程序时需要用连接 ID 作为标识符以区别不同的连接，如图 8.62 所示。

（5）编写 PLC1（第一台 S7-1500 PLC）主程序，调用通信函数 BSEND/BRCV

在 S7 通信指令中通过调用 BSEND/BRCV 指令编写 PLC1 主程序，如图 8.63 所示。

网络概览 | 连接 | 关系 | IO 通信 | VPN | 远程控制

本地连接名称	本地站点	本地 ID（十...	伙伴 ID（十...	伙伴	连接类型
S7_连接_1	PLC_1 [CPU 1513-1...	100	100	PLC_2 [CPU 151...	S7 连接
S7_连接_1	PLC_2 [CPU 1516-3...	100	100	PLC_1 [CPU 1513-1...	S7 连接
ES 连接	PLC_1			未知	ES 连接
ES 连接	PLC_1			未知	ES 连接
ES 连接	PLC_2			未知	ES 连接
ES 连接	PLC_2			未知	ES 连接

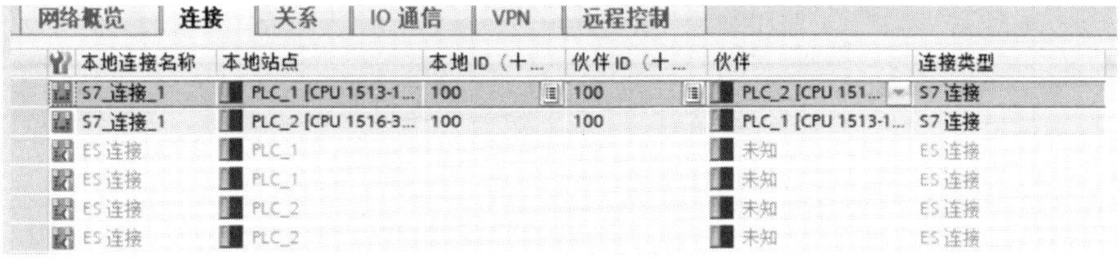

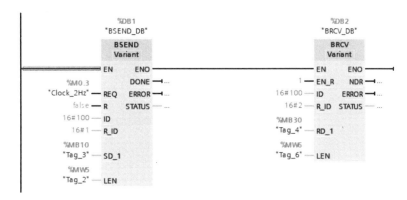

图 8.62　S7 连接表

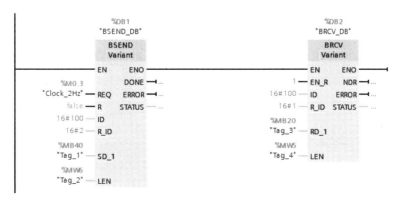

图 8.63　PLC1 主程序

(6) 编写 PLC2（第二台 S7-1500 PLC）主程序，调用通信函数 BSEND/BRCV

在 S7 通信指令中通过调用 BSEND/BRCV 指令编写 PLC2 主程序，如图 8.64 所示。

图 8.64　PLC2 主程序

(7) 通信仿真调试

① PLC1 站点的程序编译与仿真。单击 PLC1 站点编译程序成功后，再单击工具栏上的开始仿真图标，将程序和组态数据下载到仿真 PLC 中，并将 CPU 仿真切换到 RUN 运行模式。

② PLC2 站点的程序编译与仿真。单击 PLC2 站点编译程序成功后，再单击工具栏上的开始仿真图标，将程序和组态数据下载到仿真 PLC 中，并将 CPU 仿真切换到 RUN 运行模式。

③ 利用监控表来监控通信数据。当两台 S7-1500 PLC 仿真通信成功建立后，先打开

PLC1 的监控表并添加变量 MB10 和 MB30，再打开 PLC2 的监控表并添加变量 MB20 和 MB40。

通信数据仿真监控表如图 8.65 所示。

图 8.65　通信数据仿真监控表

8.4　路由通信

8.4.1　概述

1. S7 路由通信

如果自动化系统中的所有站点并未连接在同一子网中，则不能直接在线访问这些站点。其解决方法是，在不同子网中的伙伴之间通过 IP 路由建立连接，并设置接口属性组态路由，通过 PROFINET、PROFIBUS 或 MPI 实现不同子网中连接伙伴的通信。

S7 路由通信是 S7 通信方式的一种，可以跨越几个 S7 子网将信息从发送方传送到接收方。如果要在 S7 子网中进行数据传输（S7 路由），则需在两个 CPU 之间建立一条 S7 连接。S7 子网将通过 S7 路由建立 S7 连接。例如，在 S7-1500 PLC 中，CPU、CM 和 CP 均可作为 S7 路由。

2. 实现 S7 路由的基本要求

① 要建立不同子网中设备的连接必须使用路由。如果 SIMATIC 站点具有连接不同子网的相应接口，则也可用作路由。

② 用于在子网之间建立网关的具有通信能力的模块（CPU 或 CP）必须具有路由功能。

③ S7 路由通信必须在相同的项目中，并对网络中可访问的所有设备进行组态和下载。

④ S7 路由涉及的所有设备必须接收有关特定 S7 路由访问的 S7 子网的信息。由于 CPU 扮演着 S7 路由的角色，因此可通过将硬件配置下载到 CPU 来获取路由信息。

⑤ 具有多个 S7 子网的拓扑必须按照以下顺序下载：首先，将硬件配置下载到同一 S7 子网中作为 PG/PC 的 CPU；然后，按照 S7 子网从近到远的顺序，逐一下载到 S7 子网中的 CPU。

⑥ 必须将用于通过 S7 路由建立连接的 PG/PC 分配给与其物理连接的 S7 子网，可以通过"在线诊断"→"在线访问"→"连接到接口/子网"，将 PG/PC 指定为 STEP 7 V15 中的 PG/PC。

⑦ 对于类型为 PROFIBUS 的 S7 子网，CPU 必须组态为 DP 主站。如果要组态为 DP 从站，则必须选中 DP 从站中 DP 接口属性内的"测试"、"调试"、"路由"复选框。

3. 博途 V15 软件中的 S7 路由功能

（1）使用 PG 的 S7 路由功能

通过 PG/PC 可以访问其所在 S7 子网以外的设备，并对设备进行下载和监控。如图 8.66 所示，CPU 1 是 S7 子网 1 和 S7 子网 2 之间的网关；CPU 2 是 S7 子网 2 和 S7 子网 3 之间的网关。PG/PC 通过 S7 子网 1 连接到 CPU 1 的 PROFINE 接口，通过 S7 子网 2 连接到 CPU 2 的 PROFINE 接口，CPU 2 的 DP 接口通过 S7 子网 3 连接到 CPU 3 从站 DP 接口上，即可通过 S7 子网完成对 CPU 2 和 CPU 3 的下载和监控等功能。

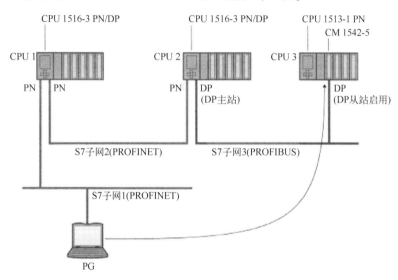

图 8.66　PG/PC 的 S7 路由示意图

（2）使用 S7 路由对触摸屏传送项目

编程设备与 S7-1500 PLC 通过一个 S7 子网连接，触摸屏面板与控制器通过另外一个 S7 子网与 S7-1500 PLC 连接，可以使用 S7 路由传送项目到触摸屏面板上，如图 8.67 所示，CPU 1 是编程设备与触摸屏之间的网关。

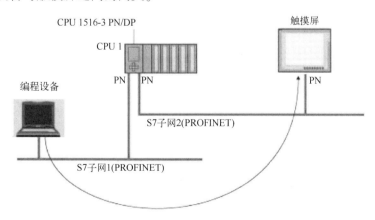

图 8.67　S7 路由对触摸屏传送项目示意图

(3) 建立触摸屏的 S7 路由连接

在不同的 S7 子网（PROFIBUS 和 PROFINET 或工业以太网）中，触摸屏和 CPU 之间建立 S7 连接示意图如图 8.68 所示，CPU1 是 S7 子网 1 和 S7 子网 2 间的 S7 网关。

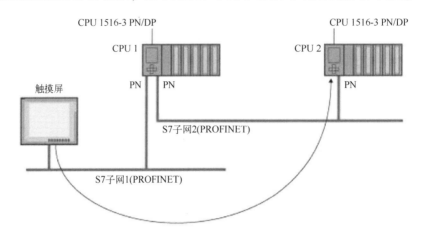

图 8.68　触摸屏和 CPU 之间建立 S7 连接示意图

(4) 用于 CPU-CPU 之间的 S7 路由

不同子网（PROFIBUS 和 PROFINET 或工业以太网）中的两个 CPU 可以建立 S7 连接。S7 网关可以是 S7-300/400 CPU（CP）或 S7-1500 CPU（CP/CM），因为 SIMATIC S7-1500 PLC 不但具有路由功能，还具有在不同 PLC 之间的 S7 路由通信功能，即一个子网中的 SIMATIC S7-1500 PLC 可以通过网关与另外一个子网中的 SIMATIC S7-1500 PLC 进行 S7 通信。如图 8.69 所示，CPU 2 是 S7 子网 1 和 S7 子网 2 之间的 S7 网关，通过这个网关，CPU 1 可与 CPU 3 完成路由通信。

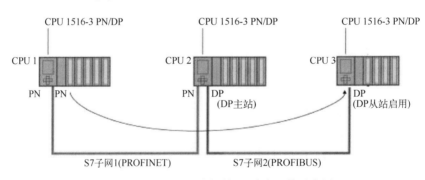

图 8.69　CPU-CPU 之间的 S7 路由通信示意图

8.4.2　S7 路由通信实例

【实例 8.6】S7-1500 PLC 之间的 S7 路由通信。

【控制要求】利用 S7 路由功能，完成图 8.69 所示的配置，并把 CPU 1 中 MB10 一个字节的数据通过路由传送到 CPU 3 的 MB100 中。

第8章　S7-1500 PLC 的通信及应用

【操作步骤】

（1）S7-1500 PLC 之间 S7 路由通信的配置组态

① 创建新项目。打开博途 V15 软件创建新项目，命名为"S7-路由通信"。

② 添加新设备。在"项目树"下单击"添加新设备"，分别添加三个 CPU 1516-3 PN/DP，创建三个 S7-1500 PLC 站点。

③ 网络配置组态。在"设备视图"中分别为三个站点的网络接口配置子网 PN/IE1、PROFIBUS_1 和通信地址。配置完成后，各站点的网络连接如图 8.70 所示。

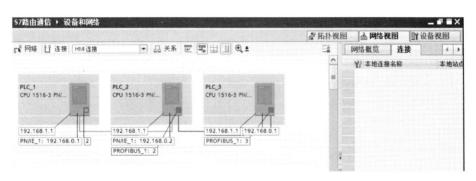

图 8.70　各站点的网络连接

④ 添加 S7 路由连接。组态好设备和网络后，在"网络视图"中选择"连接"→"S7 连接"，采用拖曳的方式添加 S7 路由连接，如图 8.71 所示。松开鼠标，就会弹出"添加 S7 路由连接"选项，如图 8.72 所示，单击"添加 S7 路由连接"之后，就会建立一个 S7 连接，如图 8.73 所示，路由连接的图标为箭头。

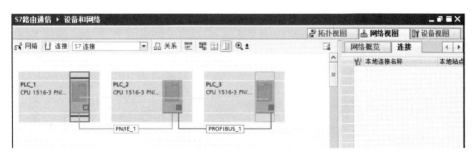

图 8.71　采用拖曳方式添加 S7 路由连接

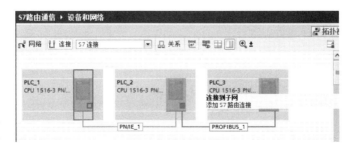

图 8.72　"添加 S7 路由连接"选项

427

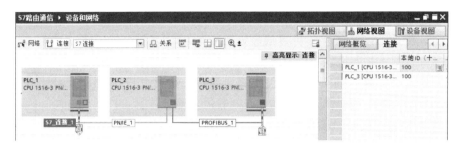

图 8.73　S7 路由连接成功

⑤ 在"网络视图"右侧及下方巡视窗口的"属性"中可以查看连接的详细参数，如图 8.74 所示。

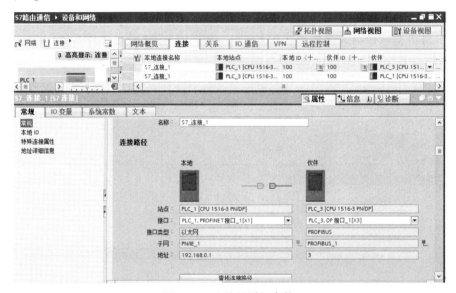

图 8.74　连接的详细参数

（2）编写程序

由于 S7 路由通信是 S7 通信方式的一种，因此可以调用 PUT 通信指令，只在 PLC_1 中编程，其余不用编程。

在指令窗口中选择"指令"→"通信"→"S7 通信"，调用发送指令 PUT，PLC_1 主程序如图 8.75 所示。

（3）下载

程序编写完成后，将站点分别下载至 3 个 CPU 中，就可以完成数据通信。

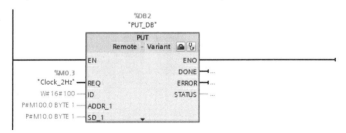

图 8.75　PLC_1 主程序

8.5 PROFINET IO 通信

8.5.1 概述

PROFINET 是由 PROFIBUS 国际组织推出的新一代基于工业以太网技术的自动化总线标准,可为自动化通信领域提供一个完整的网络解决方案,在应用中主要有两种方式:PROFINET CBA 和 PROFINET IO。

PROFINET CBA 主要应用于分布式智能站点之间的通信;PROFINET IO 是 PROFINET 网络和外部设备通信的桥梁,主要用于模块化、分布式控制,通过 PROFINET 直接连接工业以太网中的现场设备 IO Device。

1. PROFINET IO 通信系统的主要设备组成

PROFINET IO 是一个全双工点对点通信,按照设定的更新时间双方对等发送数据。一个 PROFINET 通信系统主要包括 IO 控制器、IO 设备和 IO 监视器等通信设备。

(1) IO 控制器

IO 控制器主要完成对连接的 IO 设备进行寻址通信,与现场设备交换输入和输出信号等自动化控制任务。例如,S7-1500 CPU 以太网接口既可作为 PROFINET IO 控制器连接 IO 设备,又可作为 IO 设备连接上一级控制器。

(2) IO 设备

IO 设备是分布式现场设备,受 IO 控制器的控制及监控。一个 IO 设备可能包括数个模块或子模块,例如带有远程 I/O 站点的 ET200MP、ET200SP 等智能设备。S7-1500 CPU 可同时作为 IO 控制器和 IO 智能设备(智能 IO 设备是指带有 CPU 的 IO 设备)。

(3) IO 监视器

IO 监视器是一个可以设定参数及调试、诊断个别模块状态的编程设备(PC 的软件)或触摸屏。

2. PROFINET IO 通信系统的数据通信

PROFINET IO 通信系统可提供三种执行水平的数据通信。

(1) 非实时数据通信(NRT)

PROFINET 是工业以太网,采用 TCP/IP 标准通信,响应时间为 100ms,主要应用于工厂级通信、监控和诊断项目,并进行非实时要求的数据传输。

(2) 实时数据通信(RT)

实时数据通信主要用于现场传感器和执行设备实时通信过程的数据交换,响应时间为 1~10ms。为了解决实时通信的问题,PROFINET 提供了一个优化的基于 OSI 模型的第 1 层和第 2 层的实时通道,采用标准网络组件保证实时性。

(3) 等时同步实时数据通信(IRT)

支持 IRT 的数据交换机数据通道分为标准通道和 IRT 通道:标准通道用于 NRT 和 RT 的数据;IRT 通道是专用的数据通道,不受网络上其他通信的影响。

PROFINET IO 数据通信对于实时性要求极高的运动控制,为了保证数据的等时、实时传输,需要特殊硬件设备的支持,响应时间为0.25~1ms。

8.5.2 PROFINET IO 数据通信实例

【实例8.7】S7-1500 PLC与PROFINET IO之间的通信。

【控制要求】S7-1500 PLC作为IO控制器,控制远程IO设备IM 155-6 PN ST,按下IO控制器输入端的启动按钮(I10.0)和停止按钮(I10.1),控制远程IO设备数字量输出端Q的接通和断开。

【操作步骤】

(1)准备主要设备,见表8.3。

表8.3 主要设备

序 号	设备型号	数 量
1	CPU 1511C-1 PN	1
2	IO设备接口模块 IM 155-6 PN ST	1
3	IO设备DQ数字量输出模块 4×24VDC/2A ST	1
4	负载电源 PM 190W、120/230VAC	1
5	两根RJ-45网线	2
6	PC含网卡	1
7	博途V15软件	1
8	4端口交换机	1

(2)配置PROFINET IO设备并组态

① 组态IO控制器。在博途V15软件中创建新项目,取名"S7-PROFINET IO 通信",添加新设备,IO控制器选择CPU 1511C-1 PN,在"设备视图"中为以太网接口添加子网,并设置IP地址192.168.0.1和子掩码255.255.255.0。

② 组态IO设备。

- 添加IM 155-6 PN ST。进入"网络视图"选项卡,在硬件目录窗口中单击"分布式I/O"→"ET200SP"→"接口模块"→"PROFINET"→"IM 155-6 PN ST"→"6ES7 155-6AU00-0BN0",将其拖放(或双击)到"网络视图"中,如图8.76所示。
- 添加数字量输出模块DQ(4×24VDC/2A ST)。双击"网络视图"中的IM 155-6 PN ST模块,在硬件目录中单击"DQ"→"DQ 4×24VDC/2A ST"→"6ES7 132-6BD20-0BA0",将其拖曳到IM 155-6 PN ST的右侧1号槽位中,如图8.77所示。图中,1号槽位第一个DQ模块的基座单元颜色必须为浅色,并需要将其参数"电位组"设置为"启用新电位组"。
- 在机架最后一个模块的右边添加一个服务器模块来结束设备的组态,如图8.78所示。如果没有服务器模块,则编译时会自动添加服务器模块。

③ 建立IO控制器与IO设备的网络连接。在"网络视图"选项卡中,选中PLC_1的PN接口并按住鼠标左键不放,将其拖曳到IO Device_1的PN接口并释放鼠标,如图8.79所示。

第 8 章　S7-1500 PLC 的通信及应用

图 8.76　添加 IM 155-6 PN ST

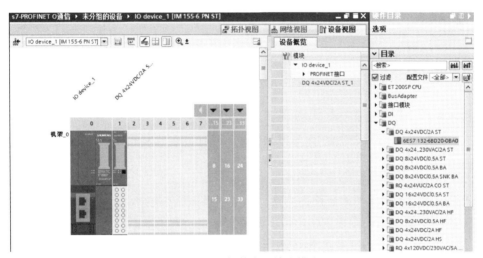

图 8.77　添加数字量输出模块

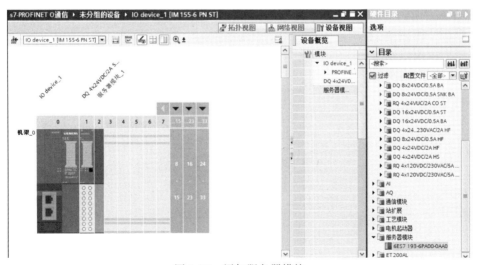

图 8.78　添加服务器模块

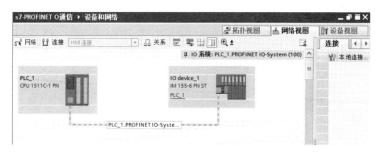

图 8.79　建立 IO 控制器与 IO 设备的网络连接

建立连接的另一种方法：

在图 8.76 的"网络视图"中单击 IO device_1 设备上的"未分配"，再单击弹出的小窗口中的"PLC1_PROFINET 接口_1"，可自动分配给 IO 控制器的 PN 接口并建立连接。IO 设备的以太网接口 IP 地址自动与 IO 控制器划分在相同的网段，单击以太网接口，在"属性"界面中可以修改 IP 地址和设备名称。

(3) 分配 IO 设备名称

配置完成后，需要为每一个 IO 设备在线分配设备名称。当为 IO 设备分配 IO 控制器时，系统会自动分配给 IO 设备以太网接口 IP 地址、设备名称和设备编号。由于 IP 地址只用于诊断和通信初始化，因此与实时通信无关。设备编号用于诊断和在程序中识别 IO 设备。此时，PROFINET 设备名称是 IO 设备的唯一标识。在默认情况下，设备名称由系统自动生成，也可以手动定义一个便于识别的设备名称。为了确保 IO 设备中的下载设备名称和组态的设备名称一致，IO 设备名称需要在线分配，否则故障灯 LED 点亮，具体步骤如下：

① 用以太网电缆连接好计算机、IO 控制器和 IO 设备的以太网接口。

② 在图 8.79 所示的"网络视图"中，首先单击 选择 PROFINET 网络，然后单击 分配设备名称，弹出如图 8.80 所示的界面。

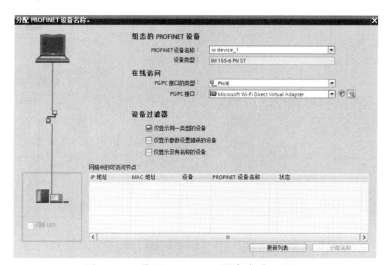

图 8.80　"分配 PROFINET 设备名称"界面

- 在"PROFINET 设备名称"中选择已经配置的 IO 设备名称"io device_1"。
- 设置"在线访问"中的"PG/PC 接口的类型"为"PN/IE","PG/PC 接口"设置为计算机网卡型号。
- 单击"更新列表"按钮,系统自动搜索 IO 设备,当搜索到 IO 设备后,在"网络中的可访问节点"窗口中,根据"MAC 地址"选择需要分配的设备名称后,单击"分配名称"按钮,分配设备名称完成后,如图 8.81 所示。

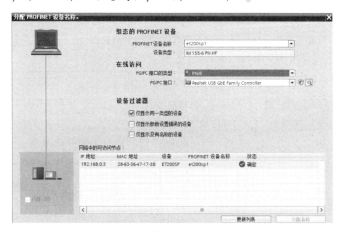

图 8.81　分配设备名称完成

(4) 编写 PLC_1 程序

PLC_1 程序如图 8.82 所示。IO 设备不需要编写程序。

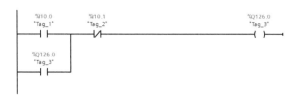

图 8.82　PLC_1 程序

在编写程序时,可通过单击 PLC_1 的"设备视图"选项卡,在"设备概览"选项中查看分配的存储器地址,如图 8.83 所示。通过同样方法可查看 IO 设备的设备概览,如图 8.84 所示。

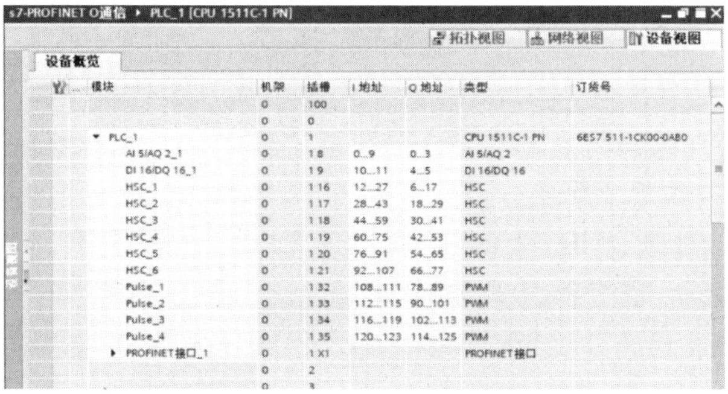

图 8.83　PLC_1 的"设备概览"选项

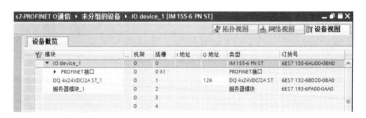

图 8.84　IO 设备的"设备概览"选项

(5) 将配置信息和程序下载到 CPU 后进行调试

【实例 8.8】 S7-1500 PLC 与 IO 智能设备的数据通信。

【控制要求】 由一台 S7-1500 PLC1 作为 IO 控制器，另一台 S7-1500 PLC2 作为 IO 智能设备。要求 1 为将 S7-1500 PLC1 中的 QB160~QB169 数据传送到 IB160~IB169；要求 2 为将 S7-1500 PLC2 中的 QB200~QB209 数据传送到 IB200~IB209。

【操作步骤】

(1) 准备主要设备，见表 8.4。

表 8.4　主要设备

序　号	设备型号	数　量
1	S7-1500 PLC1 CPU 1511-1 PN	1
2	S7-1500 PLC2 CPU 1512-1 PN	1
3	负载电源 PM 190W 120/230VAC	1
4	两根 RJ-45 网线	2
5	PC 含网卡	1
6	博途 V15 软件	1
7	4 端口交换机	1

(2) 配置 PROFINET IO 设备并组态

① 组态 IO 控制器。在博途 V15 软件中创建新项目，取名"S7-智能设备 IO 通信"，添加新设备，IO 控制器选择 CPU 1511-1 PN，在"设备视图"中为以太网接口添加子网并设置 IP 地址 192.168.0.1 和子掩码 255.255.255.0，启用时钟存储器字节。

② 组态 IO 智能设备。

● 添加新设备 CPU 1512C-1 PN 作为 IO 智能设备。

● 在"设备视图"中双击 PLC_2，弹出"属性"窗口为以太网接口添加子网 PN/IE1 并设置 IP 地址 192.168.0.2 和子掩码 255.255.255.0，启用时钟存储器字节。

● 设置以太网接口的操作模式。继续在 PLC_2"设备视图"下的"属性"窗口中单击"操作模式"，勾选"IO 设备"，在已分配的 IO 控制器选项中，添加"PLC_1.PROFINET 接口_1"，如图 8.85 所示。

● 设置 IO 智能设备的通信数据传输区。

本例中，由于 IO 控制器和 IO 设备都是 PLC，都有各自的系统存储器，因此 IO 控制器不能用作 IO 设备的硬件 I、Q 地址直接访问，需要在 IO 智能设备中组态定义一个传输区

(I 和 Q 地址区)，作为 IO 控制器与 IO 智能设备用户程序之间的通信接口。用户程序对由组态定义的 I 地址区接收到的输入数据进行处理，并利用传输区组态定义的 Q 地址区输出处理结果，这样 IO 控制器与 IO 智能设备之间通过传输区可自动周期性地进行数据交换。

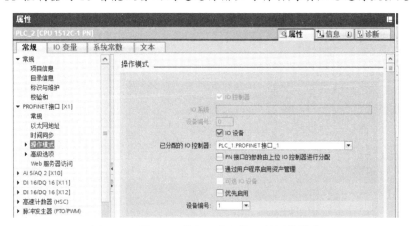

图 8.85　设置 IO 设备以太网接口的操作模式

注意：组态的传输区不能和硬件使用的地址区重叠使用。

具体的设置步骤如下：单击"操作模式"下的"智能设备通信"，出现如图 8.86 所示的"智能设备通信传输区域"窗口，双击"传输区域"列表中的"新增"，在第一行生成"传输区_1"，用同样的方法再新增一行"传输区_2"，如图 8.87 所示。

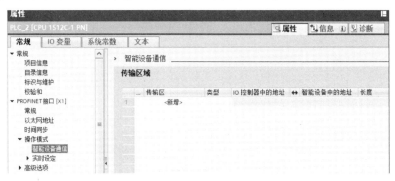

图 8.86　"智能设备通信传输区域"窗口

图 8.87　新增 IO 设备传输区

继续在图 8.87 所示的窗口中单击"传输区_1",即可弹出组态窗口界面,可进行相关的设置,如图 8.88 所示。用同样的方法可组态"传输区_2",如图 8.89 所示。组态好的 IO 智能设备通信传输区列表如图 8.90 所示。

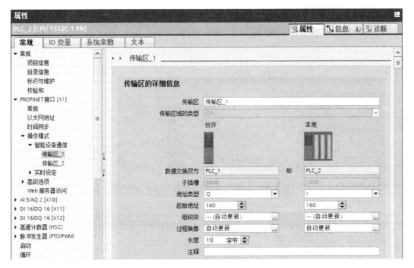

图 8.88　组态"传输区_1"

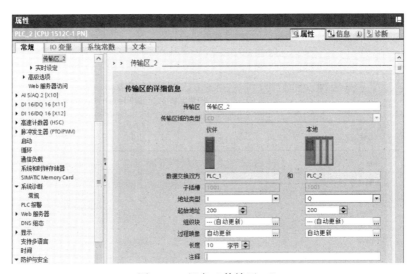

图 8.89　组态"传输区_2"

图 8.90　组态好的 IO 智能设备通信传输区列表

(3) 项目下载与调试

项目配置完成后，分别把配置下载到对应的 PLC_1 和 PLC_2 中。通过监控表监控 IB160 和 IB200 中的数据变化可确认通信是否正常。PLC_1 中 QB160 开始的 10 个字节数据自动传送到 PLC_2 中 IB160 开始的 10 个字节中；PLC_2 中 QB200 开始的 10 个字节数据自动传送到 PLC_1 中 IB200 开始的 10 个字节中。

提示：当组态设备完成后，PLC_1 和 PLC_2 之间的数据交换是由传输区_1 与传输区_2 之间自动周期进行的，不用编写用户程序。如果需要传输用户程序中的数据，则需要将实际数据通过双方用户程序发送到上述分配的传输区中的数据发送区。

8.6 PROFIBUS 通信

8.6.1 概述

PROFIBUS 是一种开放式现场总线标准，既适合于自动化系统与现场 I/O 单元的通信，也可用于直接连接带接口的变送器、执行器、传动装置和其他现场仪表对现场信号的采集和监控。PROFIBUS 是一种电气网络，其通信的本质是 RS-485 串口通信，按照不同的行业应用，主要有三种通信类型：PROFIBUS-DP、PROFIBUS-FMS 和 PROFIBUS-PA。

① PROFIBUS-DP 是一种经过优化的高速低成本通信，专为自动控制系统和设备级分散 I/O 之间的通信而设计，可实现分布式控制系统设备之间的高速传输，传输速率在 9.6kbps～12Mbps 之间。

② PROFIBUS-PA 是专为过程自动化而设计的，传输速率为 31.25kbps，主要用于现场设备层。

③ PROFIBUS-FMS 主要用于车间级监控网络，解决车间级通用性通信任务，是一个令牌结构的实时多主网络。

1. PROFIBUS 网络的构成

企业中的自动控制系统和信息管理系统一般是一个三级网络系统，包括现场级、车间级和工厂级，如图 8.91 所示。现场级系统是由 PROFIBUS-DP 网络构成的，所有现场设备，如传感器、驱动器和开关等都接到现场总线上，具有现场总线接口的控制器可实现对所有设备的控制。车间级系统由 PROFIBUS-FMS 网络构成，可实现车间监控和生产管理，如设备状态的在线监控、参数设定、故障报警、生产调度和统计等。工厂级系统由局域网构成，负责处理全厂的综合信息，如生产数据、生产管理和调度命令等。

在一般情况下，从现场级到车间级的 PROFIBUS 现场总线网络构成主要分为主站和从站。主站决定总线的通信控制，具有总线控制权，有能力控制从站的设备，如 PLC 和 PC 等。从站受主站的通信管理，可提供现场 I/O 数据设备，没有总线控制权，只对接收到的信息进行确认和恢复主站需要的信息，例如输入/输出装置、阀门、传感器、驱动器等。

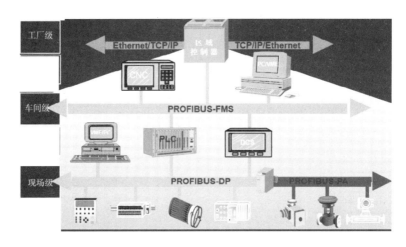

图 8.91　自动控制系统和信息管理系统

现场 PROFIBUS 总线的网络系统构成形式应根据实际应用要求确定，一般分为单主站系统和多主站系统。

① 单主站系统，可由 1 个主站设备和最多 125 个从站设备组成，在同一个总线下最多接 126 个设备（主站设备和从站设备之和），如图 8.92 所示，即由 1 个 PLC 作为一级 DP 主站，DP 从站由几个现场设备组成。

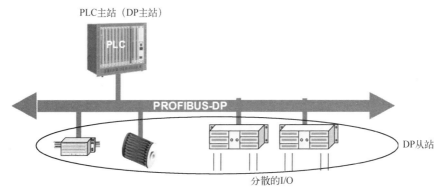

图 8.92　单主站系统

② 多主站系统，可由多个主站设备和最多 124 个从站设备组成，在同一个总线下最多接 126 个设备（主站设备和从站设备之和），一般建议多主站系统中主站数不超过 3 个。如图 8.93 所示，由 PLC 作为一级主站，PC 作为监控主站，PC 可经网卡直接与 PROFIBUS 总线连接或经串行接口 RS-232/RS-485 连接。在编程软件中进行 PROFIBUS 网络组态时，应当按照从小到大的顺序设置从站站号，并且要连续。一般 0 是 PG 的地址，1、2 为主站地址，126 为某些从站的默认地址，127 是广播地址，这些地址一般不再分配给从站，故 DP 从站最多可连接 123 个设备，站号设置一般为 3~125。

2. PROFIBUS 网络常用的硬件

PROFIBUS 网络常用的硬件包括 PROFIBUS 接口、通信介质、PROFIBUS 插头（总线连接器）和中继器等。

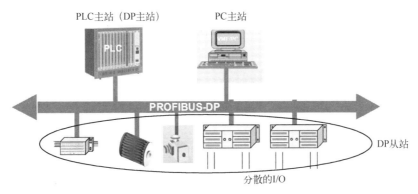

图 8.93 多主站系统

① PROFIBUS 接口是 RS-485 接口，一个 PROFIBUS 设备至少具有一个 PROFIBUS 接口，带有一个 RS-485 接口或一个光纤接口。图 8.94 为 RS-485 接口，其管脚排列及定义如图 8.95 所示。

图 8.94 RS-485 接口

管脚	信号	定义
1	Shield	屏蔽/保护地
2	M24	24V 输出电压的地
3	RxD/TxD-P*	接收数据/传输数据阳极 (+)
4	CNTR-P	中继器控制信号 (方向控制)
5	DGND*	数据传输势位 (对地 5V)
6	VP*	终端电阻-P的供给电压 (P5V)
7	P24	输出电压 +24V
8	RxD/TxD-N*	接收数据/传输数据阴极 (-)
9	CNTR-N	中继器控制信号 (方向控制)

图 8.95 RS-485 接口管脚排列及定义

② PRFOBUS 插头（D 型总线连接器）。PROFIBUS 插头用于连接 PROFIBUS 电缆和 PROFIBUS 的站点，如图 8.96 所示。

图 8.96　PROFIBUS 插头

PROFIBUS 插头有一个进线孔（IN）和一个出线孔（OUT），分别连接至前一个站点和后一个站点。当各站点通过插头及网线连接到网络上时，根据 RS-485 接口通信的规范，每个物理网段均支持 32 个物理设备，且在物理网段终端的站点应该设置终端电阻防止浪涌以保证通信质量。每个 PROFIBUS 插头都内置终端电阻，根据需要可以接入（ON）和切除（OFF）。当终端电阻设置为 ON 时，表示一个物理网段的终结，连接在出线孔后面物理网段的信号将被中断。因此，每个物理网段两个终端站点上的插头均需要将网线连接至进线孔，同时将终端电阻设置为 ON；而位于物理网段中间的站点，则需要依次将网线连接至进线孔和出线孔，同时将终端电阻设置为 OFF。图 8.97 为 PROFIBUS 插头的连接和设置。建议至少每个物理网段两个终端站点处的插头应尽量使用带编程口的（见图 8.96 中左侧的插头），便于系统诊断和维护。

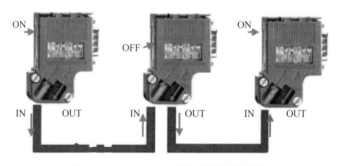

图 8.97　PROFIBUS 插头的连接和设置

③ 通信介质。PROFIBUS 网络支持 RS-485 的通信介质，常用的有电缆和光纤两种。

PROFIBUS 电缆是一根屏蔽双绞电缆，常用的有两类：A 类和 B 类，见表 8.5。两类电缆在不同传输速度时的长度规定见表 8.6。

表 8.5　两类电缆的特性

电缆参数	A 类	B 类
阻抗	$135 \sim 165\Omega$（$f = 3 \sim 20\text{MHz}$）	$100 \sim 130\Omega$（$f \geqslant 100\text{kHz}$）
电容	$<30\text{pF/m}$	$<60\text{pF/m}$
电阻	$\leqslant 110\Omega/\text{km}$	—
导线截面积	$\geqslant 0.34\text{mm}^2$（22AWG）	$\geqslant 0.22\text{mm}^2$（24AWG）

表 8.6 两类电缆在不同传输速度时的长度规定

传输速度（kbps）	9.6~93.75	187.5	500	1500	3000~12000
A 类电缆长度（m）	1200	1000	400	200	100
B 类电缆长度（m）	1200	600	200	70	

标准的 PROFIBUS 电缆一般都是 A 类电缆，有两根数据线，分别连接 DP 接口的管脚 3（B）和 8（A），用编织网和铝箔层屏蔽，最外面是紫色外皮，如图 8.98 所示。

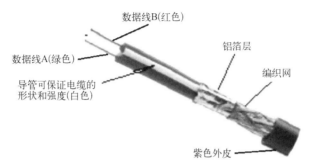

图 8.98　标准的 PROFIBUS 电缆

按光在光纤中的传输模式不同，光纤可分为单模光纤和多模光纤。常用的光纤有塑料光纤、PCF 光纤和玻璃光纤三种。

光纤和接头如图 8.99 所示。

塑料光纤和接头

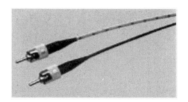
玻璃光纤和接头

图 8.99　光纤和接头

④ 中继器。按照 RS-485 接口通信的规范，当网络中的硬件设备超过 32 个，或者波特率对应的网络通信距离已经超出规定范围时，就应该使用 RS-485 中继器来拓展网络连接。图 8.100 为 RS-485 中继器。

PROFIBUS 通信属于 RS-485 通信的一种，如果网络中实际连接的硬件设备超过 32 个，或者所对应的波特率超过一定的距离时（见表 8.6），需要增加相应的 RS-485 中继器来进行物理网段的扩展。如图 8.101 所示中继器的网段 1 和网段 2 都是网络中间的一个站点，即终端电阻为 OFF，网段 1 的总长度为 200m（1.5Mbps），网段 2 的总长度也为 200m（1.5Mbps），两个网段之间是电气隔离的。由于 RS-485 中继器本身将造成数据的延时，因此在一般情况下，网络中的中继设备都不能超过 3 个，但西门子的 PROFIBUS RS-485 中继器采用了特殊技术，因而可以将个数增加到 9 个，即在一条物理网段上，最多可以串联 9 个西门子 RS-485 中继器，这样网段的扩展距离将大大增加。

图 8.100　RS-485 中继器

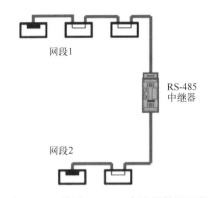

图 8.101　利用 RS-485 中继器扩展网段

3. PROFIBUS DP 的通信类型

图 8.102 为 PROFIBUS DP 网络配置组件。表 8.7 为 PROFIBUS DP 网络配置组件说明。采用 PROFIBUS DP 的通信类型说明见表 8.8。

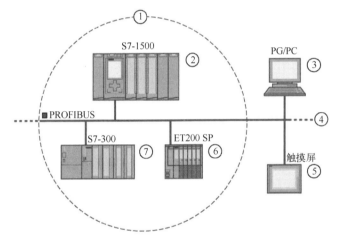

图 8.102　PROFIBUS DP 网络配置组件

表 8.7　PROFIBUS DP 网络配置组件说明

编　号	配 置 组 件	说　　明
①	DP 主站系统	
②	DP 主站	DP 主站通常是运行自动化程序的控制器，是用于对连接的 DP 从站进行寻址的设备，DP 主站与现场设备可交换输入和输出信号
③	PG/PC（2 类 DP 主站）	用于调试和诊断的设备
④	PROFIBUS	网络基础结构
⑤	触摸屏	用于操作和监视功能的设备
⑥	DP 从站	分配给 DP 主站的分布式现场设备，如阀门终端、变频器等
⑦	智能从站	智能 DP 从站

表 8.8 采用 PROFIBUS DP 的通信类型说明

通信类型	说　明
DP 主站和 DP 从站	带有 I/O 模块 DP 主站和 DP 从站之间的数据交换方式：DP 主站依次查询主站系统中的 DP 从站，并从 DP 从站接收输入值，将输出数据传回 DP 从站（主站-从站原理）
DP 主站和智能从站	在 DP 主站和智能从站 CPU 的用户程序之间循环传输固定数量的数据。DP 主站不访问智能从站的 I/O 模块，而是访问所组态的地址区域（传输区域），这些区域可位于智能从站 CPU 过程映像的内部或外部。若将过程映像的某些部分用作传输区域，就不能将这些区域用于实际的 I/O 模块。 通过对该过程映像的加载和传输操作或直接访问进行数据传输
DP 主站和 DP 主站	在 DP 主站 CPU 的用户程序之间循环传输固定数量的数据。这需要附加一个 DP/DP 耦合器。各 DP 主站相互访问位于 CPU 过程映像的内部或外部的已组态地址区域（传输区域）。若将过程映像的某些部分用作传输区域，就不能将这些区域用于实际的 I/O 模块。通过对该过程映像的加载和传输操作或直接访问进行数据传输

DP 从站和智能从站的区别：DP 从站，DP 主站可直接访问分布式 I/O；智能从站，DP 主站实际上访问的是预处理 CPU 的 I/O 地址空间中的传输区域，而不是访问智能从站所连接的 I/O。预处理 CPU 中运行的用户程序负责确保操作数区和 I/O 之间的数据交换，如图 8.103 所示。

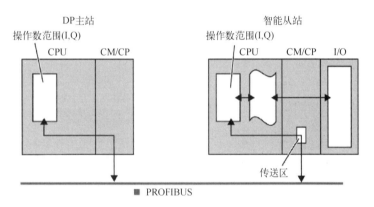

图 8.103 智能从站数据访问

4. 创建 PROFIBUS DP 系统的基本步骤

① 规划网络通信方案和硬件清单。

② 组态。建立一个自动化系统需要在博途 V15 软件中创建 PROFIBUS 设备和模块，并对其进行组态。组态是指在设备视图或网络视图中对各种设备和模块进行安排、设置和联网，给每个模块自动分配一个 PROFIBUS 地址。这些地址可以随后进行修改。CPU 将博途 V15 软件中创建的预设组态与工厂的实际组态进行比较，就可检测出错误并立即发出信号。

③ 参数分配。参数分配是指设置所用组件的属性，具体可根据实际情况分配硬件组件和数据交换的相关设置，如激活诊断、数字量的输入延时。在参数分配时可酌情选择需要设置的参数为：向 DP 主站分配 DP 从站；分配 PROFIBUS 地址；进行网络设置；考虑电缆组态；考虑附加的网络设备；总线参数；创建用户定义配置文件；组态恒定总线循环时间。

④ 参数分配完成后，将其下载到 CPU 中，并在 CPU 启动时传送给相应模块，因此更换模块十分方便，因为对于 SIMATIC CPU 来说，设置的参数会在每次启动过程中自动下载到新模块中。

⑤ 按照项目要求对硬件进行调整。若要设置、扩展或更改自动化项目，则需要对硬件进行调整，可添加硬件组件，将其与现有组件相连，并根据具体任务调整硬件属性。自动化系统和模块的属性已经过预设，因此在很多情况下，不必再次分配参数，但在以下情况下需要进行参数分配：要更改模块的预设参数；要使用特殊功能；要组态通信连接。

8.6.2 PROFIBUS DP 通信实例

【实例 8.9】DP 主站与 DP 从站的通信。

【控制要求】利用 PROFIBUS DP 组成的主从系统，由 S7-1500 CPU 作为 DP 主站控制器，控制远程 IO 接口设备 IM 155-6 DP HF，按下主站控制器输入端的启动按钮（I0.0）和停止按钮（I0.1）控制远程 IO 站从站上的数字量输出端 Q0.1 的接通和断开，从而控制 KA 继电器的接通和断开。

【操作步骤】

（1）准备主要设备清单，见表 8.9。

表 8.9 主要设备清单

序 号	设 备 型 号	数 量
1	CPU 1516-3 PN/DP	1
2	IO 设备接口模块 IM 155-6 DP HF	1
3	主站数字量输入模块 DI 16×24VDC BA	1
4	从站数字量输出模块 DQ 4×24VDC/2A ST	1
5	负载电源 PM 190W 120/230VAC	1
6	1 根 RJ-45 网线和 1 根 PROFIBUS 电缆	2
7	PC 含网卡	1
7	博途 V15 软件	1

（2）PROFIBUS 硬件配置示意图，如图 8.104 所示。

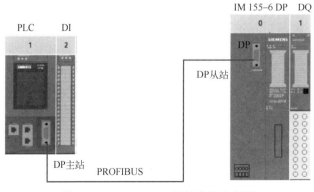

图 8.104 PROFIBUS 硬件配置示意图

（3）硬件电气原理图如图 8.105 所示。

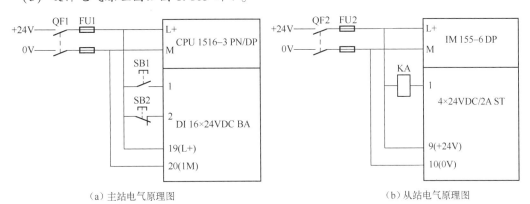

（a）主站电气原理图　　　　　　　　　　（b）从站电气原理图

图 8.105　硬件电气原理图

（4）配置 PROFIBUS 设备并组态。

① 添加 DP 主站设备。在博途 V15 软件中创建新项目，取名"DP 主-DP 从"，控制器选择 CPU 1516-3 PN/DP，在 PLC 的"设备视图"中添加数字量输入模块 DI 16×24VDC BA。

② 添加 DP 从站设备。添加分布式 I/O→ET200SP→接口模块 IM 155-6 DP HF，在 ET200SP 的"设备视图"中添加数字量输出模块 DQ 4×24VDC/2A ST，在 IO 模块右边添加一个服务器模块来结束设备组态，如图 8.106 所示。

图 8.106　添加设备

③ 建立主站与从站的网络连接（向 DP 主站分配 DP 从站）。单击图 8.106 DP 从站上的"未分配"，打开"选择 DP 主站"菜单，选择要向其分配 DP 从站的 DP 主站"PLC_1.DP 接口_1"，在 CPU 上创建一个带有 DP 系统的子网 PROFIBUS_1，如图 8.107 所示。该 CPU 现在是 PROFIBUS DP 主站，DP 从站将分配给该 DP 主站。如果还要分配给该 DP 主站其他 DP 从站，可重复此步骤。

图 8.107　建立 DP 主从设备的网络连接

④ 通过第③步建立网络连接后,主从站的 PROFIBUS 地址参数将自动分配。图 8.108 是 DP 主站接口属性:接口连接到子网 "PROFIBUS_1",地址参数为 "2",最高地址默认为 "126",传输率默认为 "1.5Mbps"。从站地址参数为 "3",其他参数必须与主站一致。

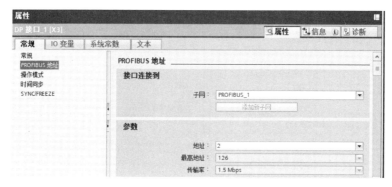

图 8.108 DP 主站接口属性

⑤ 网络设置。选中 "网络视图" 中的网络主系统紫色线 " ",单击打开巡视窗口的 "属性" 选项进行相关参数配置,如图 8.109 所示。根据所连接的设备类型和所用的协议,可在 PROFIBUS 上使用不同的配置文件,建议 "配置文件" 选择为 "DP"。这些配置文件在设置选项和总线参数的计算方面有所不同,只有当所有设备的总线参数值都相同时,PROFIBUS 子网才能正常运行。

图 8.109 PROFIBUS_1 网络属性

⑥ 电缆组态。为计算总线参数,可将电缆组态信息考虑进来,在 PROFIBUS 子网的 "属性" 中选中复选框 "考虑下列电缆组态",如图 8.110 所示。其他信息取决于所用电缆类型。

⑦ 总线参数。总线参数可控制总线上的传输操作,总线上每个设备的总线参数必须和其他设备相同。如图 8.111 所示,单击 "常规" → "总线参数" 选项启用周期性分配。

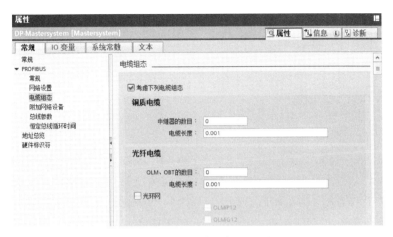

图 8.110 "电缆组态"选项

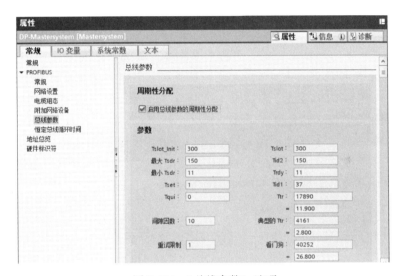

图 8.111 "总线参数"选项

(5) 编写主站程序

① 创建 PLC 变量,如图 8.112 所示。

图 8.112 创建 PLC 变量

② 在主站程序块 OB1 中编写主程序,如图 8.113 所示,从站不需要编写程序。

(6) 程序的编译、下载、调试

程序的编译、下载、调试比较简单,这里不再赘述。

图 8.113　主站程序

【实例 8.10】 S7-1500 PLC 与智能从站的 PROFIBUS DP 通信。

在进行智能从站组态之前，先学习一下智能从站与上级 DP 主站之间的数据交换方式。

智能从站与上级 DP 主站之间的数据交换需要一个信息交换单元来完成。这个信息交换单元被称为传输区域。它是与智能从站 CPU 的用户程序之间的接口。用户程序对输入进行处理并输出处理结果，并提供传输区域用于 DP 主站与智能从站之间通信数据的传输。图 8.114 为智能从站与上级 DP 主站之间的数据交换过程。图中①表示上级 DP 主站与普通 DP 从站之间的数据交换，在这种方式中，DP 主站和 DP 从站通过 PROFIBUS 来交换数据。图中②表示上级 DP 主站与智能从站之间的数据交换，在这种方式中，DP 主站和智能从站通过 PROFIBUS 来交换数据。上级 DP 主站和智能从站之间的数据交换基于常规 DP 主站/DP 从站关系。对于上级 DP 主站，智能从站的传输区域代表某个 DP 从站的"子模块"。DP 主站的输出数据即是智能从站传输区域（子模块）的输入数据。同理，DP 主站的输入数据即是智能从站传输区域（子模块）的输出数据。图中③表示智能从站中用户程序与传输区域之间的传输关系，在这种方式中，用户程序与传输区域交换输入和输出数据。图中④表示智能从站中用户程序与智能从站的 I/O 之间的数据交换，在这种方式中，用户程序与智能从站的集中式 I/O 交换输入和输出数据。

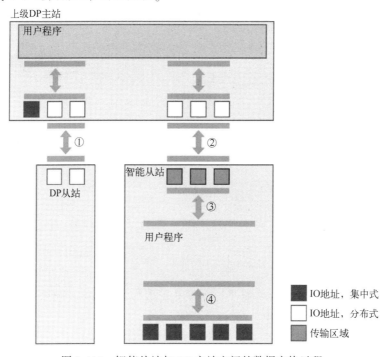

图 8.114　智能从站与 DP 主站之间的数据交换过程

【任务要求】按下智能从站的启动按钮 I0.0 和停止按钮 I0.1，分别控制 DP 主站 Q0.0 输出的接通和断开。

【操作步骤】

(1) 准备主要设备清单，见表 8.10。

表 8.10 主要设备清单

序 号	设备型号	数 量
1	CPU 1516-3 PN/DP	1
2	CPU 1512SP-1 PN	1
3	通信模块 CM DP	1
4	主站数字量输出模块 DQ 16×24VDC/0.5A BA	1
5	从站数字量输入模块 DI 8×24VDC ST	1
6	负载电源 PM 190W 120/230VAC	1
7	1 根 RJ-45 网线和 1 根 PROFIBUS 电缆	2
8	PC 含网卡	1
9	博途 V15 软件	1

(2) 智能从站的硬件配置示意图如图 8.115 所示。

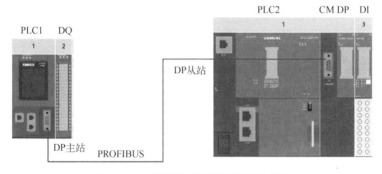

图 8.115 智能从站的硬件配置示意图

(3) 硬件电气原理图如图 8.116 所示。

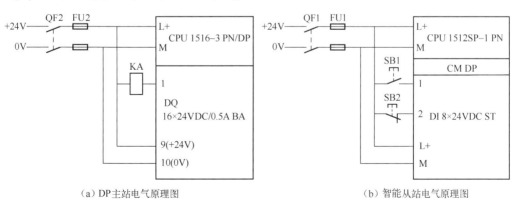

(a) DP 主站电气原理图　　　　　　　　(b) 智能从站电气原理图

图 8.116 硬件电气原理图

(4) 配置 PROFIBUS 设备并组态。

① 添加 DP 主站设备。在博途 V15 软件中创建新项目，取名 "DP 主-智能从站"，控制器选择 CPU 1516-3 PN/DP，在 PLC 的"设备视图"中添加数字量输出模块 DQ 16×24VDC/0.5A BA。

② 添加 DP 智能从站设备。在"网络视图"中添加控制器→ET200SP CPU→CPU 1512SP-1 PN，在 CPU 1512SP-1 PN 的"设备视图"中添加通信模块 CM DP 和数字量输入模块 DI 8×24VDC ST，在模块右边添加一个服务器模块来结束设备配置，如图 8.117 所示。

图 8.117 添加 DP 主从智能设备

③ 建立主站与智能从站的网络连接。在图 8.117 中的"网络视图"中，单击主站 PLC_1 的 DP 接口，打开巡视窗口的"属性"→"常规"→"PROFIBUS 地址"添加新子网，如图 8.118 所示，设置"地址"为"2"，"最高地址"为"126"，"传输率"为"1.5Mbps"。

图 8.118 组态主站 DP 地址

在图 8.117 的"网络视图"中，单击选择 DP 智能从站上的 CM DP 通信模块的 PROFIBUS 接口（紫色框 DP 接口），打开巡视窗口"属性"→"常规"→"PROFIBUS 地址"添加新子网，如图 8.119 所示，设置"地址"为"3"，"最高地址"为"126"，"传输率"为"1.5Mbps"。

图 8.119 组态智能从站的地址

在图 8.119 中单击"操作模式",选择"DP 从站","分配的 DP 主站"选择"PLC_1.DP 接口_1",如图 8.120 所示。至此,这两台设备之间的网络连接和 DP 主站系统将显示在网络视图中,如图 8.121 所示。

图 8.120　组态智能从站的操作模式

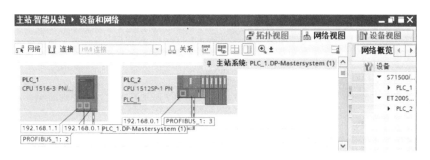

图 8.121　DP 主站与智能从站网络连接

(5) 组态传输区域

创建传输区域如图 8.122 所示,单击左侧导航区中新生成的"传输区_1",弹出如图 8.123 所示的界面进行相关参数设置,如主站伙伴 PLC_1 地址为 I100,从站本地 PLC_2 地址为 Q250。

图 8.122　创建传输区域

(6) 编写智能从站程序

① 在从站 PLC_2 中创建 PLC 变量,如图 8.124 所示。

② 智能从站程序如图 8.125 所示。

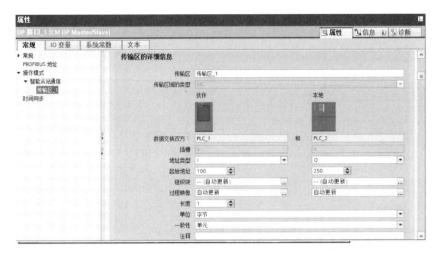

图 8.123　智能从站传输区域设置

图 8.124　在从站 PLC_2 中创建 PLC 变量

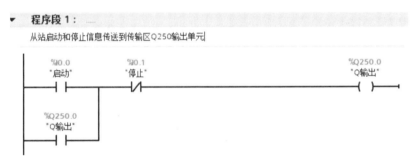

图 8.125　智能从站程序

(7) 编写主站编程

① 在主站 PLC_1 中创建 PLC 变量，如图 8.126 所示。

图 8.126　在主站 PLC_1 中创建 PLC 变量

② 主站程序如图 8.127 所示。

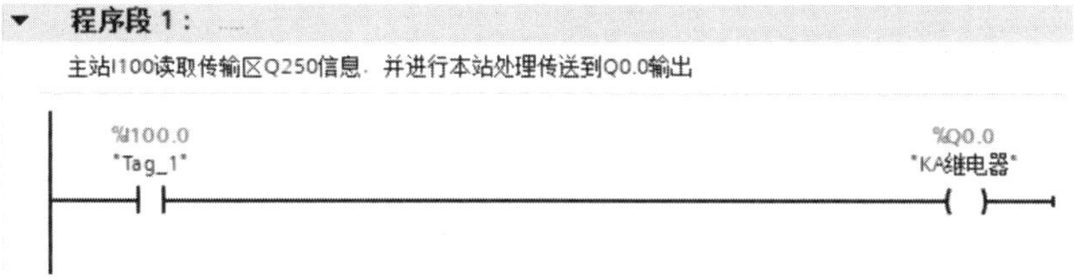

程序段 1：
主站I100读取传输区Q250信息，并进行本站处理传送到Q0.0输出

```
   %I100.0                                    %Q0.0
   "Tag_1"                                   "KA继电器"
─────┤ ├──────────────────────────────────────( )─────
```

图 8.127　主站程序

(8) 程序编译、下载、调试

程序编译、下载、调试比较简单，在此不再赘述。

第9章

S7-1500 PLC 的 GRAPH 编程

9.1 S7-GRAPH 编程语言概述

S7-1500 PLC 的 S7-GRAPH 编程语言是创建顺序控制程序的图形编程语言，遵循 IEC61131-3 标准中的顺序功能图语言的规定。使用顺序控制程序可以更为快捷和直观地对顺序逻辑控制程序进行编程或故障诊断，即将工作任务过程分解为多个步，每个步都有明确的功能范围，再将这些步组织到顺序控制程序中，在各个步中定义待执行的动作及步之间的转换条件。

9.1.1 S7-GRAPH 的程序构成

1. 顺序控制程序的构成

顺序控制程序可通过预定义的顺序对过程进行控制，并受某些条件的限制，程序的复杂度取决于自动化任务。在博途 V15 软件中，采用 S7-GRAPH 编写的顺序控制程序只能在函数块（FB）中编写，并可被组织块（OB）、函数（FC）或函数块（FB）调用，因此在一个顺序控制程序中至少包含如下三个程序块。

（1） GRAPH 函数块（FB）

GRAPH 函数块（FB）是一个描述顺控系统中各步与转换的函数块，可以定义一个或多个顺序控制程序中的单个步和转换条件。

（2） 背景数据块（DB）

背景数据块（DB）是分配给 GRAPH 函数块（FB）的，由系统自动生成，可包含顺序控制系统的数据和参数。

（3） 调用代码块

要在循环中执行 GRAPH 函数块（FB），必须从较高级的代码块中调用该函数块。该函数块可以是一个组织块（OB）、函数（FC）或其他函数块（FB）。

图 9.1 中描述了顺序控制程序中各个块之间的相互关系。

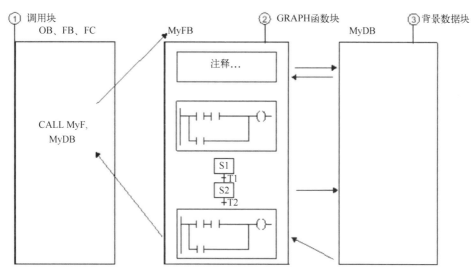

图 9.1 顺序控制程序中各个块之间的相互关系

2. 需要编辑的内容

（1）编辑顺控图

用户在 S7-GRAPH 编辑界面编程时，将整个设备工艺的控制过程划分为若干步，并通过转换条件将各步的执行顺序联系在一起构成一个顺控图，如图 9.2 所示。

（2）编辑步

编辑每一步的具体程序指令。

（3）编辑步与步之间的转换条件

当一步程序完成后，必须满足一定的转换条件，才能运行下一步的程序。

因此，一个完成的 GRAPH 应用程序，必须具备一个表示各步之间执行步骤的顺控图，顺控图中的每一步中都有具体的运行指令，并且步与步之间也满足转换条件才可以运行调试。

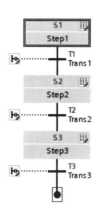

图 9.2 顺控图

3. 程序块运行过程

GRAPH 函数块的周期取决于调用程序块的周期，在每个周期都会先执行 GRAPH 函数块中的前固定指令，再处理活动步中的动作，最后执行后固定指令。

说明：即使没有活动步，也会在每个周期执行固定指令。

9.1.2 S7-GRAPH 编程器

1. 创建一个 S7-GRAPH 编程器

在博途 V15 软件中新建一个 GRAPH 项目，添加一个新块"块_1(FB1)"，将编程语言选为"GRAPH"，块的类型为"函数块 FB"，单击"确定"按钮，即可生成函数块 FB1，如图 9.3 所示。

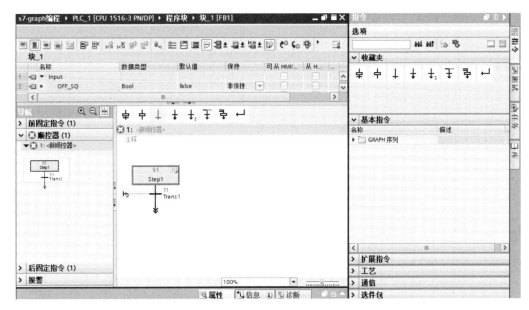

图 9.3　创建一个 S7-GRAPH 编程器

2. 认识 S7-GRAPH 编程器

打开 S7-GRAPH 编辑器窗口，如图 9.4 所示。S7-GRAPH 编辑器窗口主要由工具栏、块接口、导航区、工作区和指令区等五部分组成，可以执行以下任务：编写前固定指令和后固定指令、顺序控制程序、指定连锁条件和监控条件报警等，根据要编程的内容，可以在视图间相互切换。

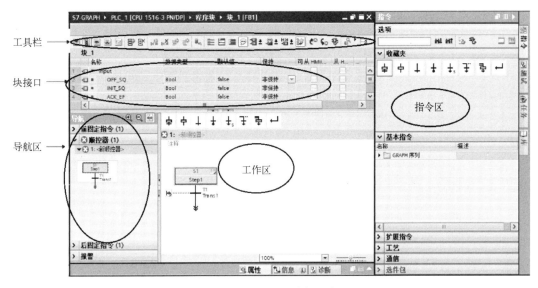

图 9.4　S7-GRAPH 编辑器窗口

（1）工具栏

图 9.5 是 S7-GRAPH 编辑器的工具栏及其功能。

第 9 章 S7-1500 PLC 的 GRAPH 编程

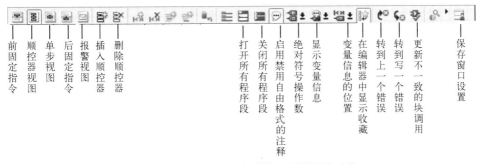

图 9.5　S7-GRAPH 编辑器的工具栏及其功能

（2）块接口

块接口的参数和状态变量均由软件自动生成，当 FB 中的步序图发生变化时，其状态变量也会发生变化。块接口有接口参数的最小数目、默认接口参数和接口参数的最大数目等三种接口参数供选择，每一个参数都有一组不同的输入和输出参数，具体参数的含义分别见表 9.1、表 9.2。三种接口参数的设置根据需要可通过如图 9.6 所示中的①→②→③→④→⑤步骤进行设置。

表 9.1　FB 的部分输入参数

参　数	数 据 类 型	含　　义	标准	最大
EN	BOOL	使能输入，控制 FB 的执行，如果直接连接 EN，将一直执行 FB	√	√
OFF_SQ	BOOL	OFF_SEQUENCE：关闭顺序控制器，使所有的步变为不活动步	√	√
INIT_SQ	BOOL	INIT_SEQUENCE：激活初始步，复位顺序控制器	√	√
ACK_EF	BOOL	ACKNOWLEDEG_ERROR_FAULT：确认错误和故障，强制切换到下一步	√	√
HALT_SQ	BOOL	HALT_SEQUENCE：暂停/重新激活顺控器		√
HALT_TM	BOOL	HALT_TIMES：暂停/重新激活所有步的活动时间和顺控器与时间有关的命令（L 和 N）		√
ZERO_OP	BOOL	ZERO_OPERANDS：将活动步中 L、N 和 D 命令的地址复位为 0，并且不执行动作/重新激活的地址和 CALL 指令		√
EN_IL	BOOL	ENABLE_INTERLOCKS：禁止/重新激活互锁（顺控器就像互锁条件没有满足一样）		√
EN_SV	BOOL	ENABLE_SUPERVISIONS：禁止/重新激活监控（顺控器就像监控条件没有满足一样）		√
S_PREV	BOOL	PREVIOUS_STEP：自动模式从当前活动步后退一步，步序号在 S_NO 中显示手动模式，在 S_NO 参数中指明序号较低的前一步	√	√
S_NEXT	BOOL	NEXT_STEP：自动模式从当前活动步前进一步，步序号在 S_NO 中显示手动模式，在 S_NO 参数中显示下一步（下一个序号较高的步）	√	√
SW_AUTO	BOOL	SWITCH_MODE_AUTOMATIC：切换到自动模式	√	√
SW_TAP	BOOL	SWITCH_MODE_TRANSITION_AND_PUSH：切换到 Inching（半自动）模式	√	√
SW_MAN	BOOL	SWITCH_MODE_MANUAL：切换到手动模式，不能触动自动执行	√	√
S_SEL	INT	STEP_SELECT：选择用于输出参数 S_ON 的指定步，手动模式用 S_ON 和 S_OFF 激活或禁止	√	√
S_ON	BOOL	STEP_ON：在手动模式激活显示的步	√	√
S_OFF	BOOL	STEP_OFF：在手动模式使显示的步变为不活动步	√	√
T_PUSH	BOOL	PUSH_TRANSITION：条件满足并且在 T_PUSH 的上升沿时转换实现，只用于单步和 step-by-step（SW_TOP）模式。如果块是 V4 或更早的版本，则第一个有效的转换将实现。如果块的版本为 V5，且设置了输入参数 T_ON，则被显示编号的转换将实现，否则第一个有效转换实现	√	√

457

表 9.2 FB 的部分输出参数

参 数	数据类型	含 义	标准	最大
ENO	BOOL	Enable output：使能输出，FB 被执行且没有出错，ENO 为 1，否则为 0	√	√
S_NO	INT	STEP_NUMBER：显示步的编号	√	√
S_MORE	BOOL	MORE_STEPS：有其他步是活动步	√	√
S_ACTIVE	BOOL	STEP_ACTIVE：被显示的步是活动步	√	√
ERR_FLT	BOOL	IL_ERROR_OR_SV_FAULT：组故障	√	√
SQ_HALTED	BOOL	SEQUENCE_IS_HALTED：顺控器暂停	√	
TM_HALTED	BOOL	TIMES_ARE_HALTED：定时器停止		√
OP_ZEROED	BOOL	OPERANDS_ARE_ZEROED：地址被复位		√
IL_ENABLED	BOOL	INTERLOCK_IS_ENABLED：互锁被使能		√
SV_ENABLED	BOOL	SUPERVISION_IS_ENABLED：监控被使能		√
AUTO_ON	BOOL	AUTOMATIC_IS_ON：显示自动模式	√	√
TOP_ON	BOOL	T_OR_PUSH_IS_ON：显示 SW_TOP 模式	√	√
MAN_ON	BOOL	MANUAL_IS_ON：显示手动模式	√	√

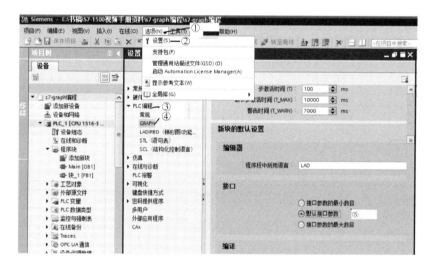

图 9.6 设置块接口参数

① 接口参数的最小数目，仅包含输入参数 INIT_SQ，不包含输出参数，布尔变量 INIT_SQ 为 "1" 状态时，将复位顺序控制程序和激活初始步。当一般用户的程序仅仅运行在自动模式，并且不需要其他的控制及监控功能时，可选择此接口模式。

注意：当接口模式选择为 "接口参数的最小数目" 时，需要在 FB 接口区添加一个输入参数 ACK_EF（确认错误），类型为 BOOL，因为在编译时要求有这个参数。

② 默认接口参数，也称标准接口参数集，可用于执行各种操作模式下的顺序控制程序，并包含确认报警。

③ 接口参数的最大数目，包括默认参数和扩展参数，可用于多种控制与诊断。

(3)导航区

导航区主要由导航视图和导航工具栏组成。

① 导航视图。导航视图包含可打开以下视图的面板：前固定指令、顺控器、后固定指令和报警视图等四部分。

② 导航工具栏。导航工具栏主要由放大、缩小和同步导航三部分组成，可执行放大或缩小导航中的元素，当启用同步导航按钮时，将同步导航和工作区域，以确保始终显示相同元素，禁用该按钮时，在导航和工作区域中可显示不同的对象。

(4)工作区

工作区可用于对顺序控制程序的各个元素进行编程，可以在不同视图中显示 GRAPH 程序，可以使用缩放功能缩放这些视图。工作区、可用指令及收藏夹将随具体视图而有所不同。

9.2 顺序控制器

9.2.1 顺序控制器的执行原则

(1) 程序将始终从定义为初始步的步开始执行。一个顺序控制程序可以有一个或多个初始步。初始步可以在顺序控制程序中的任何位置。激活一个步时，将执行该步中的动作，也可以同时激活多个步。

(2) 一个激活步的退出。一旦满足转换条件，当前的激活步即可退出。

(3) 在满足转换条件且没有监控错误时，会立即切换到下一步，则该步将变成活动步。如果存在监控错误或不满足转换条件，则当前步仍处于活动状态，直到错误消除或满足转换条件。

(4) 结束顺序控制程序可使用跳转或顺序结尾。跳转目标可以是同一顺序控制程序中的任意步，也可以使其他顺序控制程序中的任意步，可以支持顺序控制程序的循环执行。

9.2.2 顺序控制程序的结构

GRAPH 函数块可以按照顺序控制程序的格式编写程序。顺序控制程序既可以处理多个独立任务，也可以将一个复杂任务分解成多个顺序控制程序，其执行都是以顺序控制程序中的各个步为核心的。在简单情况下，各个步可以线性方式逐个处理，也可创建选择分支或并行分支结构的顺序控制程序，如图 9.7 所示。

1. 单流程结构

单流程结构程序的运行方向为从上到下，没有分支，运行到最后一步 Step3 时结束流程。

2. 选择分支结构

选择分支结构程序可以按照不同转移条件选择转向不同分支，执行不同分支后，再根据不同转移条件汇合到同一分支。如果同时满足多个转换条件，则由设置的工作模式来确定执行哪个分支，在一个顺序控制程序中，最多可以编写 125 个选择分支程序。

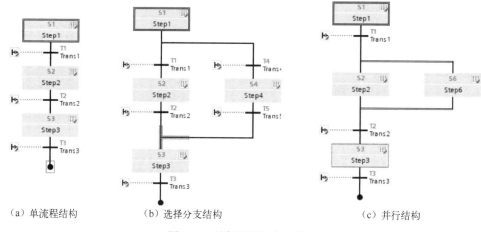

(a) 单流程结构　　　　(b) 选择分支结构　　　　(c) 并行结构

图 9.7　顺序控制程序的结构

3. 并行结构

并行结构程序可以按照同一转移条件同时转向几个分支，执行不同的分支后，再汇合到同一分支，在一个顺序控制程序中，最多可以编写 249 个并行分支程序。

9.2.3　步的构成与编程

一个 S7-GRAPH 顺序控制程序由多个步组成，每一步均由步编号、步名称、转换编号、转换名称、转换条件和动作命令图标组成，如图 9.8 所示。

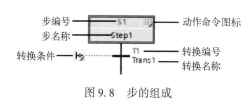

图 9.8　步的组成

1. 步编号

步编号由字母 S 和数字组成。数字可以由用户自行修改。每一步的编号都是唯一的。

2. 步名称

每一步的名称都是唯一的，可以由用户修改。

3. 转换

转换主要表示步与步之间的关系，主要由转换名称、转换编号和转换条件组成。

（1）转换编号

转换编号由字母 T 和数字组成。数字可以由用户修改。每一个转换编号都是唯一的。

（2）转换名称

转换名称也可以由用户自行修改。每一个转换名称都是唯一的。

（3）转换条件

转换条件位于各个步之间，包含切换到下一步的条件，可以是事件，也可以是状态变化。也就是说，顺序控制程序仅在满足转换条件时才会切换到后续步，在此过程中，将禁用属于该转换条件中的当前步并激活后续步。如果不满足转换条件，则属于该转换条件的当前步仍将处于活动状态。每个转换条件都必须分配一个唯一的名称和编号。不含任何条件的转换条件为空转换条件，在这种情况下，顺序控制程序将直接切换到后续步。

4. 动作

（1）步动作的构成

当激活或禁用顺序控制程序的步时，该步将产生相应的动作去完成用户程序中的控制任务。一个步动作由以下四个元素组成，如图9.9所示。

① 互锁条件（可选）：可以将动作与互锁条件相关联，以影响动作的执行。

② 事件（可选）：将定义动作的执行时间，必须为某些限定符指定一个事件。

③ 限定符（必需）：将定义待执行动作的类型，如置位或复位操作数。

④ 动作（必需）：将确定执行该动作的操作数。

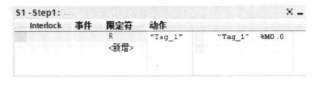

图9.9　步动作

（2）添加步动作

单击图9.8中的动作命令图标，出现图9.9所示的步动作命令框，可输入相应的命令和动作。

（3）动作分类

顺序控制器的动作可分为标准动作和与事件有关的动作。动作中可以有定时器、计数器和算术运算等。

① 标准动作。激活一个没有互锁的步动作后，将执行标准动作，标准动作的含义见表9.3。标准动作可以与一个互锁条件相关联，当步处于活动状态且互锁条件满足时可被执行。

表9.3　标准动作的含义

限定符	操作数的数据类型	含义
N	BOOL、FB、FC	后面可接布尔量操作数或使用CALL FC（XX）格式调用一个FC或FB。只要步为活动步，则动作对应的地址为"1"状态或调用相应的块，无锁存功能
S	BOOL	置位：后面可接布尔量操作数。只要步为活动步，则该地址被置为"1"并保持
R	BOOL	复位：后面可接布尔量操作数。只要步为活动步，则该地址被置为"0"并保持
D	BOOL、TIME/DWORD	接通延时：后面可接布尔量和一个时间量（之间用逗号隔开）作为操作数。步变为活动步 n 秒后，如果步仍然是活动的，则该地址被置为"1"状态，之后将复位该操作数。如果步激活的持续时间小于 n 秒，则操作数也会复位。可以将时间指定为一个常量或指定为一个TIME/DWORD数据类型的PLC变量，无锁存功能
	T#<常数>	有延时动作的下一行为时间常数
L	BOOL、TIME/DWORD	在设定时间内置位：后面可接布尔量和一个时间量（之间用逗号隔开）作为操作数。当步为活动步时，该地址在 n 秒内为"1"状态，之后将复位该操作数。如果步激活的持续时间小于 n 秒，则操作数也会复位。可以将时间指定为一个常量或指定为一个TIME/DWORD数据类型的PLC变量，无锁存功能
	T#<常数>	有脉冲限制动作的下一行为时间常数

时间常量应用格式见表9.4。

表9.4 时间常量应用格式

标识符	动作	说明
D	"MyTag",T#2s	在激活步2s后，将MyTag操作数置位为"1"，并在步激活期间保持为"1"。如果步激活的持续时间小于2s，则不适用。在取消激活该步后，复位操作数（无锁存）
L	"MyTag",T#20s	如果激活该步，则MyTag操作数将置位为"1" 20s。20s后，将复位该操作数（无锁存）。如果步激活的持续时间小于20s，则操作数也会复位

② 与事件相关的动作。可以选择将动作与事件相关联，如果将动作与事件相关联，则会通过边沿检测功能检测事件的信号状态，使动作命令只能在发生事件的周期内执行。表9.5列出了可以与动作相关联的事件。带有标识符D、L和TF的动作无法与事件相关联。

表9.5 可以与动作相关联的事件

事件	信号检测	说明
S1	上升沿	步已激活（信号状态为"1"）
S0	下降沿	步已取消激活（信号状态为"0"）
V1	上升沿	满足监控条件，即发生错误（信号状态为"1"）
V0	下降沿	不再满足监控条件，即错误已消除（信号状态为"0"）
L0	上升沿	满足互锁条件，即错误已消除（信号状态为"1"）
L1	下降沿	不满足互锁条件，即发生错误（信号状态为"0"）
A1	上升沿	报警已确认
R1	上升沿	到达的注册

③ 动作中的定时器。可以在动作中使用定时器，除TF外，所有定时器都与确定定时器激活时间的事件有关，见表9.6。TF定时器由步本身激活。使用TL、TD和TF定时器时，必须指定持续时间，也可以输入常量作为标准时间，例如5s。

表9.6 动作中的定时器

事件	标识符	说明
S1, S0, L1, L0, V1, V0, A1, R1	TL	扩展脉冲：一旦发生所定义的事件，则立即启动定时器。在指定的持续时间内，定时器状态的信号状态为"1"。超出该时间后，定时器状态的信号状态将变为"0"
S1, S0, L1, L0, V1, V0, A1, R1	TD	保持型接通延时：一旦发生所定义的事件，则立即启动定时器。在指定的持续时间内，定时器状态的信号状态为"0"。超出该时间后，定时器状态的信号状态将变为"1"
S1, S0, L1, L0, V1, V0, A1, R1	TR	停止定时器和复位：一旦发生所定义的事件，则立即停止定时器。定时器的状态和时间值将复位为0
—	TF	关断延时：一旦激活该步，计数器状态将立即复位为"1"。当取消激活该步时，定时器开始运行，但在超出时间后，定时器状态将复位为"0"

④ 动作中的计数器。可以在动作中使用计数器。要指定计数器的激活时间，通常需要为计数器关联一个事件。这意味着在发生相关事件时将激活该计数器，也可以将使用 S1、V1、A1、R1 事件的动作与互锁条件相关联。因此，只有在满足互锁条件时才执行这些动作。表 9.7 列出了可以在动作中使用的计数器。

表 9.7 在动作中使用的计数器

事件	标识符	操作数的数据类型	含义
S1, S0, L1, L0, V1, V0, A1, R1	CS	COUNTER	设置计数器的初始值：一旦发生所定义的事件，计数器将立即设置为指定的计数值。可以将计数器值指定为 WORD 数据类型（C#0 到 C#999）的变量或常量
S1, S0, L1, L0, V1, V0, A1, R1	CU	COUNTER	加计数：一旦发生所定义的事件，计数器值将立即加 1。计数器值达到上限 999 后，停止增加。达到上限后，即使出现信号上升沿，计数值也不再递增
S1, S0, L1, L0, V1, V0, A1, R1	CD	COUNTER	减计数：一旦发生所定义的事件，计数器值将立即减 1。计数器值达到下限 0 时，停止递减。达到下限后，即使出现信号上升沿，计数值也不再递减
S1, S0, L1, L0, V1, V0, A1, R1	CR	COUNTER	复位计数器：一旦发生所定义的事件，计数器值将立即复位为 0

⑤ 动作中调用函数及函数块。在这些动作中，可以调用执行某些子任务的其他函数块和函数，可以更好地设计程序结构。

9.2.4 单步编程

当完成顺控图的编辑后，需要对每一步所执行的指令进行编辑。在顺控图中双击需要编辑的步，软件自动进入编辑该步的单步视图，如图 9.10 所示。在单步视图中需要对互锁条件、监控条件、动作和转换条件等元素进行编程。此外，还可以指定步的标题及注释。

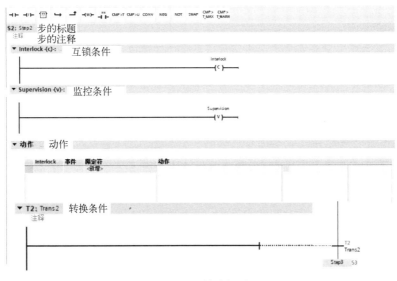

图 9.10 单步视图

1. 编辑互锁条件（Interlock）

当步处于活动状态时，为了确保程序执行动作中的指令安全运行，可以引入互锁信号。当指令设置互锁信号后，只有互锁信号满足时才可以正常执行指令，否则指令不能执行。程序段中最多可以使用 32 个互锁条件的操作数指令。

设定互锁条件可按以下步骤操作：

① 通过单击［Interlock -(c)-］互锁条件前面的小箭头打开互锁条件程序段。

② 打开"指令"任务卡，选择要插入的指令，将该指令拖到程序段中的所需位置进行编辑，如图 9.11 所示。图中，"Tag_2"变量是互锁信号，当"Tag_2"变量接通为"1"时，能流通过互锁线圈"C"，互锁条件满足，执行该步中的指令。如果不满足互锁条件，则发生错误，可以设置互锁报警和监控报警的属性，但该错误不会影响切换到下一步，当步变为不活动步时，互锁条件将自动取消。

图 9.11　编辑互锁条件

③ 在动作表"Interlock"互锁条件列中，单击要与互锁条件链接的动作单元格，并从下拉列表中选择"-(C)- - Interlock"选项，如图 9.12 所示。

在步 Step2 的互锁编程后，在顺控图中步 Step2 方框的左边中间将出现一个线圈"C"图标，表示该步有互锁信号，可通过动作表设置互锁的动作指令，如图 9.13 所示。

图 9.12　动作表中设置互锁项　　　　图 9.13　互锁示意图

2. 编辑监控条件

当程序执行活动步中的动作指令时，如果收到外界干扰或出现意外情况，则需要立即停止该指令的运行，并停止整个控制流程，这时可在监控中编辑一个程序来处理意外情况的发生。监控条件程序段可以使用最多 32 条互锁的操作数指令。

设定监控条件可按以下步骤操作：

① 通过单击"Supervision -(v)-"前面的小箭头打开监控条件程序段。

② 打开"指令"任务卡，选择要插入的指令，将该指令拖到程序段中的所需位置进行编辑，如图 9.14 所示。

在图 9.14 中监控线圈左边的水平线上添加一比较器作为监控信号，将步 Step2 的活动步时间#Step2.T 与设定时间"T#1000ms"相比较，如果该步的执行时间超过 1000ms，满足监控条件,监控线圈"V"有能流接通,则该步认为出错,顺控器不会转换到下一步,当前的步保持活动步,在未解除监控错误之前,即使该步的转换条件满足,也不会跳转到下一步。

如果监控程序中没有编入任何监控程序,则监控线圈直接与左边电源母线相接,监控线圈"V"虽有能流通过,此时系统认为没有任何监控错误。对步的监控编程后,在步方框的左边位置出现线圈"V",如图 9.15 所示。

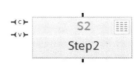

图 9.14 编辑监控条件　　　　　　　　图 9.15 监控示意图

解除监控错误的方法:在该块的属性设置中有"监控错误需要确认"选项,如图 9.16 所示,默认为勾选,当在块接口参数 ACK_EF 上出现一个上升沿时,表示之前的接口错误已经被程序确认,监控错误解除。如果不勾选,则只要监控信号消失,监控错误就解除。

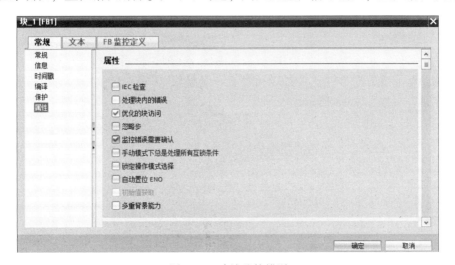

图 9.16 确认监控错误

3. 编辑动作

单步视图中编辑动作可按以下步骤操作:

① 通过单击"动作"前面的小箭头打开并且显示包含动作的表,如图 9.17 所示。

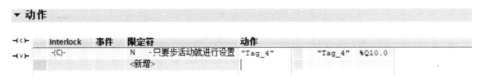

图 9.17 动作表示意图

② 如果要启用多行输入，则右键单击新动作所在的行，并从快捷菜单中选择"允许多行模式"命令。

③ 如果要将新动作与互锁条件链接在一起，则单击"Interlock"列的单元格并从下拉列表中选择"-（C）--Interlock"条目。

④ 如果要将新动作与事件链接在一起，则单击"事件"列的单元格并从下拉列表中选择适当的事件。

⑤ 单击"限定符"列的单元格并从下拉列表中选择新动作的限定符。

⑥ 在"动作"列中指定要执行的动作可通过下面步骤操作：
- 可以使用要用于动作的操作数或值来替换占位符，还可以使用拖放操作或通过自动填充插入这些操作数或值。

提示：动作命令中的字母、符号的输入须在英文输入模式下输入。

- 可以使用"指令"任务卡中的指令，将其从任务卡拖放到"动作"列中。
- 可以将块从"项目树"中拖放到"动作"列以调用这些块。

提示：步可以不做任何设置，作为空步时，只要转换条件满足，就可以直接跳过此步运行。

4. 编辑转换条件

单击转换名称左边与虚线相连的转换条件图标，在窗口最右边的收藏夹工具条中单击常开触点、常闭触点或方框形的比较器（相当于一个触点），可对转换条件进行编程，编辑方法同梯形图语言，如图 9.18 所示。

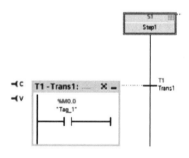

图 9.18 编辑转换条件

9.3 S7-GRAPH 编程应用

9.3.1 单流程结构的编程实例

【实例 9.1】对三台电动机顺序延时启动、同时停止的控制。

【控制要求】按下启动按钮，第一台电动机 M1 启动；运行 5s 后，第二台电动机 M2 启动；M2 运行 5s 后，第三台电动机 M3 启动；按下停止按钮，三台电动机全部停止。

第9章 S7-1500 PLC 的 GRAPH 编程

【操作步骤】

(1) 根据控制要求，绘制功能流程图，如图9.19所示。

(2) 新建一个项目，取名为"S7-GRAPH"，添加新设备PLC1 CPU 1511C-1 PN，启用CPU系统存储器MB1，通过菜单栏中的选项设置把接口模式选择为"接口参数的最小数目"，并进行相关硬件组态、编译和保存该项目。

(3) 在博途V15软件中打开"项目树"下的PLC站点，在程序块下添加新块FB1，编程语言选中"GRAPH"，单击"确定"按钮，生成函数块FB1。

(4) 添加PLC变量，PLC变量表如图9.20所示。

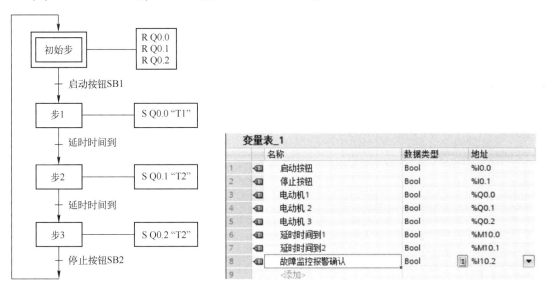

图9.19 功能流程图　　　　　图9.20 PLC变量表

(5) 编写GRAPH程序。

① 双击打开FB1，先在接口区添加一个输入参数ACK_EF，数据类型为BOOL。

② 在GRAPH编辑界面中编写程序，如图9.21所示。

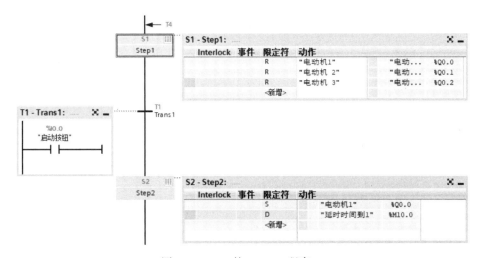

图9.21 FB1的GRAPH程序

467

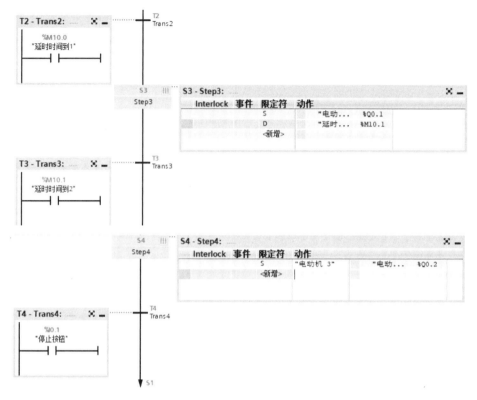

图 9.21　FB1 的 GRAPH 程序（续）

（6）编写主程序 OB1。双击 OB1，将 FB1 拖曳到 OB1 中，单击确认，系统自动生成背景数据块，名称为"块_1_DB"，设置相关的变量，如图 9.22 所示。

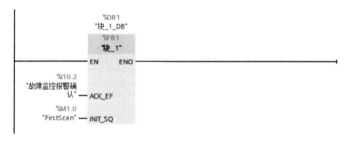

图 9.22　主程序 OB1

（7）程序编译、下载与调试（仿真运行）。

这一步也可以采用仿真调试，具体的调试方法可参考前面的仿真步骤，这里不再讲述。

9.3.2　选择性分支结构的编程实例

【实例 9.2】　多种液体混合装置控制系统。

【控制要求】　图 9.23 是液体混合装置示意图，有三种待混合液体 A、B 和 C，对应的进料阀门分别为 V1、V2 和 V3，混合液体放料的阀门为 V4。储罐由下而上设置三个液位传感器 SL1A、SL2B、SL3C，被液面淹没时接通，具体的控制要求如下：

(1) 当投入运行时，储罐内为放空状态；

(2) 当按下启动按钮 SB1 后，打开液体 A 的阀门 V1，液体 A 注入，当液面淹没 SL1A 时，关闭液体 A 的阀门 V1，打开液体 B 的阀门 V2，当液面淹没 SL2B 时，关闭液体 B 的阀门 V2，搅拌电动机开始工作，5min 后停止搅拌。此时，根据控制参数要求，如果控制参数选择为"0"，则阀门 V4 被打开，开始放出混合液体；如果控制参数选择为"1"，则打开液体 C 的阀门 V3，当液面淹没 SL3C 时，关闭液体 C 的阀门 V3，搅拌电动机开始工作，10min 后停止搅拌，阀门 V4 被打开，开始放出混合液体，5min 后，储罐被放空，关闭阀门 V4，接着开始下一个循环。

(3) 按下停止按钮，在处理完当前周期的剩余工作后，系统停止在初始状态，等待下一次启动的开始。

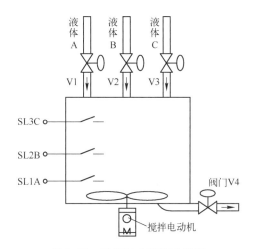

图 9.23 液体混合装置示意图

【操作步骤】

(1) 根据控制要求，绘制工艺流程图，如图 9.24 所示。

(2) 新建一个项目，取名为"S7-GRAPH 混合装置"，添加新设备 PLC1 CPU 1511C-1 PN，启用 CPU 系统存储器 MB1，通过菜单栏中的选项设置把接口模式选择为"接口参数的最小数目"，并进行相关硬件组态、编译和保存该项目。

(3) 在博途 V15 软件中打开"项目树"下的 PLC 站点，在程序块下添加新块 FB1，编程语言选中"GRAPH"，单击"确定"按钮，生成函数块 FB1。

(4) 添加 PLC 变量，PLC 变量表如图 9.25 所示。

(5) 编写 GRAPH 程序。

① 双击打开 FB1，先在接口区添加一个输入参数 ACK_EF，数据类型为 BOOL。

② 在 GRAPH 编辑界面中编写程序，如图 9.26 所示。

(6) 编写主程序 OB1。

双击 OB1，将 FB1 拖曳到 OB1 中，单击确认，系统自动生成背景数据块，名称为"块_1_DB_1"，设置相关的变量，如图 9.27 所示。

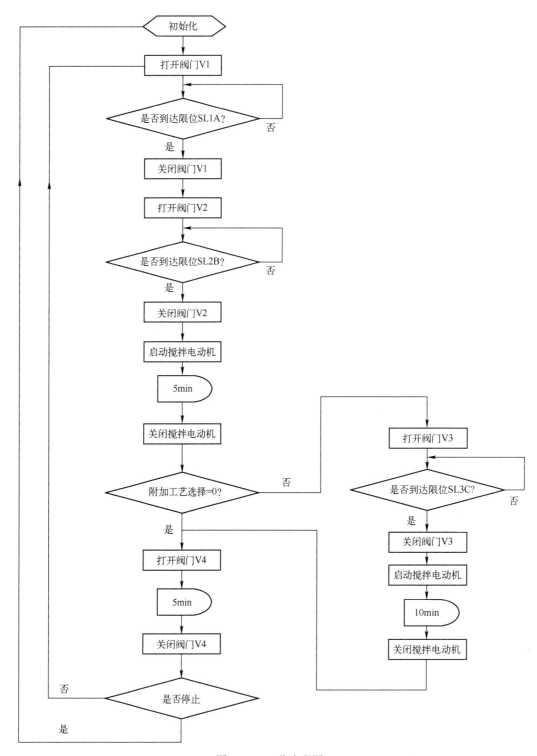

图9.24 工艺流程图

第9章 S7-1500 PLC 的 GRAPH 编程

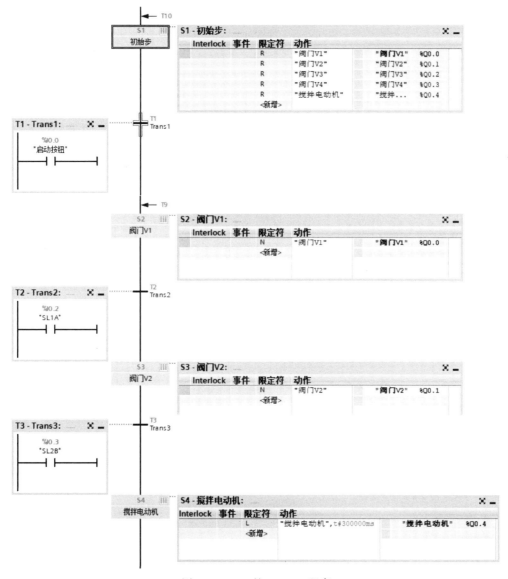

图 9.25 PLC 变量表

图 9.26 FB1 的 GRAPH 程序

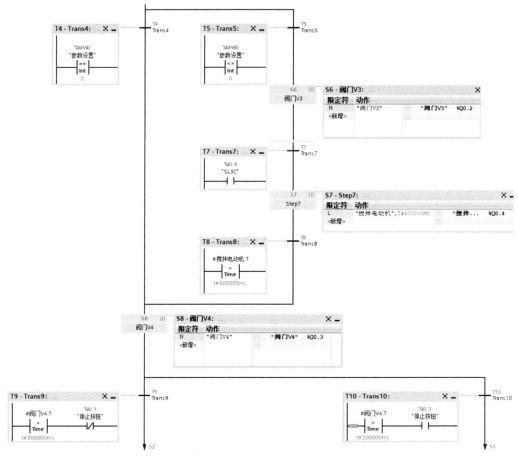

图 9.26　FB1 的 GRAPH 程序（续）

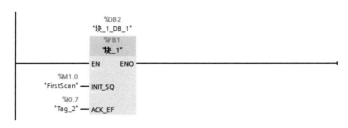

图 9.27　OB1 主程序

(7) 程序编译、下载与调试（仿真运行）。

这一步也可以采用仿真调试，具体的调试方法可参考前面的仿真步骤，这里不再讲述。

9.3.3　并行结构的编程实例

【实例 9.3】十字路口交通灯的控制。

【控制要求】用 S7-1500 PLC 实现对十字路口交通灯的控制：按下启动按钮，东西绿灯亮 25s，闪动 3s，东西黄灯亮 3s，东西红灯亮 31s；南北红灯亮 31s，南北绿灯亮 25s，闪动 3s，南北黄灯亮 3s，如此循环；无论何时按下停止按钮，交通灯全部熄灭。

第 9 章 S7-1500 PLC 的 GRAPH 编程

【操作步骤】
(1) 根据控制要求，绘制工艺控制流程图，如图 9.28 所示。

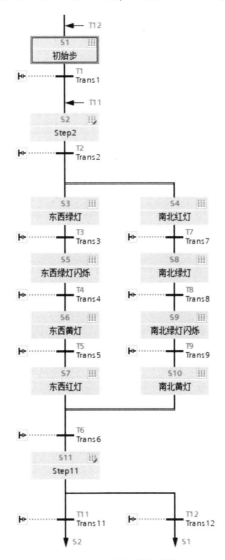

图 9.28 工艺控制流程图

(2) 新建一个项目，取名为"S7-GRAPH 红绿灯控制"，添加新设备 PLC1 CPU 1511C-1 PN，启用 CPU 系统存储器 MB1 和时钟存储器字节，通过菜单栏中的选项设置把接口模式选择为"接口参数的最小数目"，并进行相关硬件组态、编译和保存该项目。

(3) 在博途 V15 软件中打开"项目树"下的 PLC 站点，在程序块下添加新块 FB1，编程语言选中"GRAPH"，单击"确定"按钮，生成函数块 FB1。

(4) 添加 PLC 变量，PLC 变量表如图 9.29 所示。

(5) 编写 GRAPH 程序。

① 双击打开 FB1，先在接口区添加一个输入参数 ACK_EF，数据类型为 BOOL。

② 在 GRAPH 编辑界面中编写程序，如图 9.30 所示。

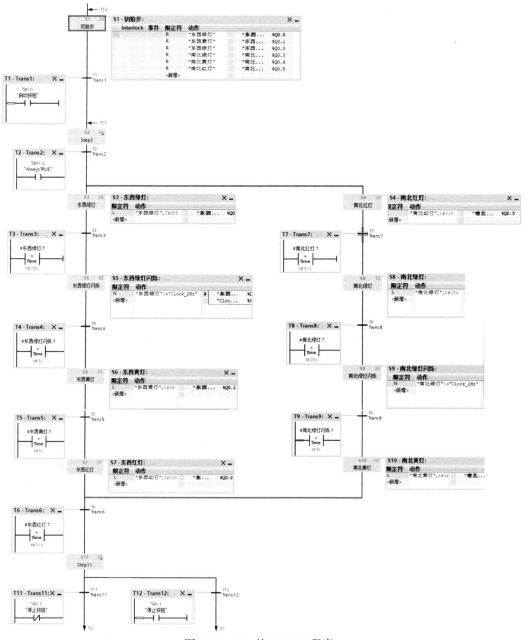

图 9.29 PLC 变量表

图 9.30 FB1 的 GRAPH 程序

(6) 编写主程序 OB1。双击 OB1，将 FB1 拖曳到 OB1 中，单击确认，系统自动生成背景数据块，名称为"块_1_DB"，并设置相关的变量，如图 9.31 所示。

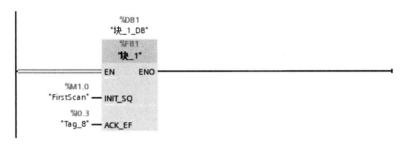

图 9.31　OB1 主程序

(7) 程序编译、下载与调试（仿真运行）。

这一步也可以采用仿真调试，具体的调试方法可参考前面的仿真步骤，这里不再讲述。

第 10 章

西门子人机界面

10.1 人机界面基本知识

20 世纪 60 年代末，PLC 的出现使工业自动化前进了一大步。随着 PLC 的应用与发展，工程师渐渐发现，仅仅采用开关、按钮和指示灯来控制 PLC，并不能发挥 PLC 的潜在功能。为了实现更高层次的工业自动化，一种新的控制界面应运而生，即人机交互界面（Human Machine Interface，HMI），又称触摸屏。触摸屏是一种智能化操作控制显示装置，用户只要用手指轻轻地触摸显示屏上的图符或文字就能实现对主机的操作。触摸屏是实现人与机器信息互换的数字设备，可以与 PLC、变频器、仪表等工业设备组态到一起，形成一个完整的工业自动化系统。

10.1.1 触摸屏

1. 触摸屏的工作原理

触摸屏由触摸检测部件和触摸屏控制器组成。触摸检测部件安装在显示屏前面，用于检测用户的触摸位置。触摸屏控制器将接收到的触摸信息转换成触点坐标送给 CPU，同时接收 CPU 发来的命令并执行。

2. 触摸屏的主要类型

按照工作原理和传输信息的介质，触摸屏有电阻式、电容感应式、红外线式及表面声波式等四种类型。

（1）电阻式触摸屏

电阻式触摸屏利用压力感应进行控制，是一块与显示屏表面配合的电阻薄膜屏。这是一种多层的复合薄膜，以一层玻璃或硬塑料平板作为基层，其表面涂有一层透明氧化金属导电层，再盖一层经过外表面硬化处理的光滑防刮塑料层。该塑料层的内表面也涂有一层导电层，两层导电层之间有许多细小（直径小于 0.04nm）的透明隔离点把两层导电层绝缘隔开。当用手指触摸显示屏时，两层导电层在触摸点位置接触，电阻发生变化，在 X 和 Y 两个方向上产生信号，送往触摸屏控制器。控制器检测到这一接触并计算出（X，Y）位置，模拟鼠标的方式动作，如图 10.1 所示。

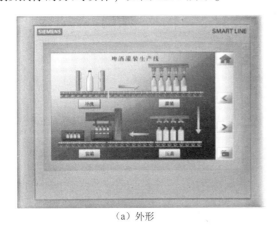
（a）外形

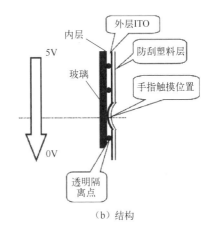
（b）结构

图 10.1　电阻式触摸屏

电阻式触摸屏解析度高，传输响应速度快，表面硬度高，可减少擦伤、刮伤，可同一点接触 3000 万次，适合工业控制领域。

（2）电容式触摸屏

电容式触摸屏是利用人体的电流感应进行工作的，是一块四层复合玻璃屏。玻璃屏的内表面和夹层各涂有一层 ITO，最外层是硅土玻璃保护层。夹层 ITO 涂层作为工作面，在四个角上引出四个电极。内表面 ITO 为屏蔽层，可保证良好的工作环境。当用手指触摸最外层时，由于人体电场，用户和触摸屏表面形成一个耦合电容，对于高频电流来说，电容是直接导体，于是手指在接触点吸走一个很小的电流。这个电流分别从触摸屏四角上的电极中流出，流经四个电极的电流与手指到四角的距离成正比。控制器通过对四个电流比例的精确计算，得出触摸点的位置，如图 10.2 所示。

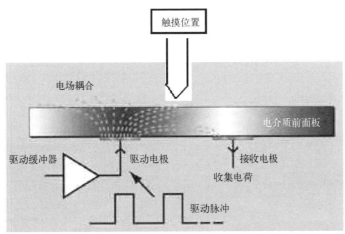

图 10.2　电容式触摸屏的工作原理

（3）红外线式触摸屏

红外线式触摸屏是利用 X、Y 方向上密布的红外线矩阵来检测并定位的。红外线式触摸屏在显示屏的前面安装一个电路板外框，电路板在显示屏的四边排布红外线发射管和红外线接收管，形成横竖交叉的红外线矩阵。用户在触摸显示屏时，手指就会挡住经过该位置的横竖两条红外线，可以判断出触摸点在显示屏上的位置。任何触摸物体都可改变触摸点上的红外线来实现对触摸屏的操作。

红外线式触摸屏价格便宜、安装容易，能较好地感应轻微触摸和快速触摸。由于红外线式触摸屏依靠红外线感应动作，因此外界光线变化均会影响准确度。红外线式触摸屏不防水，怕污垢，任何细小的外来物都会引起误差，不宜置于户外和公共场所使用。

（4）表面声波式触摸屏

表面声波式触摸屏是利用声波可以在刚体表面上传播的特性设计而成的。以右下角的 X 轴发射换能器为例，发射换能器将控制器通过触摸屏电缆送来的电信号转化为声波能量向左边表面传递后，由玻璃板下边的一组光电距离框精密反射条纹将声波能量向上均匀传递，声波能量经过屏体表面后，由上边的反射条纹聚集，向右传递给 X 轴的接收换能器，接收换能器将返回的表面声波能量变为电信号。当发射换能器发射一个窄脉冲后，声波能量历经不同途径到达接收换能器，最右边的最早到达，最左边的最晚到达，早到达的和晚到达的声波能量叠加成一个较宽的波形信号。波形信号的时间轴可反映各原始波形叠加前的位置，也就是 X 轴坐标。接收信号的波形在没有触摸时与参照波形完全一样。当手指或其他能够吸收或阻挡声波能量的物体触摸显示屏时，X 轴途经手指部位向上走的声波能量被部分吸收，即在接收波形的某一时刻的位置上有一个衰减缺口，控制器分析该衰减缺口可判定 X 坐标，计算缺口的位置即得触摸坐标，同样原理可确定 Y 轴触摸点的坐标。除了一般触摸屏都能响应的 X、Y 坐标外，表面声波式触摸屏还响应第三轴 Z 轴坐标，也就是能感知用户触摸压力值。三轴一旦确定，控制器就把它们传给主机。

表面声波式触摸屏具有清晰度较高、透光率好、高度耐久、抗刮伤性良好、反应灵敏、不受温度和湿度等环境因素影响、分辨率高、寿命长（维护良好情况下 5000 万次）、没有漂移等特点，目前在公共场所使用较多。

3. 触摸屏的结构组成

触摸屏由硬件和软件两部分组成。硬件部分包括显示屏模块、通信模块、逻辑控制模块等，如图 10.3 所示。软件一般分为两部分，如图 10.4 所示，即运行于触摸屏硬件中的处理器系统内核软件和运行于 PC 的 Windows 操作系统下的界面组态软件。使用者必须先使用界面组态软件制作"工程文件"，然后通过 PC 和触摸屏的通信模块，将编制好的"工程文件"下载到触摸屏的处理器中运行。

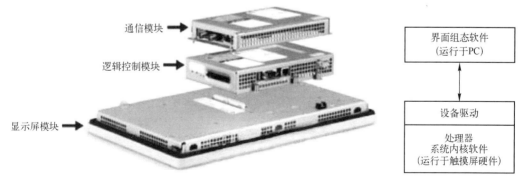

图 10.3　触摸屏硬件部分　　　　　　　图 10.4　触摸屏软件部分

西门子触摸屏的产品从低端到高端比较多,目前常用的几款主流产品有精简系列面板(Basic 系列)、精智面板(Comfort 系列)、移动式面板等。

10.1.2 创建 HMI 监控界面工作流程

在博途 V15 软件中,创建 HMI 监控界面工作流程的步骤如下:

① 在博途 V15 软件中创建一个 HMI 项目。
② 设置 HMI 与 PLC 之间的通信连接。
③ 定义 HMI 的内部变量和外部变量,通过外部变量与 PLC 变量关联。
④ 在组态框架内创建用于操作和观测技术流程的操作界面,例如组态项目数据、保存项目数据、测试项目数据和模拟项目数据等。
⑤ 编译组态信息后,将项目加载到 HMI,如图 10.5 所示。

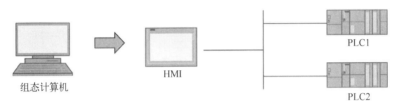

图 10.5 组态计算机、HMI 与 PLC

10.1.3 触摸屏、PLC 与计算机之间通信的硬件连接

下面以西门子精智面板 TP700 Comfort 触摸屏为例进行介绍。

1. 认识 TP700 Comfort 触摸屏的接口

图 10.6 是 TP700 Comfort 触摸屏的正/反面。图 10.7 是 TP700 Comfort 触摸屏的接口。

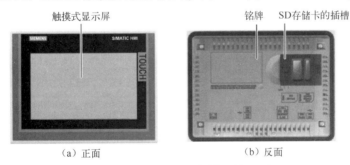

(a)正面　　　　　　　　　　(b)反面

图 10.6 TP700 Comfort 触摸屏的正/反面

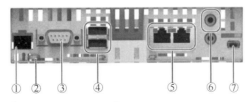

①X80电源接口;②电位均衡接口(接地);③X2 PROFIBUS(Sub-D RS-422/485);④X61/X62 USB A型;
⑤X1 PROFINET(LAN), 10/100 MBit;⑥X90音频输出线; ⑦X60 USB迷你B型。

图 10.7 TP700 Comfort 触摸屏的接口

2. TP700 Comfort 触摸屏的接线

（1）电源接线

TP700 Comfort 触摸屏需要接入 24VDC 电源，如图 10.8 所示。

（2）与计算机通信连接

TP700 Comfort 与组态计算机通信连接示意图见图 10.8。

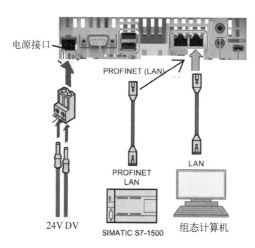

图 10.8　相关接口接线示意图

10.1.4　触摸屏与 PLC 之间通信的设置

在设计触摸屏界面之前，需要先添加一台合适的触摸屏。触摸屏与 PLC 之间的通信设置可分为两种情况：一种是触摸屏和 PLC 不在同一项目中；另一种是触摸屏和 PLC 在同一项目中。

1. 不在同一项目中

（1）打开博途 V15 软件，创建一个 HMI 项目，单击"项目树"下的"添加新设备"→"HMI"→"7″显示屏"→"TP700 Comfort"→"6AV2 124-0GC01-0AX0"选项，如图 10.9 所示，取消左下角的"启动设备向导"，单击"确定"按钮，生成如图 10.10 所示的 HMI 工作界面。

（2）在"项目树"下找到 HMI 的"连接"选项，双击出现"在"设备和网络"中连接到 S7 PLC"的窗口，在"连接"列表中添加要连接的 PLC，"名称"为"HMI_1"，"通信驱动程序"选择"SIMATIC S7 1500"，如图 10.11 所示。在巡视窗口下的"参数"中选择"接口"的通信方式为"以太网"，设置 HMI 设备和 PLC 的 IP 地址如图 10.12 所示。注意：HMI 设备的 IP 地址和 PLC 的 IP 地址必须为同网段。

（3）对于首次使用且没有下载过任何项目的触摸屏，在使用前，需要对其进行 IP 地址的设置，可以通过触摸屏直接设置，也可以通过博途 V15 软件进行设置。下面介绍通过博途 V15 软件进行设置的方法。

第 10 章 西门子人机界面

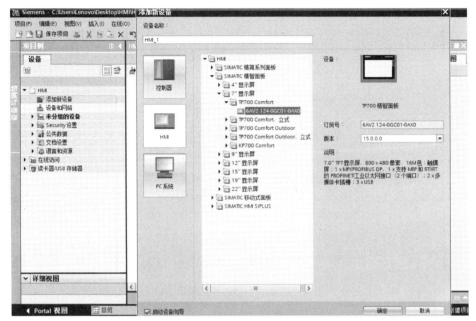

图 10.9 创建一个 HMI 项目

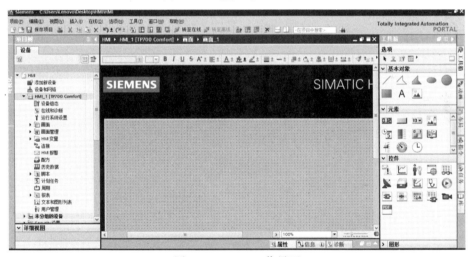

图 10.10 HMI 工作界面

图 10.11 连接 PLC

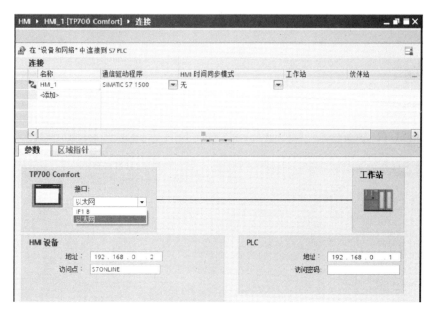

图 10.12 "参数"设置

① TP700 Comfort 触摸屏上电后,进入 Windows CE 操作系统,自动显示 Start Center V13.0.1.0,如图 10.13 所示。

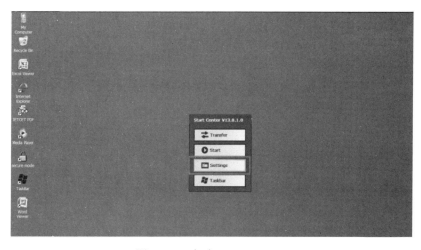

图 10.13 启动 TP700 Comfort

② 单击"Settings"按钮,打开设置面板,如图 10.14 所示。

图 10.14 设置面板

第 10 章 西门子人机界面

③ 双击图标，打开"Transfer Settings"对话框，如图 10.15 所示，在"General"选项卡中选择"Automatic"和"PN/IE"选项，单击"Properties"按钮进行参数设置。这里选择"PN_X1"接口，如图 10.16 所示。双击"PN_X1"网络连接图标，打开网卡设置对话框，分配 IP 地址和子网掩码，如图 10.17 所示，单击 OK 完成设置。

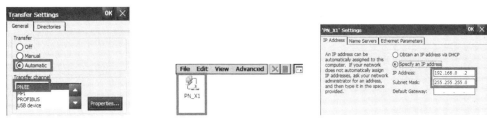

图 10.15 "Transfer Settings"对话框　　图 10.16 选择 PN_X1　　图 10.17 分配 IP 地址和子网掩码

2. 在同一项目中

（1）创建 PLC 站点。打开博途 V15 软件，创建一个名为"HMI_PLC"的项目和一个 PLC 站点，并完成 CPU 的基本设置，这里以 S7-1500 PLC 为例。

（2）添加 HMI 设备。在"项目树"下双击"添加新设备"→"HMI"→"SIMATIC 精智面板"→"7″显示屏"→"TP700 Comfort"→"6AV2 124-0GC01-0AX0"选项，如图 10.18 所示，勾选左下角"启动设备向导"选项，单击"确定"按钮进入向导设置界面，如图 10.19 所示。

图 10.18 添加 HMI 设备

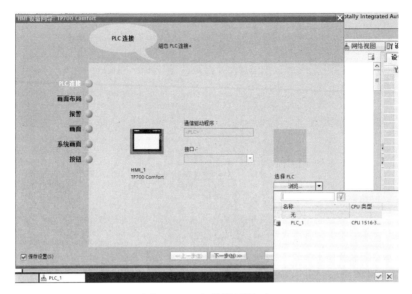

图 10.19　向导设置界面

（3）在向导设置界面中选择 "PLC 连接" 向导指示界面中的 "浏览" 选项，弹出选择窗口，单击确定后，如图 10.20 所示，通信驱动程序和接口自动生成。

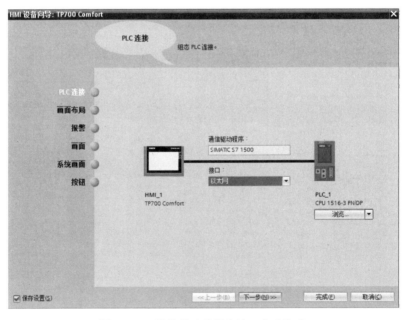

图 10.20　通信驱动程序和接口自动生成

如果在向导设置界面中没有配置通信参数，则可在 "网络视图" 中单击 HMI 的 "属性" → "常规" → "PROFINET 接口 [X1]" → "以太网地址" 选项，选择已在 PLC 中的子网 "PN/IE_1"，若没有单击 "添加新子网"，则默认将 HMI 的 IP 地址设为 192.168.0.2，子网掩码设为 255.255.255.0，如图 10.21 所示。组态中的 IP 地址要与在线访问中实际硬件的 IP 地址相同。此时可以看到 PLC 与 HMI 已成功使用 PN/IE_1 连接。

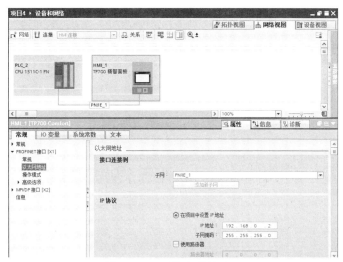

图 10.21　通信参数的配置

10.1.5　HMI 组态项目下载

西门子精智面板相比传统面板，组态软件和下载方式都产生了一些变化，下面主要介绍通过 PN/IE 和 USB 方式下载，下载前需确保 PLC 与 HMI 在线连接。

1. 通过 PN/IE 方式下载

（1）在"项目树"下选择"HMI_1 TP700 精智面板"，单击工具栏中的下载图标或单击"菜单"中的"在线"→"下载到设备"选项。当第一次下载项目到操作面板中时，"扩展的下载到设备"对话框会自动弹出，可设定"PG/PC 接口的类型"、"PG/PC 接口"和"接口/子网的连接"参数，如图 10.22 所示。注意：该对话框在之后的下载中不会再次弹出，下载会自动选择上次的参数设定。如果希望更改下载参数设定，则可以通过单击"菜单"中的"在线"→"扩展的下载到设备"选项来打开对话框进行重新设定。

图 10.22　"扩展的下载到设备"对话框

（2）单击"开始搜索"按钮，将以 PG/PC 接口对项目中所分配的 IP 地址进行扫描，如参数设定及硬件连接正确，将在数秒钟后扫描结束，此时"下载"按钮被使能，如图 10.23 所示。

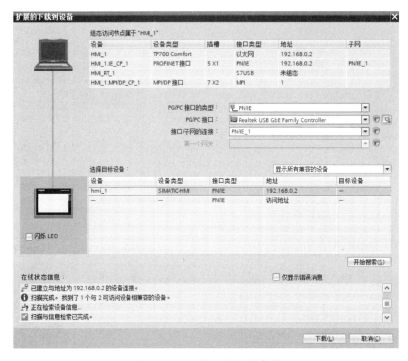

图 10.23 "下载"按钮被使能

（3）单击"下载"按钮进行项目下载，"下载预览"窗口将会自动弹出，如图 10.24 所示。下载之前，博途 V15 软件会自动对项目程序进行编译，只有程序无错后才可以进行下载，勾选"全部覆盖"，单击"下载"按钮可完成 HMI 项目的下载。注意：项目下载完成后，HMI 上所设置的 IP 地址将会被项目中所设置的 IP 地址替代。

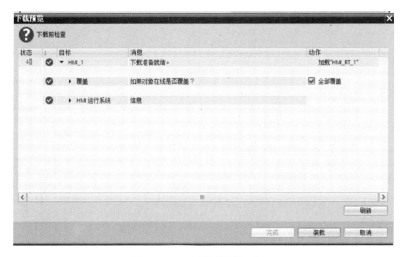

图 10.24 "下载预览"窗口

2. 通过 USB 方式下载

（1）需要使用 USB Type-A 到 USB Mini-B 的 USB 电缆，如图 10.25 所示。

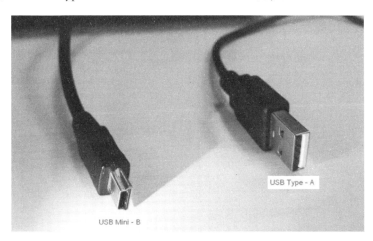

图 10.25　USB 电缆

（2）将 USB Mini-B 端插入 TP700 Comfort 触摸屏的 X60USB 接口，USB Type-A 端插入计算机的 USB 接口后，计算机将能检测到有新 USB 设备接入，会自动进行驱动安装，等待安装完成即可，如图 10.26 所示。

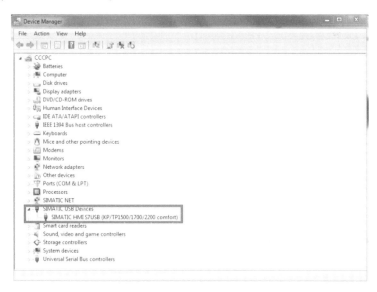

图 10.26　安装 USB 驱动

（3）TP700 Comfort 上电后，进入 Windows CE 操作系统，自动显示 Start Center。单击"Settings"按钮打开设置面板，双击 图标，打开"Transfer Settings"对话框。在"General"选项卡中选择"Automatic"和"USB device"，如图 10.27 所示。参数设置完成后，关闭设置面板。

图 10.27　USB 参数设置

(4) 在博途 V15 软件中下载设置。在"项目树"下选中"HNI_1 TP700 精智面板",单击工具栏中的下载图标或单击"菜单"中的"在线"→"下载到设备"选项。当第一次下载项目到操作面板时,"扩展的下载到设备"对话框会自动弹出,在该对话框中可将"PG/PC 接口的类型"设定为"S7USB","PG/PC 接口"设定为"USB",如图 10.28 所示,单击"开始搜索"按钮,对设备进行扫描,如参数设定及硬件连接正确,将在数秒钟后扫描结束,此时"下载"按钮被使能,单击"下载"按钮进行项目下载,"下载预览"窗口会自动弹出。在下载之前,博途 V15 软件会对项目程序进行编译,只有程序无错后才可进行下载,在下载前的检查中,可勾选"全面覆盖"后,单击"下载"按钮完成下载。

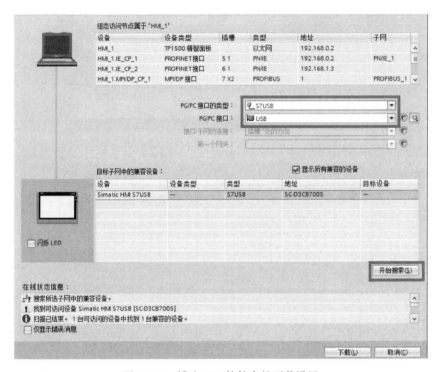

图 10.28　博途 V15 软件中的下载设置

10.1.6　HMI 变量

HMI 变量可分为内部变量和外部变量。

外部变量是 HMI 与 PLC 进行数据交换的桥梁,是 PLC 中定义存储元件的映像,有名称,有地址,可以在 PLC 和 HMI 中访问外部变量,其值随 PLC 程序的执行而变化。

内部变量与 PLC 之间没有连接关系,是内部存储器中的存储单元,只能进行内部访问。内部变量没有地址,只有名称。内部变量必须至少设置名称和数据类型。

HMI 变量如图 10.29 所示。每个变量都对应一些属性,使用时需要正确定义属性。下面主要介绍部分属性的设置说明。

(1) 名称:在 HMI 变量中的名称,必要时,在"名称"栏中输入一个唯一的变量名称,此变量名称在整个设备中必须唯一。

（2）数据类型：HMI 变量的数据类型。WinCC 将根据所连接 PLC 变量的数据类型来设置。如果 WinCC 中没有 PLC 变量的数据类型，则会在 HMI 变量上自动使用一个兼容数据类型。根据需要，可以指定让 WinCC 使用其他数据类型，并转换 PLC 变量的数据类型和 HMI 变量数据类型的格式。

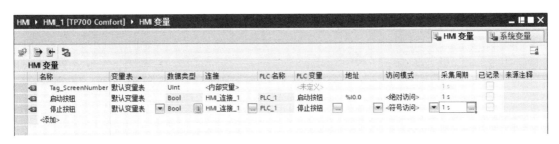

图 10.29　HMI 变量

（3）连接：在"连接"栏中选择内部变量或外部变量。如果选择外部变量，则在"连接"编辑器中创建与外部 PLC 的连接。如果需要的连接未显示，则必须先创建与 PLC 的连接。在"设备和网络"视图中，创建与 SIMATIC S7 PLC 的连接。如果项目包含 PLC 并在同一项目中组态 HMI 变量，则只需选择现有的 PLC 变量来连接 HMI 变量，系统会自动创建集成连接。

（4）PLC 名称：在"连接"栏中选择外部 PLC 时，会自动生成 PLC 名称。

（5）PLC 变量：在"PLC 变量"栏中单击 ▭ 按钮，在对象列表中选择已创建的 PLC 变量，单击√按钮，确认所选择的变量。

（6）访问模式：用于选择符号访问或绝对访问。建议在组态变量时尽量使用符号访问，可以在标准变量表或自己定义的变量表中创建变量。使用符号访问在 PLC 程序中修改变量的绝对地址时，HMI 无需重启，修改的绝对地址会立刻显示在 HMI 界面上。如果选择绝对访问，则在"地址"栏中会显示变量的绝对地址。

（7）采集周期：设置 HMI 在 PLC 中读取或写入变量的时间周期。对于周期的选择，可根据具体情况设定。

> **提示**：如果一个 PLC 变量要在 HMI 上显示，则可以直接把该变量拖曳到 HMI 界面中，博途 V15 软件会自动在 HMI 界面上添加显示该变量的控件，同时会在 HMI 变量表中建立该变量的相关连接。

10.2　简单画面组态

在"项目树"下打开添加的 HMI，在"画面"中添加一个新画面，取名为"根画面"，"根画面"窗口如图 10.30 所示，选中工作区界面，在巡视窗口的"属性"→"常规"选项下，根据要求设置名称、背景色、网络颜色等参数。常用的组态基本元素和控件等在工具箱中选择。本节主要介绍部分工具的组态。

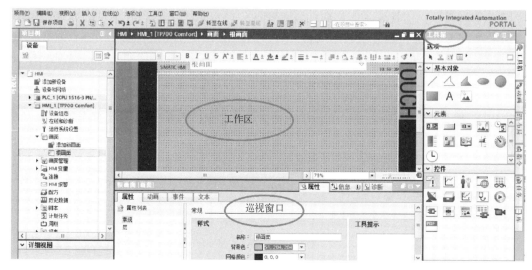

图 10.30 "根画面"窗口

10.2.1 按钮与指示灯的组态

图 10.31 "工具箱"中的按钮图标

1. 生成和组态按钮

按钮是 HMI 显示屏上的虚拟键,具有多项功能,比 PLC 输入端所连接物理按钮的功能强大。用户可在运行系统中使用按钮执行所有可组态的功能。图 10.31 为"工具箱"中的按钮图标。

(1)生成按钮

在"工具箱"中的"元素"窗口中,将按钮图标拖曳到画面合适的位置,用鼠标调节按钮的大小和位置,如图 10.32 所示。

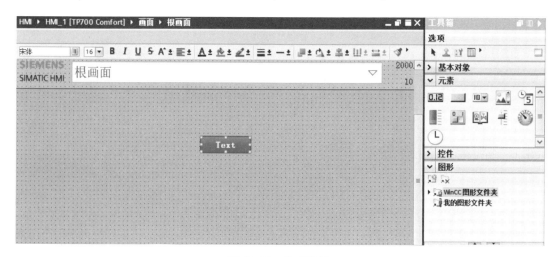

图 10.32 生成按钮

(2) 组态按钮

选中生成的按钮，在按钮巡视窗口的"属性"选项中，对基本"属性"、"动画"、"事件"和"文本"等参数进行相关要求的组态，如图10.33所示。

图 10.33 "属性"选项

① 属性。在巡视窗口的"属性"选项中，可自定义对象的位置、几何形状、样式、颜色和字体类型，还可以修改按钮模式、按钮的文本/图形及定义热键等特性。在按钮的"属性"选项中主要介绍"模式"参数。

"模式"参数用来定义对象的图形显示为静态或动态。在巡视窗口的"属性"→"属性"→"常规"→"模式"选项中可定义按钮的图形显示。按钮模式说明见表10.1。图形和文本设定说明见表10.2。

表 10.1 按钮模式说明

模 式	说 明
不可见	按钮在运行系统中不可见
文本	按钮以文本形式显示，说明按钮的功能
图形	按钮以图形形式显示，表示按钮的功能
图形和文本	按钮以文本和图形形式显示

表 10.2 图形和文本设定说明

类型	选项	说 明
图形	图形	使用"按钮"未按下"时的图形"，指定"关闭"（OFF）状态时按钮中显示的图形 使用"按钮"已按下"时的图形"，指定"打开"（ON）状态时按钮中显示的图形
	图形列表	按钮的图形取决于状态。根据状态显示图形列表中的相应条目
文本	文本	使用"按钮"未按下"时的文本"，指定"关闭"（OFF）状态下按钮中显示的文本 使用"按钮"已按下"时的文本"，指定"打开"（ON）状态时按钮中显示的文本
	文本列表	按钮的文本取决于状态。根据状态显示文本列表中的条目

② 动画。"动画"选项使用预定义的动画对画面对象进行动态化，可进行的动画类型如图 10.34 所示。

图 10.34　巡视窗口"属性"中的"动画"选项

在运行系统中，可以通过更改变量的值来控制画面对象的外观，当变量为某个值时，画面对象将根据组态改变颜色或闪烁特性。在巡视窗口中，选择"属性"→"动画"选项选择要使用的动画，本例选择"显示"→"外观"中的■按钮，按如图 10.35 所示进行组态，当组态完成后，在"动画"概览中，绿色箭头指示已组态好的动画。单击绿色箭头，将在巡视窗口中打开已组态的动画。

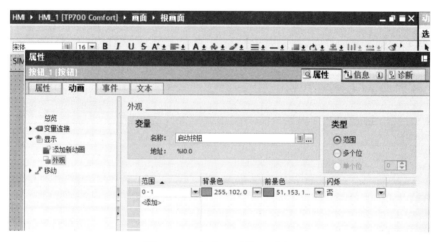

图 10.35　组态显示外观动态

> 提示：在变量表中添加的变量数据类型为 BOOL，该类型只能选择范围和多个位，在范围中只能选择 0 和 1 两种情况。

③ 事件。在按钮"事件"选项中，在左侧区域可以指定按钮的执行动作模式，每种动作模式所执行的功能需要在右边函数列表中定义，如图 10.36 所示。

按钮事件的动作模式说明见表 10.3。

第 10 章 西门子人机界面

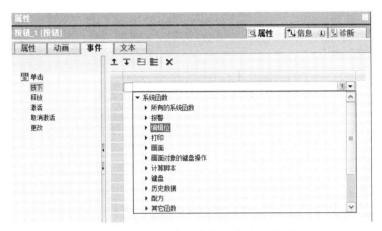

图 10.36 巡视窗口中的"事件"选项

表 10.3 按钮事件的动作模式说明

动 作 模 式	说　　明
单击	用户使用鼠标单击显示操作对象或使用手指触碰触摸屏时发生了该事件
按下	在用户按下功能键时发生该事件
释放	在用户松开功能键时发生该事件
激活	用户使用组态的 TAB 顺序选择显示或操作对象时发生该事件
取消激活	用户从显示操作对象获得焦点时发生该事件。可以使用组态的 TAB 顺序或通过使用鼠标执行其他操作来禁用画面对象
更改	如果显示和操作员控制对象的状态发生变化，将发生该事件

例如，定义一个按钮，当按下按钮时，置位 PLC 的启动按钮变量，当松开按钮时，复位 PLC 中的启动按钮变量。其操作步骤如下：

- 在"事件"选项中选中"按下"模式，单击右侧第一行"添加函数"及右边出现的 图标，在出现的函数列表中选择"编辑位"中的"置位位"，如图 10.37 所示，继续单击第二行变量红色区域及 图标，弹出"变量"选择窗口，"PLC 变量"选择为"启动按钮"后，单击右下角的 按钮。至此，在"按下"时将会置位该事件，如图 10.38 所示。

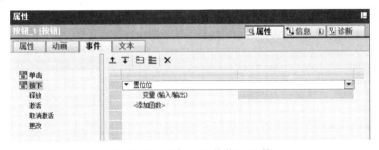

图 10.37 添加"置位位"函数

- 采用上述相同的方法定义"释放"动作模式，再选择函数为"复位位"，添加"PLC 变量"为"启动按钮"并确认。在"释放"时复位该事件如图 10.39 所示。

图 10.38 在"按下"时置位该事件

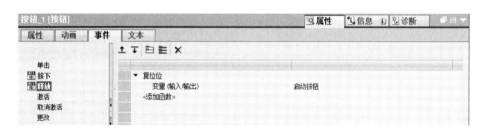

图 10.39 在"释放"时复位该事件

- 通过上述两步的设定,按钮具有点动按钮功能,即按下时启动按钮接通,释放时启动按钮复位。

④ 文本。引用按钮在 OFF/ON 状态时显示的文本。

2. 指示灯组态

指示灯可用来显示一个 BOOL 变量的状态,例如 PLC 变量中"电动机"的状态。下面介绍生成与组态指示灯的步骤。

(1) 在工具箱中的"基本对象"栏中,选择"圆"图形并拖曳到画面的合适位置,可适当调整位置和大小。

(2) 在巡视窗口中选择"属性"→"动画"→"显示"→"添加新动画"选项,如图 10.40 所示,在"动画类型"选项中单击"显示"→"外观"选项中的 图标,弹出添加外观动画参数窗口,如图 10.41 所示,在"变量"的"名称"栏中添加圆要连接的 PLC 变量为"KM1",在"范围"列表中的第一行添加值"0","背景色"根据情况设定,"边框颜色"选择默认,"闪烁"选择"否";第二行添加值"1","背景色"选择为"绿色",代表指示灯亮,"边框颜色"选择默认,"闪烁"选择"否"。

第 10 章 西门子人机界面

图 10.40 "添加新动画"选项

图 10.41 添加外观动画参数窗口

(3) 指示灯组态完成，当指示灯不亮时，显示灰色，当指示灯亮时，显示绿色。

按照上述步骤完成一个按钮和指示灯的生成与组态，如图 10.42 所示。如果不刻意追求

图 10.42 按钮和指示灯的生成与组态

495

画面的美观，则组态一个按钮必须要设定的主要属性参数就是"事件"选项，其他参数选项可根据实际要求进行必须的设定；组态一个指示灯时，必须对动画功能参数进行设定。在指示灯和按钮图形下边添加文字说明的方法：在基本对象栏中选择文本域A，将其拖曳到图形下边，选中文本域在巡视窗口中的"属性"→"属性"→"常规"→"文本"选项，在"文本"框中添加文字"电动机指示灯"，如图10.43所示。按照同样的方法可添加"启动按钮"。

图10.43 添加文字

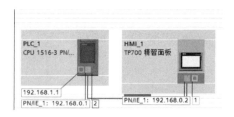

图10.44 网络组态

【实例10.1】 用按钮组态控制PLC程序中电动机的启/停，并用画面中的指示灯来显示电动机的启/停状态。

【操作步骤】

（1）打开博途V15软件，创建新项目名称为HMI-PLC，并添加新设备S7-1500 PLC和HMI。

（2）对S7-1500 PLC与HMI进行网络组态，如图10.44所示。

（3）PLC编程。定义PLC变量，见表10.4。

表10.4 定义PLC变量

	名称	数据类型	地址	保持	可从…	从H…	在H…	监控	注释
1	启动按钮	Bool	%M10.0		✓	✓	✓		
2	停止按钮	Bool	%M10.1		✓	✓	✓		
3	电动机	Bool	%Q0.0		✓	✓	✓		
4	<添加>				✓	✓	✓		

PLC 主程序如图 10.45 所示。

图 10.45 PLC 主程序

（4）组态 HMI 画面。

① 生成启动按钮、停止按钮和指示灯图形。打开 HMI 画面，在工具箱中选择元素中的按钮图标，并将其拖曳到画面的合适位置生成按钮，在基本对象中拖曳一个圆作为指示灯并添加相应的文字说明，如图 10.46 所示。

② 组态按钮。

图 10.46 生成按钮和指示灯

- 定义常规属性。对图 10.46 中的按钮进行组态，选中左边的按钮，在巡视窗口的"属性"→"属性"→"常规"选项中选择"模式"选项中的"文本"和"标签"选项中的"文本"，定义"按钮未按下时显示的图形"为"启动"，如图 10.47 所示。

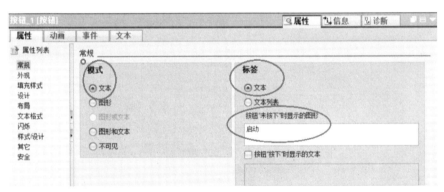

图 10.47 定义常规属性

- 定义动画。单击图 10.47 中的"动画"→"显示"→"外观"选项及"外观"中的 ■ 图标，弹出"外观"参数窗口，在"变量"的"名称"栏中添加"电动机"，"类型"选择为"范围"，"范围"值设定为"0"和"1"及对应的颜色，如图 10.48 所示。
- 定义事件。单击图 10.48 中的"事件"选项，对按钮的"按下"和"释放"参考前面介绍的方法定义。至此，启动按钮组态完成。
- 按照上述方法组态右边的按钮为停止按钮。不同的是，组态常规文本标签参数为"停止"，组态外观动画中的"范围"值为"1"时对应的颜色为红色，组态事件函数时，按钮连接的变量为"停止按钮"，其他不变。

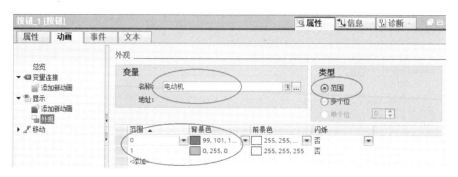

图 10.48 定义"外观"参数

③ 组态指示灯。

对于指示灯的组态,主要是对属性中的动画功能进行组态,单击"属性"→"动画"→"显示"选项,在"显示"选项中对外观进行动画组态,外观组态参数如图 10.49 所示,"变量"选项中的"名称"栏中添加"电动机","类型"选择为"范围","范围"值设定为"0"和"1"及对应的颜色。

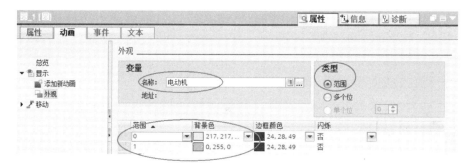

图 10.49 外观组态参数

组态完成的画面如图 10.50 所示。

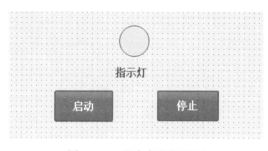

图 10.50 组态完整的画面

(5) 下载项目。分别将 PLC 站点和 HMI 站点的项目下载并调试。这里采用仿真调试。

① 选择 PLC 站点,单击开始仿真按钮,项目开始仿真下载,下载完毕,接通仿真电源。

② 选择 HMI 站点,单击开始仿真按钮,项目开始仿真下载,下载完毕,自动进入仿真界面,如图 10.51 所示。单击界面中的"启动"按钮,电动机运转,"指示灯"亮;按下"停止"按钮,电动机停止,"指示灯"灭,如图 10.52 所示。

第 10 章 西门子人机界面

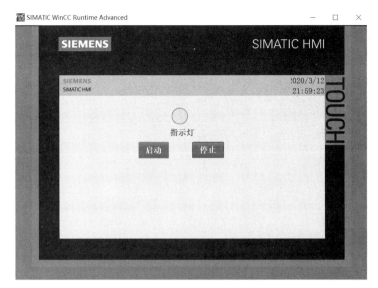

图 10.51　未运行的仿真界面

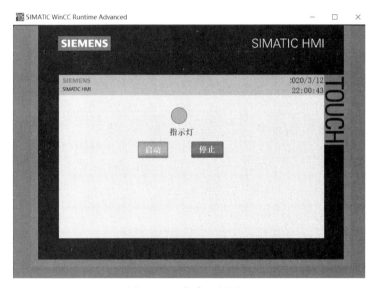

图 10.52　仿真运行界面

10.2.2　生成和组态开关

组态开关可用于在运行期间在两种预定义的状态之间进行切换，也就是常用的开关状态 1 和 0。通过文本或图形将开关对象的当前状态进行可视化处理，工具箱基本元素中的开关如图 10.53 所示。

1. 生成开关

把基本元素中的开关图标通过拖曳的方式放到画面工作区的合适位置，并进行适当的调整，如图 10.54 所示。

图 10.53　工具箱基本元素中的开关

499

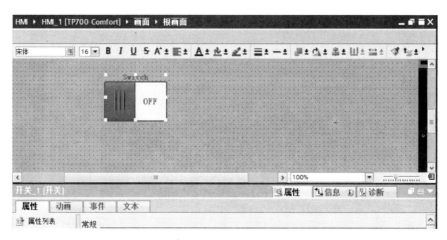

图 10.54　生成开关

2. 组态开关

（1）属性

在巡视窗口的"属性"→"属性"→"常规"选项中，主要对"过程"和"模式"参数进行设定，如图 10.55 所示。

图 10.55　开关"属性"的"常规"参数窗口

① 过程变量。

如果对象属性带有变量，则该对象属性在运行系统中是否能够更改取决于变量。这里的变量可以是 HMI 内部变量，也可以是 PLC 变量。例如，开关连接变量，画面对象的属性在运行系统中将取决于变量所用的值，通过变量连接组态动画功能，可以直接添加提前创建好的变量，也可以通过下面介绍动画功能中的方法来定义。

② 模式。

通过"模式"选项可指定按钮外观，常用的类型有三种，见图 10.55，说明见表 10.5。

表 10.5　开关类型说明

类　　型	描　　述
开关	"开关"的两种状态均按开关的形式显示。开关的位置指示当前状态。在运行期间通过滑动开关来改变状态。对于这种类型，可在"开关方向"（Switch orientation）中指定开关的运动方向

续表

类型	描述
带有文本切换	该开关显示为一个按钮。其当前状态通过标签显示。在运行期间单击相应按钮即可启动开关
带有图形切换	该开关显示为一个按钮。其当前状态通过图形显示。在运行期间单击相应按钮即可启动开关

（2）动画

组态动画需要连接变量来实现。下面通过组态实例来介绍动画组态的过程。

① 选择要动态控制"属性"的画面对象，对象属性将显示在巡视窗口中。在巡视窗口中，选择"属性"→"动画"选项显示动画类型，如图 10.56 所示。这里选择的组态对象为开关。

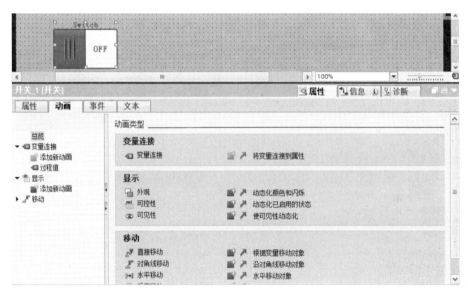

图 10.56 "动画"窗口

② 选择"变量连接"选项并单击 图标，弹出连接"属性"窗口，添加属性"名称"，在"过程"选项的"变量"栏中添加提前创建好的变量，如图 10.57 所示。这里定义的变量与前面介绍的"常规"选项中"过程"的"变量"是一致的，此变量只要有一方定义了，另一方就自动添加。

图 10.57 添加变量

③ 选定对象的"显示"→"外观"选项对开关的外观显示进行动画组态，单击 显示 中的 图标，将显示动画参数，如图 10.58 所示。

图 10.58 "动画"参数窗口

④ 在"外观"选项的"变量"中定义一个变量，单击右边的 图标，弹出项目站点文件和变量窗口，选择提前创建好的 HMI 内部变量 HMI_Tag_1，单击 按钮确认，此时变量名称已添加，如图 10.59 所示。

图 10.59 添加变量名称

⑤ 将图 10.59 中的"类型"选择为"范围"，在"范围"列表中添加对象要动画显示的范围值和对应变化的颜色，如图 10.60 所示。

图 10.60 添加范围值和对应变化的颜色

⑥ 组态完成后，可进行仿真调试，即单击开始仿真按钮进入仿真界面，图 10.61 是开关仿真前后动画颜色变换对比运行显示。

（3）事件

在开关"事件"选项中，定义调用的开关在系统中执行哪些功能，可以指定开关的执行动作模式，每种动作模式所执行的功能需要在函数列表中定义，如图 10.62 所示。动作模式有 5 种，见表 10.6，添加事件函数、定义相关执行功能可参考前面按钮组态中的介绍。

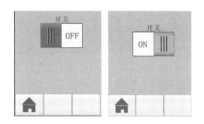

图 10.61　开关仿真前后动画颜色变换对比运行显示

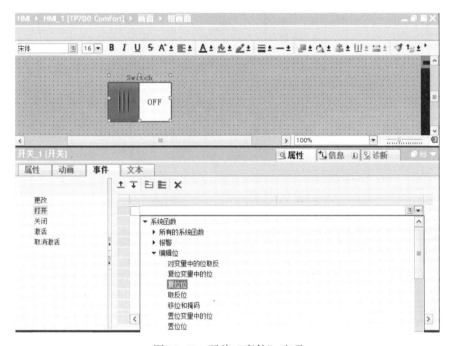

图 10.62　开关"事件"选项

表 10.6　动作模式说明

动作模式	说　明
更改	如果显示和操作员控制对象的状态发生变化，将发生该事件
打开	当用户将显示和操作对象"开关"置于 ON 位置时发生的事件
关闭	当用户将显示和操作对象"开关"置于 OFF 位置时发生的事件
激活	用户使用组态的 TAB 顺序选择显示或操作对象时发生该事件
取消激活	用户从显示操作对象获得焦点时发生该事件。可以使用组态的 TAB 顺序或使用鼠标执行其他操作来禁用画面对象

（4）其他属性参数

开关的其他属性参数可参考软件中的在线帮助进行设置。

10.2.3 生成和组态 I/O 域

I/O 域用来输入和显示变量的数值，I/O 域图标如图 10.63 所示。

图 10.63 I/O 域图标

1. 生成 I/O 域

将 ![icon] 图标拖曳到画面工作区的合适位置，并进行适当的调整，如图 10.64 所示。

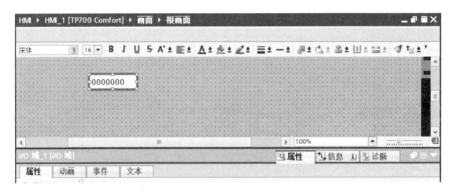

图 10.64 生成 I/O 域

2. 组态 I/O 域

在巡视窗口的"属性"→"属性"→"常规"选项中设定"过程"、"类型"和"格式"参数，如图 10.65 所示。

（1）"类型"选项中的"模式"根据设定的"过程"参数中的变量是输入还是输出来选择，模式有 3 种，见表 10.7。

表 10.7 类型模式说明

类型模式	说明
输入	在运行系统中，利用 I/O 域输入的数值和字母，传送 PLC 中指定的变量并保存
输出	在 I/O 域中显示 PLC 变量的数值
输入/输出	同时具有 I/O 域的输入和输出功能，既能输入修改 PLC 的变量数值，又能将修改后的 PLC 变量数值显示出来

（2）输入和输出值的"显示格式"在巡视窗口的"属性"→"常规"→"格式"选项中设定，显示格式说明见表 10.8。

第 10 章 西门子人机界面

图 10.65　设定 I/O 域的参数

表 10.8　显示格式说明

显 示 格 式	说　　明
二进制	以二进制形式输入和输出数值
日期	输入和输出日期信息。格式依赖于在 HMI 设备上的语言设置
日期/时间	输入和输出日期和时间信息。格式依赖于在 HMI 设备上的语言设置
十进制	以十进制形式输入和输出数值
十六进制	以十六进制形式输入和输出数值
时间	输入和输出时间。格式依赖于在 HMI 设备上的语言设置
字符串	输入和输出字符串

(3) 限制

"限制"参数用来定义与该对象连接过程变量的限制条件，如图 10.66 所示。

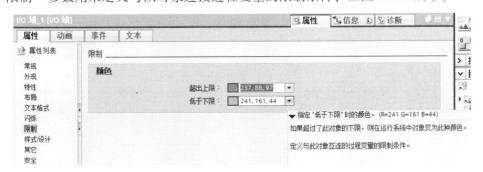

图 10.66　"限制"参数窗口

在巡视窗口的"属性"→"属性"→"限制"选项下，设置"超出上限"或"低于下限"的数值的颜色。在运行过程中，如果数值发生超限，那么即使 I/O 域处于"输入"

505

模式，其背景色也将根据组态进行相应变化，且数值将不能应用。例如，当限值为 78，输入值为 80 时，如果组态有报警窗口，则 HMI 设备将生成一个系统事件，将再次显示原始值。

10.2.4 生成和组态符号 I/O 域

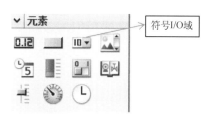

图 10.67 符号 I/O 域图标

符号 I/O 域可组态运行系统中用于文本输入和输出的选择列表，符号 I/O 域图标如图 10.67 所示。

1. 生成符号 I/O 域

将 图标拖曳到画面工作区的合适位置，并进行适当的调整，如图 10.68 所示。

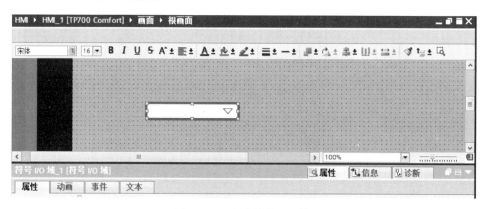

图 10.68 生成符号 I/O 域

2. 组态符号 I/O 域

在巡视窗口的"属性"→"属性"→"常规"选项中设定过程变量、模式和内容等参数，如图 10.69 所示。过程变量参数的设置可参考前面开关组态的方法，有 4 种模式，模式类型说明见表 10.9。

图 10.69 符号 I/O 域"属性"窗口

表 10.9　模式类型说明

模式类型	说　　明
输出	符号 I/O 字段用于输出数值
输入	符号 I/O 字段用于输入数值
输入/输出	符号 I/O 字段用于数值的输入和输出
两种状态	符号 I/O 字段仅用于输出数值，且最多具有两种状态。该字段在两个预定义的文本之间可进行切换。例如，可用于显示一个阀的两种状态：关闭或打开

图 10.69 中，"内容"选项中的"文本列表"参数是用来为符号 I/O 域添加变量的输出显示字段或文本列表的条目。在文本列表中，文本被分配给变量的值，如果符号 I/O 域用于显示字段，则相关联的文本会因组态变量的值而异。如果符号 I/O 域用于输入字段，则当操作员在运行系统中选择相应的文本时，组态变量将采用相关联的值。文本列表的具体设定方法如下。

（1）单击"文本列表"栏右边的 按钮，弹出"文本列表"表格，单击"添加新列表"选项，将在"文本列表"中自动新创建"文本列表_1"，如图 10.70 所示，单击 按钮确认。至此，"文本列表"中自动添加"文本列表_1"，并且浏览箭头变成绿色 。

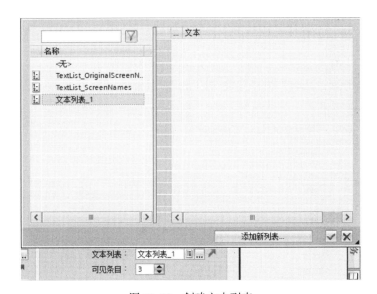

图 10.70　创建文本列表

（2）单击浏览绿色箭头 ，进入"文本和图形列表"窗口，如图 10.71 所示，在"文本列表"栏中可看到添加的"文本列表_1"。

（3）在"文本列表_1"中设定选择类型，例如设定为"值/范围"。选择类型有 3 种：一是值/范围，表示当变量的值在指定范围时，将显示文本列表中的文本；二是位（0、1），表示当变量的值为 0 时，显示文本列表中的某个文本，变量的值为 1 时，显示文本列表中的另一个文本；三是位号（0~31），表示当变量具有指定位号的值时，将显示文本列表中的文本。

图 10.71 "文本和图形列表"窗口

(4)在"文本列表条目"栏中定义"值"或其范围。当输入变量在指定的值范围时，在运行系统中将显示每个值范围对应的文本，如图 10.72 所示，设定完文本列表后，符号 I/O 域如图 10.73 所示。

图 10.72 "文本列表条目"栏　　　图 10.73 设定完文本列表后的符号 I/O 域

(5)继续在符号 I/O 域巡视窗口的"属性"→"常规"→"过程"→"变量"选项下，选择符号 I/O 域要关联控制的变量（可以是 HMI 内部变量也可以是 PLC 变量），如图 10.74 所示。如果"模式"栏选择"输入/输出"，则符号 I/O 域可以通过定义的文本值来控制该变量，该变量再去控制其他元素显示。如果变量定义为 PLC 变量，则通过符号 I/O 域定义的文本值来控制该变量。

图 10.74 选择要关联控制的变量

(6)组态一个指示灯，单击指示灯的"属性"→"动画"→"添加新动画"→"外观"选项设定相关参数，如图 10.75 所示，变量选择 HMI 内部变量"HMI_Tag_1"，与符号 I/O 域的过程变量一致，"类型"选择"范围"，"范围"设定为"0"和"1"，并分别对应不同的颜色显示。

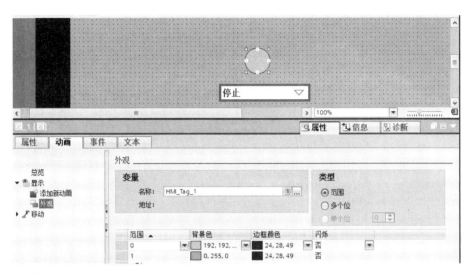

图 10.75 组态指示灯

(7) 至此，完成符号 I/O 域控制指示灯的亮/灭组态。按下工具栏中开始仿真按钮进行画面仿真调试，运行结果如图 10.76 所示。

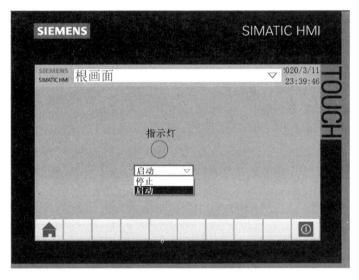

图 10.76 用符号 I/O 域控制指示灯的仿真运行结果

10.2.5 符号库的使用

符号库包含大量的备用图标。这些图标都是用来表示画面中的系统和工厂设备的，如图 10.77 所示。

当在画面中生成符号库后，在巡视窗口的"属性"→"常规"选项中即可看到丰富的图标类别，如图 10.78 所示。

图 10.77 符号库图标

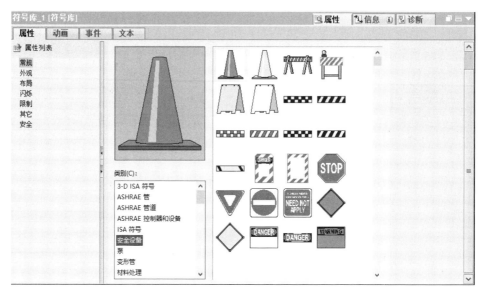

图 10.78 符号库中的图标类别

10.2.6 画面切换

在实际生产中需要使用较多的 HMI 画面,画面需要经常切换以用于不同场景。下面将以实例的方式来介绍 HMI 画面切换的方法。

【实例 10.2】创建 3 个 HMI 画面,利用按钮实现对 3 个画面之间的切换。

【操作步骤】

(1) 在"项目树"下选择 HIM 中的"画面",分别添加 3 个新画面:画面_1、画面_2 和画面_3,如图 10.79 所示。

(2) 组态画面_1

① 生成按钮。打开画面_1,在工具箱中找到按钮并拖曳到合适位置,用同样的方法再添加一个按钮,如图 10.80 所示。

图 10.79 添加 3 个画面

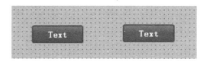

图 10.80 在画面_1 中添加两个按钮

② 组态按钮。
- 常规属性设置。选中左边的按钮,在巡视窗口的"属性"→"属性"→"常规"→"模式"和"标签"选项的文本中进行设置,如图 10.81 所示。

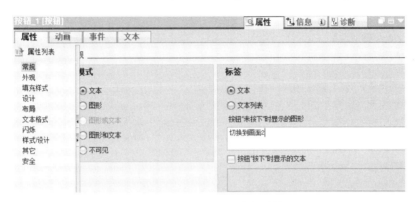

图 10.81　设置按钮常规属性

- 事件设置。在巡视窗口的"属性"中对事件进行设置,选中"单击"选项,在右边列表中添加函数"激活屏幕",设置"画面名称"为"画面_2",如图 10.82 所示。至此,第一个按钮组态完成。用同样的方法组态第二个按钮,如图 10.83 所示。

图 10.82　定义按钮事件

- 用同样的方法组态画面_2 和画面_3,如图 10.84 所示。

图 10.83　组态第二个按钮　　　　图 10.84　组态画面_2 和画面_3

- 3 个画面之间的切换按钮组态完成后,可以仿真下载、模拟、调试。

【实例 10.3】　通过 PLC 变量中的数值变化,对 HMI 画面进行实时刷新切换。
【操作步骤】
(1) 在"项目树"下选择 HIM 中的"画面",分别添加 3 个新画面,即画面_3、画面_4、画面_5。

(2) 打开"画面_3",在巡视窗口的"属性"→"常规"选项中,将"背景色"改为黄色,画面"编号"改为3,如图10.85所示。

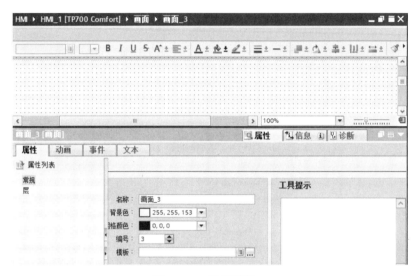

图 10.85　组态画面_3

(3) 打开画面_4,在巡视窗口的"属性"→"常规"选项中,"背景色"改为蓝色,画面"编号"改为4,如图10.86所示。

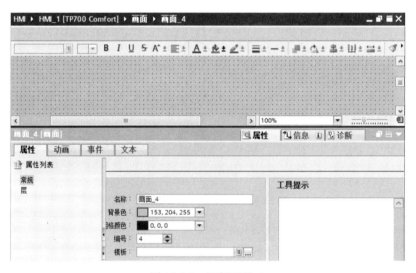

图 10.86　组态画面_4

(4) 打开画面_5,在巡视窗口的"属性"→"常规"选项中,"背景色"改为绿色,画面"编号"改为5,如图10.87所示。

(5) 添加 PLC 变量。

打开 PLC 默认变量表,在变量表中添加一个新变量,名称为"画面编号","数据类型"为"Int","地址"为"%MW20",如图10.88所示。

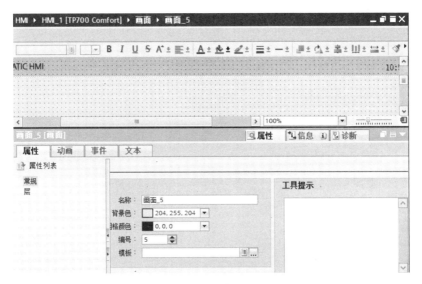

图 10.87 组态画面_5

图 10.88 添加 PLC 变量

(6) 添加 HMI 变量。

打开 HMI 变量表，在默认变量表中添加一个新变量，名称为"画面编号"，"数据类型"为"Int"，"连接"选择"HMI_连接_1"方式，"PLC 变量"选择 PLC 默认变量表中的"画面编号"。在标题栏中右击，弹出列表窗口，在"显示隐藏"窗口中勾选"采集模式"后，在标题栏中生成一列"采集模式"，将"画面编号"的"采集模式"改为"循环连续"，即可在系统中不断刷新变量，如图 10.89 所示。

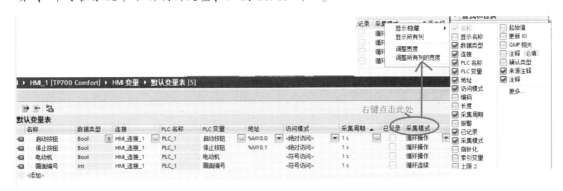

图 10.89 添加 HMI 变量并定义

513

选中图 10.89 中的"画面编号"变量,单击 HMI 变量参数巡视窗口的"属性"→"事件"→"数值更改"选项,添加"根据编号激活屏幕"函数,"画面号"关联 HMI 默认变量表中的"画面编号",如图 10.90 所示。这个函数的作用是能够根据变量值来识别每张画面的编号并进行切换。

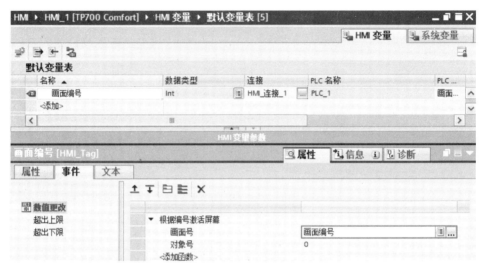

图 10.90 添加函数

(7) 编译、下载、调试。

将 HMI 的程序编译、下载到画面后,当 PLC 中的"画面编号"变量值变化为 3 时,HMI 将显示画面_3;若 PLC 中的"画面编号"变量值变化为 4 时,HMI 将显示画面_4;若 PLC 中的"画面编号"变量值变化为 5 时,HMI 将显示画面_5。

> 说明:如果手头上没有实际的 PLC 和 HMI,则步骤 (7) 可省略,直接进行下一步仿真调试。

(8) 仿真调试。

分别仿真下载 PLC 和 HMI,打开 PLC 的监控表与强制表,在监控表中添加变量画面编号和地址,如图 10.91 所示,"修改值"改为"3",单击工具栏中的全部监视按钮,再单击立即修改按钮,HMI 画面切换到画面_3,如图 10.92 所示。如修改值为"4"和"5",则画面将随之切换。

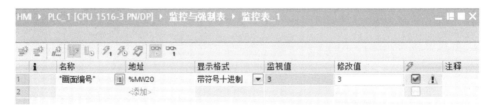

图 10.91 修改监控表

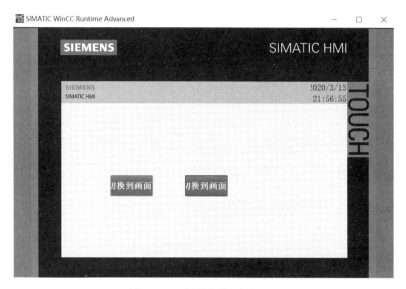

图 10.92　仿真切换到画面_3

10.2.7　日期/时间域和时钟的组态

博途 V15 软件可以通过日期/时间域在画面中显示系统当前的日期和时间，也可以在画面中通过日期/时间域设置和显示日期时间型变量的值。日期/时间域和时钟图标如图 10.93 所示。

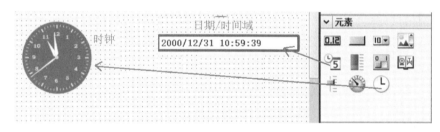

图 10.93　日期/时间域和时钟图标

1. 日期/时间域的组态

日期/时间域可显示系统时间和系统日期。在巡视窗口中，除可以设置对象的位置、样式、颜色和字体类型，还可以修改长日期/时间格式、系统时间和变量等属性参数，如图 10.94 所示。长日期/时间格式用于设置日期和时间的显示格式；系统时间用于指定显示的系统时间；变量用于指定显示连接变量的时间。

在图 10.94 的"格式"选项中，勾选"长日期/时间格式"将会在 HMI 画面中完整地显示日期和时间，例如 2000 年 12 月 31 日，星期日，上午 10:59:59，若禁止，则以简短形式显示日期和时间，例如 12/31/2000 10:59:59 AM；如果勾选"系统时间"，则变量将隐藏，不能使用，如图 10.95 所示；在"域"选项中，可选择"显示日期"与"显示时间"；在"类型"中可选择"模式"为"输出"或"输入、输出"。

图 10.94　日期/时间域"属性"选项

图 10.95　勾选"系统时间"

2. 时钟的组态

在时钟巡视窗口"属性"中，可以自定义对象的位置、形状、样式、颜色和字体类型，并可以修改属性参数，如图 10.96 所示。

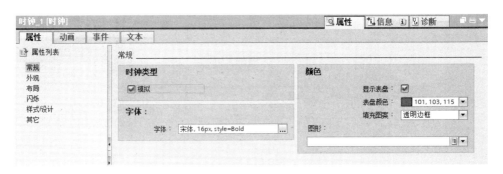

图 10.96　时钟"属性"选项

模拟显示用于指定时钟的显示方式（模拟时钟或数字时钟）。若设置模拟时钟，将只显示表盘；若设置数字时钟，将显示数字式日期和时间。"显示表盘"用于指定是否显示模拟时钟的小时标记。

10.2.8　棒图组态

棒图是一个带有刻度值的标记。变量的变化可通过棒图显示为填充图形的变化并通过刻度值进行标记，以便显示设备的当前值和组态的限制范围相差多少或是否达到参考值。

图 10.97 为棒图图标。

在棒图的巡视窗口"属性"中，可自定义位置、形状、样式、颜色和字体类型等，并可以修改属性参数等。

1. 常规参数

图 10.98 为棒图"常规"参数："过程"参数中的"最大刻度值"和"最小刻度值"可根据实际情况进行设置；"过程变量"需要在 HMI 中定义。

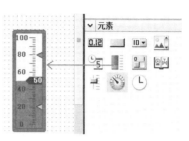

图 10.97　棒图图标

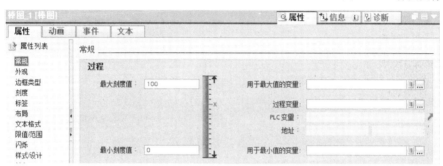

图 10.98　棒图"常规"参数

2. 外观参数

巡视窗口的"属性"→"属性"→"外观"参数如图 10.99 所示。"颜色梯度"的变化方式见表 10.10。如果启用"显示变量中的范围"选项，则在运行系统中棒图的颜色梯度变化不再起作用。

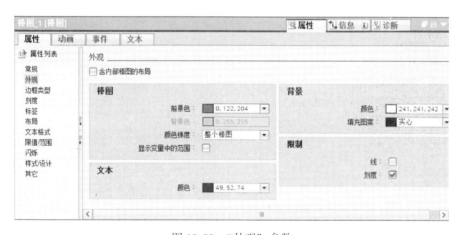

图 10.99　"外观"参数

表 10.10　"颜色梯度"的变化方式

颜 色 梯 度	变 化 方 式
按段	如果达到了特定限制，棒图的颜色将分段显示。通过分段显示，可看到所显示的值超出了哪个限制
整个棒图	如果达到了某个特定限制，则整个棒图的颜色都会改变

3. 限值/范围参数

可以使用不同颜色表示限值和范围。在巡视窗口中，激活要在运行系统中显示的限值和范围，其范围需要在变量中定义，这里可更改限值和范围的默认颜色，如图 10.100 所示。

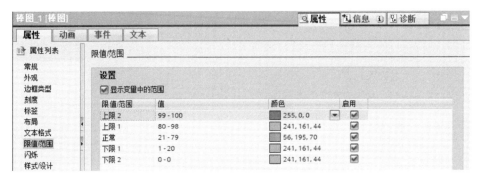

图 10.100　棒图"限值/范围"参数

【**实例 10.4**】通过改变 PLC 变量的值来实现棒图图形的变化显示。

【**操作步骤**】

（1）在"项目树"下选择 HIM 中的"画面"选项，添加一个新画面并生成棒图图形。

（2）添加 PLC 变量

打开 PLC 的默认变量表，添加一个新变量，"名称"为"液位"，"数据类型"为"Int"，"地址"为"%MW22"，如图 10.101 所示。

图 10.101　添加 PLC 变量

（3）添加 HMI 变量

打开 HMI 变量表，在默认变量表中添加一个新变量，"名称"为"液位"，"数据类型"为"Int"，"连接"选择"HMI_连接_1"方式，"PLC 变量"选择 PLC 默认变量表中的"液位"，如图 10.102 所示。

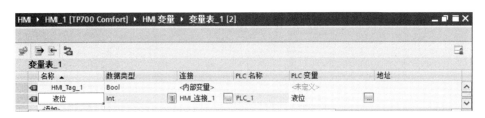

图 10.102　添加 HMI 变量

选中图 10.102 中"名称"为"液位"的变量，并在 HMI 变量参数巡视窗口的"属性"选项中设定常规参数，如图 10.103 所示。

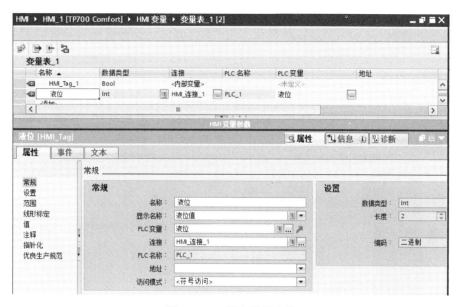

图 10.103　设定常规参数

单击图 10.103 中的"属性"→"范围"选项，弹出如图 10.104 所示"范围"窗口，选择设定范围的上限和下限数值，单击"上限 2"右边的 按钮选择常量，在相关域中输入数字，本例输入"98"，"上限 1"设定为"90"，用同样的方法设定下限值，如图 10.105 所示。如果要将其中一个限值定义为变量值，则使用 按钮选择 HMI 变量。

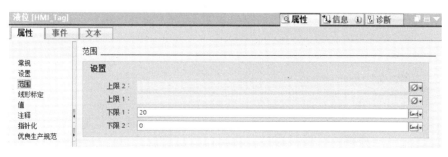

图 10.104　"范围"窗口

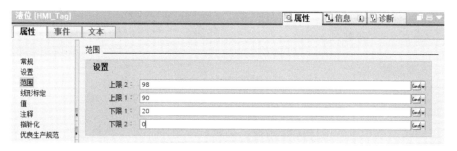

图 10.105　设定"范围"参数

(4) 棒图组态。

① 在棒图的"属性"→"外观"选项中启用"显示棒图中的范围"。

② 在棒图的"属性"→"闪烁"→"类型"选项中选择"已启用标准设置"。

③ 棒图"属性"下的常规参数和限值范围参数已经在前面的变量参数设定中自动生成，这里不再设置。

(5) 下载、仿真、调试。

通过上述步骤组态完成后，下载、仿真、调试，调试方法与【实例10.3】基本相同，可供参考，棒图运行仿真界面如图10.106所示：液位为0，黑色指针中的数字0闪烁。

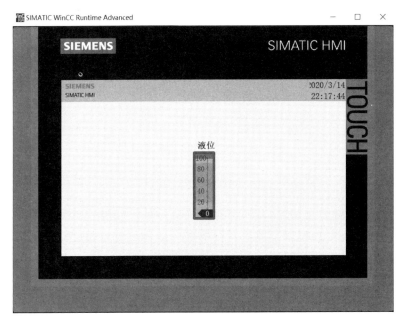

图 10.106　棒图运行仿真界面

10.2.9　量表组态

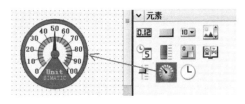

图 10.107　量表图标

量表以模拟量表形式显示模拟数字值，只能用于显示，不能由操作员控制，在运行期间便于观察量表的变化是否在正常范围内，如图10.107所示。

在量表"属性"巡视窗口中，可以定制对象的位置、几何形状、样式、颜色和字体类型，并可重点修改下列属性：

① 显示峰值指针：指定实际测量范围是否由从属指针指示。

② 最大值和最小值：指定标尺的最大值和最小值。

③ 范围的起始值和警告范围的起始值：指定危险范围和警告范围开始处的刻度值。

④ 显示正常范围：指定是否在刻度上用颜色显示正常范围。

⑤ 各种范围的颜色：使用不同的颜色来显示不同的运行模式（例如正常范围、警告范

围和危险范围),以便于操作员对其进行区分。

例如,设置量表显示速度,如图 10.108 所示:设定显示速度,单位为转/分,过程变量为速度,其他属性组态方法类同棒图。

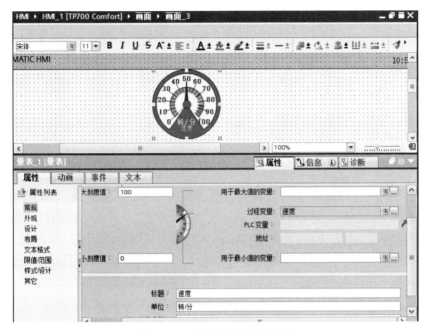

图 10.108　设置量表显示速度

10.3　报警组态

在自动化控制系统中,HMI 可以随时对发生的事件或操作以报警的形式直接显示在画面中,便于操作人员及时处理,或者将报警信息记录下来,以便日后查看。

HMI 报警的设置主要是设置发生报警事件的触发条件、对应的级别和报警显示的内容等。

10.3.1　报警形式

在 HMI "项目树"下打开 "HMI 报警"选项,如图 10.109 所示,可对"离散量报警"、"模拟量报警"、"控制器报警"、"系统事件"、"报警类别"和"报警组"等报警信息进行修改。

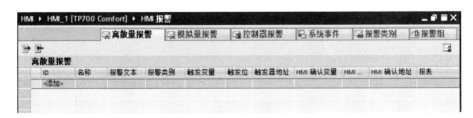

图 10.109　"HMI 报警"选项

报警有两种形式：一种是自定义报警，包括离散量报警和模拟量报警；另一种是系统报警，包括控制器报警和系统事件，由系统自动生成。

1. 自定义报警

自定义报警是由用户组态的报警，用来在 HMI 设备上显示过程状态，或者显示从 PLC 接收的数据。

离散量报警：离散量（又称开关量）对应二进制数的 1 位。离散量的两种相反状态可以用 1 位二进制数的 0、1 状态来表示。例如，出现故障信号用 1 表示，故障消失用 0 表示。

模拟量报警：模拟量（例如温度值）超出上限或下限时，可以触发模拟量报警。

自定义报警的类别如下。

（1）警告

警告用于显示常规状态及过程中的日常操作，不需要确认。

（2）错误

错误用于显示过程中的关键/危险状态或越限情况，必须要确认。

2. 系统报警

系统报警用于监视工厂过程系统报警信息来显示 HMI 设备或 PLC 中的特定系统状态，由生产厂家预定义完成，用于在 HMI 设备上显示。

控制器报警：随博途 V15 软件一起安装，并且只有在博途 V15 软件环境中操作 HMI 时才可用，无需更改、确认或报告，仅用于发出信号。

系统事件：向操作员提供关于 HMI 设备和 PLC 操作状态的信息。在"HMI 报警"的编辑器中打开"系统事件"选项卡时，软件将提示您导入或更新系统事件，如图 10.110 所示，并指定显示时间段，不能删除或创建新系统事件，只能编辑系统事件的报警文本。

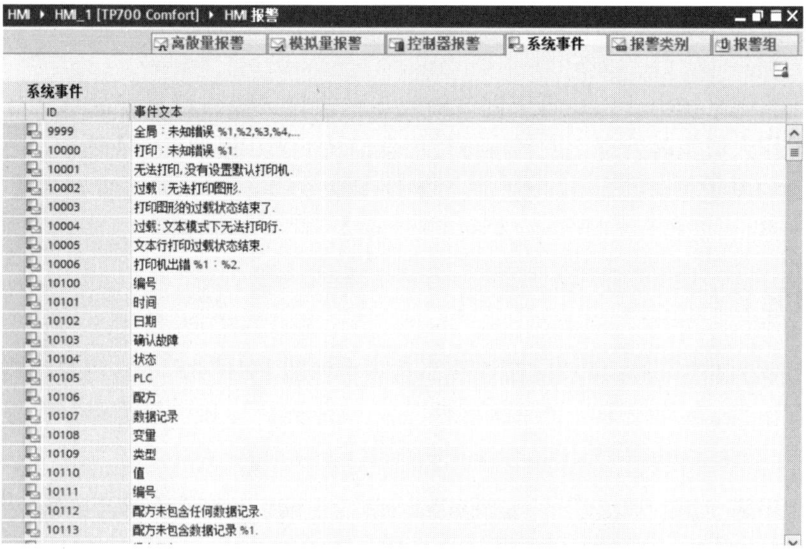

图 10.110 导入或更新系统事件

系统报警的类别如下。

（1）System（系统）

系统报警包含显示 HMI 和 PLC 状态的报警。

（2）Diagnosis Events（诊断事件）

诊断事件包含显示 SIMATIC S7 PLC 的状态和报警，不需要确认。

（3）Safety Warnings（安全警告）

安全警告包含故障安全操作的报警，不需要确认。

3. 报警组态

在博途 V15 软件中，报警组态的步骤如下。

（1）创建报警类别

使用"报警类别"选项可定义在运行系统中如何显示报警并定义报警状态。打开"HMI 报警"编辑器的"报警类别"选项卡创建报警类别。系统已为每个项目创建了一些默认报警类别。也可以创建自定义报警类别，最多可以创建 32 个报警类别，如图 10.111 所示。

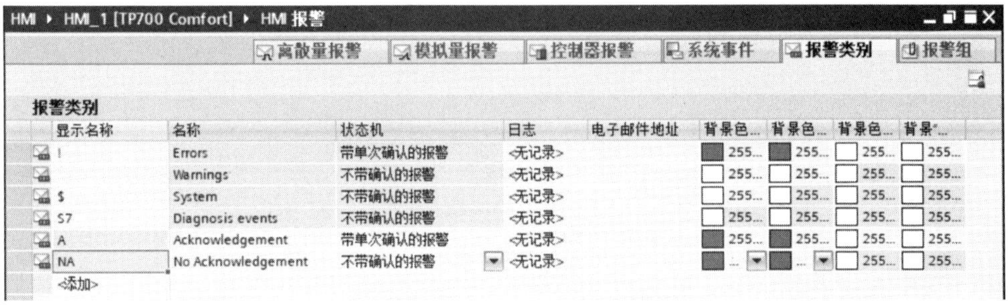

图 10.111　创建报警类别

（2）在"HMI 变量"编辑器中创建变量

在项目中组态相关变量并为变量创建范围值。

（3）在"HMI 报警"编辑器中创建变量

创建自定义报警，并为其分配要监视的变量、报警类别、报警组和其他属性，也可以将系统函数或脚本分配给报警事件。

（4）输出组态报警

在"画面"编辑器中组态报警视图或报警窗口，在报警视图中启用"属性"→"常规"→"报警类别"等选项，如图 10.112 所示。

（5）其他组态任务

视项目要求而定，组态报警可能需要的其他任务：

① 激活和编辑系统事件。可在初次打开"HMI 报警"编辑器的"系统事件"选项卡中导入系统事件，导入后，可对系统事件进行编辑。

② 激活和编辑控制器报警。对于项目集成操作，可通过报警设置来指定要在 HMI 设备上显示的控制器报警。

③ 创建报警组。根据报警之间的相互关系，将项目的报警分配至各个报警组，如根据错误原因（例如断电）或错误来源（例如电动机 1）进行分组。

④ 组态 Loop-In-Alarm。组态 Loop-In-Alarm，以便在接收到报警后，切换到包含所选报警信息的画面。

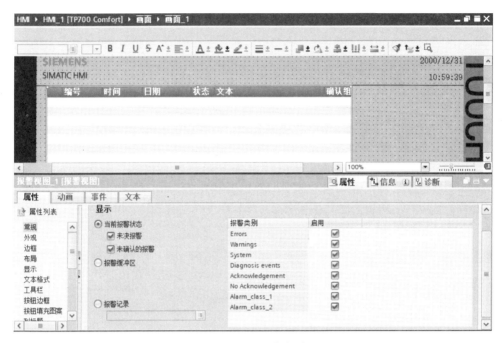

图 10.112　启用"报警类别"选项

10.3.2　离散量报警组态

离散量报警是由 PLC 触发的离散报警，用于指示当前设备过程的状态。

【实例 10.5】组态一个离散量报警。

【操作步骤】

(1) 新建项目，创建 PLC 和 HMI 项目站点，并进行网络组态。

(2) 在 PLC 默认变量表中新建一个数据类型为"Int"的变量，将"名称"改为"液位报警"，"地址"选定为"%MW24"，如图 10.113 所示。

图 10.113　创建 PLC 变量

(3) 在 HMI 默认变量表中新建一个数据类型为"Bool"的内部变量，将"名称"改为"液位报警"，如图 10.114 所示。

(4) 添加离散变量。双击"项目树"下的"HMI 报警"选项，打开"HMI 报警"窗口，并切换至"离散量报警"界面，添加第一条离散量报警，并将"报警文本"修改为

"外部报警第 0 位需确认报警","报警类别"保持"Errors","触发变量"选择 PLC 默认变量表中的"液位报警"。

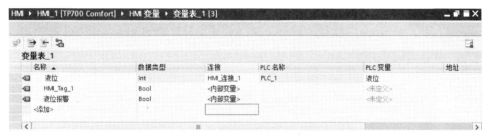

图 10.114　创建 HMI 内部变量

添加第二条离散量报警,并将"报警文本"改为"内部变量报警,"报警类型"选择"Errors","触发变量"选择 HMI 默认变量表中的"液位报警",将"触发位"修改为"0",如图 10.115 所示。

图 10.115　"离散量报警"选项

(5) 组态输出报警视图。在"项目树"下打开画面 1 并拖入一个文本域,将文本修改为"内部变量",在其旁边拖出一个 I/O 域,将 I/O 域的"变量"连接为"液位报警","显示格式"选择"二进制","格式样式"选择"八位二进制",如图 10.116 所示,在工具箱中拖入一个报警视图,调整大小后,在报警视图"属性"中的"常规"选项下启用报警类别。

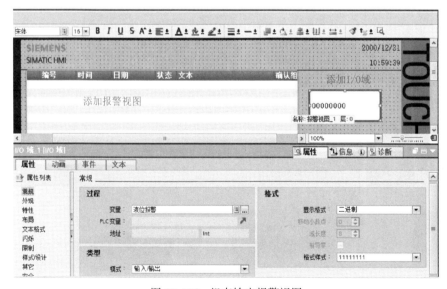

图 10.116　组态输出报警视图

(6) 离散量报警组态完成后，进行下载或仿真调试。

单击"开始仿真"按钮，分别下载 PLC 和 HMI 项目进行仿真调试。

① 将 I/O 域的第 0 位值改为 1，报警视图将显示一条由内部变量产生的报警信息。若将 I/O 域的第 0 位值改为 0，则报警视图中的状态将变为"IO"，在右下角单击确认后，报警记录消失，如图 10.117 所示。

图 10.117　内部变量触发报警

② 若将 PLC 中变量 MW24 的第 0 位值改为 1，则报警视图将产生一条报警记录，状态为"I"表示到达，如图 10.118 所示；将"MW24"的第 0 位值改为"0"，报警视图中的状态变为"IO"，状态"O"表示离去，单击确认后，将会把报警记录消除。

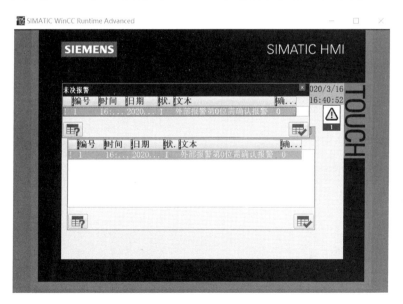

图 10.118　PLC 变量 0 位触发报警显示

10.3.3 模拟量报警组态

模拟量报警用于指示过程期间超出限值的情况。

【实例 10.6】组态一个模拟量报警。

(1) 新建项目,创建 PLC 和 HMI 项目站点,并进行网络组态。

(2) 在 PLC 默认变量表中新建一个"数据类型"为"Int"的变量,将"名称"改为"速度报警","地址"设定为"%MW40",如图 10.119 所示。

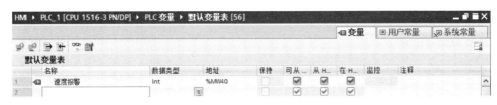

图 10.119　创建 PLC 变量

(3) 在 HMI 默认变量表中新建一个"数据类型"为"Int"的变量,将"名称"改为"外部变量需确认",如图 10.120 所示。

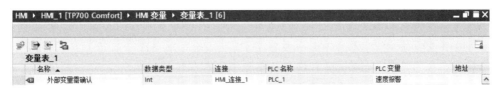

图 10.120　创建 HMI 变量

(4) 添加模拟量报警。双击"项目树"下的"HMI 报警"选项,打开"HMI 报警"窗口,并切换至"模拟量报警"界面,添加一条新模拟量报警,将"报名文本"改为"外部变量需确认超 100 报警","报警类别"保持"Errors"类型,"触发变量"勾选 PLC 默认变量表中速度报警,"限制"栏中输入常数"100",如图 10.121 所示。

图 10.121　添加模拟量报警

(5) 组态输出报警视图。在"项目树"下打开"画面_1"界面,在工具箱中拖出一个报警视图到画面中,调整视图大小,并在"属性"→"常规"选项中启用相关的报警类别,如图 10.122 所示。

(6) 模拟量报警组态完成后,进行仿真、下载、调试。

单击"开始仿真"按钮,分别下载 PLC 和 HMI 项目并进行仿真调试。

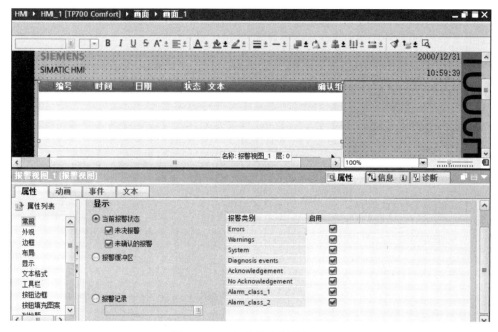

图 10.122　组态输出报警视图

打开 PLC 监控表添加变量地址"%MW40",当 PLC 中变量"%MW40"的"监视值"修改为"101"后,报警视图将产生一条报警记录,状态为"I",表示到达,如图 10.123 所示;将"%MW40"的"监视值"修改为小于 100 后,报警视图的状态将变为 IO,表示离去,单击确认后,将会把报警记录消除。

图 10.123　PLC 变量触发报警显示

10.4 用户管理

10.4.1 用户管理基本概念

1. 用户管理功能

在生产中,技术人员会将自己的产品数据保护起来,防止数据遗失和被盗用。这时,使用系统中的用户管理功能就可以很好地解决这一问题。用户管理功能可以定义用户具有特定的授权和访问权限,并且可以建立用户和组成用户组,在 WinCC 用户管理中集中管理用户、用户组和权限,将用户和用户组与项目一起传送到 HMI 设备,通过用户视图在 HMI 设备中管理用户和密码。所有需要使用 HMI 设备的用户都需要通过用户名和密码才能登录。

2. 用户和用户组

在博途 V15 软件的"项目树"下选择需要使用的 HMI,在 HMI 站点下双击"用户管理"选项,弹出当前 HMI 的用户管理界面,如图 10.124 所示。用户管理界面主要由用户和用户组两部分构成。

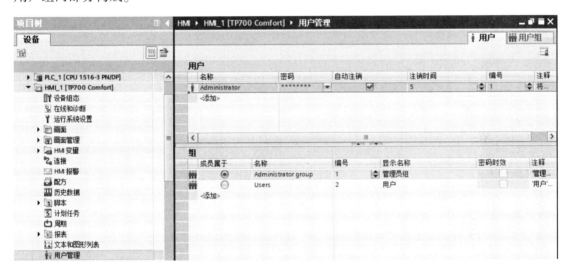

图 10.124 HMI 用户管理界面

(1) 用户:属于某一个特定的用户组,一个用户只能分配给一个用户组。

用户工作区以表格形式列出用户和用户组,可以管理用户,并将其分配到用户组。工作区包括"用户"和"组"表。"用户"表显示已存在的用户,在表中选择一个用户之后,"组"表中将显示该用户所属的用户组。

(2) 用户组:设置某一类用户组在工作区中的管理和授权。

"组"表显示已存在的用户组。在表中选择用户组时,"权限"表的"激活"列将显示该用户组所分配的权限。用户组和权限的编号由用户管理指定。预定义的权限编号是固定的。对于自己创建的权限可以进行任意编辑,但需确保所分配的编号唯一,如图 10.125 所示。

图 10.125　用户组工作区

10.4.2　用户管理组态

1. 创建用户组并分配权限

创建用户组，并为其分配权限的具体步骤如下：

（1）打开用户组工作区。

（2）在"组"表中双击"添加"。

（3）输入"管理员"作为"名称"。

（4）重复步骤（2）和（3）创建"用户"和"操作员"用户组。

（5）设置每个组的权限：

① 在"组"表中单击"管理员"，在"权限"表中激活相关权限，如图 10.126 所示。

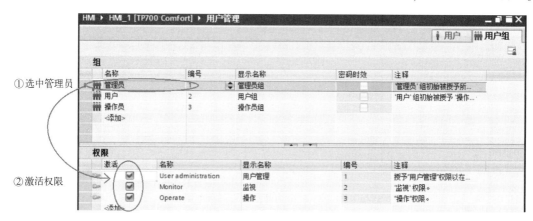

图 10.126　激活管理员权限

② 在"组"表中单击"用户"，在"权限"表中激活相关权限，如图 10.127 所示。

③ 采用同样的方法激活"操作员"权限，如图 10.128 所示。

2. 创建用户并分配到用户组

创建用户并为其分配用户组，在输入名称后，立即按字母顺序排序用户，具体创建、分配步骤如下：

（1）在"用户"表中双击"添加"。

（2）输入"lcj"作为"名称"。

第 10 章 西门子人机界面

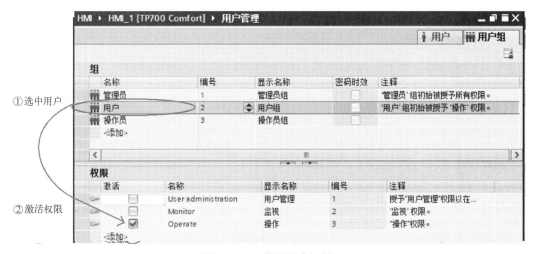

图 10.127　激活用户权限

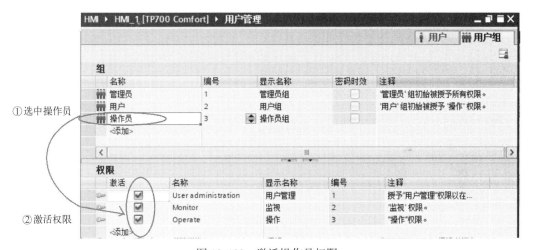

图 10.128　激活操作员权限

（3）在"密码"列中单击，如图 10.129 所示，弹出"输入密码"对话框，输入"123"作为密码，在"确认密码"框中再次输入密码，单击 ✓ 图标确认。

图 10.129　"输入密码"对话框

（4）在"组"表中激活"用户"用户组。

（5）重复上述步骤，添加管理员和操作员，如图10.130所示。

图10.130　添加管理员和操作员

【实例10.7】组态带有登录对话框的按钮。

【实例要求】在画面中将一个按钮组态为用户登录时显示的"登录对话框"，
这样，不同的用户可以通过用户名和密码登录到运行系统中。在该过程中，先
前登录的用户自动退出。

【操作步骤】

（1）在HMI"项目树"下添加新画面，并在画面中添加一个按钮。

（2）单击按钮，在巡视窗口中单击"属性"→"属性"→"常规"选项，弹出如图10.131所示的界面，设置模式为"文本"，"标签"中的"文本"框中添加文字"登录"。

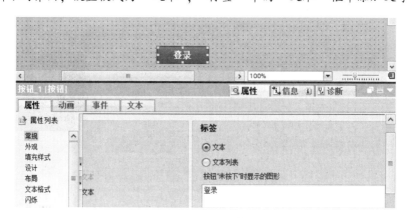

图10.131　设置按钮常规属性

（3）单击"属性"→"事件"→"释放"选项，弹出如图10.132所示的界面，在界面中选中"释放"模式，在函数列表中单击"添加函数"条目，从"用户管理"组中选择添加系统函数"显示登录对话框"。

（4）组态完成后，当用户在运行系统中单击该按钮，调用函数"显示登录对话框"时，即会显示登录对话框，用户可以用其用户名和密码登录。图10.133是运行仿真界面。

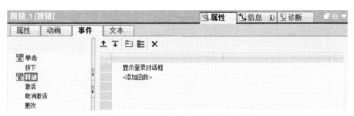

图 10.132　添加按钮事件函数

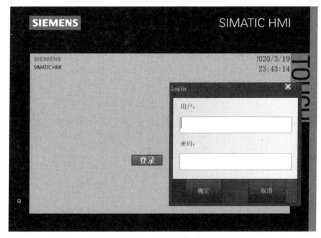

图 10.133　运行仿真界面

10.4.3　计划任务

计划任务用于自动执行由事件控制的任务，无需画面支持，只需调用相关的系统函数或脚本连接到触发器即可创建任务，当发生触发事件时调用连接函数。一个计划任务由触发器和任务类型组成，如图 10.134 所示。启动任务由触发器控制，通过计划任务程序启动连接到触发器的任务。

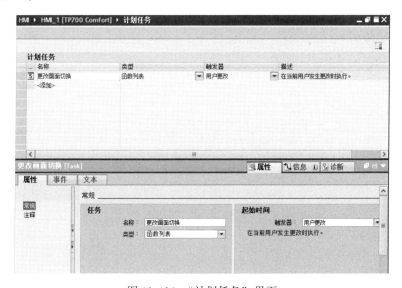

图 10.134　"计划任务"界面

通过一个计划任务可以自动执行以下操作:
(1) 定期交换记录数据;
(2) 在报警缓冲区溢出时打印输出报警报表;
(3) 在轮班结束时打印输出报表;
(4) 监视变量;
(5) 监视用户更改。

【实例 10.8】 计划一项任务,当用户更改时可切换当前用户需要的工作画面。

【操作步骤】
(1) 在 HMI "项目树"下创建画面_1 和画面_2。
(2) 组态登录界面。参考【实例 10.7】在画面_1 中组态为登录界面,并把画面_1 定义为开机运行时的起始画面,如图 10.135 所示。

图 10.135　组态画面_1

(3) 组态工作界面。将画面_2 组态为操作员工作界面,如图 10.136 所示。

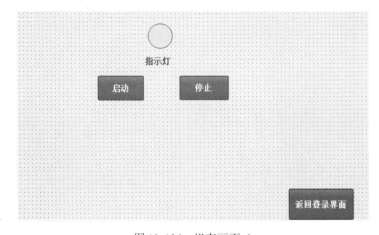

图 10.136　组态画面_2

(4) 添加用户管理。创建用户和用户组并分配权限和密码。

(5) 创建计划任务。在任务区域的表中单击"添加",在"名称"栏中输入"用户更改时切换画面",在"触发器"栏中选择"用户更改",如图 10.137 所示,在巡视窗口中选择"属性"→"事件"选项,在函数列表中选择系统函数"激活屏幕",在"画面名称"栏中选择"画面_2"。

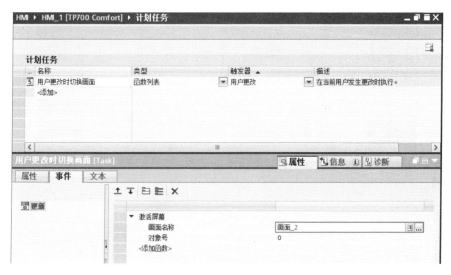

图 10.137　创建计划任务

(6) 仿真调试,单击登录,弹出"登录对话框",输入用户名,如图 10.138 所示,登录成功后,将调用工作界面"画面_2",如图 10.139 所示。

图 10.138　登录仿真

【实例 10.9】组态用户的登录与退出系统,实时更新并显示当前用户,具有操作权限的用户随时可以修改登录密码。

535

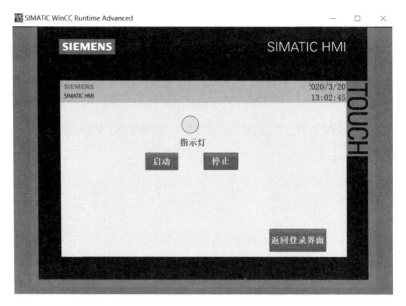

图 10.139 调用工作界面仿真

【操作步骤】

(1) 在 HMI "项目树"下创建两个画面，分别是"画面_1 起始画面"和"画面_2 密码界面"。

(2) 组态登录界面。"画面_1 起始画面"界面如图 10.140 所示，在画面中添加三个按钮、一个文本域和一个 I/O 域，并分别组态。将三个按钮的文本显示分别改为"登录"、"退出"、"修改密码"，文本域改为"当前用户"。

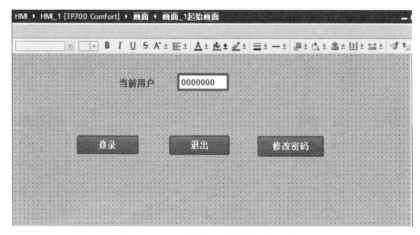

图 10.140 "画面_1 起始画面"界面

单击"登录"按钮，在巡视窗口的"事件"→"单击"模式中添加"显示登录对话框"函数。

单击"退出"按钮，在巡视窗口的"事件"→"单击"模式中添加"注销"函数。

单击"修改密码"按钮，在巡视窗口的"属性"→"安全"选项中将"权限"更改为"Operate 操作权限"，"事件"窗口选择"激活屏幕"函数，"对象号"同样选择"0"，"画面名称"选择"画面_2 密码界面"。

单击 I/O 域,在巡视窗口的"属性"→"常规"选项中关联"过程变量"为 HMI 变量表中"数据类型"为"WString"的变量。注意:关联变量时,应先在 HMI 变量表中添加一个数据类型为 WString 的新变量,如图 10.141 所示。

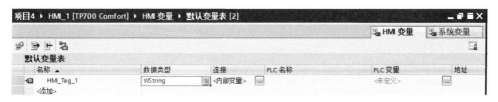

图 10.141 添加新变量

(3) 创建计划任务。单击"项目树"下的"计划任务"选项添加一个新任务,将触发器设置为"用户更改"。单击任务巡视窗口的"事件"选项添加"获取用户名"函数,将变量关联 HMI 默认变量表中刚刚添加的数据类型为 WString 的新变量。

添加这条计划任务的作用是当登录与退出注销的用户发生改变时,I/O 域可以同步显示用户的登录与退出注销,如图 10.142 所示。

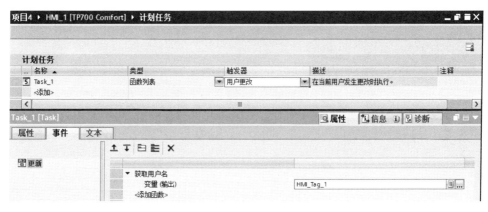

图 10.142 添加计划任务

(4) 组态画面_2 密码界面。在"画面_2 密码界面"中,拖曳工具箱中的 ⛹ 添加一个用户视图,再添加一个按钮,将按钮的文本显示更改为"返回起始画面",在按钮"事件"巡视窗口中,选中"单击"模式添加"激活屏幕"函数,将"画面名称"更改为"画面_1 起始画面","对象号"选择"0",如图 10.143 所示。

(5) 创建用户和用户组。打开用户管理,添加两个新用户,为方便输入,将密码分别设定为 123、456。在"组"表中添加一个新的组,将"名称"分别改为"管理员"、"用户"和"操作员"。单击用户名为"Admin"一栏,将其对应选取为"组"→"成员属于"→"管理员组",同理将用户名为"wang"选取为用户组,将用户名为"zhang"选取为操作员组,如图 10.144 所示。注意:用户名称不能使用中文。

单击"用户组"选项,设置"管理员"拥有所有权限,设置"用户"只具有监视权限,设置"操作员"具有操作权限。在实际使用中,"用户"、"组"和"权限"等视情况而添加,如图 10.145 所示。

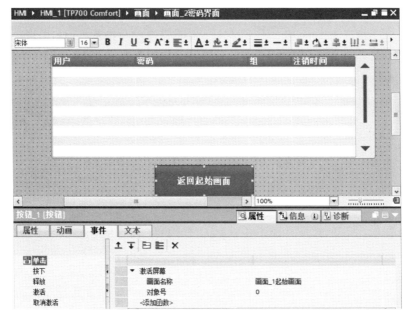

图 10.143　组态"画面_2 密码界面"

图 10.144　创建用户和用户组

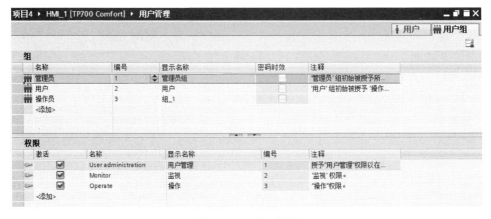

图 10.145　设置权限

(6) 开始仿真。单击仿真按钮进入仿真界面,单击"登录"按钮,输入刚才设定的操作员用户名"zhang",输入密码"456",I/O 域将显示"zhang",如图 10.146 所示,随后单击"修改密码"按钮,将跳转到"画面_2 密码界面",在用户视图中也可以更改密码,如图 10.147 所示。单击"返回起始画面"按钮,跳转到"画面_1 起始画面"。**注意**:更换用户时需要先单击"退出"按钮,注销掉此用户。

图 10.146 操作员登录

图 10.147 操作员修改密码

若使用监视用户"wang",则输入设定密码"123",登录后,单击"修改密码"按钮,弹出输入密码窗口后确认,将显示授权不足,如图 10.148 所示。因为在设定权限时只勾选了监视权限,所以只能监视画面而无法操作按钮。

若使用管理员用户"Admin",则所有功能都可实现。

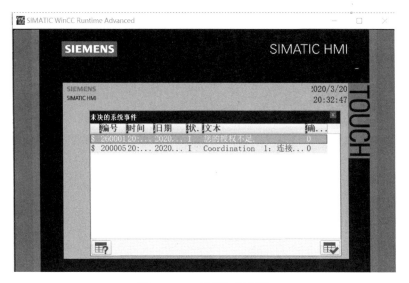

图 10.148　显示权限不足

10.5　HMI 与 PLC 的基本应用

10.5.1　使用 HMI 与 PLC 控制电动机运转

【实例 10.10】使用 HMI 控制电动机的运转，在屏幕上显示电动机的运转状态。

【操作步骤】

（1）根据任务要求设计电气原理图，如图 10.149 所示。

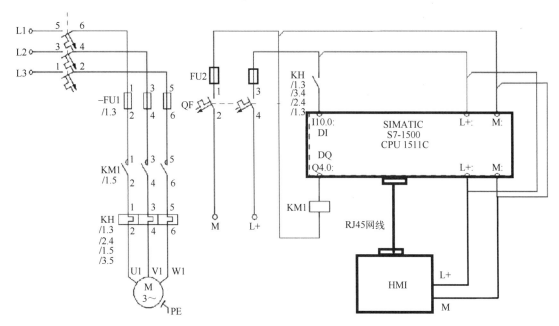

图 10.149　电气原理图

(2) 根据任务要求及电气原理图分配 I/O 地址，见表 10.11。

表 10.11　I/O 地址分配

输入			输出		
输入端口	输入器件	作用	输出端口	输出器件	控制对象
I10.0	KH（常开触点）	过载保护	Q4.0	KM1 接触器	电动机 M

(3) 根据任务要求及电气原理图，选定任务需要的主要设备材料，见表 10.12，选择设备材料时应考虑以下事项：

① 主要应考虑设备材料的数量、型号及额定参数；
② 检测设备材料的质量。
③ PLC 的选型要合理，在满足要求下尽量减少 I/O 的点数，以降低成本。

表 10.12　任务需要的主要设备材料清单

序　号	名　称	型号规格	数　量
1	计算机	安装有 TIA Portal V15 软件	1
2	PLC	S7-1500	1
3	编程电缆	RJ-45 网线	1
4	断路器	DZ47-63/3 D20 DZ47-63/2P D10	各1
5	熔断器	RT 系列	1
6	接触器	CJX2 系列线圈，电压为 DC24V	1
7	热继电器	根据电动机自定	1
8	电动机	自定，小功率	1
9	HMI	SIMATIC TP700	1

(4) 安装与接线。
① 将所有设备装在一块配电板上，做到布局合理、安装牢固，符合安装工艺规范。
② 根据电气原理图配线，做到接线正确、牢固、美观。

(5) 设备组态。
① 在博途 V15 软件中创建项目，添加 PLC 站点设备。
打开博途 V15 软件，在"项目树"下双击"添加新设备"选项，弹出对话框，单击"控制器"→"SIMATIC S7-1500"→"CPU 1511C-1PN"→"6ES7 511-1CK00-0AB0"选项，如图 10.150 所示。

② CPU 设备属性组态。
单击"属性"→"常规"→"PROFINET 接口[X1]"→"以太网地址"选项，添加新子网并设置 PLC 的 IP 地址（注意：组态中，PLC 的 IP 地址要与在线访问中实际硬件中 PLC 的 IP 地址相同），如图 10.151 所示。

③ 添加 HMI 设备。
在"项目树"下双击"添加新设备"选项，弹出对话框，单击"HMI"→"SIMATIC 精智面板"→"7″显示屏"→"TP700 Comfort"→"6AV2 124-0GC01-0AX0"选项，如图 10.152 所示。

图 10.150 添加 PLC 站点设备

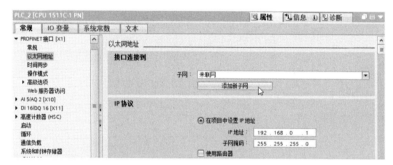

图 10.151 CPU 设备属性组态

图 10.152 添加 HMI 设备

④ 建立 PLC 与 HMI 网络连接。

在"网络视图"中单击 HMI 的"属性"→"常规"→"PROFINET 接口 [X1]"→"以太网地址"选项,选择已在 PLC 中的子网 PN/IE-1,若没有单击"添加新子网",则默认将 HMI 的"IP 地址"设为"192.168.0.2","子网掩码"为"255.255.255.0",在组态中的 IP 地址要与在线访问中实际硬件的地址相同,此时可以看到 PLC 与 HMI 已成功使用 PN/IE_1 连接,如图 10.153 所示。

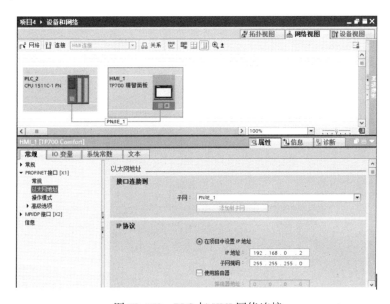

图 10.153　PLC 与 HMI 网络连接

(6) 编写 PLC 程序。

① 在 PLC 默认变量表中添加变量,将其全选并复制到 HMI 默认变量表中。启动和停止按钮没有物理连接,地址使用 M 存储器变量,见表 10.13。

表 10.13　定义 PLC 变量

		名称	数据类型	地址	保持
1	◐	过载保护	Bool	%I10.0	
2	◐	停止按钮	Bool	%M0.0	
3	◐	启动按钮	Bool	%M0.1	
4	◐	KM1接触器	Bool	%Q4.0	
5		<添加>			

② 编写 PLC 程序,如图 10.154 所示。

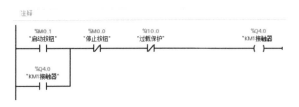

图 10.154　PLC 程序

(7) HMI 画面组态。

① 添加画面。在"项目树"下打开刚刚添加的 HMI,在画面中添加一个新画面,以方便日后使用,如图 10.155 所示。

② 组态画面对象。在画面中添加启动按钮、停止按钮和一个圆形指示灯,将按钮文本分别改为"启动按钮"和"停止按钮"。在启动按钮巡视窗口的"事件"选项中,将"按下"函数添加为"置位位","释放"函数添加为"复位位",将其变量分别添加为"启动按钮"。在停止按钮巡视窗口的"事件"选项中,将"按下"函数添加为"置位位","释放"函数添加为"复位位",将其变量分别添加为"停止按钮",如图 10.156 所示。

图 10.155 添加新画面

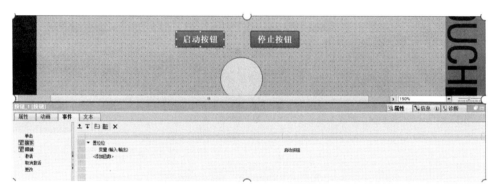

图 10.156 组态画面对象

选中添加的圆形,在巡视窗口的"动画"选项中添加外观动画,将变量添加为"KM1 接触器",添加范围为 0 与 1。将 0 位的背景色修改为白色,将 1 位的背景色修改为绿色,如图 10.157 所示。

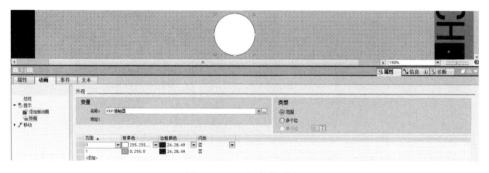

图 10.157 组态指示灯

(8) 项目编译、下载及调试。

分别下载 PLC 和 HMI 站点,这里只介绍 PLC 下载,HMI 下载在此不再赘述。

① 编译项目。在下载之前,需要将已写完的程序进行编译。单击编译按钮 进行编译。每次更改程序后都需要重新进行编译。在下方信息栏中可显示"编译完成(错误:0;警告:0)",如图 10.158 所示。

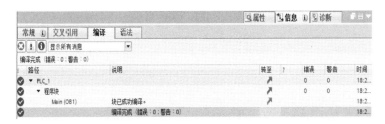

图 10.158　编译项目

② 下载项目。选择"项目树"下的 PLC 站点，单击下载按钮，弹出"扩展的下载到设备"对话框，"PG/PC 接口的类型"选择"PN/IE"，选择 PC 中使用的网卡，单击"开始搜索"按钮，将会搜索网络上的所有站点并在界面中提示。如有多个站点，则为了便于识别，可以勾选"闪烁 LED"，使相应 CPU 上的 LED 闪烁。选择一个站点并单击"下载"按钮，下载硬件组态数据将导致 CPU 停机，所以需要用户确认，下载完成以后，重新启动 CPU，如图 10.159 所示。

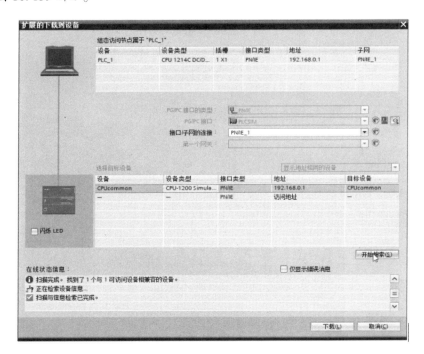

图 10.159　下载过程

在"下载预览"界面中勾选"全部覆盖"选项并装配，如图 10.160 所示。下载完成界面如图 10.161 所示。

> 提示：对于第一次下载，如果 PC 的 IP 地址与要连接 CPU 的 IP 地址不在相同的网段内，则在下载时，博途会自动给 PC 的网卡分配一个与 PLC 相同网段的 IP 地址。经过第一次下载后，博途会自动记录下载路径，此后再单击下载按钮，就无需再次选择下载路径。

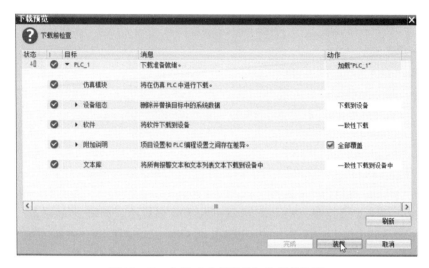

图 10.160　勾选"全部覆盖"选项并装配

图 10.161　下载完成界面

③ 调试。
- 电动机启动：按下 HMI 上的启动按钮，电动机启动，指示灯变为绿色。
- 电动机停止：按下 HMI 上的停止按钮，电动机停止，指示灯变为白色。
- 过载保护：当发生过载故障时，电动机断电停止，指示灯变为白色。

10.5.2　使用 HMI 与 PLC 控制十字路口交通灯

【实例 10.11】使用 PLC 与 HMI 实现对十字路口交通灯的控制：采用 S7-1500 PLC 对东南西北的红、黄、绿交通灯实行有规律的循环闪亮，达到对交通灯的控制，如图 10.162 所示，具体控制要求如下：

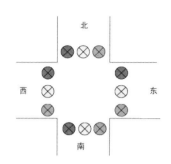

图 10.162　交通灯控制示意图

(1) 按下启动按钮，南、北红灯亮 25s，在南、北红灯亮的同时，东、西绿灯亮 20s，到达 20s 时，东、西绿灯闪亮 3s 后熄灭，在熄灭的同时，东、西黄灯亮 2s，到达 2s 时，东、西黄灯熄灭，同时东、西红灯亮 25s，南、北红灯熄灭，绿灯亮 20s。

(2) 东、西红灯亮 25s，在东、西红灯亮的同时，南、北绿灯亮 20s，到达 20s 时，南、北绿灯闪亮 3s 后熄灭，在熄灭的同时，南、北黄灯亮 2s，到达 2s 时，南、北黄灯熄灭，同时南、北红灯亮 25s，东、西红灯熄灭，绿灯亮 20s。

(3) 上述动作循环进行。

(4) 南、北绿灯和红灯与东、西绿灯和红灯不能同时亮。

【操作步骤】

(1) 根据任务要求设计电气原理图，如图 10.163 所示。

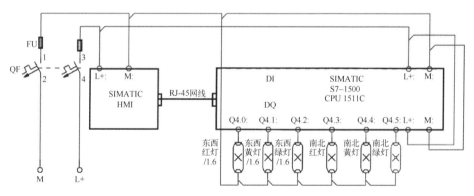

图 10.163　电气原理图

(2) 根据任务要求及电气原理图分配 I/O 地址，见表 10.14。

表 10.14　I/O 地址分配

输　出		
输出端口	输出器件	控　制　对　象
Q4.0~Q4.2	交通灯	东西红灯、绿灯、黄灯
Q4.3~Q4.5	交通灯	南北红灯、绿灯、黄灯

(3) 根据任务要求及电气原理图，选定任务需要的主要设备材料，见表 10.15，选择设备材料时应考虑以下事项：

① 主要考虑设备材料的数量、型号及额定参数。
② 检测设备材料的质量好坏。
③ PLC 的选型要合理，在满足要求下尽量减少 I/O 的点数，以降低成本。

表 10.15 任务需要的主要设备材料清单

序 号	名 称	型号规格	数 量
1	计算机	安装有 TIA Portal V15 软件	1
2	PLC	S7-1500	1
3	编程电缆	RJ-45 网线	1
4	断路器	DZ47-63/2P D10	1
5	熔断器	RT 系列	1
6	交通灯	直流 24V，三种颜色	12
7	HMI	SIMATIC TP700	1

（4）安装与接线
① 将所有设备材料装在一块配电板上，做到布局合理、安装牢固，符合安装工艺规范。
② 根据电气原理图配线，做到接线正确、牢固、美观。

（5）设备组态。
① 在博途 V15 软件中创建项目，添加 PLC 站点设备。

打开博途 V15 软件，在"项目树"下双击"添加新设备"选项，弹出对话框，单击"控制器"→"SIMATIC S7-1500"→"CPU 1511C-1 PN"→"6ES7 511-1CK00-0AB0"选项，如图 10.164 所示。

图 10.164 添加 PLC 设备

② CPU 设备属性组态。

单击"属性"→"常规"→"PROFINET 接口[X1]"→"以太网地址"选项添加新子网，并设置 PLC 的 IP 地址（注意：组态中，PLC 的 IP 地址要与在线访问中实际硬件中 PLC 的 IP 地址相同），如图 10.165 所示。

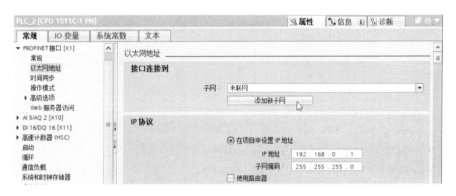

图 10.165　CPU 设备属性组态

③ 添加 HMI 设备。

在"项目树"下双击"添加新设备"选项，弹出对话框，"HMI"→"SIMATIC 精智面板"→"7″显示屏"→"TP700 Comfort"→"6AV2 124-0GC01-0AX0"选项，如图 10.166 所示。

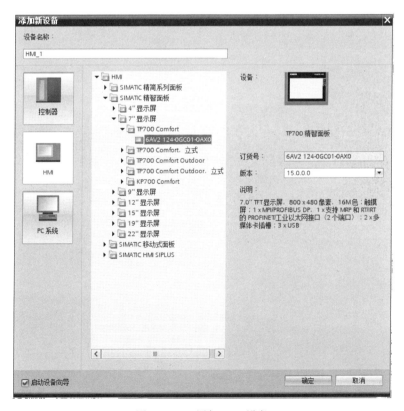

图 10.166　添加 HMI 设备

④ 建立 PLC 与 HMI 网络连接。

在"网络视图"中单击 HMI 的"属性"→"常规"→"PROFINET 接口 [X1]"→"以太网地址"选项，选择已在 PLC 中的子网 PN/IE-1，若没有单击"添加新子网"，则默认将 HMI 的"IP 地址"设为"192.168.0.2"，"子网掩码"设为"255.255.255.0"，在组态中的 IP 地址要与在线访问中实际硬件的地址相同，此时可以看到 PLC 与 HMI 已成功使用 PN/IE_1 连接，如图 10.167 所示。

图 10.167　PLC 与 HMI 网络连接

(6) 编写 PLC 程序。

① 创建变量。在 PLC 默认变量表中添加变量，将其全选复制到 HMI 默认变量表。因其没有物理连接，因此使用 M 存储器变量，见表 10.16。

表 10.16　定义 PLC 变量

	名称	数据类型	地址	保持	可从 …	从 H…	在 H…	监控
1	东西红灯	Bool	%Q4.0		☑	☑	☑	
2	东西黄灯	Bool	%Q4.1		☑	☑	☑	
3	东西绿灯	Bool	%Q4.2		☑	☑	☑	
4	南北红灯	Bool	%Q4.3		☑	☑	☑	
5	南北黄灯	Bool	%Q4.4		☑	☑	☑	
6	南北绿灯	Bool	%Q4.5		☑	☑	☑	
7	启动按钮	Bool	%M0.0		☑	☑	☑	
8	<添加>							

② 设置 CPU 系统和时钟存储器。

在选中的 CPU 设备视图中，单击"属性"→"常规"→"系统和时钟存储器"选项，勾选"启用时钟存储器字节",在后续的编程中将会使用,如图10.168所示。

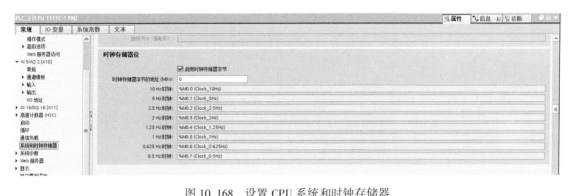

图 10.168 设置 CPU 系统和时钟存储器

③ 编写 PLC 程序,如图 10.169 所示。

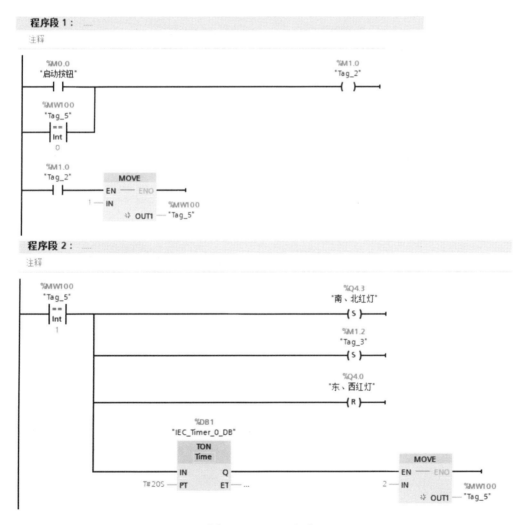

图 10.169 PLC 程序

程序段 3：

注释

```
    %MW100                                          %M1.2
    "Tag_5"                                         "Tag_3"
      ==                                             ( R )
      Int
       2
                         MOVE
                      EN    ENO
                  3 — IN
                         OUT1 — %MW100
                                 "Tag_5"
```

程序段 4：

注释

```
    %MW100      %M0.7                               %M1.3
    "Tag_5"   "Clock_0.5Hz"                         "Tag_4"
      ==                                             ( )
      Int
       3
                       %DB2
                    "IEC_Timer_0_
                        DB_1"
                         TON
                        Time
                      IN    Q
                 T#3S—PT   ET—…             MOVE
                                           EN    ENO
                                        4— IN
                                               OUT1 — %MW100
                                                       "Tag_5"
```

程序段 5：

注释

```
    %MW100                                          %Q4.1
    "Tag_5"                                       "东、西黄灯"
      ==                                             ( )
      Int
       4
                       %DB3
                    "IEC_Timer_0_
                        DB_2"
                         TON
                        Time
                      IN    Q
                 T#2S—PT   ET—…             MOVE
                                           EN    ENO
                                        5— IN
                                               OUT1 — %MW100
                                                       "Tag_5"
```

图 10.169　PLC 程序（续）

程序段 6： ……

注释

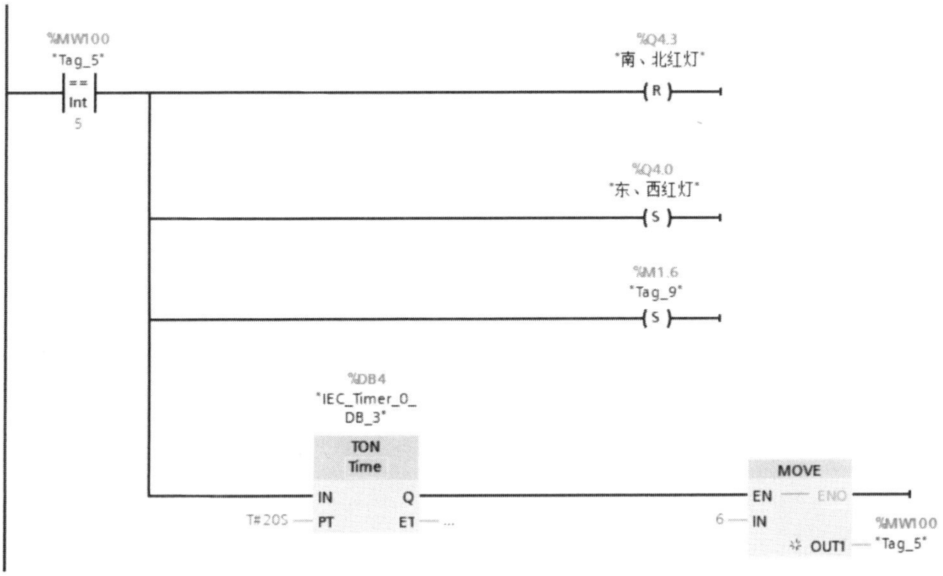

程序段 7： ……

注释

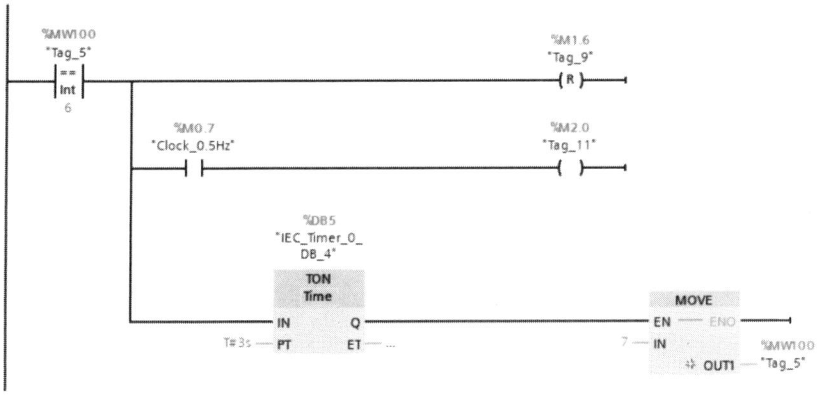

程序段 8： ……

注释

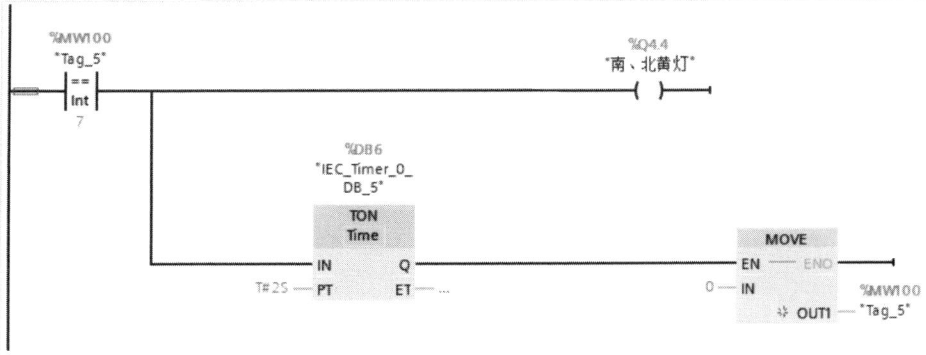

图 10.169　PLC 程序（续）

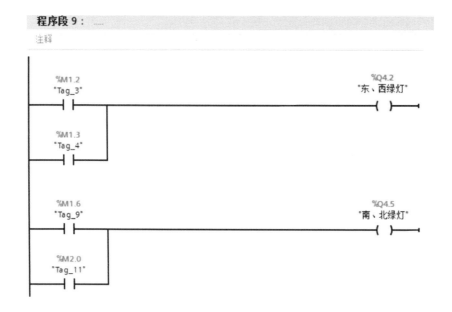

图 10.169　PLC 程序（续）

（7）HMI 画面组态。

① 添加画面。在"项目树"下打开刚刚添加的 HMI，在画面中添加一个新画面，以方便日后使用。如图 10.170 所示。

② 组态画面对象。在画面中绘制 12 个交通灯，在工具栏中分别拖出 12 个圆形、四个文本域和一个按钮，将文本域的文本分别修改为东、南、西、北，并按方位放置。

将按钮的文本修改为"启动按钮"，单击按钮在"事件"巡视窗口中，在"按下"事件添加"置位位"函数，将变量添加为 PLC 变量中的"启动按钮"，在"释放"事件添加"复位位"函数，同样将变量添加为"启动按钮"，如图 10.171 所示。

图 10.170　添加新画面

图 10.171　组态启动按钮

将圆形按照交通灯的规则摆放，单击圆形，在"动画"巡视窗口中添加"外观"动画，将变量分别添加到每个圆形，在"范围"一栏的"0"默认灰色，"1"为交通灯的颜色，如添加"东、西黄灯"，就将其范围"0"的颜色默认，范围"1"的颜色改为黄色，如图 10.172 所示。

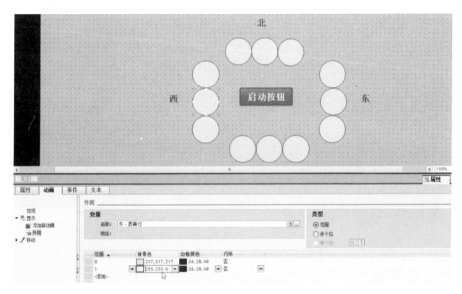

图 10.172　交通灯的组态

（8）编译、下载并调试。

下载项目后，调试运行结果如下：按下启动按钮，南、北红灯亮 25s，在南、北红灯亮的同时，东、西绿灯亮 20s，到达 20s 时，东、西绿灯闪亮 3s 后熄灭，在熄灭的同时，东、西黄灯亮 2s，到达 2s 时，东、西黄灯熄灭，同时东、西红灯亮 25s，南、北红灯熄灭，绿灯亮 20s，到达 20s 时，南、北绿灯闪亮 3s 后熄灭，在熄灭的同时，南、北黄灯亮 2s，到达 2s 时，南、北黄灯熄灭。实际的交通灯与 HMI 的显示同步进行，如图 10.173 所示。

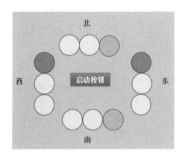

图 10.173　调试运行结果

第 11 章

S7-1500 PLC 的基本故障诊断功能

11.1 概述

S7-1500 PLC 系统中的设备和模块都集成有故障诊断功能（统称为系统诊断），通过硬件组态自动执行相关的监视功能，可快速检测系统故障和排除故障，当出现故障时，相关组件可自动指出操作中可能发生的故障，并提供详细的信息。

SIMATIC S7-1500 PLC 系统诊断作为标准集成在硬件中，使用统一的显示机制，可在所有的客户端均显示诊断信息。无论采用何种显示设备，显示的系统诊断信息都相同，均可自动确定错误源，并以纯文本的格式自动输出错误原因，从而进行归档和记录报警信息。

图 11.1 是一个 S7-1500 PLC 故障诊断系统，对运行中的设备可进行设备故障/恢复、插入/移除事件、模块故障、I/O 访问错误、通道故障、参数分配错误、外部辅助电源故障等状态监视。

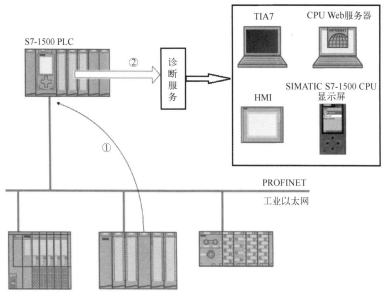

图 11.1　S7-1500 PLC 故障诊断系统

第 11 章 S7-1500 PLC 的基本故障诊断功能

当设备检测到一个错误，并将故障诊断数据发送给指定的 CPU 后，CPU 即会通知所连接的显示设备，并更新系统诊断信息。不管何种显示设备，显示的系统诊断信息都相同。从图 11.1 中可以看出，系统诊断可以通过 CPU 的显示屏和模块上的 LED 指示灯进行显示，也可以通过 HMI 设备、博途 V15 软件和 Web 服务器进行显示。

11.2 诊断功能介绍

S7-1500 PLC 的诊断功能如下：
① 通过 PG/PC 实现诊断；
② 通过 S7-1500 PLC 自带的显示屏实现诊断；
③ 通过编写程序实现诊断；
④ 通过模块自带的诊断功能实现诊断；
⑤ 通过模块的值状态功能实现诊断；
⑥ 通过用户自定义报警诊断程序实现诊断；
⑦ 在 HMI 上通过调用诊断控件实现诊断；
⑧ 通过 S7-1500 PLC 的 Web 服务器功能实现诊断。

11.2.1 通过 LED 状态指示灯实现诊断

S7-1500 PLC 系统中的所有硬件组件，如 CPU、接口模块和其他模块，都可以通过模块本身 LED 指示灯的变化状态来确定有关操作模式和内部/外部错误的信息。表 11.1 列出了部分模块 LED 指示灯的布局。通过 LED 指示灯进行诊断是确定错误的最原始方法。

表 11.1 部分模块 LED 指示灯的布局

设备型号	CPU 1516-3 PN/DP	IM 155-5 PN ST	DI 32×24VDC HF	PS 25W 24VDC
指示灯位置				
指示灯名称	① RUN/STOP LED 指示灯（双色 LED 指示灯：绿色/黄色）	RUN LED 指示灯（双色 LED 指示灯：绿色/黄色）	RUN LED 指示灯（单色 LED 指示灯：绿色）	RUN LED 指示灯（单色 LED 指示灯：绿色）

续表

设备型号		CPU 1516-3 PN/DP	IM 155-5 PN ST	DI 32×24VDC HF	PS 25W 24VDC
指示灯名称	②	ERROR LED 指示灯（单色 LED 指示灯：红色）	ERROR LED 指示灯（单色 LED 指示灯：红色）	ERROR LED 指示灯（单色 LED 指示灯：红色）	ERROR LED 指示灯（单色 LED 指示灯：红色）
	③	MAINT LED 指示灯（单色 LED 指示灯：黄色）	MAINT LED 指示灯（单色 LED 指示灯：黄色）	无功能	MAINT LED 指示灯（单色 LED 指示灯：黄色）
	④	X1 P1 接口指示灯	X1 P1 接口指示灯		
	⑤	X1 P2 接口指示灯	X1 P2 接口指示灯		
	⑥	X2 P1 接口指示灯			

模块无故障正常工作时，运行 LED 指示灯为绿色常亮，其余的 LED 指示灯熄灭。

下面举例说明通过 LED 指示灯的诊断含义。图 11.2 是 CPU 1511C-1 PN 模块，有三个 LED 指示灯，可以指示当前的运行状态和诊断状态。表 11.2 列出了三个 LED 指示灯指示状态的含义。

例如，当 CPU 接通电源并切换为 RUN 模式后，可能出现以下两种指示故障类型。

图 11.2　CPU 1511C-1 PN 模块的三个 LED 指示灯

（1）CPU 进入或保持 STOP 模式。此时，黄色的 STOP LED 指示灯亮，CPU、电源模块、外围设备模块及总线模块上的 IED 指示灯亮。该故障的原因可能是 CPU 故障（或 CPU 下载时没有启动 CPU 模块）、有模块故障、编程错误及总线系统出现故障。为了进一步分析诊断，可进入 CPU 缓冲区查看模块状态。

表 11.2　三个 LED 指示灯指示状态的含义

RUN/STOP LED 指示灯	ERROR LED 指示灯	MAINT LED 指示灯	含　义
熄灭	熄灭	熄灭	电源缺失或不足
熄灭	红色闪烁	熄灭	发生错误
绿色点亮	熄灭	熄灭	CPU 处于 RUN 模式
绿色点亮	红色闪烁	熄灭	诊断事件未决
绿色点亮	熄灭	黄色点亮	设备要求维护，必须在短时间内更换受影响的硬件
绿色点亮	熄灭	黄色闪烁	设备需要维护，必须在合理的时间内更换受影响的硬件。固件更新已成功完成
黄色点亮	熄灭	熄灭	CPU 处于 STOP 模式
黄色点亮	红色闪烁	黄色闪烁	SIMATIC 存储卡中的程序出错，CPU 故障
黄色闪烁	熄灭	熄灭	CPU 处于 STOP 状态时，将执行内部活动，如 STOP 之后启动，装载用户程序
黄色/绿色闪烁	熄灭	熄灭	启动（从 RUN 转为 STOP）
黄色/绿色闪烁	红色闪烁	黄色闪烁	启动（CPU 正在启动）；启动、插入模块时测试 LED 指示灯；LED 指示灯闪烁测试

(2) CPU 在错误的 RUN 模式下。此时，绿色的 RUN LED 指示灯亮，CPU、电源模块、外围设备模块及总线模块上的 LED 指示灯亮或闪烁。该故障的原因可能是外围设备或电源模块出现故障，可通过观察，确定故障范围，进一步分析 LED 指示灯，读取硬件诊断中的错误、外围设备和总线模块的诊断数据。

提示：硬件诊断是指借助博途 V15 软件在在线模式下的设备视图来快速获取自动化系统的结构和系统状态概览。

11.2.2 通过 S7-1500 PLC 自带的显示屏实现诊断

S7-1500 PLC 系统中的每个 CPU 都带有一个前面板，在前面板上安装有一块彩色的显示屏和操作按键，通过显示屏上的操作键可在菜单之间进行切换，快速读取诊断信息，同时还可以通过显示屏上的不同菜单显示模块和分布式 I/O 模块的状态信息。当用户将创建的项目下载到 CPU 中时，如出现故障，则可通过相关的操作在显示屏上确定诊断信息。显示屏上可显示以下诊断信息。

(1) "诊断"菜单，如图 11.3 所示：①错误与报警文本（系统诊断报警）；②诊断缓冲区中输入的信息；③监视表；④有关用户程序循环时间的信息；⑤CPU 存储空间的使用情况。

(2) "模块"菜单：①有关模块与网络的信息；②带诊断符号的详细设备视图；③订货号、CPU 型号和集中式 I/O 模块；④集中式和分布式模块的模块状态；⑤当前所安装固件的相关信息。

图 11.3 "诊断"菜单

11.2.3 通过博途 V15 软件查看诊断信息

图 11.4 "项目树"选项下的设备

S7-1500 PLC 系统有故障时，可以通过博途 V15 软件在线查看诊断信息，在线查看的方法如下。

(1) 通过博途 V15 软件中的"在线与诊断"功能查看诊断信息

通过接口或子网连接 PG/PC 上所有接通电源的设备，连接好 PG/PC 与 CPU，在"项目树"的"在线访问"选项下，双击"更新可访问的设备"选项，如图 11.4 所示。

双击图 11.4 中对应设备（如 S7-1500CPU：192.168.0.1）下的"在线和诊断"选项，弹出"诊断和功能"界面，选择"诊断"选项，将在工作区中显示诊断信息，此时，可查看"诊断状态"、"循环时间"、"存储器"和"诊断缓冲区"等信息。图 11.5 是"诊断缓冲区"中显示的诊断信息。每个 CPU 及模块都有自己的诊断缓冲区，在缓冲区中将按事件的发生顺序输入所有诊断事件的详细信息。

CPU 诊断缓冲区中的信息可显示在所有显示设备中（博途 V15 软件、HM 设备、S7-1500 Web 服务器及 CPU 显示屏）。

在图 11.5 所示的诊断信息中会出现一些诊断符号，例如 表示无故障， 表示错误，在"事件"栏中显示事件的详细信息。

在博途 V15 软件与设备建立在线连接，并转至在线后，在"项目树"的软硬件目录下会出现诊断图标，硬件组态界面也会出现诊断图标。表 11.3 列出了常见模块和设备的诊断图标及其含义。

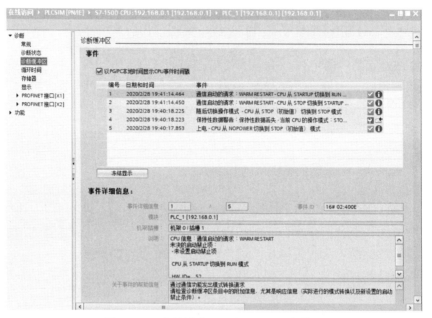

图 11.5 "诊断缓冲区"中显示的诊断信息

表 11.3 常见模块和设备的诊断图标及其含义

诊断图标	含 义
	正在建立到 CPU 的连接
	无法通过所设置的地址访问 CPU
	组态的 CPU 和实际 CPU 型号不兼容，例如现有的 CPU 315-2 DP 与组态的 CPU 1516-3 PN/DP 不兼容
	在建立与受保护 CPU 的在线连接时，未指定正确密码而导致密码对话框终止
	无故障
	需要维护
	要求维护
	错误
	模块或设备被禁用
	无法通过 CPU 访问模块或设备（这里是指 CPU 下面的模块和设备）
	由于当前的在线组态数据与离线组态数据不同，因此诊断数据不可用

第 11 章 S7-1500 PLC 的基本故障诊断功能

续表

诊断图标	含 义
	组态的模块或设备与实际的模块或设备不兼容（这里是指 CPU 下面的模块或设备）
	已组态的模块不支持显示诊断状态（这里是指 CPU 下的模块）
	连接已建立，但是模块状态尚未确定或未知
	下位组件中的硬件错误：至少一个下位硬件组件发生硬件故障（在"项目树"中仅显示为一个单独的诊断图标）

（2）通过设备视图或网络视图查看系统当前状态的总览图

在线建立设备连接，并转至在线后，在"设备视图"和"网络视图"中可以查看 S7-1500 PLC 系统当前状态的总览图。图 11.6 是在工作区的网络视图中，通过查看整个网络中各个站点模块上的模块图标来确定设备的连接状态，如果有错误图标出现，则双击该设备，转至"设备视图"，在"设备视图"中确定各个模块的诊断信息。图 11.7 显示的是模块均正常工作。

图 11.6 "网络视图"中的连接状态

（3）通过"项目树"中设备右边的符号查看设备当前的在线状态

在博途 V15 软件与设备建立了在线连接，并转至在线后，在"项目树"的软硬件目录下会出现信息诊断图标，如图 11.8 所示。相关诊断图标的含义见表 11.4。例如， 表示下位组件中的硬件错误，至少一个下位组件发生硬件故障（在"项目树"中仅显示一个单独的图标）。

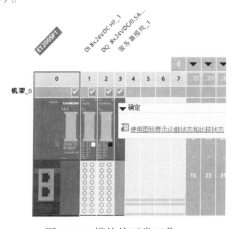

图 11.7 模块均正常工作

图 11.8 "项目树"下的信息诊断图标

表 11.4 相关诊断图标的含义

诊断图标	含 义
	下位组件中的硬件错误：在线和离线版本至少在一个下位组件中不同（仅在"项目树"中）
	下位组件中的软件错误：在线和离线版本至少在一个下位组件中不同（仅在"项目树"中）
	对象的在线和离线版本不同

续表

诊断图标	含义
◐	对象仅在线存在
◑	对象仅离线存在
●	对象的在线和离线版本相同

(4) 通过巡视窗口中的"诊断"选项查看诊断信息

巡视窗口中的"诊断"选项包含与诊断事件和已组态报警事件等有关的信息,通过查看相关子选项的信息可确定设备状态信息,如图 11.9 所示。图中显示"所有设备均正常"。图 11.10 是"诊断"选项下"设备信息"中出现的"设备出现问题"诊断提示。

图 11.9 "诊断"选项下"设备信息"中的诊断提示

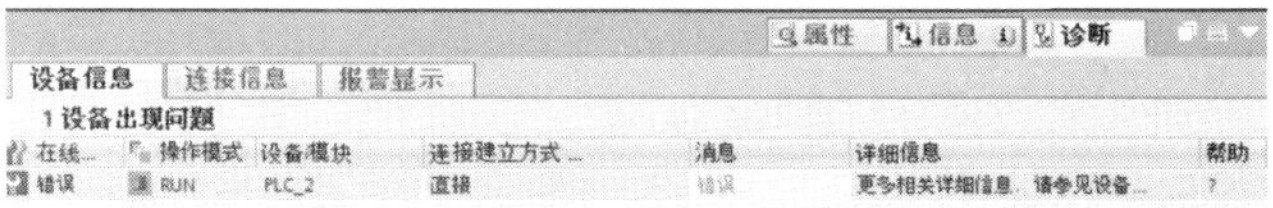

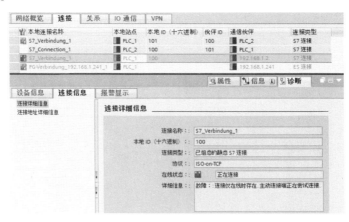

图 11.10 "诊断"选项下"设备信息"中出现的"设备出现问题"诊断提示

在"诊断"选项下的"连接信息"选项中,将显示连接的详细诊断信息。如果一个活动的在线连接至少连接到一个相关连接的端点,则只显示"连接信息"选项。如果在连接表中已选择了一个连接,则该选项将包含"连接详细信息"和"连接地址详细信息"选项,如图 11.11 所示。

图 11.11 "连接信息"选项

系统诊断报警将通过"诊断"选项下的"报警显示"选项卡输出显示,如图 11.12 所示。

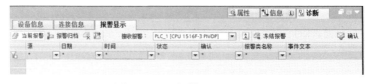

图 11.12 "报警显示"选项

11.2.4 通过 I/O 模块自带的诊断功能进行诊断

博途 V15 软件组态可以对 I/O 模块进行系统诊断设置，激活带诊断功能模块的诊断选项，实现自动生成报警消息源，当模块出现系统诊断事件时，对应的系统报警消息就可以自动通过 S7-1500 PLC 的 Web 服务器、CPU 的显示屏、HMI 的诊断控件等多种方式直观地显示出来。

S7-1500 PLC 系统中的 I/O 模块分为 BA（基本型）、ST（标准型）、HF（高性能）和 HS（高速型）。BA（基本型）模块没有诊断功能，不支持此诊断方式；ST（标准型）模块支持的诊断类型为组织诊断或模块诊断；HF（高性能）模块的诊断类型为通道级诊断；HS（高速型）模块是应用于高速的特殊模块，支持通道及诊断。

在博途 V15 软件中设置 I/O 模块系统诊断的步骤如下：

① 在"设备视图"中选择相应的 I/O 模块；

② 在巡视窗口中选择"属性"选项卡，图 11.13 是对数字量输入模块 DI 16×24VDC HF 进行通道 0 的诊断设置；

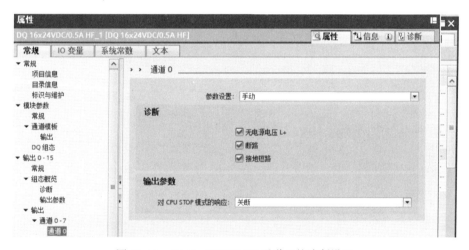

图 11.13　DI 16×24VDC HF 通道 0 的诊断设置

③ 保存设置并下载到 CPU 中。

至此，当模块通道 0 发生故障后，诊断事件的相关诊断信息即可通过 CPU 传送到相关的显示设备（显示屏、在线与诊断、Web 服务器及 HMI）上。

11.2.5 通过 S7-1500 PLC 的 Web 服务器查看诊断

西门子 S7-1500 PLC 内集成有 Web 服务器，可以通过 IE 浏览器实现对 Web 服务器的访问。因此，授权用户均可通过 IE 浏览器访问 CPU 中的模块数据、用户程序数据和诊断数据等信息。无博途 V15 软件时，用户通过 Web 浏览器也可以进行实现监视和评估。

集成的 Web 服务器可以提供以下诊断选项：①起始页面，包含 CPU 的常规信息；②诊断信息；③诊断缓冲区中的内容；④模块信息；⑤报警；⑥通信的相关信息；⑦PROFINET 拓扑结构；⑧运动控制诊断；⑨跟踪。

1. 激活 CPU 中的 Web 服务器功能

若要使用 Web 服务器功能，必须先在博途 V15 软件中组态激活 Web 服务器。组态激活 Web 服务器的步骤如下：

（1）在博途 V15 软件的"项目树"下选择"设备与网络"选项。

（2）在"设备视图"中选择所需的 CPU。

（3）在巡视窗口选择 CPU 的"属性"选项，在"常规"选项中选择"Web 服务器"。

（4）勾选"Web 服务器"中的"启用模块上的 Web 服务器"复选框，如图 11.14 所示。根据情况选择是否用安全传输协议 HTTPS。

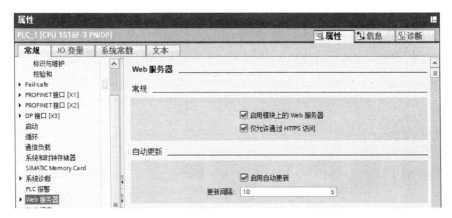

图 11.14　勾选"启用模块上的 Web 服务器"复选框

（5）在所组态的 CPU 默认设置中，激活自动更新。

（6）激活相应接口的 Web 服务器访问，即在巡视窗口中选择"属性"选项，在"常规"导航区域中选择条目"Web 服务器"，在"接口概览"区域中勾选"已启用 Web 服务器访问"复选框，如图 11.15 所示。

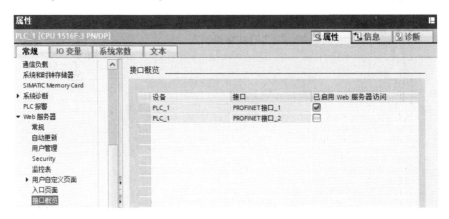

图 11.15　激活相应接口的 Web 服务器访问

（7）编译组态并加载到 CPU 中。

2. 访问 Web 服务器

访问 Web 服务器的步骤如下：

(1) 通过 PROFINET 连接显示设备（PG/PC、HMI、移动终端设备）和 CPU 或通信模块。如果使用 WLAN，则需在显示设备中激活 WLAN 并建立与接入点的连接，通过该接入点与 CPU 连接。

(2) 在显示设备上打开 Web 浏览器。

(3) 在 Web 浏览器的地址栏中输入已经组态 CPU 的接口 IP 地址（例如 http://192.168.0.1 或 https://192.168.0.1），即可建立与 Web 服务器的连接，CPU 的简介页面随即被打开，如图 11.16 所示，单击"进入"链接，转至登录前的 Web 服务器起始页面，如图 11.17 所示。

图 11.16 CPU 的简介页面

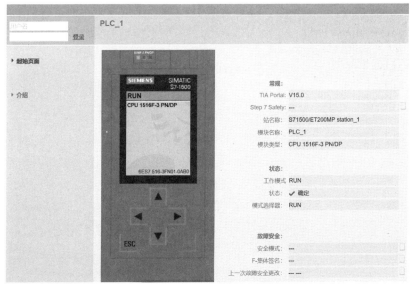

图 11.17 登录前的 Web 服务器起始页面

(4) 登录访问 Web 服务器界面。如果在"用户管理"中设置了不同的账号，那么 Web 服务器还可根据不同的登录账号作为访问页面提供不同的显示内容。因此，要使用 Web 服务器页面的使用功能，必须先登录。使用博途 V15 软件中 Web 组态中指定的用户名和密码进行登录。登录后，即可访问该用户授权访问的 Web 服务器起始页面，如图 11.18 所示。如果用户尚未组态，则系统默认只能对简介页面和起始页面进行只读访问。

图 11.18　登录后的 Web 起始页面

（5）查看与诊断相关的信息。在 Web 服务器起始页面的左侧可以看到"诊断"、"诊断缓冲区"、"模块信息"和"消息"等选项。选择"诊断"选项中的 Web 服务器起始页面，将显示"标识"和"存储器"两个选项信息供查看。

例如，单击"存储器"选项，可查看有关存储器的使用情况，如图 11.19 所示。

图 11.19　"存储器"信息界面

（6）查看"诊断缓冲区"中的诊断信息。打开浏览器的"诊断缓冲区"界面，将显示相关的数据供查看，如图 11.20 所示。图中的标记①是诊断缓冲区条目，标记②是事件，标记③是详细信息。

第 11 章　S7-1500 PLC 的基本故障诊断功能

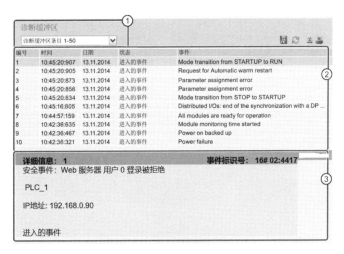

图 11.20　"诊断缓冲区"界面

（7）查看模块信息。在"模块信息"界面上，通过符号和注释显示设备状态，如图 11.21 所示。模块将显示在"模块信息"界面中的"名称"列中，且带有一个"详细信息"链接。单击链接，可按照层级顺序查找故障模块。

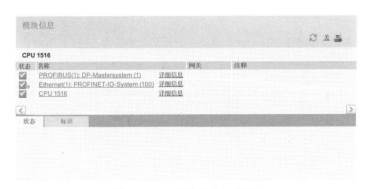

图 11.21　"模块信息"界面

（8）查看消息选项。在 Web 浏览器的"消息"选项中可显示消息缓冲区的相关数据。如果具有相应权限，则可通过 Web 服务器对消息进行确认，如图 11.22 所示。

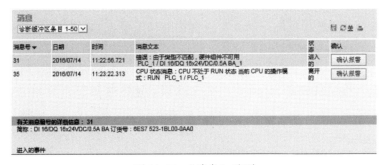

图 11.22　"消息"选项

（9）查看 PROFINET 设备的拓扑结构。在拓扑 Web 服务器页面中，可以在"图形视图"选项卡（设置实际拓扑结构）、"表格视图"选项卡（仅实际拓扑结构）和"状态概览"选项卡中,查看有关 PROFINET 设备的拓扑结构组态和连接状态信息。例如,在查看图形视图的实际拓扑时,如果设备发生故障,将在视图底部单独显示,即故障设备的名称使用红色边框框起并带有 诊断图标,如图 11.23 所示。更详细的拓扑诊断信息可参考 S7-1500 PLC 故障诊断手册。

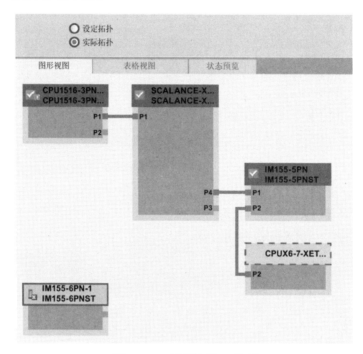

图 11.23 "实际拓扑"界面

11.2.6 在 HMI 上通过调用系统诊断控件实现诊断

  S7-1500 PLC 的系统诊断功能已经作为操作系统的一部分集成在 CPU 固件中,是自动激活的,不能取消,即使 CPU 处在停止模式,仍然可以对系统进行最高详细级别的诊断,由于可显示所有的可用数据,因此可提供精确诊断,可以概览整个设备的系统状态。如果 CPU 与 SIMATIC HMI 建立连接,通过对 HMI 调用系统诊断视图控件进行组态,便可以清晰直观地在 HMI 上显示系统中可访问的所有具有诊断功能设备的当前状态,直接找到错误原因和相关设备。在 HMI 上通过调用系统诊断视图控件查看诊断信息的操作步骤如下:

  (1) 打开一个精智面板 HMI,新建一个画面,在 HMI 工具箱中的控件栏中,将系统诊断视图控件 拖入相应的画面中,即可生成"诊断概览"视图,如图 11.24 所示。对系统诊断视图中巡视窗口的属性进行组态,可以获取所需的可用设备总览。具体组态方法可参考在线帮助。

  (2) 将组态下载到 HMI 并与 S7-1500 PLC 连接。打开 HMI,调出系统诊断视图,S7-1500 PLC 的系统诊断信息即可通过 HMI 进行显示,如图 11.25 所示。如果一个 HMI 同时连接了多个 CPU 站点,则只需使用一个系统诊断视图控件就可对多个 CPU 的诊断信息进行查看。

第 11 章 S7-1500 PLC 的基本故障诊断功能

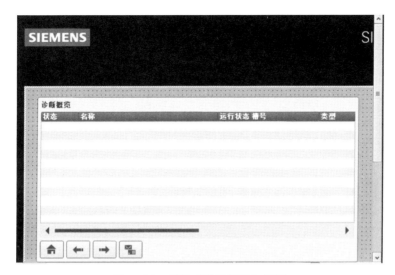

图 11.24 创建"诊断概览"视图

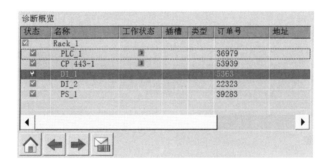

图 11.25 画面中的系统诊断信息

设备视图可以表格形式显示某一层的所有可用设备。通过双击某个设备,可打开下位设备或详细视图,进一步查看诊断信息。图 11.25 中表格的第一列符号用于提供与设备当前状态有关的信息,底部的浏览按钮含义见表 11.5。

表 11.5 浏览按钮含义

按 钮	含 义
←	打开下位设备或详细视图(如果没有下位设备)
→	打开上位设备或设备视图(如果没有上位设备)
⌂	打开设备视图
✉	打开消息按钮,进入 PLC 的诊断缓冲区

11.2.7 通过用户自定义报警诊断程序实现诊断

通过博途 V15 软件扩展指令下的 Program_Alarm 中生成具有相关值的程序报警指令后,用户即可在自动化系统中创建、编辑与编译过程事件相关的报警及其文本和属性,并在显示

569

设备中显示报警信息。

下面通过具体实例来说明该功能的使用，具体的操作步骤如下。

实例要求：当电动机的转速超过 600r/min 时，触发一个报警信息，并且在该报警信息中包含事件触发时刻的电流值。

（1）在博途 V15 软件中创建一个 FB 块（只能在 FB 块中调用报警指令），并创建全局变量，见表 11.6。

表 11.6 全局变量

	名称	数据类型	地址	保持	可从…	从 H…	在 H…	监控	注释
1	转速	Int	%MW10		✓	✓	✓		
2	程序报警错误	Bool	%M12.0		✓	✓	✓		
3	程序报警组态	Word	%MW14		✓	✓	✓		
4	<添加>				✓	✓	✓		

（2）找到扩展指令下的 Program_Alarm，将其拖到 FB 块中，可立即在 FB 块接口的 Static 部分创建一个数据类型为 Program_Alarm 的多重实例。在显示的对话框中，选择多重实例的名称为"电动机转速报警"，该名称也是程序报警的名称，如图 11.26 所示。

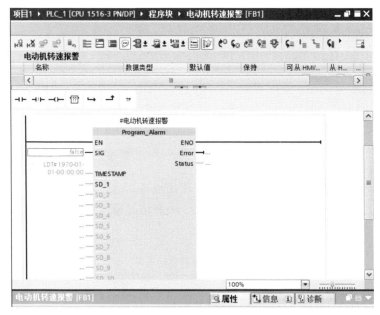

图 11.26 在 FB 块中调用扩展指令

（3）对扩展指令的程序进行编辑和组态。调用 Program_Alarm 指令后，根据具体需要添加指令的参数和组态，如图 11.27 所示。

① 设定 SIG 参数。SIG 参数出现变化时将生成程序报警。本实例中，对 SIG 参数需要编辑一个比较指令，当电动机的转速超过 600r/min 时，SIG 参数从 0 变为 1，生成一个到达的程序报警；信号从 1 变为 0 时，生成一个离去的程序报警。执行程序时，将同步触发程序报警。

② 设定 TIMESTAMP 参数。TIMESTAMP 参数可为每个到达或离去的报警分配一个时间戳。在默认情况下，发生信号变更时会使用 PLC 的当前系统时间（TIMESTAMP 参数的默认值，颜色是灰色的）。如果要指定其他时间戳，则可在参数 TIMESTAMP 处进行创建，但必

须始终在系统时间（UTC）中指定该时间值。这是因为该时间将用于整个设备的时间同步。如果报警的时间戳采用本地时间表示，则必须串联一个转换模块，用于将本地时间转换为系统时间。这是保证报警显示中时间戳正确显示的唯一方法。本实例建议采用默认设置。

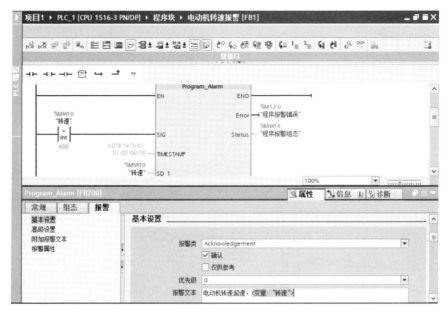

图 11.27　添加指令的参数和组态

③ 设定状态参数 Error。当 Error＝TRUE 时，表示处理过程出错，可能的错误原因将通过状态参数 Status 显示。

④ 设定 Status 参数，用来显示错误信息。

⑤ 组态报警文本。通过指令的巡视窗口进行组态，单击巡视窗口中的"属性"→"报警"→"基本设置"选项，在弹出的"基本设置"界面中选择"报警类"为"Acknowledgement"（适用于带确认的报警），在"报警文本"框中输入报警文本"电动机转速超速"（此处要加入变量转速值 600r/min），右键单击该处弹出对话框，选择插入动态参数，在"变量"中选择全局变量中的"转速"，如图 11.28 所示。

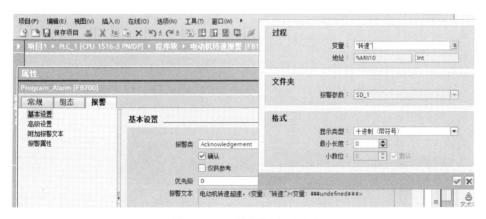

图 11.28　"基本设置"界面

设置显示格式，单击确认图标，在"报警文本"中嵌入变量"转速"后，"转速"自动出现在报警指令 Program_Alarm 的 SD_1 输入端。如果有多个变量嵌入报警文本中，则都将依次出现在输入端 SD_2~SD_10。在参数 SD_i（$1 \leqslant i \leqslant 10$）处，最多可以为程序报警附加 10 个相关值。在 SIG 参数发生变化时，将获取相关值并将该值分配给程序报警，相关值用于显示报警中的动态内容。

打开在巡视窗口属性中的"附加报警文本"，设置信息文本框中设置报警被触发原因的"信息文本"，如图 11.29 所示。

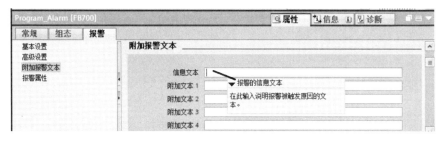

图 11.29 设置"附加报警文本"

（4）至此，创建完成了一个类型报警。

（5）在 OB1 中调用该 FB 块，创建一个背景报警并下载到 CPU 中，当电动机的运行转速超过 600r/min 时，将触发报警信息，报警信息将通过 Web、显示屏、HMI 等设备显示。

下面通过仿真方式，在博途 V15 软件巡视窗口的"诊断"选项下查看报警信息，步骤如下：

（1）选中"项目树"下的 PLC，单击"开始仿真"，将程序下载到仿真 PLC，并启动仿真 PLC。

（2）打开 FB 块，启用禁用监控按钮，再选择并右键单击"项目树"下的 PLC，在快捷菜单中启用"接收报警"选项，在巡视窗口中即会显示报警信息。

（3）在 FB 块程序中，右键单击比较触点上的"转速"，在出现的快捷菜单中执行"修改"→"修改操作数"命令，假设将转速值修改为 610r/min，此时修改值超出了预设值，将在在线巡视窗口的"诊断"→"报警显示"栏中显示报警信息，如图 11.30 所示。

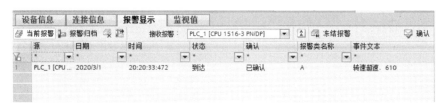

图 11.30 "报警显示"栏

11.2.8 通过模块的值状态功能进行诊断

S7-1500 PLC 系统中的输入和输出模块可通过过程映像输入提供诊断信息，在模块中使用值状态功能进行评估，与用户数据同步传送。

如果已启用了某个 I/O 模块的值状态,则该模块除可提供用户数据外,还可提供值状态信息。该信息可直接用于过程映像输入,并能通过简单的二进制操作进行调用。每个通道均唯一性地分配有值状态中的一个位。值状态中的位用于指示用户数据中读入值的有效性,为 0 表示值不正确,为 1 表示正确有效。

正确使用模块的值状态功能进行诊断的步骤如下:

(1) 激活模块的值状态功能。打开网络视图中的模块,在巡视窗口"常规"选项下的"DI 组态"中激活"值状态"功能,如图 11.31 所示。用同样的方法激活其他模块的值状态功能。激活模块的值状态功能后,博途 V15 软件将自动为值状态分配附加的输入地址。根据模块的不同,在过程映像输入中为各值状态分配附加的地址也不同。分配附加的地址可通过设备概览中的模块地址查看,例如,如图 11.32 所示是激活值状态前后的地址分配。

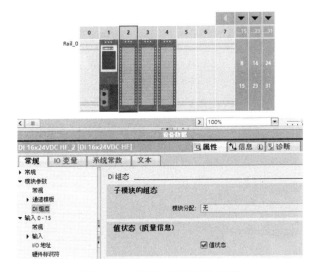

图 11.31 激活"值状态"功能

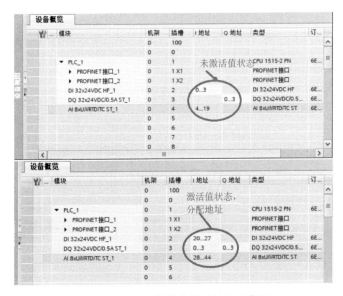

图 11.32 激活值状态前后的地址分配

（2）查看值状态诊断故障。运行时，可通过监控表中的地址来查看模块的值状态，如输入模块起始地址 IB20，对应值状态的地址为 IB24，如果数字输入发生断路，则用户数据信号在逻辑上应为 0，由于诊断到断路情况，则模块还将值状态中的相关位设置为 0，表示不正确。AI 模块的值状态为一个字节 IB44。IB44 字节的每一位代表一个通道，例如当通道 0 处于断路状态时，该通道的值状态为 IB44，0 位的状态为 0，表示不正确。

11.2.9 通过编写程序实现诊断

在用户程序中，调用博途 V15 软件中"指令列表"→"扩展指令"→"诊断"文件夹下的指令，通过编程组态来完成对各种硬件模块信息和诊断信息的读取，以便于查看确定某个模块的系统诊断。博途 V15 软件中常用诊断指令如图 11.33 所示。

下面通过介绍几个诊断指令及指令的应用来说明通过编写程序来实现查看设备诊断信息的方法。

1. LED 指令及其应用

（1）LED 指令功能

LED 指令可读取特定模块 LED 灯的状态，例如读取 CPU 的 STOP/RUN、ERROR、MAINT 3 个 LED 指示灯的状态。

（2）指令格式和相关参数

图 11.34 是 LED 指令格式，相关参数见表 11.7，Ret_Val 参数的说明见表 11.8。

图 11.33 常用诊断指令

图 11.34 LED 指令格式

表 11.7 LED 指令相关参数

参数	声明	数据类型	存储区	说 明
LADDR	Input	HW_IO	I、Q、M、L 或常量	CPU 或接口的硬件标识符 此编号是自动分配的，并存储在硬件配置的 CPU 或接口属性中（CPU 名称+~Common）
LED	Input	UINT	I、Q、M、D、L 或常量	LED 的标识号： • 1：STOP/RUN • 2：ERROR • 3：MAINT（维护） • 4：冗余 • 5：Link（绿色） • 6：Rx/Tx（黄色）
Ret_Val	Return	INT	I、Q、M、D、L	LED 的状态

表 11.8 Ret_Val 参数的说明

Ret_Val	说　明
0~9	LED 的状态： ● 0＝LED 不存在或状态信息不可用 ● 1＝永久关闭 ● 2＝颜色 1（例如，对于 LED STOP/RUN：绿色）永久点亮 ● 3＝颜色 2（例如，对于 LED STOP/RUN：橙色）永久点亮 ● 4＝颜色 1 将以 2Hz 的频率闪烁 ● 5＝颜色 2 将以 2Hz 的频率闪烁 ● 6＝颜色 1 和 2 将以 2Hz 的频率交替闪烁 ● 7＝LED 正在运行，颜色 1 ● 8＝LED 正在运行，颜色 2 ● 9＝LED 不存在或状态信息不可用 出于兼容性考虑，Ret_Val 值中的 ENO 置位为 FALSE
8091	使用 LADDR 参数寻址的硬件组件不可用
8092	由参数 LADDR 寻址的硬件组件不会返回所需信息
8093	LED 参数中所指定的标识号未定义
80Bx	LADDR 参数中指定的 CPU 不支持 LED 指令

(3) 指令的应用

读取如图 11.35 所示网络视图中 PLC_1 的 CPU 的 LED 指示灯状态的操作步骤如下。

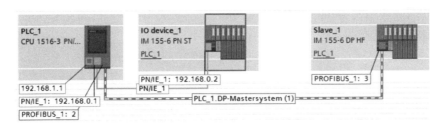

图 11.35　S7-1500 PLC 系统的网络视图

① 在全局数据块中创建 1 个变量用于数据存储，见表 11.9。

表 11.9　定义变量

	名称	数据类型	地址	保持	可从…	从 H…	在 H…	监控
1	returnValue	Int	%MW20	☐	☑	☑	☑	
2				☐	☑	☑	☑	

② 在 OB 块中调用 LED 指令，如图 11.36 所示。

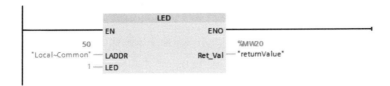

图 11.36　调用 LED 指令

指令参数说明如下：
- LADDR 参数是用于设定硬件标识符的，如果要查询模块硬件，则必须通过硬件标识符来寻址。本实例是查询 CPU 的 LED 指令状态，因此需设定 CPU 的硬件标识符，双击 LADDR 参数的<???>，将出现 ▣ 按钮符号并单击，出现如图 11.37 所示的列表窗口，选择"Local~Common"自动添加 CPU 硬件标识符"50"。硬件标识符可以通过 PLC 变量中的"系统常量"选项查看。

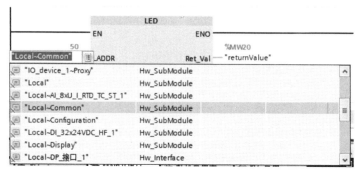

图 11.37　LADDR 参数的列表窗口

- 通过设定参数 LED 可了解待监视 CPU LED 指令的状态。通过表 11.7 可知，LED 参数设定为 1，表示要查询 STOP/RUN 的状态。STOP/RUN 的查询结果返回到 Ret_Val (returnValue) 参数。
- 输出参数 Ret_Val (returnValue) 用于判断 CPU 的 LED 指示灯的工作状态。本实例中显示 2，通过表 11.8 可知，表示 CPU 工作在 RUN 状态 (绿色常亮)。
③ 在线下载程序并通过 LED 指令查看 CPU 的 LED 指示灯的工作状态。

2. DeviceStates 指令及其应用

(1) DeviceStates 指令功能

DeviceStates 指令用于查询 PROFINET IO 系统中所有 IO 设备的状态信息或 DP 主站系统中所有 DP 从站的状态信息，可在循环 OB 和中断 OB（如 OB82 诊断中断）中调用。

图 11.38　DeviceStates 指令格式

(2) DeviceStates 指令格式及相关参数

图 11.38 是 DeviceStates 指令格式，相关参数见表 11.10，Ret_Val 参数的说明见表 11.11。

表 11.10　DeviceStates 指令的相关参数

参数	声明	数据类型	存储区	说　　明
LADDR	Input	HW_IOSYSTEM	I、Q、M、L 或常量	PROFINET IO 或 DP 主站系统的硬件标识符
MODE	Input	UINT	I、Q、M、D、L 或常量	选择要读取的状态信息
Ret_Val	Return	INT	I、Q、M、D、L	指令的状态
STATE	InOut	VARIANT	I、Q、M、D、L	IO 设备或 DP 从站的状态缓冲区

表 11.11　Ret_Val 参数的说明

Ret_Val	说　　明
0	无错误
8091	LADDR 参数的硬件标识符不存在，请检查（如在系统常量中）项目中是否有 LADDR 值
8092	LADDR 不会寻址 PROFINET IO 或 DP 主站系统
8093	STATE 参数中的数据类型无效
80B1	CPU 不支持 DeviceStates 指令
80B2	LADDR 参数中指定的 IO 系统所用的 CPU 不支持所选的 MODE 参数
8452	完整的状态信息，不适用于 STATE 参数中组态的变量。 注：检查 STATE 中所组态变量的字段长度时，可调用 CountOfElements 指令。将数据类型 VARIANT 指向 Array of BOOL 时，该指令将计数填充的元素个数；例如，使用 Array[0...120] of BOOL 时，字段长度为 128。因此，当设置的字段元素个数加上 CPU 创建的填充元素个数小于 1024 或 128 时，DeviceStates 将仅返回错误代码 W#16#8452

① LADDR 参数。LADDR 参数需设定用于选择 PROFINET IO 系统或 DP 主站系统网络的硬件标识符。硬件标识符可通过位于 PROFINET IO 或 DP 主站系统属性的网络视图查看，如图 11.39 所示，图中显示 IO 系统硬件标识符为"260"。

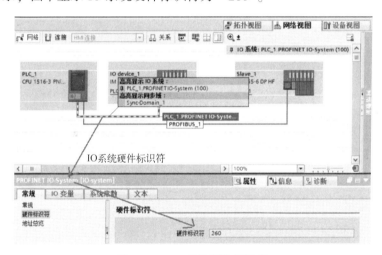

图 11.39　IO 系统硬件标识符

② MODE 参数。通过对 MODE 参数设定不同的数值（数值为 1、2、3、4、5）来表示要查询的设备状态信息：数值 1 表示读取已组态的 IO 设备/DP 从站；数值 2 表示读取有故障的 IO 设备/DP 从站；数值 3 表示读取已禁用的 IO 设备/DP 从站；数值 4 表示读取存在的 IO 设备/DP 从站；数值 5 表示读取出现问题的 IO 设备/DP 从站。

③ STATE 参数。通过 STATE 参数输出由 MODE 参数选择的 IO 设备/DP 从站的状态。例如，将 MODE 参数设置为 2，待读取设备的状态用位来表示，如位 0、位 1、位 2、…、位 N 等。其中，位 0 表示组显示。如果位 0=1，表示至少有一个 IO 设备/DP 从站有发生故障的设备，位 0=0 表示没有设备发生故障。其余的位号表示系统中的相关设备编号，如位 1 表示设备编号为 1，位 2 表示设备编号为 2，位 N 表示设备编号为 N。设备编号是在添加硬件组态时自动生成的设备编号。例如，在 PROFINT IO 系统中，读取的模块信息在 STATE 参

数中设置的相关位表示如下：

位 0＝1：至少有一个 IO 设备发生故障。

位 1＝0：设备编号为 1 的 IO 设备未发生故障。

位 2＝1：设备编号为 2 的 IO 设备发生故障。

位 3＝0：设备编号为 3 的 IO 设备未发生故障。

位 4＝0：设备编号为 4 的 IO 设备未发生故障。

位 N＝0：不相关。

STATE 参数使用 Bool 或 Array of Bool 作为变量的数据类型。如果仅输出状态信息的组显示位，则可在 STATE 参数中使用 Bool 数据类型。如果要输出所有 IO 设备/DP 从站的状态信息，则要使用 Array of Bool 数据类型。PROFINET IO 系统使用 Array of Bool 数据类型需要 1024 位，DP 主站系统使用 Array of Bool 数据类型需要 128 位。

（3）指令的应用

读取如图 11.35 所示的 PROFINET IO 系统中是否存在有故障 IO 设备的步骤如下。

① 创建全局变量。在 PLC_1 站的 CPU 中创建全局数据块变量，并定义一个"数据块_1"（数据类型为 Array of Bool）用于存储数据。全局数据块变量见表 11.12。

表 11.12 全局数据块变量

	名称	数据类型	起...	保持	可从 HMI...	从 H...	在 HMI...
1	▼ Static						
2	▼ PNDEVICE_STATE	Array[0..1024] of Bool		□	☑	☑	☑
3	PNDEVICE_STATE[0]	Bool	false	□	☑	☑	☑
4	PNDEVICE_STATE[1]	Bool	false	□	☑	☑	☑
5	PNDEVICE_STATE[2]	Bool	false	□	☑	☑	☑
6	PNDEVICE_STATE[3]	Bool	false	□	☑	☑	☑
7	PNDEVICE_STATE[4]	Bool	false	□	☑	☑	☑
8	PNDEVICE_STATE[5]	Bool	false	□	☑	☑	☑
9	PNDEVICE_STATE[6]	Bool	false	□	☑	☑	☑
10	PNDEVICE_STATE[7]	Bool	false	□	☑	☑	☑
11	PNDEVICE_STATE[8]	Bool	false	□	☑	☑	☑
12	PNDEVICE_STATE[9]	Bool	false	□	☑	☑	☑

② 编写诊断指令程序。在循环 OB 中调用 DeviceStates 指令，编写程序如图 11.40 所示，可在 IO 系统中查询是否存在有故障的 IO 设备。

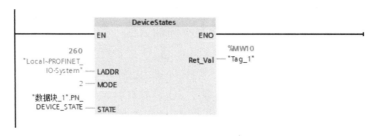

图 11.40 调用指令并编写程序

③ 在线下载并查看 IO 设备的状态信息，可在"数据块_1"中查看诊断结果，如图 11.41 所示，不存在有故障的设备。

第 11 章　S7-1500 PLC 的基本故障诊断功能

图 11.41　诊断结果

3. ModuleStates 指令

（1）ModuleStates 指令功能

ModuleStates 指令用于读取指定模块的状态信息以及 PROFINET IO 设备或 PROFIBUS DP 从站的状态信息。

ModuleStates 指令可在循环 OB 和中断 OB 中被调用。

（2）ModuleStates 指令格式及相关参数

图 11.42 是 ModuleStates 指令格式，相关参数见表 11.13，Ret_Val 参数的说明见表 11.14。

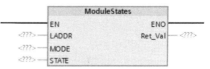

图 11.42　ModuleStates 指令格式

表 11.13　ModuleStates 指令的相关参数

参数	声明	数据类型	存储区	说明
LADDR	Input	HW_DEVICE	I、Q、M、D、L 或常量	站的硬件标识符
MODE	Input	UINT	I、Q、M、D、L 或常量	选择要读取的模块状态信息
Ret_Val	Return	INT	I、Q、M、D、L	指令的状态
STATE	InOut	VARIANT	I、Q、M、D、L	模块状态缓冲区

表 11.14　Ret_Val 参数的说明

Ret_Val	说明
0	无错误
8091	LADDR 参数的硬件标识符不存在，请检查（如在系统常量中）项目中是否有 LADDR 值
8092	LADDR 不会寻址 IO 设备或 DP 从站
8093	STATE 参数中的数据类型无效
80B1	CPU 不支持 ModuleStates 指令
80B2	LADDR 参数中 IO 设备/DP 从站所用的 CPU 不支持所选的 MODE 参数

续表

Ret_Val	说明
8452	完整的状态信息,不适用于 STATE 参数中组态的变量。 注:检查 STATE 中所组态变量的字段长度时,可调用 CountOfElements 指令。将数据类型 VARIANT 指向 Array of Bool 时,该指令将计数填充的元素个数;例如,使用 Array[0...120] of Bool 时,字段长度为 128。因此,当设置的字段元素个数加上 CPU 创建的填充元素个数小于 128 时,ModuleStates 将仅返回错误代码 W#16#8452

① LADDR 参数。使用 LADDR 参数通过站硬件标识符可选择 IO 设备或 DP 从站。硬件标识符可通过 IO 设备或 DP 从站网络视图的"属性"选项中查看,如图 11.43 所示。ModuleStates 指令与 DeviceStates 指令的 LADDR 参数设定的区别:DeviceStates 指令的 LADDR 参数设定是系统网络的硬件标识符,可以查看网络系统下的所有设备;ModuleStates 指令的 LADDR 参数设定是分布式 IO 站或 DP 从站的硬件标识符。

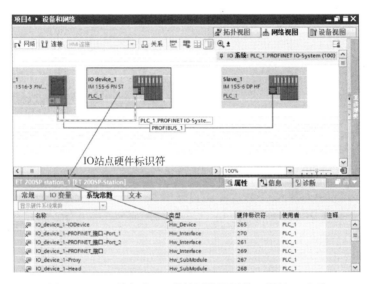

图 11.43　IO 设备或 DP 从站网络视图的"属性"选项

② MODE 参数。通过对 MODE 参数设定的不同数值(数值为 1、2、3、4、5)来表示要查询的设备状态信息:数值 1 表示读取已组态的模块;数值 2 表示读取有故障的模块;数值 3 表示读取已禁用的模块;数值 4 表示读取存在的模块;数值 5 表示读取模块中存在的故障。

③ STATE 参数。STATE 参数输出使用 MODE 参数选择的模块状态,与 DeviceStates 指令中的 STATE 参数基本类同,区别在于,如果设定 MODE 参数为 2,则表示查询站点上有故障模块,如果位 0=1 表示组显示,则站点上至少有一个模块有故障,当某位 $N=1$ 时,表示第 $N-1$ 号插槽中的模块有故障(例如,位 4 对应插槽 3,即 3 号插槽模块有故障)。如果使用 Array of BOOL 作为数据类型,则需要 128 位。

(3) 指令的应用

读取如图 11.35 所示的 PROFINET IO 设备是否存在故障的步骤如下。

① 创建全局变量。在 PLC_1 站的 CPU 中创建全局数据块变量,并定义一个"数据块_1"

（数据类型为 Array of Bool）用于存储数据。全局数据块变量见表 11.15。

表 11.15　全局数据块变量

数据块_1

	名称	数据类型	起...	保持	可从 HMI/...	从 H...	在 HMI ...
1	▼ Static			☐	☐	☐	☐
2	▼ PNDEVICE_STATE	Array[0..128] of Bool		☐	☑	☑	☑
3	PNDEVICE_STATE[0]	Bool	false	☐	☑	☑	☑
4	PNDEVICE_STATE[1]	Bool	false	☐	☑	☑	☑
5	PNDEVICE_STATE[2]	Bool	false	☐	☑	☑	☑
6	PNDEVICE_STATE[3]	Bool	false	☐	☑	☑	☑
7	PNDEVICE_STATE[4]	Bool	false	☐	☑	☑	☑
8	PNDEVICE_STATE[5]	Bool	false	☐	☑	☑	☑
9	PNDEVICE_STATE[6]	Bool	false	☐	☑	☑	☑
10	PNDEVICE_STATE[7]	Bool	false	☐	☑	☑	☑
11	PNDEVICE_STATE[8]	Bool	false	☐	☑	☑	☑

② 编写诊断指令程序。在循环 OB 中调用 ModuleStates 指令，编写程序如图 11.44 所示，可在 IO 系统中查询是否存在有故障的 IO 设备。

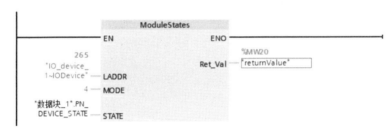

图 11.44　调用指令并编写程序

③ 在线下载并查看 IO 设备的模块状态信息，诊断信息可在全局变量“数据块_1”中查看，如图 11.45 所示，位 0=1 表示有模块存在，随后位 1~位 5 都等于 1，表示插槽 0~插槽 4 有模块存在，与如图 11.46 所示“设备视图”选项对比，其结果一致，共有 5 个模块分别插在插槽 0~插槽 4 中。

项目4 ▸ PLC_1 [CPU 1516-3 PN/DP] ▸ 程序块 ▸ 数据块_1 [DB1]

保持实际值　快照　将快照值复制到起始值中　将起始值加载为实际值

数据块_1

	名称	数据类型	起始值	监视值	保持	可从 HMI/...	从 ...
1	▼ Static				☐	☐	☐
2	▼ PN_DEVICE_STATE	Array[0..128] of...			☐	☑	☑
3	PN_DEVICE_STATE[0]	Bool	false	TRUE	☐	☑	☑
4	PN_DEVICE_STATE[1]	Bool	false	TRUE	☐	☑	☑
5	PN_DEVICE_STATE[2]	Bool	0	TRUE	☐	☑	☑
6	PN_DEVICE_STATE[3]	Bool	false	TRUE	☐	☑	☑
7	PN_DEVICE_STATE[4]	Bool	false	TRUE	☐	☑	☑
8	PN_DEVICE_STATE[5]	Bool	false	TRUE	☐	☑	☑
9	PN_DEVICE_STATE[6]	Bool	false	FALSE	☐	☑	☑
10	PN_DEVICE_STATE[7]	Bool	false	FALSE	☐	☑	☑
11	PN_DEVICE_STATE[8]	Bool	false	FALSE	☐	☑	☑
12	PN_DEVICE_STATE[9]	Bool	false	FALSE	☐	☑	☑

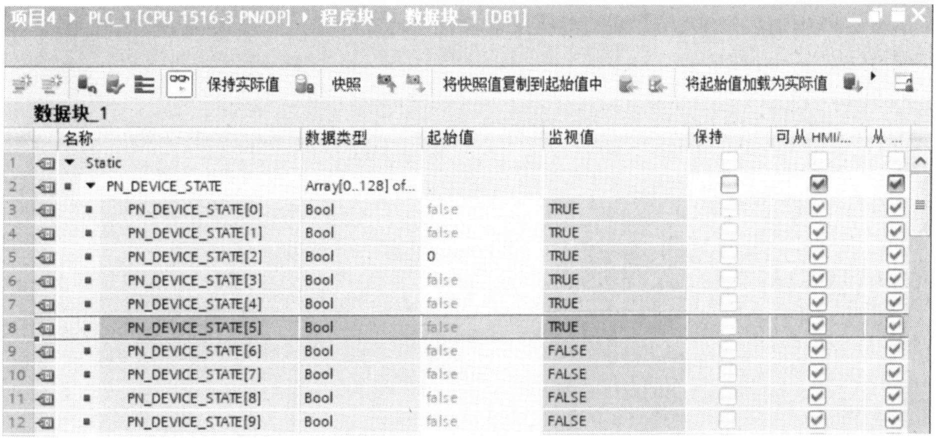

图 11.45　显示的诊断信息

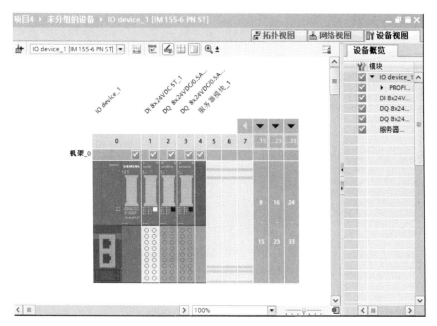

图 11.46 "设备视图"选项

第 12 章

S7-1500 PLC 应用实例

【**实例 12.1**】电动机正/反转的控制。

【**传统继电器控制分析**】

生产设备常通过电动机的正/反转来改变运动部件的移动方向。接触器正/反转控制电路如图 12.1 所示。其控制要求如下：按下正转按钮 SB2，电动机正转；按下反转按钮 SB3，电动机反转；按下停止按钮 SB1，电动机停止。正转和反转接触器不能同时工作，否则将造成电源短路事故，所以必须采取接触器连锁措施，即正转接触器的常闭触点与反转接触器线圈串联，反转接触器的常闭触点与正转接触器线圈串联。

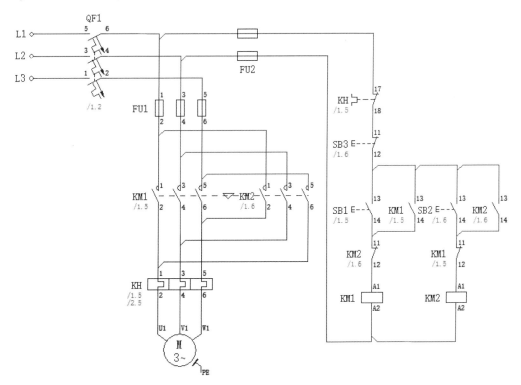

图 12.1 接触器正/反转控制电路

【用 PLC 改造接触器正/反转控制电路】

改造的主要思路：PLC 正/反转控制程序与接触器正/反转控制电路的逻辑关系基本相同，主电路完全相同，主要是用 PLC 改造控制电路的连接方式。

1. I/O 地址分配

根据控制要求，首先确定 I/O 地址分配，见表 12.1。

表 12.1 I/O 地址分配

输入			输出		
输入端口	输入元器件	作用	输出端口	输出元器件	控制对象
I10.0	KH（常开触点）	过载保护	Q4.0	KM2 接触器	电动机正转
I10.1	SB1（常闭触点）	停止按钮	Q4.1	KM1 接触器	电动机反转
I10.2	SB2（常开触点）	正转按钮			
I10.3	SB3（常开触点）	反转按钮			

2. 设计 PLC 硬件接线图

电动机正/反转 PLC 硬件接线图如图 12.2 所示。这里仅画出 PLC 改造控制电路接线图。在 PLC 正/反转控制电路中，按钮、过载保护触点和接触器线圈连接仅能确定输入/输出信号地址，而不能确定控制逻辑。图 12.2 中的保护需要设计硬件保护，仅依靠 PLC 控制程序中软继电器连锁是不可靠的，在 PLC 输出端必须要有接触器常闭物理触点的硬件连锁。

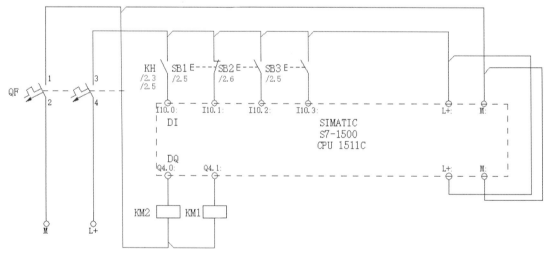

图 12.2 PLC 硬件接线图

3. 准备材料，清单见表 12.2

（1）选择元器件时，主要考虑元器件的数量、型号及额定参数。

（2）检测元器件的质量好坏。

（3）PLC 的选型要合理，在满足要求下尽量减少 I/O 的点数，以降低成本。

表 12.2 材料清单

序号	名称	型号规格	数量	单位
1	计算机	安装有 TIA Portal V15 软件	1	台

续表

序号	名称	型号规格	数量	单位
2	PLC	S7-1500	1	台
3	编程电缆	RJ-45 网线	1	根
4	断路器	DZ47-63/3P D16 DZ47-63/2P D10	2	个
5	熔断器	RT 系列	1	组
6	接触器	CJX2 系列，线圈电压为 DC24V	2	个
7	热继电器	根据电动机自定	1	个
8	按钮	LA10-3H	3	个
9	电动机	自定，小功率	1	台

4. 安装与接线

（1）将所有的元器件安装在一块配电板上，做到布局合理、安装牢固，符合安装工艺规范。

（2）根据接线原理图配线，做到接线正确、牢固、美观。

5. 设备组态

（1）添加设备

打开博途 V15 软件，在"项目树"下双击"添加新设备"选项，弹出对话框，单击"控制器"→"SIMATIC S7-1500"→"CPU 1511C-1 PN"→"6ES7 511-1CK00-0AB0"选项，如图 12.3 所示。

图 12.3 "添加新设备"对话框

(2) 配置 CPU 参数

单击"属性"→"常规"→"PROFINET 接口 [X1]"→"以太网地址"选项,添加新子网并设置 PLC 的 IP 地址(注意:组态中 PLC 的 IP 地址要与在线访问时实际硬件 PLC 的 IP 地址相同),如图 12.4 所示。

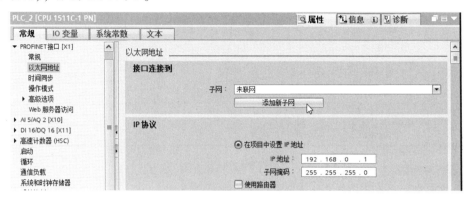

图 12.4 配置 CPU 参数

6. 编写 PLC 程序

(1) 在默认变量表中添加变量,如图 12.5 所示。

图 12.5 添加变量

(2) 编写程序,如图 12.6 所示。

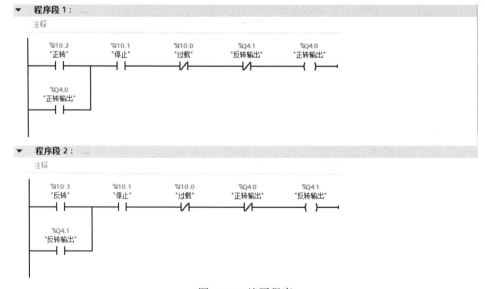

图 12.6 编写程序

7. 下载与调试

(1) 下载

在下载之前,需要将已写完的程序进行编译。单击编译按钮 进行编译。用户程序必须先经过编译后才能在 CPU 中执行。程序在每次更改后都需要进行重新编译。在下方信息栏中显示编译完成(错误:0;警告:0),如图 12.7 所示。

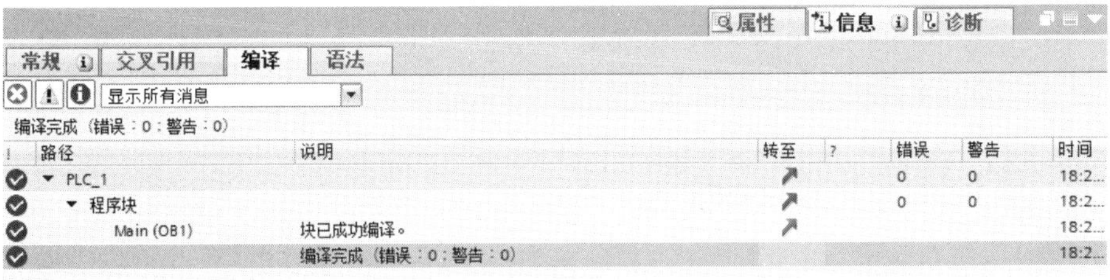

图 12.7 "编译"选项

选择"项目树"下的 PLC 站点,在右上方单击下载按钮 ,弹出"扩展的下载到设备"对话框,"PG/PC 接口的类型"选择"PN/IE","PG/PC 接口"选择 PC 中使用的网卡。单击"开始搜索"按钮,可搜索网络上的所有站点并进行提示。如有多个站点,则为了便于识别,可以在对话框中单击"闪烁 LED"按钮,使相应 CPU 上的 LED 灯闪烁。选择一个站点并单击"下载"按钮,下载硬件组态数据将导致 CPU 停机,所以需要用户进行确认,完成以后,可重新启动 CPU,如图 12.8 所示。

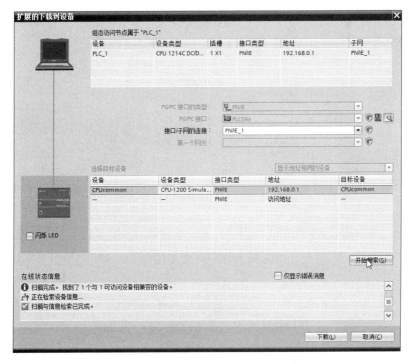

图 12.8 "扩展的下载到设备"对话框

在"下载预览"界面勾选"全部覆盖"选项，如图12.9所示。

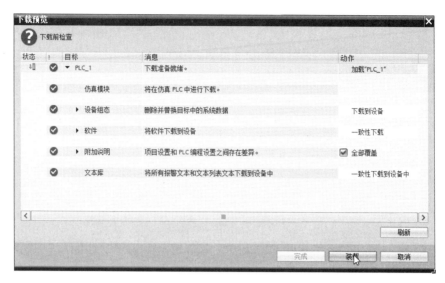

图12.9　勾选"全部覆盖"选项

单击"装载"按钮后，选择启动模块并完成，编写的组态和程序即下载到PLC中，如图12.10所示。

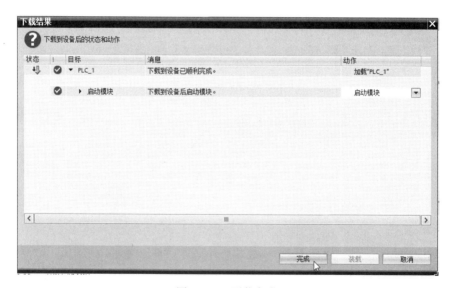

图12.10　下载完成

提示：对于第一次下载，如果PC的IP地址与连接CPU的IP地址不在相同的网段，则在下载时，博途V15软件会自动给PC的网卡分配一个与PLC相同网段的IP地址。经过第一次下载后，博途V15软件会自动记录下载路径，此后单击下载按钮 ，即无需再次选择下载路径。

(2) 调试

① 电动机正转:按下正转按钮 SB2,接触器线圈 KM1 通电,KM1 主触点闭合,电动机正转。

② 电动机反转:按下反转按钮 SB3,接触器线圈 KM2 通电,KM2 主触点闭合,电动机反转。

③ 电动机停止:按下停止按钮 SB1,电动机停止。

④ 过载保护:当发生过载故障时,电动机停止。

【实例 12.2】 三台电动机的顺序控制。

【三台电动机继电器顺序控制电路分析】

在生产中,某传动带设备由三台电动机拖动,要求电动机统一为单方向旋转。三台电动机顺序控制电路如图 12.11 所示。其控制要求如下:按下启动按钮 SB2,第一台电动机 M1 启动,M1 运行 10s 后,第二台电动机 M2 启动,M2 运行 10s 后,第三台电动机 M3 启动;按下停止按钮 SB1,三台电动机均停止。

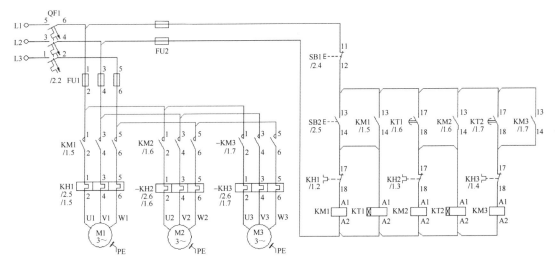

图 12.11 三台电动机顺序控制电路

【用 PLC 改造顺序控制电路】

1. I/O 地址分配,见表 12.3

表 12.3 I/O 地址分配

输入			输出		
输入端口	输入元器件	作用	输出端口	输出元器件	控制对象
I10.0	SB1(常闭触点)	停止按钮	Q4.0	KM1 接触器	电动机 M1
I10.1	SB2(常开触点)	启动按钮	Q4.1	KM2 接触器	电动机 M2
I10.2	KH1(常开触点)	M1 过载保护	Q4.2	KM3 接触器	电动机 M3
I10.3	KH2(常开触点)	M2 过载保护			
I10.4	KH3(常开触点)	M3 过载保护			

2. PLC 硬件接线图如图 12.12 所示

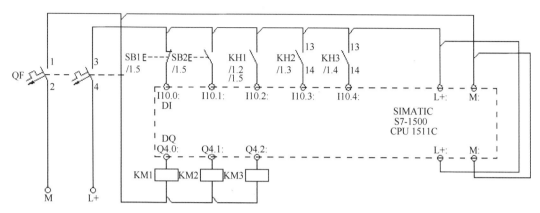

图 12.12　PLC 硬件接线图

3. 准备材料，清单见表 12.4

表 12.4　材料清单

序号	名称	型号规格	数量	单位
1	计算机	安装有 TIA Portal V15 软件	1	台
2	PLC	S7-1500	1	台
3	编程电缆	RJ-45 网线	1	根
4	断路器	DZ47-63/3P D16 DZ47-63/2P D10	2	个
5	熔断器	RT 系列	1	组
6	接触器	CJX2 系列，线圈电压为 DC24V	3	个
7	热继电器	根据电动机自定	3	个
8	按钮	LA10-3H	2	个
9	电动机	自定，小功率	3	台

4. 安装与接线

（1）将所有的元器件安装在一块配电板上，做到布局合理、安装牢固，符合安装工艺规范。

（2）根据接线原理图配线，做到接线正确、牢固、美观。

5. 设备组态

（1）添加设备

打开博途 V15 软件，在"项目树"下双击"添加新设备"选项，弹出对话框，单击"控制器"→"SIMATIC S7-1500"→"CPU 1511C-1 PN"→"6ES7 511-1CK00-0AB0"选项，如图 12.13 所示。

（2）配置 CPU 参数

单击"属性"→"常规"→"PROFINET 接口 [X1]"→"以太网地址"选项，添加新子网并设置 PLC 的 IP 地址（注意：组态中 PLC 的 IP 地址要与在线访问时实际硬件中 PLC 的 IP 地址相同），如图 12.14 所示。

第 12 章　S7-1500 PLC 应用实例

图 12.13　"添加新设备"对话框

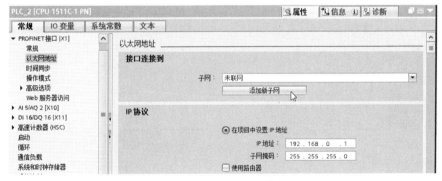

图 12.14　配置 CPU 参数

6. 编写 PLC 程序

(1) 在默认变量表中添加变量，如图 12.15 所示。

图 12.15　添加变量

591

(2) 编写程序,如图 12.16 所示。

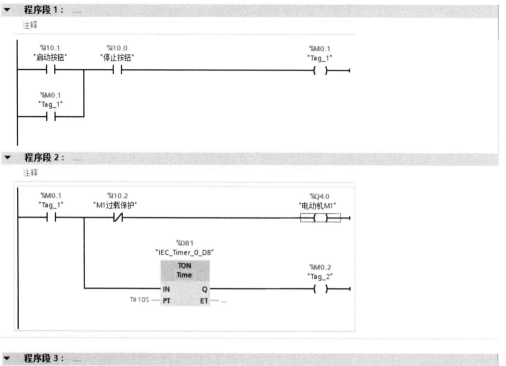

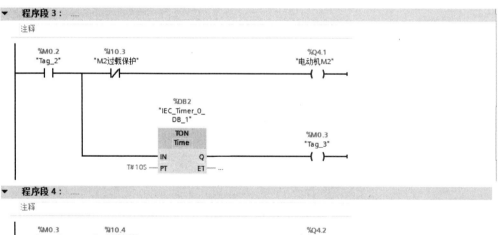

图 12.16　编写程序

7. 下载与调试

按照前面描述的下载方式下载程序,并进行下面的调试。

(1) 电动机启动:按下启动按钮 SB2,第一台电动机 M1 启动,M1 运行 10s 后,第二台电动机 M2 启动,M2 运行 10s 后,第三台电动机 M3 启动。

(2) 电动机停止:按下停止按钮 SB1,所有的电动机均停止。

(3) 过载保护:当发生过载故障时,电动机均停止。

【实例 12.3】 电动机的星/三角降压启动控制。

【继电器控制星/三角降压启动分析】

生产设备经常需要使用大功率的电动机拖动。大功率的电动机在启动时，启动电流是额定电流的 4~7 倍，带载启动时可达 8~10 倍，会使电动机的绕组发热，加速绝缘老化，造成电网冲击。过大的冲击往往会造成电动机笼条和定子绕组等的绝缘破损，导致击穿烧机，因此需要降压启动。降压启动经常使用的是星/三角降压启动。星/三角降压启动时，将定子绕组接成星形，以降低启动电压，限制启动电流，待电动机启动平稳后，再将定子绕组接成三角形，使电动机全压启动，如图 12.17 所示。

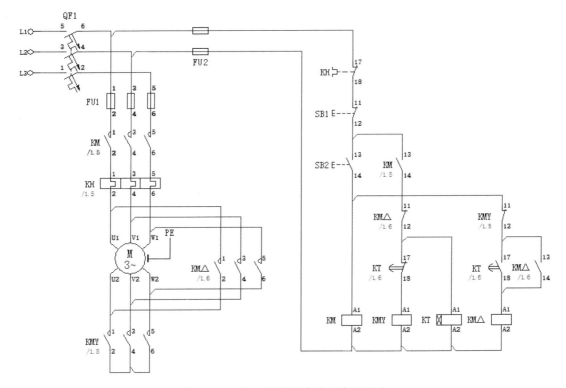

图 12.17 星/三角降压启动电路原理图

【用 PLC 改造星/三角降压启动】

改造时的注意事项如下。

（1）接触器 KMY 和 KM△ 的主触点不能同时闭合，必须保证接触器连锁控制，否则将出现短路事故。在 PLC 程序中，输出继电器线圈不能同时得电，要加入程序互锁。

（2）定子绕组为三角形接法时才能采用星/三角降压启动。若启动时已经是星形接线，则电动机在全压启动后转入三角形接法运行时，电动机绕组会因电压过高而被烧毁。

（3）启动时间不能过短或过长。启动时间过短，电动机还未提速就切换运行，启动电流会很大，造成电网波动；启动时间过长，电动机会因低电压运行引发大电流而被烧毁。

（4）时间继电器的时间一般按照电动机的功率进行设定。

1. I/O 地址分配，见表 12.5

表 12.5 I/O 地址分配

输入			输出		
输入端口	输入元器件	作用	输出端口	输出元器件	控制对象
I10.0	SB1（常闭触点）	停止按钮	Q4.0	KM 接触器	电动机 M
I10.1	SB2（常开触点）	启动按钮	Q4.1	KMY 接触器	电动机 M
I10.2	KH（常开触点）	M 过载保护	Q4.2	KM△ 接触器	电动机 M

2. PLC 硬件接线图，如图 12.18 所示

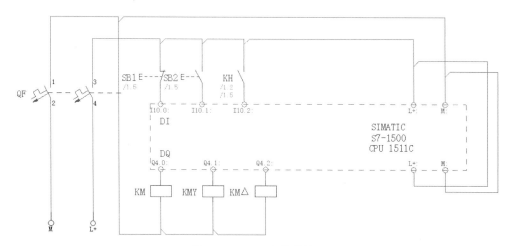

图 12.18 PLC 硬件接线图

3. 准备材料，清单见表 12.6

表 12.6 材料清单

序号	名称	型号规格	数量	单位
1	计算机	安装有 TIA Portal V15 软件	1	台
2	PLC	S7-1500	1	台
3	编程电缆	RJ-45 网线	1	根
4	断路器	DZ47-63/3P D16 DZ47-63/2P D10	2	个
5	熔断器	RT 系列	1	组
6	接触器	CJX2 系列，线圈电压为 DC24V	3	个
7	热继电器	根据电动机自定	1	个
8	按钮	LA10-3H	2	个
9	电动机	自定，小功率	1	台

4. 安装与接线

（1）将所有的元器件安装在一块配电板上，做到布局合理、安装牢固，符合安装工艺规范。

（2）根据接线原理图配线，做到接线正确、牢固、美观。

5. 设备组态

(1) 添加设备

打开博途 V15 软件,在"项目树"下双击"添加新设备"选项,弹出对话框,单击"控制器"→"SIMATIC S7-1500"→"CPU 1511C-1 PN"→"6ES7 511-1CK00-0AB0"选项,如图 12.19 所示。

图 12.19 "添加新设备"对话框

(2) 配置 CPU 参数

单击"属性"→"常规"→"PROFINET 接口[X1]"→"以太网地址"选项,添加新子网并设置 PLC 的 IP 地址(注意:组态中 PLC 的 IP 地址要与在线访问时实际硬件中 PLC 的 IP 地址相同),如图 12.20 所示。

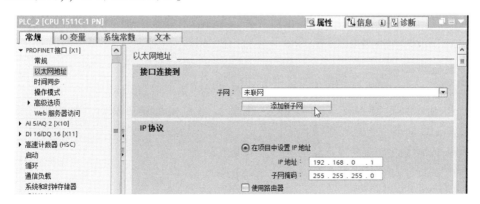

图 12.20 配置 CPU 参数

6. 编写 PLC 程序

（1）在默认变量表中添加变量，如图 12.21 所示。

图 12.21 添加变量

（2）编写程序，如图 12.22 所示。

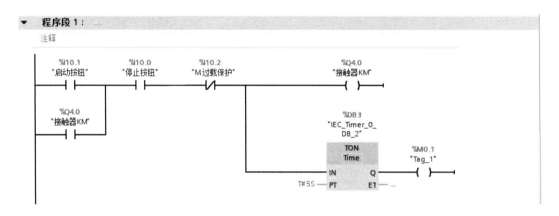

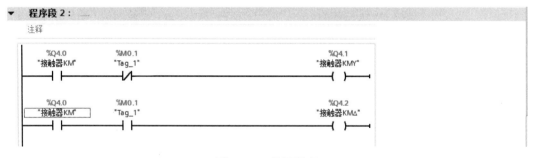

图 12.22 编写程序

7. 下载与调试

按照前面描述的下载方法进行下载，并按照下面的步骤进行调试。

（1）电动机启动：按下启动按钮 SB2，电动机 M 以星形接法启动，电动机启动 5s 后，定子绕组接成三角形，电动机全压启动。

（2）电动机停止：按下停止按钮 SB1，电动机停止。

（3）过载保护：当发生过载故障时，电动机停止。

第12章 S7-1500 PLC应用实例

【实例12.4】运料小车的PLC控制。

【运料小车继电器控制电路分析】

在生产中，运料小车采用电动机驱动，电动机正转，运料小车前进，电动机反转，运料小车后退，如图12.23所示。其工作过程如下：运料小车启动，到A地，停1min装料后，自动走向B地；到B地，停1min卸料后，自动走向A地，循环往复运动。

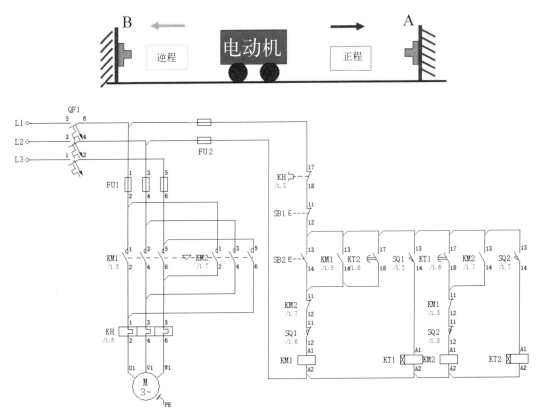

图12.23 运料小车控制电路

【用PLC改造运料小车电路】

1. I/O地址分配，见表12.7

表12.7 I/O地址分配

输 入			输 出		
输入端口	输入元器件	作用	输出端口	输出元器件	控制对象
I10.0	SB1（常闭触点）	停止按钮	Q4.0	KM1接触器	电动机M
I10.1	SB2（常开触点）	启动按钮	Q4.1	KM2接触器	电动机M
I10.2	KH（常开触点）	M过载保护			
I10.3	SQ1（常开触点）	A地行程开关			
I10.4	SQ2（常开触点）	B地行程开关			

2. PLC 硬件接线图，如图 12.24 所示

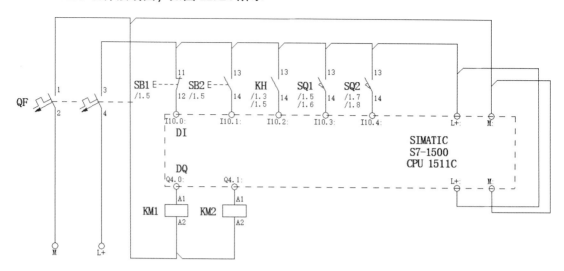

图 12.24　PLC 硬件接线图

3. 准备材料，清单见表 12.8

表 12.8　材料清单

序号	名　称	型　号　规　格	数量	单位
1	计算机	安装有 TIA Portal V15 软件	1	台
2	PLC	S7-1500	1	台
3	编程电缆	RJ-45 网线	1	根
4	断路器	DZ47-63/3P D16 DZ47-63/2P D10	2	个
5	熔断器	RT 系列	1	组
6	接触器	CJX2 系列，线圈电压为 DC24V	3	个
7	热继电器	根据电动机自定	1	个
8	按钮	LA10-3H	2	个
9	电动机	自定，小功率	1	台

4. 安装与接线

（1）将所有的元器件安装在一块配电板上，做到布局合理、安装牢固，符合安装工艺规范。

（2）根据接线原理图配线，做到接线正确、牢固、美观。

5. 设备组态

（1）添加设备

打开博途 V15 软件，在"项目树"下双击"添加新设备"选项，弹出对话框，单击"控制器"→"SIMATIC S7-1500"→"CPU 1511C-1 PN"→"6ES7 511-1CK00-0AB0"选项，如图 12.25 所示。

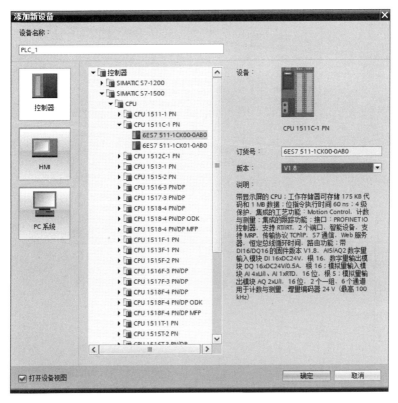

图 12.25 "添加新设备"对话框

(2) 配置 CPU 参数

单击"属性"→"常规"→"PROFINET 接口[X1]"→"以太网地址"选项，添加新子网并设置 PLC 的 IP 地址（注意：组态中 PLC 的 IP 地址要与在线访问时实际硬件中 PLC 的 IP 地址相同），如图 12.26 所示。

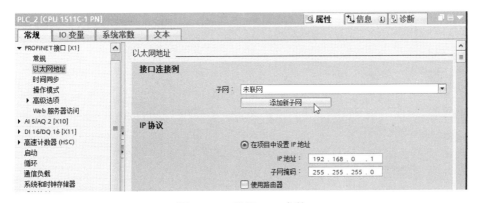

图 12.26 配置 CPU 参数

6. 编写 PLC 程序

(1) 在默认变量表中添加变量，如图 12.27 所示。

(2) 编写程序，如图 12.28 所示。

图 12.27 添加变量

图 12.28 编写程序

7. 下载与调试

按照前面的描述进行下载，并按照下面的步骤进行调试。

（1）电动机启动：按下启动按钮SB2，电动机启动，到A地，停1min装料后，自动走向B地；到B地，停1min卸料后，自动走向A地，循环往复运动。

（2）电动机停止：按下停止按钮SB1，电动机停止。

（3）过载保护：当发生过载故障时，电动机停止。

【实例12.5】液体混合装置的PLC控制。

【控制要求】

液体混合装置的控制系统是炼油、制药、食品等行业必不可少的工序，结构示意图如图12.29所示。该装置有三个液位传感器：L为低液位传感器；I为中液位传感器；H为高液位传感器。当液位到达某一个液位传感器时，液位传感器发出信号，使电磁阀YV1、YV2、YV3和电动机M动作。

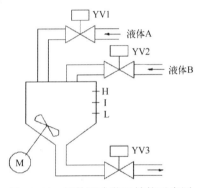

图12.29 液体混合装置结构示意图

控制要求：按下启动按钮SB1后，电磁阀YV1通电打开，液体A流入容器，当液位高达I时，液位传感器I接通，此时电磁阀YV1断电关闭，电磁阀YV2通电打开，液体B流入容器，当液位到达H时，液位传感器H接通，电磁阀YV2断电关闭，同时启动电动机M搅拌，1min后，电动机M停止搅拌，电磁阀YV3通电打开，混合液流出容器，当液位下降到L后，延时2s，电磁阀YV3断电关闭，往复循环。若在工作中按下停止按钮，则电动机不会立即停止工作，只有当混合搅拌操作结束后才能停止工作，停在初始状态。

【操作步骤】

1. I/O地址分配，见表12.9

表12.9 I/O地址分配

输入			输出		
输入端口	输入元器件	作用	输出端口	输出元器件	控制对象
I10.0	SB1（常开触点）	启动按钮	Q4.0	KM接触器	电动机M
I10.1	SB2（常开触点）	停止按钮	Q4.1	电磁阀线圈	YV1电磁阀
I10.2	KH（常开触点）	电动机过载保护	Q4.2	电磁阀线圈	YV2电磁阀
I10.3	传感器（常开触点）	L液位传感器	Q4.3	电磁阀线圈	YV3电磁阀
I10.4	传感器（常开触点）	I液位传感器			
I10.5	传感器（常开触点）	H液位传感器			

2. 设计PLC硬件接线图，如图12.30所示

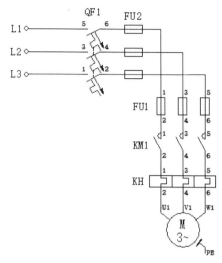

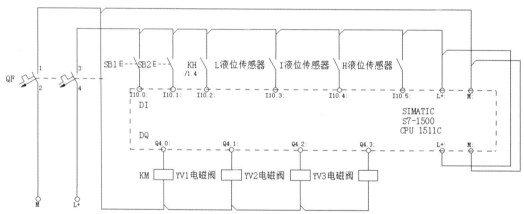

图12.30　PLC硬件接线图

3. 准备材料，清单见表12.10

表12.10　材料清单

序号	名称	型号规格	数量	单位
1	计算机	安装有TIA Portal V15软件	1	台
2	PLC	S7-1500	1	台
3	编程电缆	RJ-45网线	1	根
4	断路器	HZ10-10/3	2	个
5	熔断器	RT系列	1	组
6	接触器	CJX2系列，线圈电压为DC24V	3	个
7	热继电器	根据电动机自定	1	个
8	按钮	LA10-3H	1	个
9	电动机	自定，小功率	1	台
10	电磁阀	线圈电压为DC24V	3	个

4. 安装与接线

(1) 将所有的元器件安装在一块配电板上，做到布局合理、安装牢固，符合安装工艺规范。

(2) 根据接线原理图配线，做到接线正确、牢固、美观。

5. 设备组态

(1) 添加设备

打开博途 V15 软件，在"项目树"下双击"添加新设备"选项，弹出对话框，单击"控制器"→"SIMATIC S7-1500"→"CPU 1511C-1PN"→"6ES7 511-1CK00-0AB0"选项，如图 12.31 所示。

图 12.31 "添加新设备"对话框

(2) 配置 CPU 参数

单击"属性"→"常规"→"PROFINET 接口[X1]"→"以太网地址"选项，添加新子网并设置 PLC 的 IP 地址（注意：组态中 PLC 的 IP 地址要与在线访问时实际硬件中 PLC 的 IP 地址相同），如图 12.32 所示。

6. 编写 PLC 程序

(1) 在默认变量表中添加变量，如图 12.33 所示。

(2) 编写程序，如图 12.34 所示。

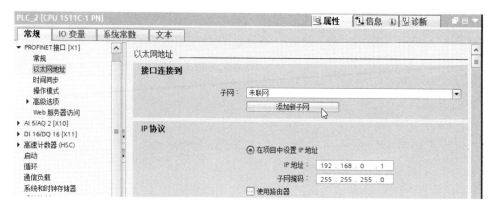

图 12.32　配置 CPU 参数

图 12.33　添加变量

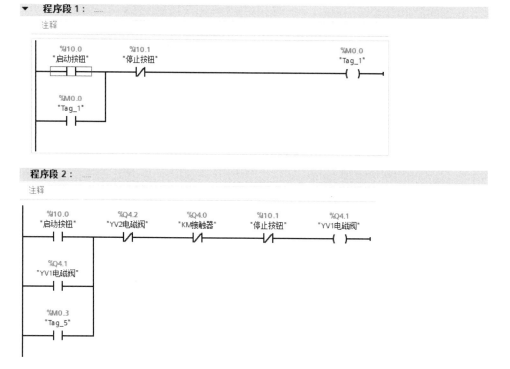

图 12.34　编写程序

程序段 3： ……

注释

```
  %I0.4        %Q4.0        %M0.0        %Q4.3        %Q4.2
"液位传感器"  "KM接触器"    "Tag_1"     "YV3电磁阀"  "YV2电磁阀"
   ─┤├─────────┤/├─────────┤├─────────┤/├─────────( )─
    │  %Q4.2
    │ "YV2电磁阀"
    └─┤├─
```

程序段 4： ……

注释

```
  %I0.5        %Q4.3        %M0.0        %I0.2        %Q4.0
"H液位传感器" "YV3电磁阀"  "Tag_1"     "过载保护"   "KM接触器"
   ─┤├─────────┤/├─────────┤├─────────┤/├─────────( )─
    │  %Q4.0
    │ "KM接触器"
    └─┤├─
```

程序段 5： ……

注释

```
                  %DB7
              "IEC_Timer_0_
                  DB_6"
  %Q4.0         ┌─────────┐                          %M0.1
"KM接触器"      │   TON   │                         "Tag_3"
   ─┤├──────────┤IN   Time├───────────────────────────( )─
                │         Q├─
         T#1M──┤PT       ET├─ ...
                └─────────┘
```

程序段 6： ……

注释

```
  %M0.1        %M0.3        %M0.0                   %Q0.3
 "Tag_3"      "Tag_5"      "Tag_1"                  "Tag_4"
   ─┤├─────────┤/├─────────┤├──────────────────────( )─
    │  %Q0.3
    │ "Tag_4"
    └─┤├─
```

程序段 7： ……

注释

```
  %I0.3        %M0.3        %Q10.3        %M0.0        %M0.2
"L液位传感器" "Tag_5"      "Tag_7"       "Tag_1"      "Tag_6"
   ─┤/├─────────┤/├─────────┤├─────────────┤├─────────( )─
    │  %M0.2
    │ "Tag_6"
    └─┤├─
```

图 12.34 编写程序（续）

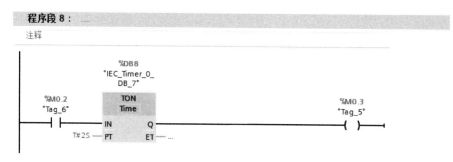

图 12.34　编写程序（续）

7. 下载与调试

按照前面的描述进行下载，并进行下面的调试。

（1）启动：按下启动按钮 SB1 后，电磁阀 YV1 通电打开，液体 A 流入容器，当液位高达 I 时，液位传感器 I 接通，此时电磁阀 YV1 断电关闭，电磁阀 YV2 通电打开，液体 B 流入容器，当液位到达 H 时，液位传感器 H 接通，电磁阀 YV2 断电关闭，同时启动电动机 M 搅拌，1min 后电动机 M 停止搅拌，电磁阀 YV3 通电打开，混合液流出容器，当液位高度下降到 L 后，再延时 2s，电磁阀 YV3 断电关闭，往复循环。

（2）停止：电动机不会立即停止工作，只有当混合搅拌操作结束后才能停止工作，停在初始状态。

（3）过载保护：当发生过载故障时，电动机停止。

【实例 12.6】自动生产线物料分拣的 PLC 控制。

【控制要求】

自动生产线物料分拣装置的作用是将上一道工序生产的产品按照要求进行分拣，一般由控制装置、分类装置、输送装置及分拣口组成，如图 12.35 所示。其控制要求如下：当落料光电传感器检测到有物料后，马上启动三相异步电动机；当物料经过推料一位置时，如果电感式传感器动作，则说明该物料为金属，推料一气缸动作，将物料推入金属料槽；当物料未被电感式传感器识别，而被输送到推料二位置时，如果电容式传感器动作，则说明该物料为非金属物料，推料二气缸动作，将物料推入塑料料槽。

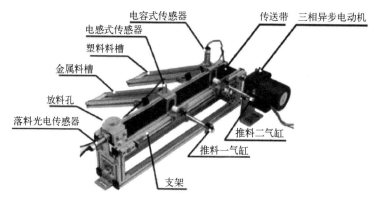

图 12.35　自动生产线物料分拣装置

图 12.35 中，落料光电传感器：检测是否有物料到传送带上，并给 PLC 一个输入信号；放料孔：物料落料位置定位；金属料槽：放置金属物料；塑料料槽：放置非金属物料；电感式传感器：检测金属物料；电容式传感器：检测非金属物料；三相异步电动机：驱动传送带低速运行；推料气缸：将物料推入料槽，由双向电控气阀控制。

【操作步骤】

1. I/O 地址分配，见表 12.11

表 12.11 I/O 地址分配

输 入		输 出	
输入端口	输入元器件及作用	输出端口	输出元器件及控制对象
I10.0	推料一气缸后限位	Q4.0	推料一气缸（缩回）
I10.1	推料一气缸前限位	Q4.1	推料一气缸（推出）
I10.2	推料二气缸前限位	Q4.2	推料二气缸（缩回）
I10.3	推料二气缸后限位	Q4.3	推料二气缸（伸出）
I10.4	电感式传感器（推料一气缸）	Q4.4	传动带启停
I10.5	电容式传感器（推料二气缸）		
I10.6	落料光电传感器		

2. 设计 PLC 硬件接线图，如图 12.36 所示

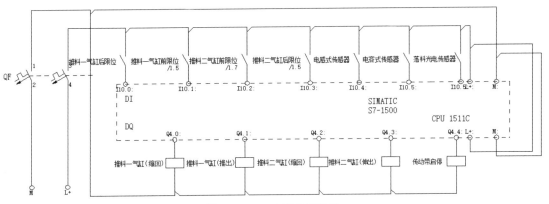

图 12.36 PLC 硬件接线图

3. 准备材料，清单见表 12.12

表 12.12 材料清单

序号	名称	型号规格	数量	单位
1	计算机	安装有 TIA Portal V15 软件	1	台
2	PLC	S7-1500	1	台
3	编程电缆	RJ-45 网线	1	根
4	断路器	DZ47-63/3P D16 DZ47-63/2P D10	2	个
6	接触器	CJX2 系列，线圈电压为 DC24V	3	个
7	热继电器	根据电动机自定	1	个

续表

序号	名称	型号规格	数量	单位
8	按钮	LA10-3H	1	个
9	电动机	自定,小功率	1	台
10	气缸	自定	2	个
11	电容式传感器		1	个
12	电感式传感器		1	个
13	落料光电传感器		1	个

4. 安装与接线

（1）将所有的元器件安装在一块配电板上，做到布局合理、安装牢固，符合安装工艺规范。

（2）根据接线原理图配线，做到接线正确、牢固、美观。

5. 设备组态

（1）添加设备

打开博途 V15 软件，在"项目树"下双击"添加新设备"选项，弹出对话框，单击"控制器"→"SIMATIC S7-1500"→"CPU 1511C-1 PN"→"6ES7 511-1CK00-0AB0"选项，如图 12.37 所示。

图 12.37 "添加新设备"对话框

（2）配置 CPU 参数

单击"属性"→"常规"→"PROFINET 接口[X1]"→"以太网地址"选项，添加新子网并设置 PLC 的 IP 地址（注意：组态中 PLC 的 IP 地址要与在线访问时实际硬件中 PLC

的 IP 地址相同)，如图 12.38 所示。

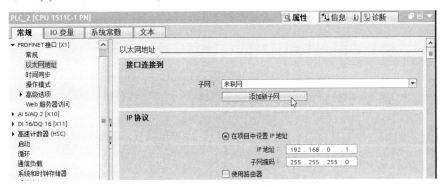

图 12.38　配置 CPU 参数

6. 编写 PLC 程序

(1) 在默认变量表中添加变量，如图 12.39 所示。

默认变量表

	名称	数据类型	地址	保持	可从 ...	从 H...
1	推料一气缸后限位	Bool	%I10.0	☐	☑	☑
2	推料一气缸前限位	Bool	%I10.1	☐	☑	☑
3	推料二气缸前限位	Bool	%I10.2	☐	☑	☑
4	推料二气缸后限位	Bool	%I10.3	☐	☑	☑
5	电感式传感器	Bool	%I10.4	☐	☑	☑
6	电容式传感器	Bool	%I10.5	☐	☑	☑
7	落料光电传感器	Bool	%I10.6	☐	☑	☑
8	推料一气缸(缩回)	Bool	%Q4.0	☐	☑	☑
9	推料一气缸(推出)	Bool	%Q4.1	☐	☑	☑
10	推料二气缸(缩回)	Bool	%Q4.2	☐	☑	☑
11	推料二气缸(伸出)	Bool	%Q4.3	☐	☑	☑
12	传动带启停	Bool	%Q4.4	☐	☑	☑
13	进口物料检测上升沿	Bool	%M0.0	☐	☑	☑
14	未检测到物料定时器	Time	%MD4	☐	☑	☑
15	<添加>			☐	☑	☑

图 12.39　添加变量

(2) 编写程序，如图 12.40 所示。

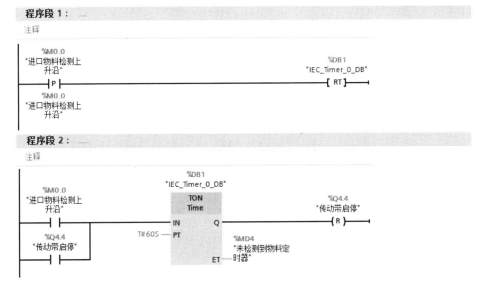

图 12.40　编写程序

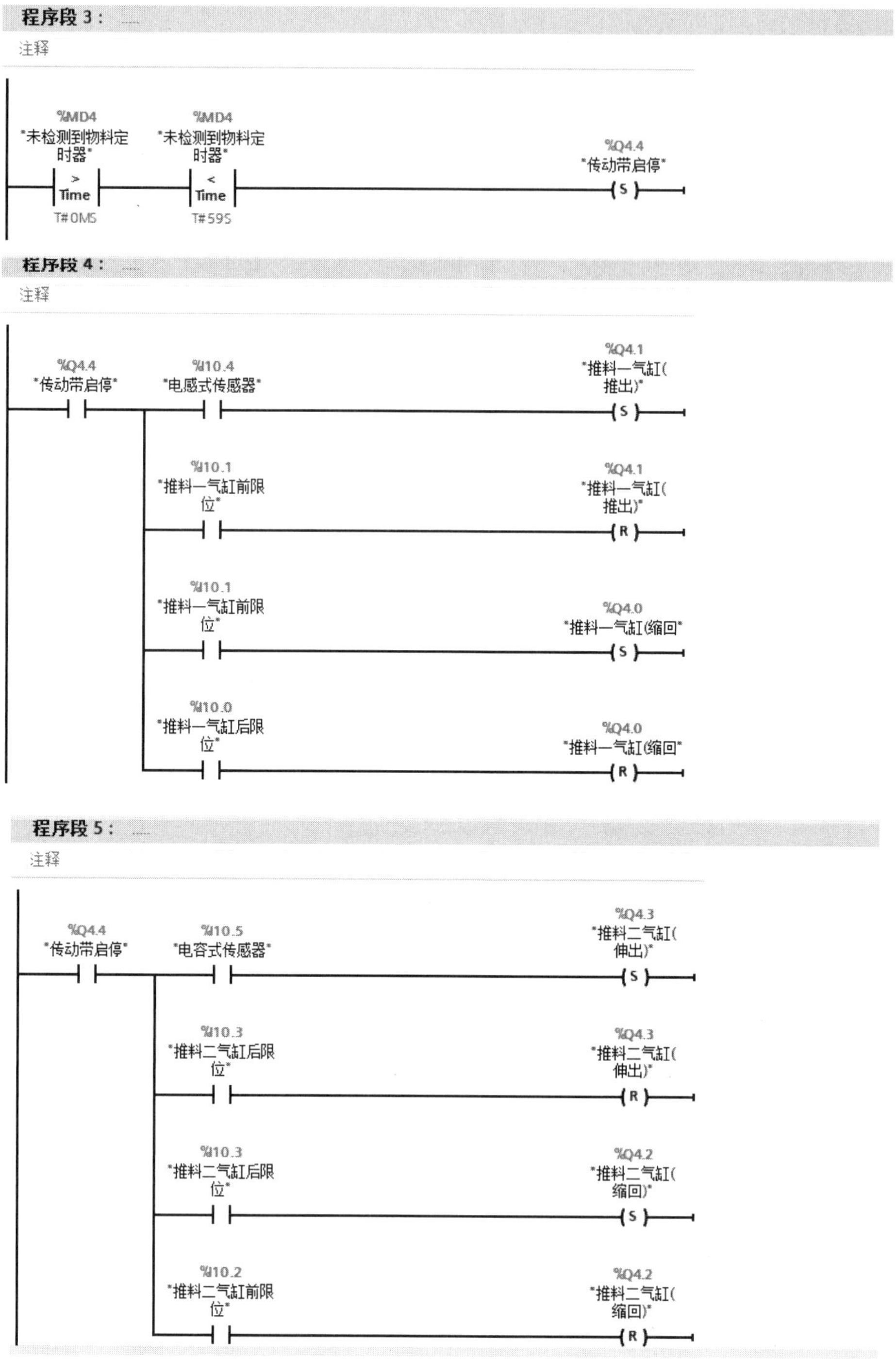

图 12.40　编写程序（续）

7. 下载与调试

按照前面的描述方法进行下载，并进行调试，这里不再赘述。

反侵权盗版声明

电子工业出版社依法对本作品享有专有出版权。任何未经权利人书面许可，复制、销售或通过信息网络传播本作品的行为；歪曲、篡改、剽窃本作品的行为，均违反《中华人民共和国著作权法》，其行为人应承担相应的民事责任和行政责任，构成犯罪的，将被依法追究刑事责任。

为了维护市场秩序，保护权利人的合法权益，本社将依法查处和打击侵权盗版的单位和个人。欢迎社会各界人士积极举报侵权盗版行为，本社将奖励举报有功人员，并保证举报人的信息不被泄露。

举报电话：(010) 88254396；(010) 88258888
传　　真：(010) 88254397
E-mail：dbqq@phei.com.cn
通信地址：北京市海淀区万寿路 173 信箱
　　　　　电子工业出版社总编办公室
邮　　编：100036